普通高等教育"十二五"规划教材

现代光学测试技术

Contemporary Optical Measurement Technology

王文生　苗　华　陈　宇　牟　达　著
霍富荣　张　肃　尚吉扬　郭　俊

机械工业出版社

本书基于实际教学和科研的需求,按"十二五"规划编写。本书侧重于把各种光学测试技术与CCD等现代探测器、EALCD空间光调制器和计算机技术相结合,故所讨论的方法具有实时化、自动化和数字化特点。为了提高测试精度,本书中引入了数字图像处理算法,并把各种算法,包括傅里叶变换、小波变换、拉普拉斯、综合识别函数等成功地应用于相关探测、全息测试、散斑测试等中,使光学、专业数学和计算机学相结合。本书中的许多测试实例是作者科研团队和国内外许多专家的科研成果,故本书将理论与测试实践紧密结合,所讨论的方法具有实用性和先进性。全书的章、节、目、图和专业词汇均用英语标出,且每章均给出英语专业词汇列表,以利于双语教学和文献查阅。

全书共分十章,内容包括:干涉测试基础,单频干涉术,双频干涉术,莫尔干涉术,全息术,全息干涉术,全信息测量技术,散斑干涉术,光学相关测试技术,光源、记录介质和探测器。每章末均附有习题。

本书主要适用于光电信息工程、精密仪器与测试专业的本科生和研究生,同时也可供相关科研工作者参考。

本书配有免费英文电子课件,欢迎选用本书做教材的老师登录www.cmpedu.com注册下载。

图书在版编目(CIP)数据

现代光学测试技术/王文生等著 . —北京:机械工业出版社,2013.4(2025.2重印)
普通高等教育"十二五"规划教材
ISBN 978-7-111-41974-7

Ⅰ.①现… Ⅱ.①王… Ⅲ.①光学测量—测试技术 Ⅳ.①TB96

中国版本图书馆CIP数据核字(2013)第062456号

机械工业出版社(北京市百万庄大街22号 邮政编码100037)
策划编辑:王小东 责任编辑:王小东 安桂芳
版式设计:潘 蕊 责任校对:刘怡丹
封面设计:张 静 责任印制:单爱军
北京虎彩文化传播有限公司印刷
2025年2月第1版第4次印刷
184mm×260mm·20.25印张·497千字
标准书号:ISBN 978-7-111-41974-7
定价:53.00元

电话服务　　　　　　　　网络服务
客服电话:010-88361066　机 工 官 网:www.cmpbook.com
　　　　　010-88379833　机 工 官 博:weibo.com/cmp1952
　　　　　010-68326294　金 书 网:www.golden-book.com
封底无防伪标均为盗版　机工教育服务网:www.cmpedu.com

前　言
（Preface）

　　随着计算机技术和探测器件的发展，光学测试技术向自动化、实时化、数字化和高精度发展，《现代光学测试技术》就是把光学测试技术与现代探测器、计算机技术相结合。本书是在由王文生教授编著、顾去武教授主审的《干涉测试技术》（兵器工业出版社 1989 年）的基础上，基于实际教学和科研的需求，按"十二五"规划编写的。全书共分十章：第 1 章干涉测试基础，第 2 章单频干涉术，第 3 章双频干涉术，第 4 章莫尔干涉术，第 5 章全息术，第 6 章全息干涉术，第 7 章全信息测量技术，第 8 章散斑干涉术，第 9 章光学相关测试技术，第 10 章光源、记录介质和探测器。该书的特点是：

　　1）本书的测试技术是以光波的波长为单位，再对波长细分微读，故本书所讨论的方法具有高精度特点。

　　2）本书侧重于把各种光学测试技术与 CCD 等现代探测器、EALCD 空间光调制器和计算机技术相结合，故所讨论的方法具有实时化、自动化和数字化特点。

　　3）本书不仅讨论了数字图像处理算法，更重要的是本书作者把各种算法，包括傅里叶变换、小波变换、拉普拉斯、综合识别函数等成功地应用于相关探测、全息测试、散斑测试等中，因此本书使光学、专业数学和计算机学相结合。

　　4）本书的许多测试实例是作者科研团队多年的科研成果，如在单频干涉术、全息干涉术、全信息测量技术、散斑干涉术和光学相关测试技术是团队在国内和国外的科研成果；同时也引入了国内、外许多专家的科研实验成果，故本书理论与测试实验紧密结合，所讨论的方法具有实用性和先进性。

　　5）本书的章、节、目、图和专业词汇均用英语标出，每章均给出该章的英语专业词汇列表，以利于双语教学和文献查阅。

　　本书的第 1～4、10 章由苗华博士、王文生著，第 5～7 章由牟达博士、郭俊博士、王文生著，第 8 章由霍富荣博士、王文生著，第 9 章由陈宇博士、张肃博士、尚吉扬博士、王文生著，全书由王文生教授统一定稿。李碧莹、俞悦、徐悦、王有健、武风栖、徐春云、董加宁、张宁、范俊叶和尹博超等也参加了本书的编写，为该书的绘图、校对做了大量工作。

　　在本书出版之际，作者要向为本书所引入的研究成果及做过贡献的科研团队其他人：陈方函博士、李全勇博士、姜淑华博士、王冕、王波、王宏尊、邹昕、郎琪、孙晓明、陈婷婷、董会、杨坤、郭霏、范真节、贾欢欢、杨璐、刘喆、刘文哲、张婉怡、李春杰、于国著、任延峻、李林涛、逢浩君、王洪涛、尹娜、严飞、张鹏飞、周岩、关皓文、战雪、陈驰、黄芳、张文静、孙杰、王刚等表示深深感谢，是他们不懈的共同努力和卓越的研究成果，才使本书理论与测试紧密结合，才使所讨论的方法具有实用性和先性进。感谢瑞士联邦计量院 M. kerner 教授为本书第 3 章提供了科研成果资料。

　　本书主要适用于光电信息工程、精密仪器与测试专业的本科生和研究生教学，但由于本书引用了大量的科研实例并具有实用性和先进性特点，故本书同时也是相关科研工作者很好的参考书。

虽然作者力求使本书完善，但书中欠妥或错误之处在所难免，恳请读者批评指正。

长春理工大学"现代光学测试技术"教研组

目　　录
（Contents）

第1章　干涉测试基础

（Chapter 1　Foundation of Interference Testing）

1.1　干涉与干涉术（Interference and Interferometry）

1.1.1　干涉发展简史（Brief History of Interference Development）

干涉是光具有波动性的最严格的证明。这个现象是由于两束或多束光重叠，使能量体密度在空间上再分布的结果。

在 17 世纪，包伊尔（Boyle）、格莱马尔蒂（Grimaldi）和胡克（Hooke）首先描述了干涉现象。当光从薄板或薄膜反射时，可以观测到彩色条纹。胡克试图从波的观点解释这一现象，但是他没有足够清楚地提出光的波动性。第一个最详细地研究这个现象的人是牛顿。他把凸透镜放在平板玻璃上，研究了在空气楔中形成的条纹图样（即牛顿环，Newton ring）。虽然牛顿坚持把粒子概念加在光的属性上，但是当他解释这个现象时，不得不假定光粒子同透明物体相互作用时产生光振动。

杨氏首先根据光振动叠加现象提出光干涉的基本原理，而后菲涅耳又进一步发展了这一原理。这两个人被认为是波动光学（wave optics）的奠基人[1]。

在 1802 年，杨氏做了双孔干涉实验，如图 1-1 所示。从扩展光源发出的光照在不透明屏 A 的针孔 S_0 上，具有两个针孔 S_1 和 S_2 的屏 B 放在针孔 S_0 的圆锥形衍射光束（diffraction light beam）中。如果把观察屏 G 放在针孔 S_1 和 S_2 的衍射波重叠的位置，那么能在屏 G 上看到干涉条纹。如果其中一针孔被挡住，干涉条纹将消逝，观察屏 G 被均匀地照亮。条纹的出现不能由针孔在观察屏上产生的照度和来解释，它是具有一定位相的光波的总和，位相由针孔 S_1 和 S_2 到观察屏 G 上相关点的距离决定。条纹的空间频率（spatial frequency）（单位长度内的条纹数）随线段 $\overline{S_1S_2}$ 相对观察屏 G 上的点的张角 α 增大而增

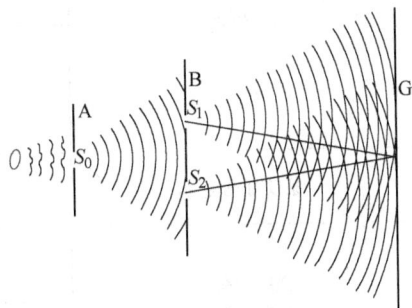

图 1-1　杨氏双孔干涉实验
(Fig. 1-1 Young'Interference Experiment with Double Pinholes)

加，同时也与波长有关。因此，当应用具有连续光谱的光源（如白炽灯、太阳）时，所观察到的条纹，除了中心条纹外，都是彩色的，而且可见条纹的数目相当少（大约 8 ~ 10 个）。随着光源的谱线变窄，有足够对比度的可观察的条纹数增加。条纹的对比度取决于针孔 S_0 的大小，当针孔 S_0 的尺寸增大时，条纹将逐渐消逝[2,3]。

杨氏和菲涅耳提出了干涉的必要条件：只有当两波是从针孔 S_0 发出的同一原始波时才能产生干涉。杨氏和菲涅耳的波动理论解释了所有观察到的各种干涉现象，但是在麦克斯威

（Maxwell）发展了光的电磁理论之前，光波的属性仍然是不清楚的。

1.1.2　干涉测试技术的应用（Application of Interference Testing Technology）

干涉测试技术是以光波干涉原理为基础进行测试的一门技术，现在已是实验物理学的重要方法之一。随着干涉测试技术的应用，其正扩展到其他科学分支。在 20 世纪初，迈克尔逊首先将可见光干涉术应用到计量学和光谱学中；1947 年，人们又把干涉术应用到射电天文学；后来又出现了红外干涉光谱仪。

与一般光学成像测试技术相比，干涉测试技术具有更高的测试灵敏度（measure sensitivity）和测试精度（measure precision）。尤其激光的出现及其在干涉测试技术中的应用，以及干涉仪（interferometer）与计算机的结合，不但进一步提高了测试精度，而且扩大了测试范围，提高了测试速度，实现了干涉条纹的实时自动分析。因为在干涉测试中，干涉仪是以干涉条纹来反映被测件信息的，所以干涉条纹的自动扫描和处理是近代干涉测试技术的发展方向。干涉术的应用见表 1-1。这些应用范围是从 X 射线到无线电波，包含整个电磁频谱，也适用于声波、电子和中子。

表 1-1　干涉术的应用

（Table 1-1 Application of Interferometry）

| 测　　量 | | 应　　用 |
直　　接	间　　接	
条纹位置	平均位相差	1）长度标准和波长 2）长度比较和机床控制 3）折射术 4）光速
	位相变化	1）干涉显微术 2）显微拓扑术 3）光学检验 4）全息干涉术
条纹可见度	光源频谱 光源空间分布	对称谱线的形状 天体直径
强度分布 （位置和可见度）	光源频谱	1）干涉光谱学 2）傅里叶光谱学
	光源空间分布	1）光学传递函数 2）射电天文学

1.2　基本关系式（Basic Relations）

1.2.1　光波的一般表达式（General Expression of Light Wave）

尽管已知的许多光的干涉现象可以用量子光学（quantum optics）的术语来解释，但在干涉全息（holography）和全息干涉术中，光的量子属性的证明却是微乎其微的。因此，本书中将应用古典的光电磁理论概念来讲述。单色光波（monochromatic light wave）可以表示为

$$\vec{E} = (x, y, z, t) = \vec{a}(x, y, z)\cos[\omega t + \phi(x, y, z)] \tag{1-1}$$

式中　$\vec{E}$——在给定的空间点的电场强度矢量；

$\vec{a}$——在给定的空间点的振幅矢量（amplitude vector）；

ϕ——在给定的空间点的振动初位相（initial phase）；

ω——振动角频率。

振动角频率 ω 与频率 ν、振动周期 T 和波长 λ 有如下关系：

$$\omega = 2\pi\nu = \frac{2\pi}{T} = \frac{2\pi v}{\lambda} \tag{1-2}$$

式中　v——给定介质中光的速度。

光波也可以用波矢量（wave vector）$\vec{k}$ 表示，其方向与波传播方向一致，在各向同性介质（isotropic medium）中，传播方向垂直于波前（wave front）表面。波矢量 $\vec{k}$ 的大小为

$$k = \frac{2\pi}{\lambda} = \frac{n\omega}{c} = \frac{\omega}{v} \tag{1-3}$$

式中　n——介质的折射率（refractive index），它等于光波 λ 在真空中的相速（phase speed）c 与在介质中的相速 v 的比值 $\left(\dfrac{c}{v}\right)$。

1.2.2　光波的位相（Phase of Light Wave）

本书仅研究均匀波的情况，即恒定位相的波面与恒定振幅的波面重合。位相是干涉的重要参数，因此必须确定平面波（plane wave）和球面波（spherical wave）两种重要情况的位相 $\phi(x, y, z)$ 的表达式。

如果在任意瞬时，等位相面是平面，那么将这种波称为平面波。假设研究图 1-2 中平面波前 S。如果在初始时刻 $t = 0$，点 $O(x=0, y=0, z=0)$ 振动的位相是 δ，那么从点 O 向平面 S 引垂线，其交点 P 的振动位相为

$$\phi(P) = \delta - \frac{2\pi}{\lambda}l \tag{1-4}$$

式中　l——线段 $\overline{OP}$ 的长度。

如果研究平面 S 上任意点 Q，那么长度 l 是点 Q 的位置矢量 $\vec{r}$ 向平面 S 的法向方向的投影，即

$$l = \vec{r} \cdot \vec{n} \tag{1-5}$$

图 1-2　平面波的传播
（Fig. 1-2　Propagation of Plane Wave）

其中，$\vec{n}$ 为波前法线的单位矢量，它等于

$$\vec{n} = \frac{\vec{k}}{k} \tag{1-6}$$

$\vec{r} \cdot \vec{n} = l$ 的条件适合于平面 S 上所有观察点。因此，这些点的波位相是常量并等于

$$\phi(\vec{r}) = \delta - \frac{2\pi}{\lambda}(\vec{r} \cdot \vec{n}) = \delta - \vec{r} \cdot \vec{k} \tag{1-7}$$

这样，对于平面波，式(1-1)可以写成

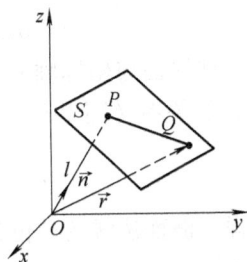

$$\vec{E}(\vec{r}, t) = \vec{a}(\vec{r} \cdot \vec{k})\cos(\omega t + \delta - \vec{r} \cdot \vec{k}) \tag{1-8}$$

如果平面波沿一个坐标轴方向传播，如沿 z 轴方向，那么 $\vec{r} \cdot \vec{k} = zk$，则

$$\vec{E}(z, t) = \vec{a}(z)\cos(\omega t + \delta - zk) \tag{1-9}$$

对于从坐标原点发出的球面波，对距中心点 O 的距离为 r 的所有点，波的位相是常量。如果在初始时刻，点 O 的位相是 δ，振幅是 a_0，那么在半径为 r 的球面上所有点的位相为

$$\phi(r) = \delta - \frac{2\pi}{\lambda}r = \delta - kr \tag{1-10}$$

振幅为

$$\vec{a}(r) = \frac{\vec{a}_0}{r} \tag{1-11}$$

这样，对于球面波，式(1-1)有下列形式：

$$\vec{E}(r, t) = \frac{\vec{a}_0}{r}\cos(\omega t + \delta - kr) \tag{1-12}$$

1.2.3 光波的空间频率（Spatial Frequency of Light Wave）

光波可以用波的空间频率表示，这个概念及其表示方法可以用于干涉条纹。在图1-2中，设平面波的波面上任一点 $Q(x, y, z)$ 的位置矢量为 $\vec{r}$，则

$$\vec{r} = \vec{i}x + \vec{j}y + \vec{k}z \tag{1-13}$$

波面法线的单位矢量 $\vec{n}$ 与坐标轴 x、y、z 的夹角分别为 α_1、α_2、α_3，即

$$\vec{n} = \vec{i}\cos\alpha_1 + \vec{j}\cos\alpha_2 + \vec{k}\cos\alpha_3 \tag{1-14}$$

波平面与坐标轴 x、y、z 的夹角分别为 θ_1、θ_2、θ_3，θ 与 α 的关系（图1-3）为

$$a_i = \frac{\pi}{2} - \theta_i \tag{1-15}$$

这样，波面法线的单位矢量 $\vec{n}$ 可表示为

$$\vec{n} = \vec{i}\sin\theta_1 + \vec{j}\sin\theta_2 + \vec{k}\sin\theta_3 \tag{1-16}$$

图 1-3 光波的空间频率
（Fig. 1-3 Spatial Frequency of Light Wave）

设初位相 δ 为零，那么点 Q 的位相可表示为

$$\phi = \frac{2\pi}{\lambda}(\vec{r} \cdot \vec{n}) = 2\pi\left(\frac{\sin\theta_1}{\lambda}x + \frac{\sin\theta_2}{\lambda}y + \frac{\sin\theta_3}{\lambda}z\right) = 2\pi(f_x x + f_y y + f_z z) \tag{1-17}$$

式中 f_x——x 轴方向的空间频率，$f_x = \dfrac{\sin\theta_1}{\lambda}$；

f_y——y 轴方向的空间频率，$f_y = \dfrac{\sin\theta_2}{\lambda}$；

f_z——z 轴方向的空间频率，$f_z = \dfrac{\sin\theta_3}{\lambda}$。

空间频率的单位为 cy/mm（cycle/millimeter）。平面波传播方向 $\vec{n}$ 与坐标轴的正向夹角 θ

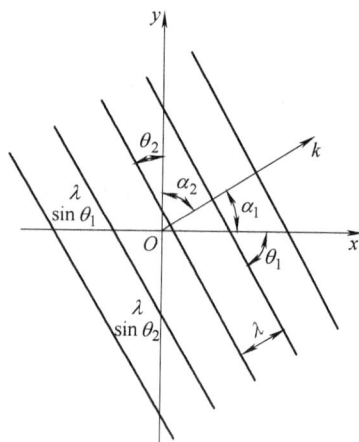

小于 90°时，空间频率分量为正；大于 90°时，空间频率分量为负。负空间频率只是表示传播方向不同，无其他物理含义。

1.2.4　光波对辐射探测器的作用[4] （Effect of Light wave on Radiation Detector）

光波对辐射探测器的作用由其强度决定，即由平均时间内的能流密度 U 决定，U 可表示为

$$U = <v\omega> \tag{1-18}$$

式中　$<>$——表示在平均时间内；

v——光波在介质中的传播速度；

ω——光场能量密度。

在 cgs 系统中，能量密度 ω 可表示为

$$\omega = \frac{\varepsilon}{4\pi}\vec{E} \cdot \vec{E} \tag{1-19}$$

式中　ε——介质的介电常数。

因此

$$U = \frac{\varepsilon v}{4\pi}<\vec{E} \cdot \vec{E}> \tag{1-20}$$

在时间 τ 内，$\vec{E} \cdot \vec{E}$ 的平均值为

$$<\vec{E} \cdot \vec{E}> = \frac{1}{\tau}\int_{\frac{-\tau}{2}}^{\frac{\tau}{2}}E^2(x,y,z)\mathrm{d}t \tag{1-21}$$

把式（1-1）代入式（1-21），电场强度和振幅矢量只取其大小，得

$$<\vec{E} \cdot \vec{E}> = \frac{a^2(x,y,z)}{\tau}\int_{\frac{-\tau}{2}}^{\frac{\tau}{2}}\cos^2[\omega t + \phi(x,y,z)]\mathrm{d}t = $$
$$\frac{a^2(x,y,z)}{2\tau}\int_{\frac{-\tau}{2}}^{\frac{\tau}{2}}\{1 + \cos 2[\omega t + \phi(x,y,z)]\}\mathrm{d}t \tag{1-22}$$

因为积分时间 τ 远大于振动周期 T，那么

$$\int_{\frac{-\tau}{2}}^{\frac{\tau}{2}}\cos 2[\omega t + \phi(x,y,z)]\mathrm{d}t \approx 0$$

这样，式（1-22）可转化为

$$<\vec{E} \cdot \vec{E}> = \frac{a^2(x,y,z)}{2} \tag{1-23}$$

把式（1-23）代入式（1-20），得

$$U = \frac{\varepsilon v}{8\pi}a^2(x,y,z) \tag{1-24}$$

由式（1-24）可知，光波对探测器的作用由其振幅的平方决定，与波的位相无关。从这点来说，所有光辐射探测器都是二次性的，故可称为平方律探测器。一般来说，去掉常数因子 $\frac{\varepsilon v}{8\pi}$，并定义强度 I 为

$$I = a^2(x,y,z) \tag{1-25}$$

1.2.5　光波的复数表示 （Complex Expression of Light Wave）

在计算时，以复数形式来表示光波很方便，即

$$\vec{E}(x, y, z, t) = \vec{a}(x, y, z)e^{-i[\omega t + \phi(x, y, z)]} \tag{1-26}$$

由式(1-26)所决定的电场强度矢量大小为

$$E(x, y, z, t) = \text{Re}[\vec{E}(x, y, z, t)] \tag{1-27}$$

当用复数形式表示光波时，三角函数运算被简单的指数函数运算代替。然而，必须注意，在完成具有复数量的数学运算后，应该取所得结果的实数部分。

复数 $\vec{E}(x, y, z, t)$ 可以用两个因子表示，即

$$\vec{E}(x, y, z, t) = \vec{a}(x, y, z)e^{-i\phi(x, y, z)}e^{-i\omega t} = \vec{A}(x, y, z)e^{-i\omega t} \tag{1-28}$$

$$\vec{A}(x, y, z) = \vec{a}(x, y, z)e^{-i\phi(x, y, z)} \tag{1-29}$$

其中，因子 $e^{-i\omega t}$ 取决于时间，而因子 $\vec{A}(x, y, z)$ 取决于给定点的坐标。将 $\vec{A}(x, y, z)$ 称为波振幅复矢量（complex vector of wave amplitude），而将 $\vec{a}(x, y, z)$ 称为波振幅矢量（vector of wave amplitude），矢量 $\vec{A}$ 和 $\vec{a}$ 的大小分别称为波的复振幅（complex amplitude）A 和波振幅 a。当波以复数形式写出时，其强度为

$$I = \vec{E} \cdot \vec{E}^* = \vec{A} \cdot \vec{A}^* = A \cdot A^* \tag{1-30}$$

其中，星号（＊）表示共轭复数值。

1.2.6　波场的叠加（Superposition of Wave Field）

如果几个光波同时在空间传播而又相遇时，那么根据叠加原理，相遇后的电场强度可以表示为

$$\vec{E}(x, y, z, t) = \sum_{i=1}^{n} \vec{E}_i(x, y, z, t) \tag{1-31}$$

如果各叠加的波有相同的频率，那么按式(1-28)可以将式(1-31)写成

$$\vec{E}(x, y, z, t) = e^{-i\omega t} \sum_{i=1}^{n} \vec{A}_i = \vec{A}e^{-i\omega t} \tag{1-32}$$

$$\vec{A} = \sum_{i=1}^{n} \vec{A}_i \tag{1-33}$$

这样，可以忽略掉时间因子，用累加复振幅矢量代替电场强度矢量。很明显，当不同频率的波叠加时，上述简化是不可能的。如果电场强度的方向是平行的，那么可以从复振幅矢量的和过渡到复振幅的和，即

$$A = \sum_{i=1}^{n} A_i \tag{1-34}$$

1.3　干涉条纹的特性（Characteristics of Interference Fringes）

1.3.1　干涉条纹的强度分布（Intensity Distribution of Interference Fringes）

具有相同频率的两平面单色波，可以忽略掉时间因子，用复振幅矢量来表示。设两波的

波矢量为 $\vec{k}_1$ 和 $\vec{k}_2$，那么两波的复振幅矢量为

$$\left.\begin{array}{l}\vec{A}_1 = \vec{a}_1(\vec{r})\,\mathrm{e}^{-\mathrm{i}(\delta_1 - \vec{r}\cdot\vec{k}_1)} \\ \vec{A}_2 = \vec{a}_2(\vec{r})\,\mathrm{e}^{-\mathrm{i}(\delta_2 - \vec{r}\cdot\vec{k}_2)}\end{array}\right\} \tag{1-35}$$

图 1-4 所示为同频率两平面波的干涉。如果两波的电场强度矢量垂直于图示平面，那么可按标量研究两波的复振幅。按式 (1-34) 复合波的振幅为

$$A(\vec{r}) = A_1(\vec{r}) + A_2(\vec{r}) = a_1(\vec{r})\,\mathrm{e}^{-\mathrm{i}(\delta_1 - \vec{r}\cdot\vec{k}_1)} + a_2(\vec{r})\,\mathrm{e}^{-\mathrm{i}(\delta_2 - \vec{r}\cdot\vec{k}_2)} \tag{1-36}$$

对于在非吸收介质中传播的均匀平面波，其振幅与坐标无关，因此式 (1-36) 中的 a_1 和 a_2 与坐标 r 无关。这样，按式 (1-30) 复合波的强度为

$$\begin{aligned}I(\vec{r}) &= A(\vec{r})A^*(\vec{r}) = a_1^2 + a_2^2 + a_1 a_2 \mathrm{e}^{-\mathrm{i}[(\delta_1 - \delta_2) - \vec{r}\cdot(\vec{k}_1 - \vec{k}_2)]} + a_1 a_2 \mathrm{e}^{\mathrm{i}[(\delta_1 - \delta_2) - \vec{r}\cdot(\vec{k}_1 - \vec{k}_2)]} \\ &= a_1^2 + a_2^2 + 2a_1 a_2 \cos\left[\vec{r}\cdot(\vec{k}_1 - \vec{k}_2) - (\delta_1 - \delta_2)\right]\end{aligned} \tag{1-37}$$

由式 (1-37) 可知，干涉条纹的强度分布在空间上按周期性余弦变化，干涉条纹的变化与时间无关，如图 1-5 所示，图中 d 是干涉条纹的周期。

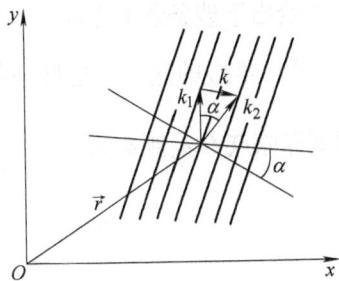

图 1-4 同频率两平面波的干涉

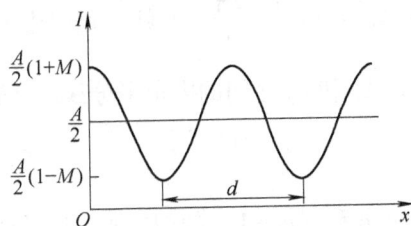

（Fig. 1-4 Interference of Two Plane Waves
with the Same Frequency）

图 1-5 干涉条纹强度分布

（Fig. 1-5 Intensity Distribution of Interference Fringes）

在下列点获得相长干涉（constructive interference），即获得强度极大值（也就是波峰，wave crest）

$$\vec{r}\cdot(\vec{k}_1 - \vec{k}_2) - (\delta_1 - \delta_2) = 2m\pi \tag{1-38}$$

其中，$m = 0,\ \pm 1,\ \pm 2,\ \cdots$。

在下列点获得相消干涉（destructive interference），即获得强度极小值（也就是波谷，wave valley）

$$\vec{r}\cdot(\vec{k}_1 - \vec{k}_2) - (\delta_1 - \delta_2) = (2m+1)\pi \tag{1-39}$$

如果初位相 $(\delta_1 - \delta_2)$ 是常数，那么由式 (1-38) 和式 (1-39) 决定的波峰线和波谷线的空间位置保持不变，即能观察到稳定的干涉条纹。

任一实光源发出的光振动位相都是随时间随机变化的。如果两平面波的光源是独立的，那么 $(\delta_1 - \delta_2)$ 的值随机地变化，这样导致在测量时间 t 内（$t \gg T$），式 (1-37) 中第三项

的平均值为零。因此，式(1-37)给出的两波强度相加，观察不到稳定的干涉条纹。其复合波的强度为

$$I(r) = a_1^2 + a_2^2 \qquad (1\text{-}40)$$

很明显，如果从独立光源辐射的光波位相缓慢地变化，例如，高稳态的激光，那么也可以从两个独立的光源观察到干涉条纹，尤其当迅速提取强度信号时，便能观察到干涉条纹。

当用普通光源（非激光）作为干涉仪的光源时，为了看到干涉条纹，必须保证两波是同一原始波分出的波，正如在杨氏实验中所用的光学装置，针孔 S_1 和 S_2 把从针孔 S_0 发出的光波分成两部分一样的波。在许多其他干涉装置中，原始波也要类似的分开，或者按波前分割法，如菲涅耳双棱镜、菲涅耳反射镜、劳埃德（Lloyd）反射镜；或者按振幅分割法，如迈克尔逊干涉仪、马赫-曾德尔干涉仪等。在这些干涉仪中，尽管位相 δ_1 和 δ_2 随时间随机地变化着，但它们的差（$\delta_1 - \delta_2$）保持不变，所以，能产生稳定的干涉条纹。

1.3.2　干涉条纹的方向和频率（Direction and Frequency of Interference Fringes）

假定 $\delta_1 - \delta_2 = 0$，波峰形成的条件变为

$$\vec{r} \cdot (\vec{k}_1 - \vec{k}_2) = 2m\pi \qquad (1\text{-}41)$$

式(1-41)是垂直于矢量 $\vec{k} = \vec{k}_1 - \vec{k}_2$ 的平面族方程式，图1-4 给出干涉条纹的方向。

因为 $|\vec{k}_1| = |\vec{k}_2| = \dfrac{2\pi}{\lambda}$，矢量 $\vec{k}$ 是两边为 $\vec{k}_1$ 和 $\vec{k}_2$ 的等腰三角形的底边，这样波峰平面平行于矢量 $\vec{k}_1$ 和 $\vec{k}_2$ 之间的内角平分线。从这些平面族到坐标原点 O 的距离为

$$a_m = \frac{2m\pi}{|\vec{k}|} \qquad (1\text{-}42)$$

序号为 m 和（$m+1$）的相邻平面间的距离为

$$d = a_{m+1} - a_m = \frac{2\pi}{|\vec{k}|} \qquad (1\text{-}43)$$

由图1-4 可得

$$|\vec{k}| = 2|\vec{k}_1|\sin\frac{\alpha}{2} = \frac{4\pi}{\lambda}\sin\frac{\alpha}{2} \qquad (1\text{-}44)$$

因此，干涉条纹的间隔为

$$d = \frac{\lambda}{2\sin\dfrac{\alpha}{2}} \qquad (1\text{-}45)$$

干涉条纹的空间频率为

$$\nu = \frac{1}{d} = \frac{2\sin\dfrac{\alpha}{2}}{\lambda} \qquad (1\text{-}46)$$

由式(1-46)可知，两波叠加形成平行等间隔的直条纹，如图1-6 所示。

这样，在选择了记录介质后，必须正确安排两束光的夹角，以满足探测器的频率要求。

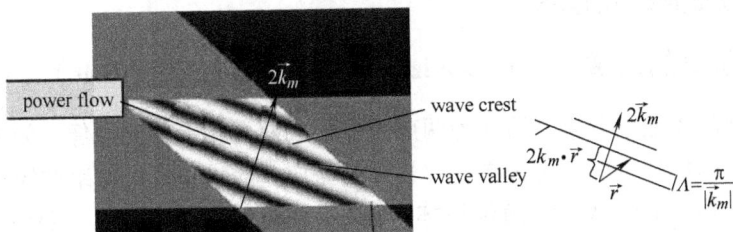

图 1-6 同频率平面波干涉条纹图

(Fig. 1-6 Interference Fringe Pattern of Plane Waves with the Same Frequency)

例 1-1 硅酸铋晶体（$Bi_{12}SiO_{20}$）的分辨率（resolving power）是 400cy/mm，用硅酸铋晶体做全息记录介质，He-Ne 激光器作光源，问参考光束和测试光束间的最大夹角应为多少？

解 由式（1-46）可得

$$400\text{cy/mm} = \frac{1}{d} = \frac{2\sin\dfrac{\alpha}{2}}{0.000632}$$

则

$$\alpha = 14.5°$$

例 1-2 用 He-Ne 激光器作光源，欲制作正弦光栅，光栅常数为 400cy/mm，光栅尺寸为 30mm，应如何正确的安排光路？

解：1）首先激光准直扩束，使扩束后的激光束口径等于或大于 30mm。

2）经光束分束器和光束合成器后使两光束平面波的夹角等于 14.5°。

1.3.3 干涉条纹的对比度（Contrast of Interference Fringes）

干涉条纹的对比度或可见度 P 可由下式表示：

$$P = \frac{I_{max} - I_{min}}{I_{max} + I_{min}} \tag{1-47}$$

式中 I_{max}——干涉条纹波峰的强度（图 1-7）；

I_{min}——干涉条纹波谷的强度。

由式（1-37）得

$$I_{max} = a_1^2 + a_2^2 + 2a_1a_2 \tag{1-48}$$

$$I_{min} = a_1^2 + a_2^2 - 2a_1a_2 \tag{1-49}$$

由此得干涉条纹的对比度为

$$P = \frac{2a_1a_2}{a_1^2 + a_2^2} = \frac{2\sqrt{I_1I_2}}{I_1 + I_2} = \frac{2\sqrt{\alpha}}{\alpha + 1} \tag{1-50}$$

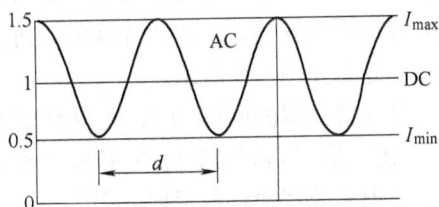

图 1-7 干涉条纹对比度

(Fig. 1-7 Contrast of Interference Fringes)

其中，$\alpha = a_1^2/a_2^2 = I_1/I_2$ 是两相干波强度比。当 $\alpha = 1$ 时，即当两相干波的振幅相等时，干涉条纹的对比度最大，$P = 1$。

在干涉测量中，对比度是一项重要指标，对比度过低，影响条纹的记录和判读。在自动记录扫描干涉条纹时，应采取适当措施来提高对比度。例如，应用分束器（beam splitter）和衰减片（attenuator），使两束光的强度相等；采用偏振片（polarizer）可消除杂散光（stray light）；对于数字干涉仪（digital interferometer），可对数字化后的干涉条纹进行数字滤波（digital filtering），以减少噪声的影响。

1.3.4 干涉条纹的定域[5,6]（Localization of Interference Fringe）

从光源发出的光通过分束器后变为两束光，形成两个相干的光源像。如果两像在同一像平面上，但有横向位移，那么这种横向位移称为剪切（shearing）；如果两像在垂直于像平面方向上有纵向位移，那么这种纵向位移称为离焦（defocus）或位移。当两相干光源像剪切和位移较小时，条纹可见度较好；如果剪切和位移增大，那么条纹可见度降低。条纹可见度最大的位置称为定域面（localized plane）。扩展光源（extended light source）的干涉条纹是定域的；单色点光源（monochromatic point source）（如激光（laser））的干涉条纹是非定域的，几乎在两波交叠的任一位置都能看到干涉条纹。

当剪切和位移都是零时，光源的各部分都在同一位置产生条纹。随着观察位置的变化，利用光源的不同部分，条纹不移动，即没有视差（parallax）。但干涉仪仅有一个观察平面，其剪切和位移最小，但不为零，在该位置虽然有视差，但干涉条纹可见度最大。

定域面的位置由光学结构确定。因为剪切比同一数量的位移对可见度的影响更大，所以光学结构应确定最小剪切位置。从光源发出的光通过分束器变为两束光，经干涉仪的两臂到观察空间，在观察空间两光束有一最近的相交位置，这就是剪切最小的观察位置。

如果观察平面离开定域区，或者干涉仪的调校引入了剪切或位移，那么可见度会下降。这样，可见度既是观察位置的函数，又是仪器调校的函数。如果两光源像有轴向位移，那么在定域区内允许的位移量类似于成像系统的焦深，可按相同尺寸孔径的焦深来计算位移量。对于剪切，允许的剪切量正比于成像系统分辨的最小距离，一般远小于焦深，所以在确定条纹定域时，剪切比位移更重要。这样，如果干涉仪有一定的位移，两光源像应靠近成一个，使其焦深大于位移；如果干涉仪存在剪切，光源像应足够小，使其等效孔径有相当差的分辨率，不能分辨被剪切开的两点。

为了使讨论具有普遍性，用一等效图来代表振幅分割的干涉仪。该等效图不考虑干涉仪的分束元件或反射镜的特殊安排，认为由光源的两虚像发出的光干涉，其光路如图 1-8 所示。

设两虚光源的间隔为 l，光源到观察平面的距离为 z，虚光源 I' 和 I'' 的对应点 A' 和 A'' 形成干涉图，而且不考虑光源其他点的辐射。因为

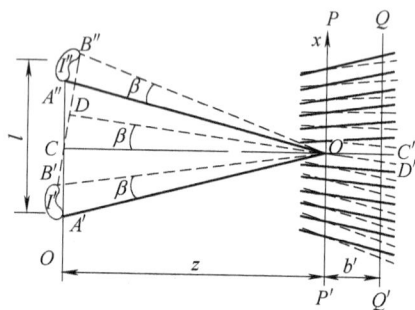

图 1-8　扩展光源条纹的定域区

（Fig. 1-8　Localized Area of Interference Fringes of Extended Light Source）

$$r_1 = \sqrt{z^2 + \left(\frac{l}{2} + x\right)^2}$$

$$r_2 = \sqrt{z^2 + \left(\frac{l}{2} - x\right)^2}$$

根据式（1-41），可以导出条纹极大值的条件为

$$r_1 - r_2 = m\lambda \tag{1-51}$$

设 x、$l \ll z$，那么干涉条纹的极大值位置为

$$x_{\max} = m\frac{\lambda z}{l} \tag{1-52}$$

同理，可以求出极小值的位置为

$$x_{\min} = \left(m + \frac{1}{2}\right)\frac{\lambda z}{l} \tag{1-53}$$

在图中对应 A' 和 A'' 点的极大值位置用实线表示。

用同样的方法，可找到光源的另一对对应点 B' 和 B'' 形成的干涉条纹的极大值位置，在图中用虚线表示出。由图 1-8 很容易看出，B' 和 B'' 点形成的干涉图与 A' 和 A'' 点形成的干涉图形状一样，仅仅是相对实线图旋转一个角度 β，β 对应于光源 A'、B' 两点间的角距离。旋转轴通过 O 点，O 点是通过线段 $\overline{A'A''}$ 和 $\overline{B'B''}$ 的中点所作垂线 CC' 和 DD' 的交点。由图可知，由两点形成的干涉极大值仅在平面 PP' 处重合，PP' 通过 O 点，并是 CC' 和 DD' 角平分线的垂线。

平面 PP' 称为定域面。当向左右两方向移动，离开这一平面时，干涉条纹的可见度降低。在距定域面的距离为 b' 处，条纹变得完全模糊，在该位置，一干涉图的极大值与另一干涉图的极小值重合。当 $b'\beta = \dfrac{d}{2}$（d 为干涉条纹周期）时，就产生这种模糊现象。

由式(1-45)可得干涉条纹周期为

$$d = \frac{\lambda}{2\sin\frac{\alpha}{2}} \approx \frac{\lambda z}{l} \tag{1-54}$$

因此

$$b' = \frac{d}{2\beta} = \frac{\lambda z}{2l\beta} = \frac{1}{2\beta\nu} \tag{1-55}$$

如果研究限制在角 β 内的光源所有点发出的光的干涉，可以证明，条纹将在双倍距离处完全消失，即

$$2b' = \frac{\lambda z}{l\beta} = \frac{1}{\beta\nu} \tag{1-56}$$

由此而知，定域区的距离直接与光源的角尺寸有关，并可以是光源发光的空间相干度的一种度量。当 $\beta\to0$，即光源是单色点光源时，产生非定域条纹，在两波面重叠的任何空间都能看到干涉条纹。

1.4　不同频率的单色平面波的干涉（Interference of Monochromatic Plane Wave with Different Frequency）

1.4.1　干涉条纹的强度分布（Intensity Distribution of Interference Fringes）

如果两相干波的频率不同，或波长不同，那么干涉结构将发生变化，将不是简单的复振幅相加，必须考虑相干波的时间因子。设两波的角频率分别为 ω_1 和 ω_2，那么波的标量（scalar）公式为

$$E_1 = a_1 e^{-i(\omega_1 t + \delta_1 - \vec{r}\cdot\vec{k}_1)}$$

$$E_2 = a_2 e^{-i(\omega_2 t + \delta_2 - \vec{r}\cdot\vec{k}_2)} \tag{1-57}$$

设 $\delta_1 - \delta_2 = 0$，那么两波叠加后干涉条纹的强度为

$$I = (E_1 + E_2)(E_1 + E_2)^* = a_1^2 + a_2^2 + 2a_1 a_2 \cos(\vec{k} \cdot \vec{r} - \omega t) \tag{1-58}$$

其中，$\vec{k} = \vec{k_1} - \vec{k_2}$，$\omega = \omega_1 - \omega_2$。

式(1-58)表明，不同频率的单色平面波叠加形成的干涉条纹不仅是空间的函数，也是时间的函数，描述了一个运动的干涉图，干涉条纹沿矢量 $\vec{k}$ 方向传播，其频率为 ω，这样的运动干涉图被称为强度波（intensity wave），而将频率 ω 称为拍频（beat frequency），拍频的波长为

$$\Lambda = \frac{\overline{\lambda}^2}{\lambda_1 - \lambda_2} \tag{1-59}$$

图1-9所示为不同频率的两平面波叠加。图1-9a所示为波长为 λ_a 和 λ_b 的两波传播，由图可知，两波在图中心位置和两个近边缘位置完全重合，位相差是零，为相长干涉；在中部两位置位相相反，为相消干涉；图1-9b所示为两波叠加后形成的光强度包络，在相长干涉的位置光强度最大，在相消干涉的位置光强度最小，此包络决定两波叠加形成的干涉条纹可见度（visibility）；而图1-9c所示为由包络线形成的拍频波长 Λ，拍频波长决定双频干涉的最大光程差。

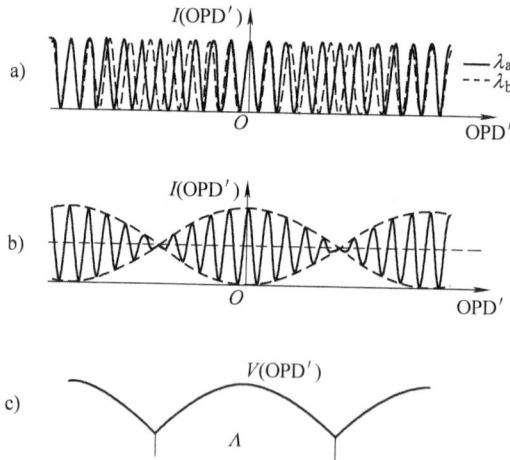

图1-9　不同频率的两平面波叠加

(Fig. 1-9　Superposition of Two Plane Wave with Different Frequency)

1.4.2　干涉条纹的方向和频率（Direction and Frequency of Interference Fringes）

当时间 t 固定时，波峰（或波谷）的位置用类似于式(1-38)的式子表示，即

$$\vec{k} \cdot \vec{r} = 2m\pi + \omega t \tag{1-60}$$

这是一垂直于矢量 $\vec{k}$ 的平面族公式。但在这种情况下，矢量 $\vec{k_1}$ 和 $\vec{k_2}$ 不仅方向不同，而且大小也不等。因此波峰面不平行于 $\vec{k_1}$ 和 $\vec{k_2}$ 的内角平分线，而与内角平分线形成一角 γ。如图1-10所示，角 γ 满足下式：

$$\tan\gamma = \frac{k_2 - k_1}{k_2 + k_1}\cot\frac{\alpha}{2} = \frac{\lambda_1 - \lambda_2}{\lambda_1 + \lambda_2}\cot\frac{\alpha}{2} \tag{1-61}$$

相邻波峰平面间的距离为

$$d = \frac{2\pi}{|\vec{k}|} = \frac{2\pi}{\sqrt{k_1^2 + k_2^2 - 2k_1k_2\cos\alpha}}$$

$$= \frac{\lambda_1\lambda_2}{\sqrt{\lambda_1^2 + \lambda_2^2 - 2\lambda_1\lambda_2\cos\alpha}} \tag{1-62}$$

所以，运动的干涉条纹的空间频率为

$$\nu = \frac{1}{d} = \frac{\sqrt{k_1^2 + k_2^2 - 2k_1k_2\cos\alpha}}{2\pi} \tag{1-63}$$

图 1-11 所示为不同频率两平面波干涉条纹，在某时刻形成的空间正弦线分布的干涉条纹，它随时间运动，运动的方向沿 $\vec{k}$。可在某一固定的空间点记录一个随时间变化的强度正弦分布的干涉条纹，其周期即是拍频波长。

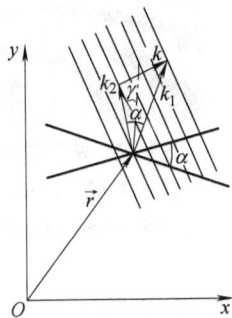

图 1-10　不同频率两平面波叠加波矢量
（Fig. 1-10　Wave Vector after Superposition of Two Plane Waves with Different Frequency）

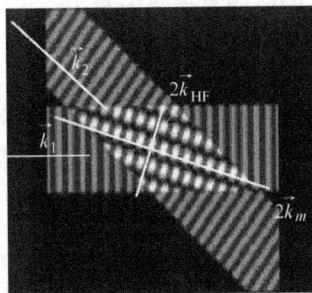

图 1-11　不同频率两平面波干涉条纹
（Fig. 1-11　Interference Fringes of Two Plane Waves with Different Frequency）

1.4.3　干涉条纹的传播速度（Propagation Velocity of Interference Fringes）

由式（1-60）得

$$|\vec{k}| \cdot |\vec{r}|\cos\theta = 2m\pi + \omega t$$

因为 $|\vec{r}|\cos\theta = a_m$，所以

$$a_m = \frac{2m\pi + \omega t}{|\vec{k}|} \tag{1-64}$$

式中　θ——$\vec{r}$ 与 $\vec{k}$ 的内夹角；

a_m——坐标原点到第 m 级波峰平面的距离。

把这个量相对于时间求导，得干涉条纹的传播速度，即

$$v_{\text{int}} = \frac{\mathrm{d}a_m}{\mathrm{d}t} = \frac{\omega}{|\vec{k}|} = \frac{\omega}{\sqrt{k_1^2 + k_2^2 - 2k_1k_2\cos\alpha}} = \frac{v(\lambda_2 - \lambda_1)}{\sqrt{\lambda_1^2 + \lambda_2^2 - 2\lambda_1\lambda_2\cos\alpha}} \tag{1-65}$$

不难看出，当 $\lambda_1 = \lambda_2$ 时，式（1-65）等于零，即形成空间稳定的干涉条纹，式（1-63）变

成式(1-46)。

不同频率的两单色平面波干涉的理论是双频外差干涉术的基本理论，它开辟了新的测试方法和测试技术。

1.5 球面波的干涉（Interference of Spherical Wave）

1.5.1 两发散球面波的干涉（Interference of Two Diverging Spherical Waves）

如图 1-12 所示，假定从光源 O_1 和 O_2 两点发出具有相同频率的单色球面波，其电场强度矢量垂直于图 1-12 所示的平面。两波叠加后，在平面上任一点 P，从 O_1 发出的波的复振幅矢量为

$$\vec{A}_1(\vec{r}_1) = \vec{a}_1(\vec{r}_1) e^{-i(\delta_1 - kr_1)} \tag{1-66}$$

从 O_2 发出的波的复振幅矢量为

$$\vec{A}_2(\vec{r}_2) = \vec{a}_2(\vec{r}_2) e^{-i(\delta_2 - kr_2)} \tag{1-67}$$

式中　$\vec{r}_1$——P 点相对 O_1 的位置矢量；

　　　$\vec{r}_2$——P 点相对 O_2 的位置矢量。

干涉条纹的强度由下式决定：

$$\begin{aligned} I(P) &= [\vec{A}_1(\vec{r}_1) + \vec{A}_2(\vec{r}_2)][\vec{A}_1(\vec{r}_1) + \vec{A}_2(\vec{r}_2)]^* \\ &= a_1^2(\vec{r}_1) + a_2^2(\vec{r}_2) + 2\vec{a}_1(\vec{r}_1)\vec{a}_2(\vec{r}_2) \cos[k(r_1 - r_2) - (\delta_1 - \delta_2)] \end{aligned} \tag{1-68}$$

假定 $\delta_1 - \delta_2 = 0$，干涉条纹波峰形成的条件是

$$k(r_1 - r_2) = 2m\pi$$

或者

$$r_1 - r_2 = m\lambda \tag{1-69}$$

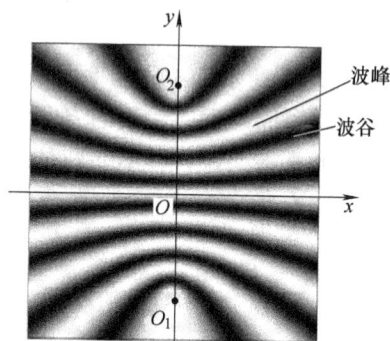

图 1-12　两发散球面波的干涉
(Fig. 1-12　Interference of Two Diverging Spherical Waves)

式(1-69)描述了一旋转双曲面（hyperboloid）族，等位相面到两定点 O_1 和 O_2 的距离之差为一常数。

对应波谷面也是双曲面族，即

$$r_1 - r_2 = \left(m + \frac{1}{2}\right)\lambda \tag{1-70}$$

不难求出全部双曲面数 N_s，但 $(r_1 - r_2)$ 不能超过 O_1 和 O_2 点光源间的距离 S。因此，$m_{max} = \left[\dfrac{S}{\lambda}\right]$（[ ] 表示其内的量必须取整数部分）。因为 $m = 0$、± 1、± 2、$\cdots$、$\pm m_{max}$，所以

$$N_s = 2m_{max} + 1 = \left[\frac{2S}{\lambda} + 1\right] \tag{1-71}$$

图 1-12 表示了在所画的平面上双曲面部分，波峰（或波谷）面是双曲面族。众所周知，双曲面上任一点的切线是矢量 $\vec{r}_1$ 和 $\vec{r}_2$ 的角平分线，即像平面波一样，有相同频率时，波峰曲面沿两波矢量夹角平分线。因此，球面波形成的干涉条纹的空间频率可用式(1-46)计算，

该公式具有普遍的意义。

由式(1-46)可知，当 $\alpha = \pi$ 时，$\nu = \dfrac{2}{\lambda}$，即干涉条纹的最大频率在线段 O_1O_2 上；当 $\alpha = 0$ 时，$\nu = 0$，即干涉条纹的最小频率在 O_1O_2 的延长线上。

1.5.2　发散球面波与会聚球面波的干涉（Interference of Diverging and Converging Spherical Waves）

如图 1-13 所示，如果一光波从 O_1 辐射出，另一光波会聚于 O_2，即波矢量 $\vec{k}_2$ 不是从点 O_2 指向观察点 P，而是由 P 点指向点 O_2。在这种情况，复振幅 $\vec{A}_2(\vec{r}_2)$ 为

$$\vec{A}_2(\vec{r}_2) = \vec{a}_2(\vec{r}_2)\,\mathrm{e}^{-\mathrm{i}(\delta_2 + kr_2)} \tag{1-72}$$

这样，两波叠加后，干涉条纹的强度分布为

$$I(P) = a_1^2(\vec{r}_1) + a_2^2(\vec{r}_2) + 2\vec{a}_1(\vec{r}_1)\vec{a}_2(\vec{r}_2)\cos[(\delta_1 - \delta_2) - k(r_1 + r_2)] \tag{1-73}$$

设 $\delta_1 - \delta_2 = 0$，那么波峰面和波谷面的公式分别为

$$r_1 + r_2 = m\lambda \tag{1-74}$$

$$r_1 + r_2 = \left(m + \frac{1}{2}\right)\lambda \tag{1-75}$$

由式(1-74)和式(1-75)可知，波峰面和波谷面是旋转椭圆面（ellipsoid）族，并且点 O_1 和 O_2 是这些椭圆的焦点，如图 1-13 所示。

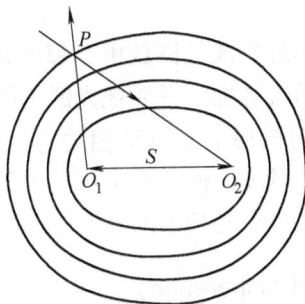

图 1-13　发散球面波与会聚球面波的干涉
(Fig. 1-13　Interference of Diverging and Converging Spherical Waves)

1.5.3　球面波干涉条纹的对比度（Contrast of Interference Fringes of Spherical Waves）

因为两球面波产生干涉时，决定干涉条纹强度的式(1-68)和式(1-73)中的后项包含振幅矢量 $\vec{a}_1$ 和 $\vec{a}_2$ 的标量积，所以干涉条纹的可见度为

$$P = \frac{2\vec{a}_1(\vec{r}_1)\vec{a}_2(\vec{r}_2)}{a_1^2(\vec{r}_1) + a_2^2(\vec{r}_2)}$$
$$= \frac{2\sqrt{a}}{a+1}(\vec{e}_1 \cdot \vec{e}_2) \tag{1-76}$$

式中　$\vec{e}_1$——矢量 $\vec{a}_1$ 方向的单位矢量，$\vec{e}_1 = \vec{a}_1/a_1$；

$\vec{e}_2$——矢量 $\vec{a}_2$ 方向的单位矢量，$\vec{e}_2 = \vec{a}_2/a_2$。

电偶极子是偏振电磁波最简单的振源。电偶极子在作简谐振动时，将辐射单色球面波，并且是线偏振光（linear polarized light），电场强度矢量的振动方向垂直于光传播的方向，并与偶极矩在同一平面上。当观察点到点源的距离远大于对应点源的电偶极子长度时，球面波在非吸收的介质中的振幅可以表示为[7,8]

$$a(\vec{r}) \propto \frac{\sin\phi}{r} \tag{1-77}$$

式中　ϕ——电偶极子轴与矢量 $\vec{r}$ 间的夹角。

根据式（1-77），点源 O_1 和 O_2 都有一方向 $\phi_1 = 0$ 和 $\phi_2 = 0$，沿此方向，没有辐射。在叠加的波振幅矢量相互垂直的空间点，$\vec{e}_1 \cdot \vec{e}_2 = 0$，即条纹可见度为零。在垂直于两光源产生的电场强度矢量的图示平面中（图1-12和图1-13），矢量 $\vec{a}_1$ 和 $\vec{a}_2$ 是平行的，因此 $\vec{e}_1 \cdot \vec{e}_2 = 1$。在该平面内，$\phi$ 总等于 π，这样，对比度可以写作

$$P = \frac{2r_1 r_2}{r_1^2 + r_2^2} \tag{1-78}$$

当 $r_1 = r_2$ 时，式（1-78）有极大值，即干涉条纹的最大对比度靠近 $\overline{O_1 O_2}$ 的中点法线处。在图示平面其他点，对比度小于1。但当距离 r_1 和 r_2 远大于线段 $\overline{O_1 O_2}$ 时，观察点远离点源 O_1 和 O_2，干涉条纹的对比度趋近于1。

1.6　光源的相干性[9~11]　（Coherence of Light Source）

如果光源是普通的热源，如热灯丝或气体放电，那么被辐射的光不能用简单的波表示，它是从不同原子辐射的许多波的随机叠加。只要把光源不同点各分离点源的像都对准，则这种光仍能产生干涉，这就要求两随机相干光束是相关的。干涉仪是光束间相关的最简单例子。虽然相干性是两随机场相关的量度，但这个术语已扩展，应用于光源。如果从光源辐射的所有光束是高度相关的，那么该光源是相干的。

1.6.1　时间相干性（Temporal Coherence）

大多数自然光源的辐射都是分离的辐射体场叠加的结果。按经典理论，每一原子的辐射都是一系列波串（wave trains）的形式，即

$$\vec{E}(t) = \vec{a}_0 e^{-i\phi} e^{-i\omega t} e^{-t/\tau} \tag{1-79}$$

与式（1-28）相比，式（1-79）多一个因子 $\exp(-t/\tau)$，它表明电场强度随时间的增加而减小。这个因子反映了任何原子有限辐射时间的真实情况。实际原子发光，每次只能产生一个波列，波列持续时间的典型值为 10^{-8}s。原子辐射一波串后，再辐射另一波串，后面的波串在初位相和辐射频率两方面都不同于前面的波串，故前后两波串是不相干的。所有受激原子的独立辐射都导致实际光场是上述形式的波串叠加，其位相是独立的、随机的，而且其频率分布可能非常不同，从很宽频带（受热体）到接近单色光（气体放电）。

按傅里叶表达式，一个原子的辐射可以写成单色振动之和，即

$$E_a(t) = \frac{1}{2\pi} \int_{-\infty}^{\infty} f(\omega) e^{-i\omega t} d\omega \tag{1-80}$$

式中　$f(\omega)$——辐射频谱。

如果辐射具有准单色（quasi-monochromatic）性质，即辐射集中在很窄的谱线区内，$\left(\omega_0 - \dfrac{\Delta\omega}{2}\right) < \omega < \left(\omega_0 + \dfrac{\Delta\omega}{2}\right)$，$\Delta\omega < < \omega_0$，那么式（1-80）可以写成

$$E_a(t) = \frac{1}{2\pi}e^{-i\omega_0 t}\int_{-\infty}^{\infty}f(\omega)e^{i(\omega_0-\omega)t}d\omega = A(t)e^{-i\omega_0 t} \tag{1-81}$$

将式（1-81）与式（1-28）比较可知，单色辐射振幅 A 与时间无关，仅与位相有关；而准单色辐射振幅 A 不但是位相的函数，而且是时间的函数，是一瞬时值。

准单色辐射（quasi-monochromatic radiation）的光波干涉遵循什么规律？如果用与式（1-81）一致的原子辐射体代替单色光源置于图 1-12 中 O_1 和 O_2 上，那么 P 点的强度为

$$I(P) = \langle A_1 A_1^* \rangle + \langle A_2 A_2^* \rangle + 2\text{Re}\left\{\left\langle A_1\left(t + \frac{r_1-r_2}{c}\right)A_2^*(t)\right\rangle\right\} \tag{1-82}$$

式（1-82）中的括号 < ＞如同式（1-18）中的一样，表示在平均时间内。当应用任何光探测器时，取时间平均强度是不可避免的，因为响应时间 τ 大大地超过振动周期 $T = \dfrac{2\pi}{\omega}$，所以

$$\langle A(t)A^*(t) \rangle = \lim_{\tau\to\infty}\frac{1}{2\tau}\int_{-\tau}^{\tau}|A(t)|^2 dt \tag{1-83}$$

式（1-82）可以变换为

$$I(P) = I_1(P) + I_2(P) + 2\sqrt{I_1}\sqrt{I_2}\text{Re}\left\{\mu_{1,2}\left(\frac{r_1-r_2}{c}\right)\right\} \tag{1-84}$$

$$\mu_{1,2}\left(\frac{r_1-r_2}{c}\right) = \left\langle\frac{A_1\left(t+\frac{(r_1-r_2)}{c}\right)A_2^*(t)}{\sqrt{I_1}\sqrt{I_2}}\right\rangle$$

式中　I_1——光源 O_1 在点 P 产生的强度；
　　　I_2——光源 O_2 在点 P 产生的强度；
　　　$\mu_{1,2}$——从光源 O_1 和 O_2 到点 P 的光场的时间复相干度（complex temporal coherent degree）。

复相干度是互相关函数（cross-correlation function），它表征了光场空间两点光振动的时间相干性。如果 $|\mu_{1,2}| = 0$，那么从光源 O_1 和 O_2 发出的光波为不相干波，不产生干涉条纹，仅是简单的强度累加；如果 $|\mu_{1,2}| = 1$，那么从光源 O_1 和 O_2 辐射的光波为相干波；如果 $0 < |\mu_{1,2}| < 1$，那么从光源 O_1 和 O_2 发出的光波部分相干。

相干度可以用指数形式表示，即

$$\mu_{1,2} = |\mu_{1,2}|e^{-i\phi} = |\mu_{1,2}|(\cos\phi + i\sin\phi) \tag{1-85}$$

式中　$\phi\left(t, \dfrac{r_1-r_2}{c}\right)$——形式上引入的位相。

准单色点光源形成的干涉条纹可见度为

$$P = \frac{2\sqrt{I_1}\sqrt{I_2}}{I_1 + I_2}|\mu_{1,2}| = \frac{2\sqrt{a}}{a+1}|\mu_{1,2}| \tag{1-86}$$

当 $I_1 = I_2$ 时，$P = |\mu_{1,2}|$。这样，由迈克尔逊干涉仪测得 $I(P)$，求出干涉条纹的对比度后，由式（1-86）就可以求得准单色点光源的时间复相干度。

为了求出可见度为极大值的条件，可以把互相关函数写成

$$\mu_{1,2}\left(\frac{r_1-r_2}{c}\right)=\frac{1}{\sqrt{I_1}\sqrt{I_2}}\frac{\pi}{T}\int_{-\infty}^{\infty}f_1(\omega)f_2^*(\omega)e^{-i\omega\left(\frac{r_1-r_2}{c}\right)}d\omega \tag{1-87}$$

式中 $f_1(\omega)$——光源 O_1 的频谱（spectrum）；

$f_2(\omega)$——光源 O_2 的频谱。

因为频率 ω 是在 $\Delta\omega$ 区内变化，即 $\left(\omega_0-\frac{\Delta\omega}{2}\right)<\omega<\left(\omega_0+\frac{\Delta\omega}{2}\right)$，所以时间复相干度式（1-87）可转化为

$$\mu_{1,2}\left(\frac{r_1-r_2}{c}\right)=\frac{e^{-i\omega_0\left(\frac{r_1-r_2}{c}\right)}}{\sqrt{I_1}\sqrt{I_2}}\frac{\pi}{T}\int_{-\infty}^{\infty}f_1(\omega)f_2^*(\omega)e^{-i(\omega-\omega_0)\left(\frac{r_1-r_2}{c}\right)}d\omega \tag{1-88}$$

由式（1-88）可知，时间复相干度正比于光源光谱分布的傅里叶变换。

如果使式（1-88）中积分不为零，那么必须使

$$(\omega-\omega_0)\left(\frac{r_1-r_2}{c}\right)=\frac{\Delta\omega(r_1-r_2)}{c}<<1 \tag{1-89}$$

因为

$$\omega=\frac{2\pi c}{\lambda}$$

$$\Delta\omega=\frac{2\pi c\Delta\lambda}{\lambda^2}$$

所以，根据式（1-89）可以求出能观察到干涉条纹的光程差（optical path difference）为

$$L_c=|r_1-r_2|<<|r_1-r_2|_0=\frac{\lambda^2}{\Delta\lambda} \tag{1-90}$$

其中，L_c 称为相干长度（coherent length），为了获得可见干涉条纹，光程差（r_1-r_2）不能超过这个值。表征光源辐射的时间相干性的相干时间（coherent time）为

$$\tau=\frac{|r_1-r_2|_0}{c}=\frac{\lambda^2}{c\Delta\lambda} \tag{1-91}$$

相干时间确定了一个干涉波在另一个干涉波后的最大允许位置。当频谱宽度 $\Delta\omega$ 增加时，相干长度减小。白光的相干长度最小，约为 $2\sim3\mu m$，而单纵模的 He-Ne 激光器相关长度理论上可达 $10^4 m$。这就是说，当用白光作光源时，参考光束与测试光束间的光程差不能大于 $3\mu m$，否则看不到干涉条纹。当满足式（1-90）时，相干度 $\mu_{1,2}$ 趋近于 1，干涉条纹的对比度最好。在光程差由零增加到 L_c 的过程中，干涉条纹的对比度逐渐降低。

1.6.2 空间相干性（Spatial Coherence）

干涉条纹的对比度也取决于光源的尺寸。如果用准单色面光源代替准单色点光源时（平均角频率为 ω_0），那么条纹的可见度也将变小。图 1-14 所示为扩展光源的杨氏实验。光源 S_0 在 O_1O_2 区内辐射相干度可以在近轴区评定，即假定光源尺寸和 O_1 到 O_2 的距离，相对于 r_1 和 r_2 都很小。

因为面光源可以被分成 N 个独立的辐射元，每一辐射元直径与辐射平均波长 λ 相比都很小$\left(\lambda=\frac{2\pi c}{\omega_0}\right)$，所以在 O_1 和 O_2 点的电场强度是各面元独立作用之和。设面元 ds_m 在点 O_1 和 O_2 处电场强度分别为

$$E_{m_1}(t) = A_m\left(t - \frac{r_{m_1}}{c}\right)\frac{1}{r_{m_1}}\mathrm{e}^{-\mathrm{i}\omega\left(t - \frac{r_{m_1}}{c}\right)}$$

$$E_{m_2}(t) = A_m\left(t - \frac{r_{m_2}}{c}\right)\frac{1}{r_{m_2}}\mathrm{e}^{-\mathrm{i}\omega\left(t - \frac{r_{m_2}}{c}\right)} \qquad (1-92)$$

式中　A_m——面元 $\mathrm{d}s_m$ 辐射复振幅；

　　　r_{m_1}——面元 $\mathrm{d}s_m$ 到 O_1 的距离；

　　　r_{m_2}——面元 $\mathrm{d}s_m$ 到 O_2 的距离。

那么面光源 S_0 在点 O_1 和 O_2 处引起的电场强度分别为

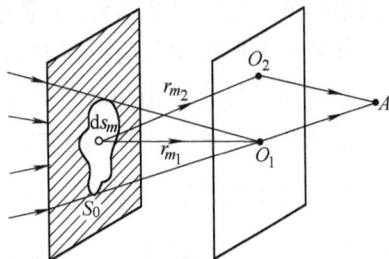

图 1-14　扩展光源的杨氏实验
（Fig. 1-14　Young'Interference
Experiment with Extended Light Source）

$$E_1(t) = \sum_{m=1}^{N} E_{m_1}(t)$$

$$E_2(t) = \sum_{m=1}^{N} E_{m_2}(t) \qquad (1-93)$$

从光源 S_0 到达点 O_1 和 O_2 光场的互相关函数为

$$\langle E_1(t)E_2^*(t)\rangle = \sum_m \langle E_{m_1}(t)E_{m_2}^*(t)\rangle + \sum_{m \neq n}\sum \langle E_{m_1}(t)E_{n_2}^*(t)\rangle \qquad (1-94)$$

设由光源不同面元引起的光振动是互不相干的，那么当 $m \neq n$ 时，平均值为零，即

$$\langle E_{m_1}(t)E_{n_2}^*(t)\rangle = 0$$

$$\langle E_1(t)E_2^*(t)\rangle = \sum_m \langle E_{m_1}(t)E_{m_2}^*(t)\rangle$$

$$= \sum_m \left\langle A_m\left(t - \frac{r_{m_1}}{c}\right)A_m^*\left(t - \frac{r_{m_2}}{c}\right)\right\rangle \frac{\mathrm{e}^{\mathrm{i}\omega\left(\frac{r_{m_1}-r_{m_2}}{c}\right)}}{r_{m_1}r_{m_2}} \qquad (1-95)$$

因为光程差（$r_{m_1} - r_{m_2}$）比光的相干长度小得多，所以可以忽略 A_m^* 中自变量的延迟项 $(r_{m_1} - r_{m_2})/c$。$\langle A_m(t)A_m^*(t)\rangle$ 表征光源面元 $\mathrm{d}s_m$ 的辐射强度。在实际情况中，都可以假定光源面元总数很大，以致可把光源看成是连续的。用 $I(s)$ 表示光源单位面积的强度，即 $I(s_m)\mathrm{d}s_m = \langle A_m(t)A_m^*(t)\rangle$，式（1-95）变为

$$\langle E_1(t)E_2^*(t)\rangle = \int_s I(s)\frac{\mathrm{e}^{\mathrm{i}k(r_1-r_2)}}{r_1 r_2}\mathrm{d}s \qquad (1-96)$$

按复相干度定义，面光源的空间复相干度（complex spatial coherent degree）可表示为

$$\mu_{1,2} = \frac{1}{\sqrt{I(O_1)}\ \sqrt{I(O_2)}}\int_s I(s)\frac{\mathrm{e}^{\mathrm{i}k(r_1-r_2)}}{r_1 r_2}\mathrm{d}s \qquad (1-97)$$

式中　$I(O_1)$——面光源作用在点 O_1 的强度，$I(O_1) = \int_s \dfrac{I(s)}{r_1^2}\mathrm{d}s$；

　　　$I(O_2)$——面光源作用在点 O_2 的强度，$I(O_2) = \int_s \dfrac{I(s)}{r_2^2}\mathrm{d}s$。

式（1-97）为已简化的基尔霍夫-菲涅耳的衍射积分。由式（1-97）可知，空间复相干度正比于光源强度分布的傅里叶变换。

扩展光源的复相干度描述了被一扩展的准单色光源照明的平面上，固定点 O_1 和可变点 O_2 的振动相关程度，在数值上它等于中心点在 O_1 的某个衍射图样相应邻近点 O_2 的规化复振幅分布。如果用同样尺寸和形状的衍射孔代替光源，并用会聚在 O_1 点的球面波照明该孔，那么通过孔的球面波的整个波前的振幅分布正比于整个光源的振幅分布，就能获得式（1-97）

的衍射图样。这就是范西特-泽尼克（Van Cittert - Zernike）定理。

如果辐射源是均匀的，即 $I(s) =$ 常数，那么有可能通过研究恒定振幅的球面波，经在尺寸和形状都与光源相同的孔径上的衍射，来评价其辐射的相干度。在近轴区，复相干度 $\mu(O_1O_2)$ 正比于描绘了光源形状函数的傅里叶变换。

根据上面的论述可以表明，角半径为 $\beta = \dfrac{b}{r_1}$ 的均匀单色光源（b 为辐射源半径）的实际相干照明（$|\mu_{1,2}| \geqslant 0.8$）直径为 $0.2\lambda/\beta$。当估计干涉和衍射所需光源的大小时，这个结果是有用的。光源越大，相干照明面积越小。因此在干涉仪中，为了得到较大的相干照明直径（diameter of coherent illumination），常用聚光镜（condenser）把光源聚焦在小孔光阑上。在中心为 O_1、直径为 $1.22\lambda/\beta$ 的圆周上，$|\mu_{1,2}|$ 值减小到零，即空间不相干。形成可见干涉条纹的照明最大相干直径（coherent diameter）一般可写为

$$d = \frac{\lambda}{\beta} = \frac{\lambda}{b/r_1} \tag{1-98}$$

准单色面光源形成的干涉条纹对比度可用式（1-86）表示，只是复相干度由式（1-97）计算。如果 $I_1 = I_2$，那么对比度为

$$P = |\mu_{1,2}| \tag{1-99}$$

这样，由杨氏双缝实验可以测定准单色面光源的空间相干度。

图 1-15 所示为几种光源干涉条纹的对比度。图 1-15a 所示为激光光源，对比度 $P = 1$；图 1-15b 所示为扩展光源，对比度 $P = 0.2$；图 1-15c 所示为复色扩展光源，对比度是坐标原点函数。

由式（1-98）也可确定辐射源的尺寸（即半径）为

$$b = \frac{\lambda}{d/r_1} = \frac{\lambda}{\alpha} \tag{1-100}$$

在干涉仪中，分束器把一个面光源发出的光分成两束，即形成两个光源；合成器又把两束光叠加在一起，其干涉场的大小可由干涉不变量确定（即式（1-101）），如图 1-16 所示，图中 e 是干涉条纹的宽度，b 为光源临界宽度。为提高条纹对比度，可取 b 的 1/4。

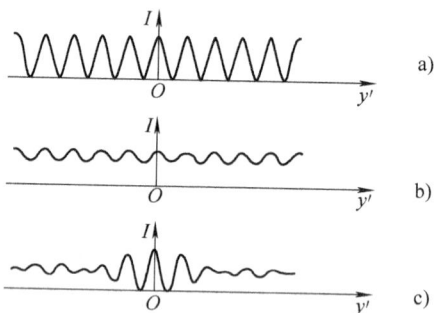

图 1-15 几种光源干涉条纹的对比度
(Fig. 1-15 Contrast of Several Light Sources)

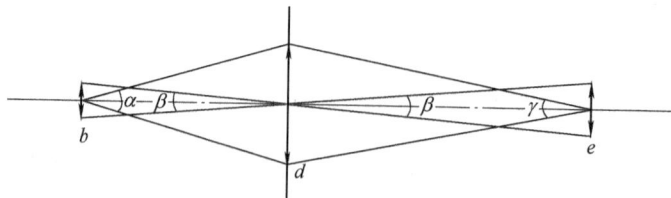

图 1-16 干涉不变量
(Fig. 1-16 Interference Invariant)

$$\lambda = b\alpha = d\beta = e\gamma \tag{1-101}$$

例1-3 设泰曼-格林干涉仪中 He-He 激光器的波长为 $0.6328\mu m$，接收器 CCD 为 1/2in

（1in = 0.0254m），若在 CCD 上接收到 10 个条纹，问参考光束和测试光束的夹角为多大？

解 1/2inCCD 的对角线长 8mm，即最大干涉场是 8mm，干涉条纹宽度为 0.8mm，由此可计算参考光束和测试光束的夹角应小于

$$\gamma = \frac{\lambda}{e} = \frac{0.6328\mu m}{800\mu m} = 0.000791 rad = 2.7'$$

计算结果表明在泰曼-格林干涉仪中，参考光束和测试光束的两光源应尽量重合，使两光束的夹角小于 2.7′，因此必须严格调校。由式（1-55）可知，当参考光束和测试光束两光束的夹角小时，可增大干涉条纹的定域区，有利于确定记录干涉条纹的接收器的位置。

例1-4 设半导体泵浦 YAG 倍频激光器的波长为 0.532μm，光束直径为 1.2mm，问光束发散角为多大？经准直扩束后要求光束的光斑亮度均匀，直径为 30mm，根据干涉不变量试求光束的发散角？设准直扩束的针孔直径为 15μm，则准直透镜的焦距至少为多大？

解 1）由 $\lambda = b\alpha$，可得

$$0.532\mu m = 1200\mu m\alpha$$

则

$$\alpha = 0.00044 rad = 1.48'$$

2）由干涉不变量知

$$\lambda = d\beta$$

代入已知数据得

$$0.532\mu m = 30000\mu m\beta$$

则

$$\beta = 0.000018 rad = 3.55''$$

准直透镜焦距为

$$f = \frac{d}{\gamma} = \frac{0.015mm}{0.000018 rad} = 833mm$$

1.7 对干涉仪元件的一般要求[12]（General Requirements for Interferometer Elements）

由两平面波或两球面波形成的空间干涉图的特性可确定对干涉仪元件和辐射源（radiation source）的一般要求，以及确定对记录干涉图（interferogram）的介质和仪器的要求。

干涉条纹的空间频率（spatial frequency of interference fringe）是两干涉波会聚角的函数（式（1-46）），该空间频率确定了对记录介质空间分辨能力的要求。尤其在应用照相记录时，照相胶层分辨能力必须满足式（1-46）。

由光源单色性决定的时间相干性确定了两相干波允许的光程差，因此在安排干涉仪的光路时必须满足式（1-90）。

为了观察干涉条纹，无论光源辐射较窄的频谱带 Δλ，还是辐射较宽的频谱带都没有关系，带宽 Δλ 由所选择的探测器决定。对后一种情况，探测器的光谱分辨能力必须满足式（1-91）的要求。

光源频率间的差别决定干涉条纹位移的速度，因此也决定对探测器时间分辨能力的要求。为了保证记录，必须在干涉条纹位移不超过空间周期几分之一时记录它。实际上，不同频率波的干涉是常遇到的情况。例如，全息装置或干涉装置分离部件的变形或振动、干涉仪反射镜的位移或当记录运动物体的全息图（hologram）时，所有这些情况都会由于多普勒效

应而产生波频位移，而且能观察到干涉条纹移动。因此，为了记录运动的干涉条纹，探测器的时间分辨力应满足式(1-65)的要求，使条纹位移不超过空间周期的几分之一时把条纹记录下来。

两相干波的空间相干性决定了形成可见干涉图的空间区域。因此，在应用扩展光源时，必须满足式(1-98)的要求。为使对比度较好，一般取相干照明直径为 $0.2\lambda/\beta$。

干涉条纹对比度由两束相干光的强度比（式(1-50)）、偏振平面的相互方向（式(1-76)）、光源的时间相干性（式(1-90)）和空间相干性（式(1-98)）所决定。为了使探测器记录干涉条纹，对比度应有一个最小的极限，低于该极限，则探测器不能分辨条纹。显然，这个值不仅取决于探测器的性质、光源 O_1 和 O_2 的功率，也取决于稳定性所决定的噪声大小。为了获得较高的对比度，由式(1-76)、式(1-50)和式(1-90)得出，两束相干光的偏振方向应该相同，光强应相等，且光程相等。

本章习题（Exercises）

1-1　什么叫平方律探测器？举出两个实例。

1-2　同频率的两个平面波形成的干涉条纹的特点是什么？

1-3　如何确定同频率的两个平面波形成的干涉条纹的方向？如何确定单色平面波形成的干涉条纹的频率？

1-4　如何提高干涉条纹的对比度？

1-5　如果半导体激光器的波长为 $0.532\mu m$，CCD 的像束尺寸是 $10\mu m$，参考光束和物光束间的最大夹角是多少？

1-6　什么叫拍频？什么叫拍频波长？写出其表达公式。

1-7　不同频率的两个平面波形成的干涉条纹的特点是什么？

1-8　什么叫时间相干度？如何测量时间相干度？

1-9　什么叫空间相干度？如何测量空间相干度？

1-10　满足时间相干度的最大相干长度是多少？白光的相干长度大约是多少？

1-11　设 He-Ne 激光器的波长为 $0.6328\mu m$，发散角为 $1'$，满足空间相干度的最大相干直径是多少？

1-12　如何提高空间相干度？给出装置图并说明各元部件的作用。

1-13　什么叫干涉不变量？写出公式并说明。

1-14　欲用光学的方法制作一个正弦光栅，其光栅常数 d 是 $0.01mm$，照明光的波长为 $0.55\mu m$，如何安排干涉仪的光路？

本章术语（Terminologies）

牛顿环	Newton ring
波动光学	wave optics
衍射光束	diffraction light beam
空间频率	spatial frequency
量子光学	quantum optics
测试灵敏度	measuring sensitivity
测试精度	measuring precision

干涉仪	interferometer
全息	holography
单色光波	monochromatic light wave
各向同性介质	isotropic medium
波前	wave front
折射率	refractive index
相速	phase speed
振幅矢量	amplitude vector
位相	phase
探测器	detector
波矢量	wave vector
平面波	plane wave
球面波	spherical wave
波振幅复矢量	complex vector of wave amplitude
复振幅	complex amplitude
干涉条纹	interference fringe
波峰	wave crest
波谷	wave valley
分束器	beam splitter
频谱	spectrum
分辨率	resolving power
可见度	visibility
衰减片	attenuator
偏振片	polarizer
杂散光	stray light
数字滤波	digital filtering
数字干涉仪	digital interferometer
剪切	shearing
离焦	defocus
位移	displacement
视差	parallax
定域面	localized plane
单色点光源	monochromatic point source
扩展光源	extended light source
强度波	intensity wave
激光	laser
拍频	beat frequency
相长干涉	constructive interference
相消干涉	destructive interference
双曲面	hyperboloid
椭圆面	ellipsoid
线偏振光	linearly polarized light
波串	wave trains

准单色辐射	quasi-monochromatic radiation
互相关函数	cross-correlation function
时间复相干度	complex temporal coherent degree
光程差	optical path difference
相干长度	coherent length
相干时间	coherent time
空间复相干度	complex spatial coherent degree
相干照明直径	diameter of coherent illumination
聚光镜	condenser
干涉不变量	interference invariant
光斑	spot
辐射源	radiation source
干涉图	interferogram
干涉条纹的空间频率	spatial frequency of interference fringe
全息图	hologram

参考文献（References）

[1] 马科斯·玻恩，埃米尔·沃耳夫. 光学原理：上册 [M]. 杨葭荪，等译. 北京：电子工业出版社，2005.

[2] 兰斯别尔格. 光学：上册 [M]. 王鼎昌，译. 北京：高等教育出版社，1956.

[3] 母国光，战元令. 光学 [M]. 北京：人民教育出版社，1979.

[4] C. M. Vest. Holographic Interferometry. John Wiley & Sons [M]. New York：Chichester Brisbane Toronto，1979.

[5] W. H. Steel. Interferometry [M]. Cambridge，1983.

[6] 考洛米佐夫. 干涉仪的理论基础及应用 [M]. 李承业，等译. 北京：技术标准出版社，1982.

[7] 孙柏忠. 物理光学：上册 [M]. 武汉：华中理工大学出版社，1989.

[8] Yu. I. Ostrovsky. Interferometry by Holography [M]. Springer-Verlag Berlin Heidelberg New York，1980.

[9] 马科斯·玻恩，埃米尔·沃耳夫. 光学原理：下册 [M]. 杨葭荪，等译. 北京：电子工业出版社，2006.

[10] 王之江. 光学技术手册 [M]. 北京：机械工业出版社，1987.

[11] W. H. Steel. Interferometry [M]. Cambridge，1983.

[12] 王文生. 干涉测试技术 [M]. 北京：兵器工业出版社，1992.

第2章 单频干涉术
（Chapter 2 Mono-frequency Interferometry）

单频干涉术应用较广，尤其是双光束单频干涉仪，被广泛地应用于许多领域。其主要应用有：

1）根据干涉条纹的形状，研究反射表面的面形或系统的波面形状，以及折射率的分布、应力场（stress field）的分布等。

2）根据干涉条纹的位移，研究物体的长度、位移和平行度（parallelism）等。

3）根据干涉条纹的对比度变化，研究光源辐射的频谱成分。

2.1 干涉仪及其分类 （Interferometer and Classification）

干涉仪一般都是把一束光分为两束，经不同的光路——参考光路和测试光路，然后再聚合，在其重叠区域产生干涉图。

干涉仪通常按干涉光束的数目和分束方式分类。按干涉光束的数目可分为单光束干涉仪和双光束干涉仪。按分束的方式，干涉仪分为分波前干涉仪（wave-front division interferometer）和分振幅干涉仪（amplitude division interferometer）。如图 2-1 所示，分波前干涉仪的相干光束是由原始波前的不同部分形成，分振幅干涉仪是整个原始波前都参与形成每一相干波。

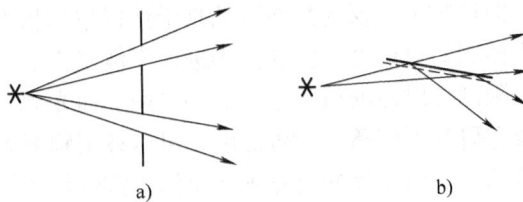

a)   b)

图 2-1 波的分束

（Fig. 2-1 Beam-splitting of Light）

a）分波前法　b）分振幅法

（a）Wave-front Division　b）Amplitude Division）

2.1.1 分波前双光束干涉仪 （Double-beam Interferometer with Wave-front Division）

最简单的分波前双光束干涉仪是杨氏干涉仪，如图 1-1 中所示。几种典型的分波前双光束干涉仪如图 2-2 所示。

在这些干涉仪中，两相干光束重叠区产生干涉条纹（图中阴影部分）。瑞利干涉仪和迈克尔逊星体干涉仪必须用附加透镜把分开的光束再聚合在一起，而在其他装置中，同一器件既被用于分束，又被用于把分开的光束再聚合。

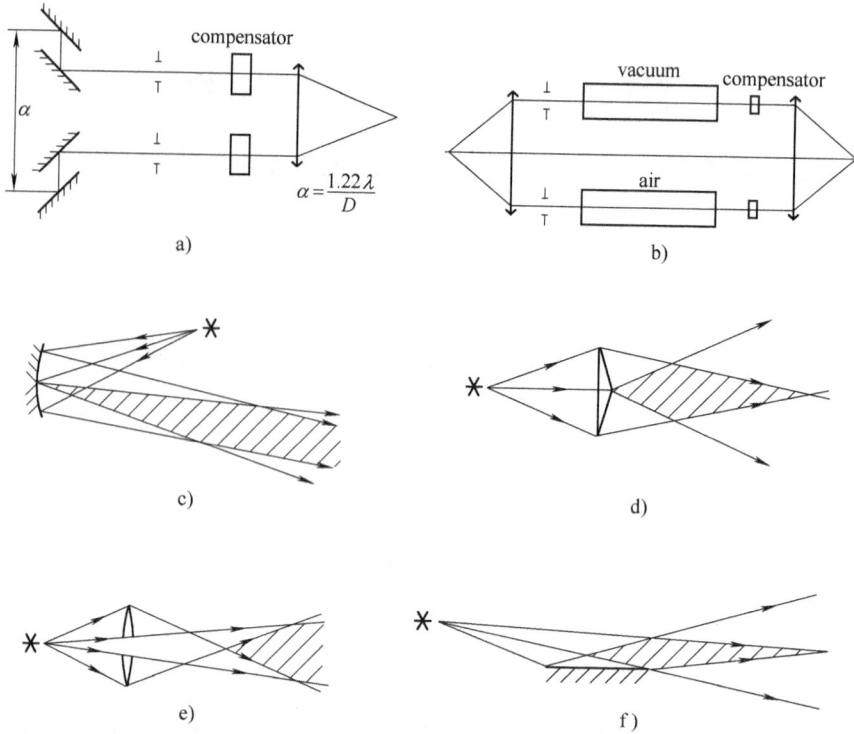

图 2-2　分波前双光束干涉仪

（Fig. 2-2　Double-beam Interferometer with Wave-front Division）

a）迈克尔逊星体干涉仪　b）瑞利干涉仪　c）菲涅耳双反射镜　d）菲涅耳双棱　e）伯莱特分离透镜　f）洛埃反射镜

（a）Michelson Stellar Interferometer　b）Rayleigh Interferometer　c）Fresnel's Double Mirrors

d）Fresnel's Biprism　e）Billet Split Lens　f）Lioyd Mirror）

　　尽管分束元件不同，但这些干涉仪的共同特征是干涉仪中的相干光束是从原始波前的不同部分发出的。因此，干涉图的对比度主要取决于进入干涉仪光的空间相干性。为了获得高对比度的干涉条纹，必须限制辐射源的角尺寸。如果采用普通光源，那就意味着减小干涉条纹的强度。另一方面，通过研究干涉条纹的对比度，可以评定辐射源的空间相干性。杨氏干涉仪广泛地应用于这一目的，专门设计的迈克尔逊星体干涉仪用于根据光源发出光的相干性来确定星体的角尺寸。

　　分波前干涉仪能产生非定域的干涉图，在两光束交叠区内都能观察到干涉条纹。

2.1.2　分振幅双光束干涉仪（Double-beam Interferometer with Amplitude-division）

　　分割振幅可以通过半反射镜（half mirror）实现，也可以用偏振棱镜（polarized prism）（双折射晶体）和衍射光栅（diffractive grating）（光栅本身也是具有分割波前的多光束干涉装置）实现。图 2-3 所示为几种应用最广的分振幅双光束干涉仪。图 2-3a 所示为最简单的平板干涉仪，通过平板上下表面反射光的干涉可以测定平板的楔度和表面面形，在透镜的焦平面上可以观测到等倾干涉条纹。图 2-3b 所示为迈克尔逊干涉仪（Michelson interferometer），当用白光光源时，必须有补偿板。图 2-3c 所示为著名的雅敏干涉仪（Jamin interferometer），入射光经过第一块平行平面玻璃板被分束，再经厚度和折射率都与第一块平板相同，并与第一块平板严格平行的第二块玻璃板后又聚合在一起，产生干涉。如果在两支光路中分别放入两长度相等的玻璃管（或石英管）可以测量气体或液体的折射率。图 2-3d 所示为马赫-曾德尔干涉仪（Mach-Zehnder interferometer），其两支相干光可以分得较远，在空气动力学中可以研究流体折射率变化、应力场分布等。图 2-3e 所示为双折射干涉仪（birefringent interferometer），常用石英晶体或分解石等双折射材料制成平板或棱镜，光束经第一个双折射元件后分为振动方向互相垂直的两束光，经第二个双折射元件后使两偏振光又重新在一个平面内振动。这种结构可以制成生物干涉显微镜。图 2-3f 所示为衍射光栅干涉仪。

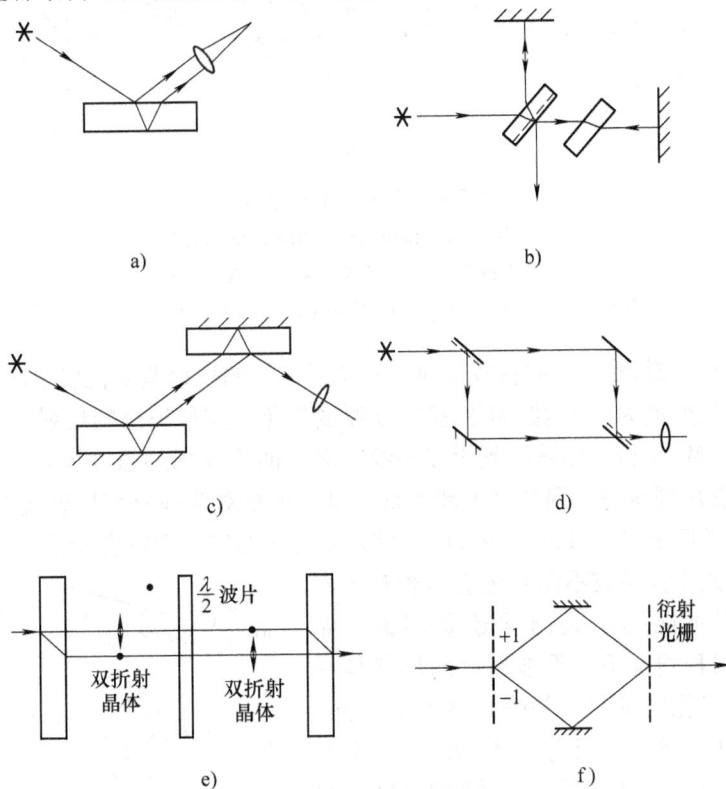

图 2-3　分振幅双光束干涉仪

（Fig. 2-3　Double-beam Interferometer with Amplitude Division）

a）平板干涉仪　b）迈克尔逊干涉仪　c）雅敏干涉仪　d）马赫-曾德尔干涉仪　e）双折射干涉仪　f）衍射光栅干涉仪

（ a）Interferometer of Plane Parallel Plate　b）Michelson Interferometer　c）Jamin Interferometer

d）Mach-Zehnder Interferometer　e）Birefringent Interferometer　f）Diffraction Grating Interferometer）

分振幅干涉仪的特点是它允许应用扩展光源来获得高对比度的干涉图。但当应用扩展光源时，不能在整个光束重叠区域观察到高对比度的干涉条纹，只能在光源同一点沿着同一方向发出的光线交叉处观察到条纹，即是定域干涉条纹。

2.2　波前形状的研究（Researching of Wavefront Shape）

2.2.1　泰曼-格林干涉仪（Twyman-Green Interferometer）

利用泰曼-格林干涉仪，可以研究反射或透射光学元件的面形或波面形状。为了研究反射镜表面面形或与平面镜的偏差，反射镜被放在干涉仪的一支光路中，即测试光路中（图2-4a），光波从被研究的反射镜反射后，变形的平面波与从参考反射镜反射的标准平面波干涉，形成干涉条纹。

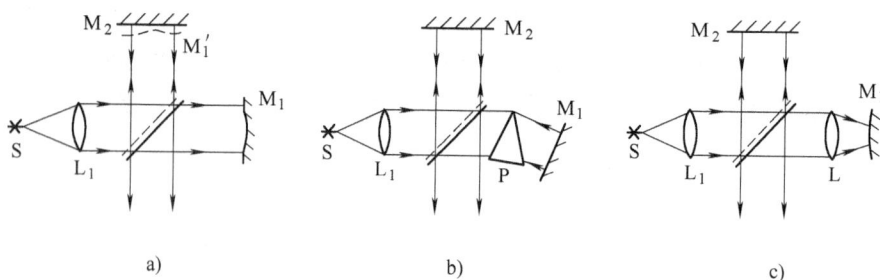

图 2-4 泰曼-格林干涉仪

（Fig. 2-4   Twyman-Green Interferometer）

a）反射镜测量   b）棱镜测量   c）透镜测量

（ a ）Mirror Measurement   b）Prism Measurement   c）Lens Measurement）

当光源足够小，透镜 L_1 的质量较高时，整个干涉场的位相差变化仅取决于反射镜 M_2 和被分束镜重现的反射镜 M_1 的虚像 M_1' 间空气楔厚度变化。如果被检的反射镜 M_1 有一理想的表面，而且 M_1' 与 M_2 平行，则看不到干涉条纹，对应的干涉场的强度恒定，如果反射镜 M_1 相对平面镜 M_2 有局部偏差，则产生干涉条纹。每一条纹对应被研究反射镜的一系列点，对这些点，空气楔的厚度是一样的。相邻的干涉条纹对应的空气楔厚度变化为半个波长。

然而，这样的干涉条纹不能确定表面相对平面的偏离方向，即不能判定是凸面还是凹面。如图 2-5 所示，在两种情况下，干涉条纹的形状是一样的。为了确定变化的形状，并确定变形的方向，当干涉仪被调校后，使一个干涉波面相对另一个干涉波面倾斜。这样，如果被研究的反射镜 M_1 表面是理想的平面，则干涉场是平行等间隔的直条纹，条纹的频率由两束光间的夹角决定。如果被研究的表面与平面有偏差，就将导致条纹的位移和变形，对于凸面和凹面的条纹，其弯曲的方向是不同的。如图 2-5 所示，参考反射镜在虚线位置，干涉条纹如图 2-5b 所示，不能区分凸面和凹面；若使参考镜微转一个角度，如图 2-5a 实线位置，凸面和凹面干涉条纹的弯曲方向不同，如图 2-5c 所示。根据干涉条纹的移动方向，可以判定楔角方向。判读的方法是：空气楔的光程差增大时，干涉条纹向干涉级低处移动；空气楔的光程差减小时，干涉条纹向干涉级高处移动。

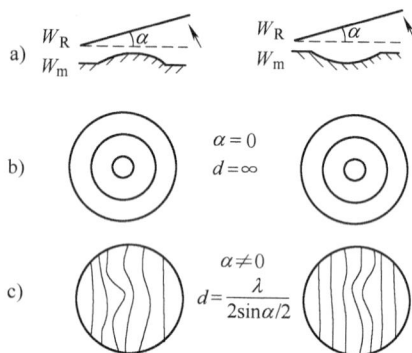

图 2-5   反射镜面形的研究

（Fig. 2-5   Researching of the Shape of Reflective Mirror）

a）反射镜面形   b）无限宽度条纹

c）有限宽度条纹

（ a ）Profile of mirror   b）Fringes with Infinite Width

c）Fringes with Finite Width）

图 2-5c 所示的干涉图称为有限宽度干涉图。在这种情况下，参考波与测试波间夹角为

α，条纹的宽度为

$$d = \frac{\lambda}{2\sin\dfrac{\alpha}{2}} \qquad (2\text{-}1)$$

图 2-5b 所示的干涉图称为无限宽度干涉图。在这种情况下，参考波面与测试波面夹角为零，条纹的宽度为无限大。根据有限宽度干涉图可以确定平面镜变形的方向。

图 2-6 所示为当参考平板绕左侧轴线微向上倾斜时对应的凸和凹干涉图，图 2-6a 所示为平面镜带有局部凹下缺陷对应的情况，图 2-6b 所示为平面镜带有局部凸起缺陷对应的情况。对于给定的干涉条纹，两平面间的间隔是恒定的。被测表面误差由图 2-6 用下式表示

$$\text{高度误差} = \frac{\lambda}{2}\frac{\Delta}{d} \qquad (2\text{-}2)$$

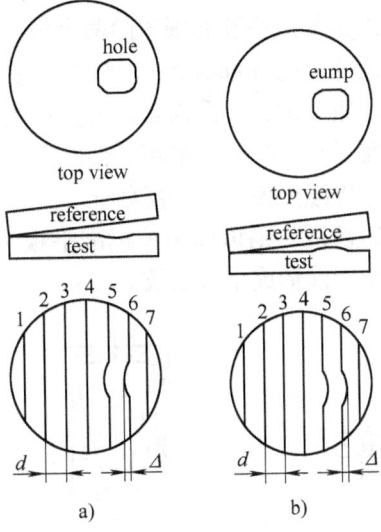

图 2-6 带有局部凸和凹平面反射镜干涉图

（Fig. 2-6 Interferograms of Plane Mirror with Local Concave and Convex Surfaces）

a）带有局部凹平面反射镜 b）带有局部凸平面反射镜

（a）Plane Mirror with Local Concave Surface b）Plane Mirror with Local Convex Surface）

除了平面镜，其他光学元件，如球面镜（spherical mirror）、透明平板（transparent plane parallel plate）、望远系统（telescope）和透镜也可以在泰曼-格林干涉仪上进行研究。

如果被研究的是棱镜，那么由于测试光路两次通过棱镜，波前的倾斜被对应的倾斜反射镜完全补偿（图 2-4b）。干涉图的形状给出测试波面与理想平面波的偏差，这种偏差是由于棱镜表面的制造误差和棱镜材料折射率的不均匀性引起的。

当在泰曼-格林干涉仪中研究透镜成像质量时，如图 2-4c 所示，用标准球面反射镜代替平面反射镜。当研究球面反射镜的面形时，应把一理想的标准透镜放在测试光路中，使由标准透镜出射的理想球面波经被测球面自准反射后，再通过标准透镜，又形成平面波。

做干涉检验时，仪器的系统误差（未放入被检件时，仪器呈现的系统误差）会叠加在被检件的误差上，造成判读的困难。因此，仪器的各光学元件应有较高的质量，一般 PV 值不大于 $\lambda/10$；被研究的元件必须有规则的形状，如球面、平面和二次曲面。

其他透明的位相非均匀体，如气流、漩涡、振动波和火焰等可以用类似的方法进行研究。当然，这样的研究一般在马赫-曾德尔干涉仪上进行。与泰曼-格林干涉仪不同，在马赫-曾德尔干涉仪中，测试光路仅通过研究的物体一次，因此，测试精度降低一半。但是马赫-曾德尔干涉仪可通过倾斜反射镜使条纹的定域与被研究的物体重合。

2.2.2　斐索干涉仪（Fizeau Interferometer）

斐索干涉仪主要用于检验平面或球面形状的正确性，也可以用它来测量量规（gauge）的长度及平行平板的楔度（wedge angle）。图 2-7a 所示为透射式的斐索干涉仪光路图。单色光被聚光镜（condenser）2 会聚在小孔光阑（aperture stop）3 上，小孔光阑 3 位于准直物镜（collimating lens）6 的焦平面上。从准直物镜 6 出射的平行光束，经过带有楔度的标准平板 7 的下表面（标准平面）和被测零件 8 的上表面反射回来，再通过准直物镜 6 和半反射平板 4 在目镜（eyepiece）5 的焦平面上形成小孔光阑 3 的两个像。若倾斜放置被测零件 8 的工作台，可使两像重合。如果用望远放大镜（magnifier）代替目镜 5，就可以在被测零件 8 的上表面看到等厚干涉条纹，也可以用眼睛在小孔像重合处直接观察。

标准平板 7 应做成微小楔度（1°~2°）的平板，使其上表面的反射光束不能进入目镜视场。被测件的下表面应涂油脂，以减少该表面的反射光。

如果要检验平行平板玻璃的楔度，则可以去掉标准平板 7，把被测平板放在工作台上，经平板上下两表面反射的两束光干涉形成干涉条纹。

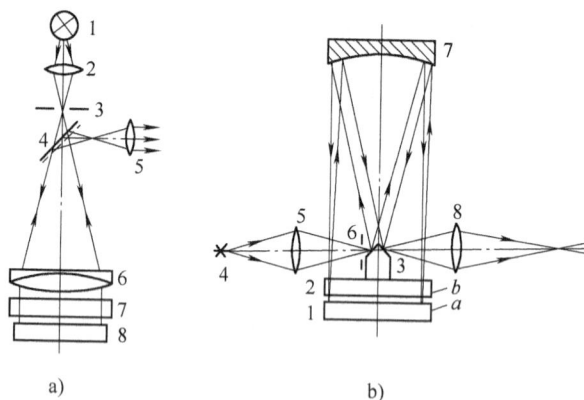

图 2-7　斐索干涉仪

（Fig. 2-7　Fizeau Interferometer）

a）透射式物镜

a）Refractive Objective

1—光源　2—聚光镜　3—小孔光阑　4—半反射平板　5—目镜　6—准直物镜　7—标准平板　8—被测零件

1—Light Source　2—Condenser　3—Aperture Stop　4—Half Mirror　5—Eyepiece
6—Collimating Lens　7—Standard Plane Parallel Plate　8—Tested Element

b）反射式物镜

b）Reflective Objective

1—被检元件　2—标准平板　3—小棱镜　4—单色光源　5—聚光镜　6—小孔光阑　7—球面反射镜　8—物镜

1—Tested Element　2—Standard Plane Parallel Plate　3—Small Prism　4—Monochromatic Light Source
5—Condenser　6—Aperture Stop　7—Spherical Mirror　8—Objective

由于制造大口径透射式物镜比较困难，因此在检验表面直径较大的平面镜面形时，采用反射式物镜斐索干涉仪，其光学系统如图 2-7b 所示。被检元件 1 放在工作台上，上面有标准平板 2，在标准平板的非工作表面上，固定一块带有两个反射棱面的小棱镜 3，从单色光源 4 发出的光束，经聚光镜 5 会聚在小孔光阑 6 上，小孔光阑 6 位于球面反射镜 7 的焦平面上，发散光束经小棱镜 3 的第一个棱面和球面反射镜 7 的反射，形成平行的宽光束，照射到被检表面 a 上，其入射光束与表面 a 有一较小的倾角。这样，从被检元件 1 表面 a 和从标准平板 2 表面 b 反射的光束再经过球面反射镜 7，汇聚到小棱镜 3 的第二个棱面，经反射到达观察物镜 8，再用望远放大镜观察干涉条纹。

该系统测试范围大，干涉条纹的亮度比透射式物镜斐索干涉仪约高 4 倍；但对振动较敏感，中央固定棱镜区无法测量。

2.2.3　复杂表面形状的检验[1]（Testing of Complex Surface Shape）

检验复杂形状的旋转表面是比较困难的，其可能的方法之一是采用补偿物镜（compensator）。在泰曼-格林干涉仪的测试光路中，放入补偿物镜和被检零件。补偿物镜经过计算，使入射到它上面的平面波变换成与被检表面理论形状相同的波面。这样，从补偿物镜发出的全部光束沿被检表面的法线方向入射。如果被检表面的形状是理想的，那么反射光按原路返回，通过补偿透镜重新变换成平面波，并与参考平面波干涉；如果被检表面的形状与理想形状有偏差，那么可以根据干涉条纹的部位和形状确定被检表面的形状。

因为补偿物镜有很大的计算像差（aberration），以致不能对它进行测量，也不能对物镜的装配质量进行检验，所以对补偿物镜的基本要求是结构简单，以便可以分开单块检验。在某些情况下，这种要求是可以实现的，图 2-8 所示为苏联布略也夫（Д·Т·пуряев）设计的检验凹椭圆面的补偿物镜。它包括一块普通物镜和一块平凸透镜。普通物镜已很好地消除了球面像差。平凸透镜应这样放置，即使其球面的曲率中心与普通物镜的后焦点 F' 重合。被检椭圆面的中央部分的曲率中心 C_0 与近轴像点 F'

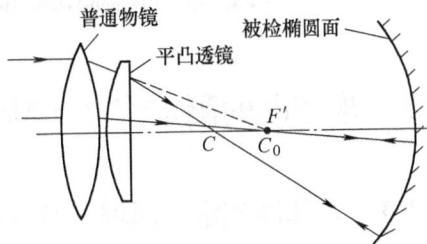

图 2-8　检验凹椭圆面的补偿物镜

（Fig. 2-8　Compensator of Testing Concave Ellipsoid）

刚好重合。计算表明，这时全部光束几乎都沿被检表面的法线方向入射。例如，被检表面边缘部分的曲率中心 C 与物镜边缘光线的像点 F' 重合。

干涉条纹的形状不仅取决于被检表面相对规定形状的偏差，而且取决于被检表面的安装误差。安装误差分为两种，即偏心误差（eccentric error）和调焦误差（focusing error）。偏心误差是指被测表面在垂直物镜光轴方向的偏移，它使看到的干涉环不对称。因此，偏心可以很方便地消除。调焦误差是指表面沿光轴方向的位移，干涉环仍保持对称，由此产生表面轮廓图（contour map）误差，但可在测量结果中予以消除。

普通的非球面补偿镜（aspheric compensator）只能补偿一个被检非球面，或只能补偿该非球面的增量。图 2-9 所示为泰曼-格林干涉仪及准万能补偿镜，利用该准万能补偿镜可以在很大的范围内补偿各种抛物面、双曲面和椭球面。其原理是在标准透镜后加一透镜组，即准万能补偿镜，其由三个透镜组成，由于第二个透镜的第一面是平面，可以利用平面反射的准直光调校准万能补偿镜的前焦点与标准透镜的后焦点重合，使准万能补偿镜沿光轴平移，可使补偿镜的出射光光波产生所需要的被检非球面波前，移动距离可按被检非球面的口径和其近轴半径计算出，补偿精度可达 $\lambda/20$（详见王文生国家发明专利 LZ200510098278.8）。

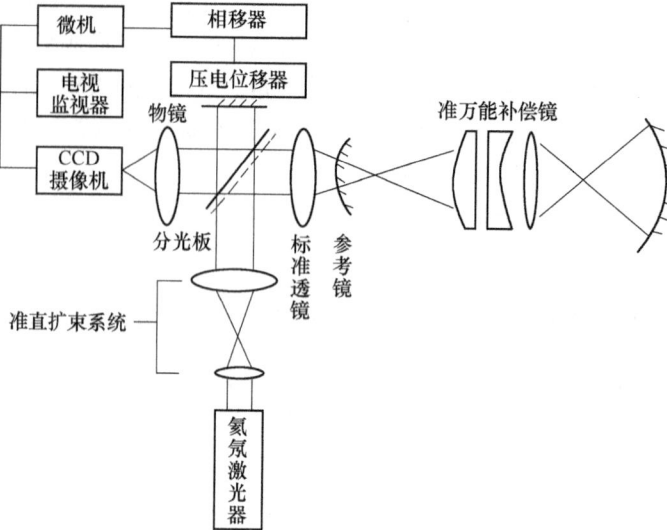

图 2-9 泰曼-格林干涉仪及准万能补偿镜

（Fig. 2-9 Twyman-Green Interferometer and Quasi – universal Compensator）

2.3 米基准的测定[2~4]（Measurement of Meter Benchmark）

2.3.1 米基准测定的原理（Measurement Principle of Meter Benchmark）

干涉仪测长既可以看作测定某谱线（spectrum line）的波长，也可以看作根据已知波长测定长度。历史上这两种观点都存在过，当"米"被定义为铂铱棒两刻度之间的距离时，就用干涉术将它同谱线的波长进行比较，尤其是与镉谱线比较，对波长进行绝对测量。当按氪86橙谱线的真空波长定义米之后，所有长度都要用干涉术参考这个基本标准确定。

"米"——长度单位，始于18世纪法国大革命后期。1875年国际米制公约建立，确定了米的首次定义：选用了古希腊文"Mehon"（意思是量度、测量）这个词，并规定以通过巴黎的地球子午线的四千万分之一为1米。

1889年，第一届国际计量大会通过了第一次国际米定义："国际计量局保存的铂铱米尺上所刻两条刻线间的轴线在0℃时的距离。它保存在标准大气压下，放在两个对称地置于同一水平面上并相距571mm的直径至少为1cm的圆柱上。"定义的准确度可达 1.1×10^{-7}，相当于1m长度的差值小于 $0.1\mu m$。这个定义使用了71年，直到采用光谱线作为新定义为止。

20世纪60年代，由于提纯同位素的技术迅速发展，发现 Kr-86 同位素的谱线是当时谱线中纯度最好的谱线，具备了取代基准米尺的条件。1960年第11届国际计量大会通过了第二次国际米定义："米等于 Kr-86 原子的 $2P_2 - 5d_5$ 能级间跃迁辐射在真空中波长的 1 650 763.73倍的长度。"即在 $P = 760mmHg$（$1mmHg = 133.322Pa$），$T = 15℃$ 时，Kr-86 的

$\lambda_0 = 605\ 7.802\ 11\text{Å}$（$1\text{Å} = 10^{-10}\text{m}$），则 $1\text{m} = 16\ 507\ 630.73\lambda_0$。其精度为 $1 \times 10^{-8}\text{mm}$。这个定义开创了用原子跃迁的波长作为基本单位定义的新时代。

在通过第二次国际米定义的同一年，出现了一种崭新的光源——激光，它具有单色性好、方向性好和高功率密度等优点。因此，从 1961 年起物理学家与计量学家开始将激光应用于计量科学，将激光作为新长度基准进行研究。

1965 年，国际天文联合会确认 Kr-86 谱线用于定义米，Hg-198、Cd-114 以及 Kr-86 的另外 4 条谱线也可作为波长标准，覆盖了 435 ~ 645nm 的波长范围，其不确定度约为 2.7×10^{-8}。随着激光的发展，已能应用更准确的光源作为长度基准。

1983 年第十七届国际计量大会正式通过了米的新定义："米是光在真空中 1/299 792 458 秒的时间间隔内行程的长度。"这是米的第三次国际定义。即 $T = 1/299\ 792\ 458\text{s}$，可用飞秒激光器（femto second laser）测量，其精度可达 $\Delta t = 10^{-18}/\text{s}$，米标准的精度为 $1 \times 10^{-19}\text{mm}$。

2.3.2　零光程差位置的确定（Location Determination of Zero Light Path Difference）

在测定标准长度时，确定零光程差的位置十分重要，它直接关系到反射镜 M 与 M_1 或 M_2 的虚像的重合精度，为此要应用白光定位条纹。当利用白光光源时，光程差超过几个波长便看不到任何干涉条纹。在观察条纹时，反射镜要稍微倾斜，在 M 与 M_1 或 M_2 交叉处，能观察到暗纹，其两侧各有 8 ~ 10 条彩色条纹。不同颜色的条纹仅在 $d = 0$ 处重合，因此仅中央条纹是无色的。在两侧干涉级 $M \neq 0$ 时，由于波长不同，不同颜色的条纹立即开始分开，如图 2-10 所示。经 8 ~ 10 条条纹后，其综合颜色是白色。因此，利用白光干涉中部暗条纹定位可以准确地确定 M 与 M_1 或 M_2 虚像交叉的位置。

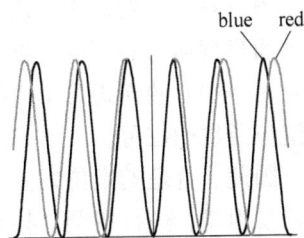

图 2-10　白光干涉条纹
（Fig. 2-10　Interference Fringes of White Light）

应该注意，白光干涉的理想条件是两支光路的光程对任何波长都相等，即：① 两支光路中的空气部分光程相等。② 两支光路中玻璃应具有相同的折射率、色散和厚度。为满足条件②必须应用补偿器。在迈克尔逊干涉仪（图 2-3b）中，补偿板和分束板应满足条件②，否则零光程差的条纹会出现彩色，暗条纹向其他级次位移。但条件②只能在一定程度上满足。如果平板用具有小色散的玻璃制造，而且两平板的厚度差及楔度限制在公差范围内，那么一支光路中的多余玻璃层可由另一支光路中的空气层补偿，干涉条纹的位置及形状并不受损害。如 $T\phi - 1$ 玻璃，厚度偏差不大于 $20\mu\text{m}$，楔度不大于 $20''$。

因为白光定位条纹的位置比较难找，所以首先选用单色光。定位条纹实际上是直线，因为穿过视场光程差的变化主要是由反射镜空气楔的厚度变化引起的，所以等厚线是平行于楔边缘的直线。但是，如果空气楔间隔较大，如 0.2mm，那么条纹不是严格的直线，因为光程差随角度也有某些变化。在一般情况下，条纹是弯曲的，而且凸向空气楔的薄边。这样，当反射镜 M 在图 2-11a 所示的 g 位置时，条纹的形状如图 2-11b 中 g 所示，如果移动反射镜使空气楔的厚度减小，条纹将穿过视场向左移动，当光程差接近零时，条纹变得较直，当条纹非常直时，如图 2-11b 中 h 所示，M 与 M_2 实际上是交叉的。超过这一点，条纹开始向相反方向弯曲，如图 2-11b 中 i 所示。

当找到条纹非常直的位置后，再用白光照明，适当地微调，就可以找到白光定位条纹的

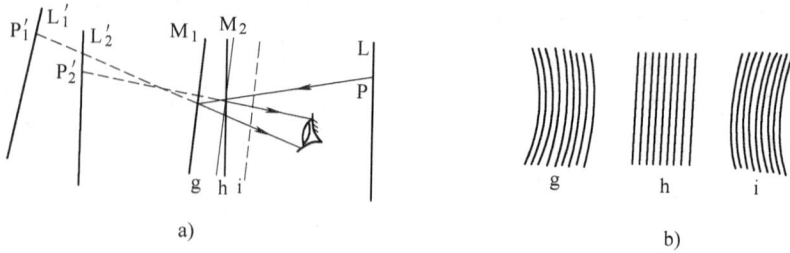

图 2-11　单色光条纹的定位

(Fig. 2-11　Location of Fringes by Monochromatic Light)

a）反射镜位置　b）干涉图

(a) Position of Reflective Mirror　b) Interferogram)

位置。应该注意的是，反射镜 M 的像应相对 M_1（或 M_2）有适当的楔角，使条纹有适当的宽度，以便容易发现条纹弯曲的方向。

另一种方法是，用单色光照明，利用 M 的微调螺母尽量地增大等厚条纹的宽度，使镜子表面呈现均匀的照度。再用会聚光照明，观察等倾圆环，当移动 M 至其像与 M_1（或 M_2）重合时，中心的光斑几乎占据了整个视场。接近这个位置时，再重新用白光照明，来确定白光定位条纹的位置。

因此，合理的定位方法是，先用单色光照明，进行粗调，然后再用白光照明，相当慢地移动反射镜，进行精调，找到定位暗条纹的位置。

2.4　长度测量（Measurement of Length）

氪-86（Kr-86）橙黄谱线波长是第一长度基准，此外，还有第二基准，就是量规。一等量规的检定采用绝对干涉法，把光波波长直接传递到量规上，其对装置的环境要求较高。二等和三等以下的量规检定，可以采用简便的比较法，即将被检的量规长度和比其精度高一等的标准量规进行比较。表2-1列出了量规的五个等级及其精度要求。

表 2-1　量规等级及其精度

(Table 2-1　Gauge Class and Accuracy)　　　　　（单位：μm)

长　度 \ 等　级	0	1	2	3	4
<10mm	0.10	0.20	0.5	1	2.0
10 ~ 18mm	0.15	0.25	0.6	1.6	20
公差	0 级量规公差 = $(0.10 + 2L)$μm，L 为量规的长度，单位为 m				

2.4.1　绝对测量法（Absolute Measurement Method）

绝对测量法是用光的波长与被测长度进行比较，不需要标准件。干涉条纹的记录可以采用 2.3 节中的方法，即利用白光定位，记录扫描单色光条纹数。图 2-12 所示为泰曼-格林干涉仪测量规的长度。因为干涉仪要用白光确定零光程差的位置，为使两支光路的光程相等，所以必须装有补偿板 K。在测试光路中固定反射镜 S_2，把被测量规研合在 S_2 上，量规的前端面作为反射镜 S_3。在参考光路中放可移动的参考反射镜 S_1，使其位于反射镜 S_2 的虚像S_2'位置，然后，用白光零级条纹确定反射镜 S_1 的位置。

如果移动反射镜 S_1 至反射镜 S_3 的虚像 S_3' 的位置，那么位移量就等于量规的长度。在移动中用单色光照明，扫描的干涉条纹数可以通过条纹细分技术精确地确定到小数部分 Δm。

反射镜 S_1 从反射镜 S_2 的虚像 S_2' 位置移动到反射镜 S_3 的虚像 S_3' 位置的光程差为

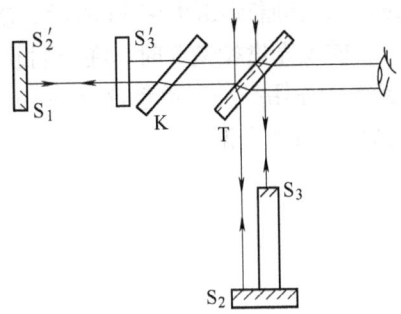

图 2-12　泰曼-格林干涉仪测量规的长度

（Fig. 2-12　Measurement of Gauge Length with Twyman Green Interferometer）

按波峰计算　　　　　　　$OPD = 2d + \dfrac{\lambda}{2} = m\lambda$

按波谷计算　　　　　　　$OPD = 2d + \dfrac{\lambda}{2} = \left(m + \dfrac{1}{2}\right)\lambda$

式中　$\dfrac{\lambda}{2}$——从玻璃到空气反射时的半波损失（half wave loss）。

这样，按暗条纹计算，量规的长度为

$$L = \frac{1}{2}(m + \Delta m)\lambda \qquad (2-3)$$

更进一步的应用是线纹尺的测量。对于万能工具显微镜（universal tool microscope）、比长仪（comparator）和球径仪（spherometer）等精密仪器，必须给出其标尺刻度误差的校正值。这样，在误差处理时，作为系统误差计算，以便得到可靠的测量结果。

精确的标尺刻度误差必须用干涉法严格的测定。图 2-13 所示为线纹尺长度测量原理。活动反射镜 S_1 固定在测试车上，车上放置刻度标尺，应用测量显微镜对准线纹尺的刻度位置。反射镜 S_1 可以在虚像 S_2' 之前或之后，也就是说，可以利用正或负的光程差。被测量线纹尺的长度可以加倍，其光程差也不至于过大，从而保证了干涉条纹较好的对比度。一般使反射镜 S_2 的虚像 S_2' 位于线纹尺的中部位置。

测量时，测量显微镜保持不动，活动反射镜 S_1 与线纹尺一起固定在测量车上。调节反射镜 S_1 或 S_2，使视场中出现 3~5 条条纹，移动测量车，使测量显微镜瞄准标尺某一刻线，然后再移动测量车，直至测量显微镜瞄准另一待测刻线，并记录下经过视场中某一标志扫描的干涉条纹数 $(m + \Delta m)$，把 $(m + \Delta m)$ 代入式(2-3)，计算出测得的长度，将测得的长度值 L_m 与线纹尺的名义值 L_n 进行比较，即求出线纹尺的刻度误差

$$\Delta L = L_m - L_n \qquad (2-4)$$

量规长度的绝对法测量可以采用小数重合法，它不需要移动反射镜，一般用柯氏干涉仪（Koester inter-

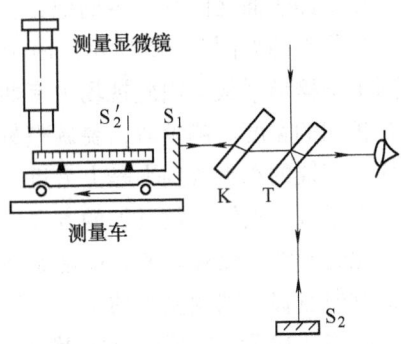

图 2-13　线纹尺长度测量原理

（Fig. 2-13　Measurement Principle of Line Scale Length）

ferometer），其原理如图 2-14a 所示。该仪器与泰曼-格林干涉仪的区别仅在于增加一块光谱棱镜 5，转动光谱棱镜 5 时，在出射狭缝（exit slit）6 处可获得各种波长的光束。因此，光谱棱镜 5 的作用类似于单色仪（monochromator）。光源采用具有多种谱线的氦灯或氢灯，必要时也可用白光光源。

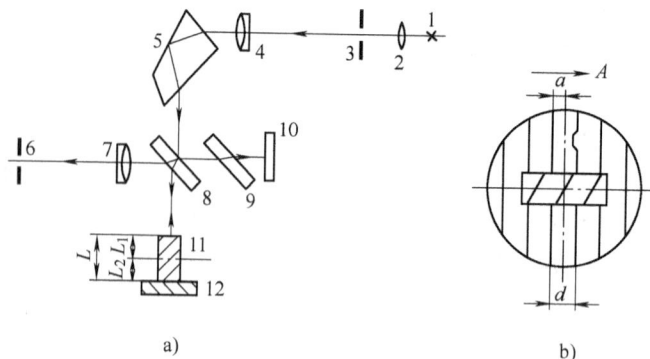

图 2-14　柯氏干涉仪

（Fig. 2-14　Koester Interferometer）

a）光学系统　b）视场

（a）Optical System　b）Field of View）

1—单色光源　2—聚光镜　3、6—光阑　4—准直物镜　5—光谱棱镜　7—物镜　8—分束镜　9—补偿镜

10—参考反射镜　11—量规　12—平晶

1—Monochromatic Light Source　2—Condenser　3, 6—Pinhole　4—Collimator　5—Spectrum Prism　7—Objective

8—Beam Splitter　9—Compensator　10—Reference Mirror　11—Gauge　12—Plane Parallel Plate

　　从单色光源 1 发出的光束，经聚光镜 2 汇聚在光阑 3 的狭缝上。光阑 3 位于准直物镜 4 的焦平面上。平行光束经光谱棱镜（spectrum prism）5 投射到分束镜 8 上，被分成两束光，一束光作为参考光束，经过补偿镜 9 被参考反射镜 10 反射回来，再经物镜 7，汇聚到光阑 6 上；另一束光是测试光束，从研合在玻璃或钢平晶体表面上的量规 11 和平晶 12 的表面反射回来，经分束镜 8 和物镜 7，也汇聚在光阑 6 上。在调整仪器时，可以在光阑 6 的位置换上自准目镜（auto - collimating eyepiece）。参考反射镜 10 的位置应调节到使它的虚像位于量规表面和平晶表面之间约一半的地方。

　　其干涉图如图 2-14b 所示。由于参考反射镜 10 的虚像与量规上表面和平晶表面分别形成两个虚楔形平板，因此视场中有两组条纹。又因为量规表面与平晶表面平行，所以两组条纹有相同的宽度。测量时，要调整量规干涉场中的一条暗条纹，使其中心与十字线重合，测出从十字线的水平线到平晶上最近一条干涉条纹的中心距 a（干涉条纹的宽度为 d）。

　　为了判定条纹级数增加的方向，可以轻微地压一下物镜 7 的管子。使分束镜 8 向量规靠近，此时干涉条纹移动的方向就是参考反射镜与平晶间干涉级增加的方向，用箭头 A 表示。若条纹向右移，则读左边的距离。反之读右边的距离。

　　由图 2-14 可知，量规的长度为

$$L = L_1 + L_2 \tag{2-5}$$

$$L_1 = \frac{1}{2} m_1 \lambda \tag{2-6}$$

$$L_2 = \frac{1}{2}(m_2 + \Delta m)\lambda \qquad (2\text{-}7)$$

式中　m_1，m_2——干涉级整数部分（integer part）；

$\qquad\quad \Delta m$——干涉级小数部分（fractional part），$\Delta m = \dfrac{a}{d}$。

则量规的长度可以表示为

$$L = \frac{1}{2}(m + \Delta m)\lambda \qquad (2\text{-}8)$$

其中，$m = m_1 + m_2$。

　　因为干涉级整数 m 是未知的，所以仅由式（2-8）不能确定量规的长度。如果用两个波长 λ_1 和 λ_2 分别测出干涉级小数部分 Δm_1 和 Δm_2，那么有可能确定整数 m。但是由于波长不同，其所对应的干涉级整数 m 也不一定相同，这样产生附加干涉级 N，因此

$$L = \frac{1}{2}(m + \Delta m_1)\lambda_1 = \frac{1}{2}(m + N + \Delta m_2)\lambda_2 \qquad (2\text{-}9)$$

其中，N 是整数，可能是正数，也可能是负数。为了消除由此产生的误差，可以选择三个或更多的波长。如果用波长 λ_1、λ_2 和 λ_3 分别测出条纹干涉级数的小数部分为 Δm_1、Δm_2 和 Δm_3，并且已知量规长度的名义值（nominal value）为 L_0，那么可以计算出干涉级的理论值为

$$m + \Delta m_1 = \frac{L_0}{\lambda/2} \qquad (2\text{-}10)$$

　　若采用测量值 Δm_1，那么一组可能的干涉条纹的级数是 $m + \Delta m_1$、$m \pm 1 + \Delta m_1$、$m \pm 2 + \Delta m_1$、…，用这种可能的级数计算量规可能的长度为

$$L_0 = \frac{1}{2}(m + \Delta m_1)\lambda_1$$

$$L_1 = \frac{1}{2}(m \pm 1 + \Delta m_1)\lambda_1$$

$$L_2 = \frac{1}{2}(m \pm 2 + \Delta m_1)\lambda_1$$

　　用这组可能的长度值求对其他两波长的干涉条纹级数，可以找到一组计算所得的小数部分与测量所得的小数部分非常符合的 L 值，这个值就是被测量规的长度。

　　例如，测 2 级长为 10mm 的量规，其名义值 $L_0 = 10\text{mm} \pm 0.5\mu\text{m}$，用氦灯的红、黄、绿三种线谱（$\lambda_1 = 667.8186\text{nm}$，$\lambda_2 = 587.5652\text{nm}$，$\lambda_3 = 501.5704\text{nm}$）测得的干涉级小数部分分别为 $\Delta m_1 = 0.7$，$\Delta m_2 = 0.5$，$\Delta m_3 = 0.8$，由式（2-10）可知，当用氦灯的红谱线照明时，可能的干涉级整数部分应为（29948 ± 2），按此序数作逐步增加，由（$29948 - 2$）到（$29948 + 2$），得

$$29946.7\,\frac{\lambda_1}{2}\,\text{或者}\ 10\text{mm} - 0.8\lambda_1$$

$$29947.7\,\frac{\lambda_1}{2}\,\text{或者}\ 10\text{mm} - 0.3\lambda_1$$

$$29948.7\,\frac{\lambda_1}{2}\,\text{或者}\ 10\text{mm} + 0.2\lambda_1$$

$$29949.7\frac{\lambda_1}{2}\text{或者}10\text{mm}+0.7\lambda_1$$

$$29950.7\frac{\lambda_1}{2}\text{或者}10\text{mm}+1.2\lambda_1$$

根据上述的数值再计算氦黄光和氦绿光波长的 $(m+\Delta m)$ 值，见表2-2。

表 2-2 测试数据

(Table 2-2 Measured Data)

L	$m_1+\Delta m_1$	$m_2+\Delta m_2$	$m_3+\Delta m_3$
$10\text{mm}-0.8\lambda_1$	29946.7	34036.9	39872.4
$10\text{mm}-0.3\lambda_1$	29947.7	34038.0	39873.8
$10\text{mm}+0.2\lambda_1$	29948.7	34039.1	39875.1
$10\text{mm}+0.7\lambda_1$	29949.7	34040.2	39876.4
$10\text{mm}+1.2\lambda_1$	29950.7	34041.4	39877.8

从表2-2中可以找到一组值，其计算所得的小数部分与测量所得的小数部分非常符合，即

$$29950.7\frac{\lambda_1}{2}=10.00081,\ 34041.4\frac{\lambda_2}{2}=10.00077,\ 39877.8\frac{\lambda_3}{2}=10.00076$$

则
$$\text{平均值}=10.00078\text{mm}\pm0.03\mu\text{m}$$

由于仪器是测标准值的，要求精度较高，所以仪器应放在恒温箱内，其温度范围为 $(20\pm0.1)℃$，并附有温度计（thermometer）、气压计（barometer）和湿度计（homidometer），以便测定空气参数对测量结果的影响。用于绝对测量时，该仪器的最大测量误差为 $\pm(0.03+0.5L)\mu\text{m}$，式中 L 为被测量规长度（单位为 m）。

2.4.2 相对测量法（Relative Measurement Method）

相对测量法是用干涉术把被测量规与高一等级的标准量规进行比较，求出其差异的方法。

比较法测量可以在泰曼-格林干涉仪或柯氏干涉仪上进行。当用柯氏干涉仪测量时，把标准量规和被测量规并排研合在同一块平面镜上。调整工作台，使标准量规上的干涉条纹平行于量规的短边。然后用白光照明，慢慢地移动工作台，找到白光干涉条纹，使零光程差的暗纹位于标准量规的中央。根据被测量规上零光程差暗纹相对标准量规上零光程差暗纹的偏移量 a 可以测出两块量规间的偏差 ΔL，即

$$\Delta L=\frac{a}{d}\frac{\lambda}{2} \tag{2-11}$$

式中　a——零光程差条纹的偏移量；

　　　d——干涉条纹的宽度。

若插入适当波长 λ 的滤光片（filter），可以观测到这些条纹。被测量规相对标准量规的偏差符号，可以用下面方法判定：用手指在物镜7（图2-14）的管子上轻轻地压一下，使分束镜8向量规方向移动，如果被测量规上的暗条纹沿着施压力方向相对于标准量规上的暗条纹移动，那么被测量规的长度大于标准量规的长度；如果被测量规上的暗条纹向压力的相反方向移动，那么被测量规的长度小于标准量规的长度。

2.5　位移测量（Displacement Measurement）

2.5.1　小位移测量（Measurement of Small Displacement）

非接触法测定平面或大曲率半径表面的零件位移，通常采用干涉仪，如泰曼-格林干涉仪。但如果用泰曼-格林干涉仪测小曲率半径零件的旋转跳动量，或者测定零件的横截面对圆形的偏差，那么在被测零件表面上观察到的干涉条纹将很窄，弯曲度也较大，而且在转动或移动零件时，干涉条纹的宽度、弯曲度及弯曲方向都会发生变化。这样，很难高精度地测定干涉条纹的位移。为了获得宽度和方向都不变的直条纹，必须用物镜把光束汇聚到被检零件表面一个很小的点上，对于这样一个很小的点，其表面可以近似地看作平面。

图 2-15 所示为小位移测量干涉仪，用此仪器可以观察到宽度和方向都不变的直条纹。光源 1 发出的光经聚光镜 2 汇聚到位于物镜 4 焦平面上的小孔光阑 3 上；从物镜 4 出射的平行光束经分束棱镜 5 被分成两束，即测试光束和参考光束。参考光束经物镜（objective）7 汇聚到反射镜 8 上，测试光束经物镜 11 汇聚到被检零件 12 的表面上，参考光束与测试光束在分束棱镜 5 处聚合后，由物镜 15 和目镜 16 观察。插入物镜 14 时，在目镜 16 的焦平面上可以看到物镜 7 和 11 出射光瞳（exit pupil）的像，使两光瞳重合，且使光程相等，便可以观察到干涉条纹。

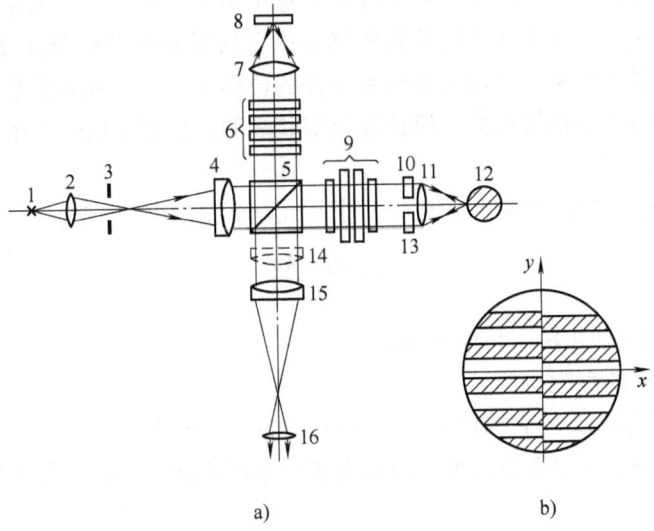

图 2-15　小位移测量干涉仪

（Fig. 2-15　Interferometer for Measurement of Small Displacement）

a）光学系统　b）视场

（a）Optical System　b）Field of View）

1—光源　2—聚光镜　3—小孔光阑　4、7、11、14、15—物镜　5—分束棱镜　6、9—补偿板　8—反射镜

10、13—楔形板　12—被检零件　16—目镜

1—Light Source　2—Condenser　3—Pinhole　4、7、11、14、15—Objective　5—Beam Splitter

6、9—Compensator　8—Mirror　10、13—Wedge Plate　12—Tested Element　16—Eyepiece

楔形板（wedge plate）10 与 13 的棱边平行于 x 轴，楔角方向相反，当光束通过后，产生一偏角 α。这样，在被检零件 12 的表面上产生两个小孔光阑的像，两像在 y 轴方向错位，其错位量为 $\alpha f'_{11}$，其中 f'_{11} 是物镜 11 的焦距。如果没有楔形板，那么在出射光瞳上是均匀的光斑，没有干涉条纹。测试光束与参考光束发生干涉，产生两组平行于 x 轴并且垂直于光瞳分界线的直条纹。两组条纹的宽度相等，其大小为

$$d = \frac{\lambda}{2\alpha} \tag{2-12}$$

补偿板（compensating plate）9 是为了补偿楔形板 10 和 13 产生的色差（chromatic aberration）。补偿板 6 由晃牌玻璃和火石玻璃对组成，调整楔形补偿器，使玻璃中的光程相等。移动物镜 7 和反射镜 8，使空气中的光程相等。当移开物镜 14 时，可根据在目镜视场中小孔光阑 3 的光斑像是否清晰来检验反射镜 8 和被检零件 12 的表面是否分别位于物镜 7 和 11 的焦平面上。

测试时，适当调整被检零件 12 和干涉仪的相互位置，使两组消色差黑条纹位于与 x 轴一致的同一条直线上，该位置定为仪器的零位。当被检零件 12 沿 z 轴有位移时，两组条纹对称于 x 轴向相反方向移动。如果两组条纹相互移开一个条纹宽度，那么对应零件位移是 $\lambda/4$。其灵敏度比一般干涉仪高一倍，干涉条纹的错开量可以精确地估读到 $0.05 \sim 0.1$ 条纹宽度，对应零件位移为 $\lambda/80 \sim \lambda/40$。如图 2-15b 所示的情况，干涉条纹的错开量为 1.1 个条纹宽度，对应零件位移为 $0.155\mu m$（λ 取白光平均波长 $0.56\mu m$）。

如果零件移动距离较大，那么干涉条纹就会移出视场。因此，要采用测量补偿器，使视场中重新出现干涉条纹，并使在起始位置和终止位置所看到的消色差黑条纹都与 x 轴重合，在补偿器的标尺上得到的两次读数之差就是零件的位移量。该仪器的测量范围为 $\pm 10\mu m$。

零件位移时，会产生条纹弯曲。但计算与实验表明，位移 $10\mu m$ 产生的弯曲度很小，不会降低黑条纹的对比精度。

为了提高对比度，应限制光源的尺寸，小孔光阑 3 的直径 d 应为

$$d \leqslant \frac{f'_4 \sqrt{\lambda r}}{f'_{11}} \tag{2-13}$$

式中 f'_{11}——物镜 11 的焦距（focal length）；

         f'_4——物镜 4 的焦距；

         r——被检零件 12 的表面曲率半径（curvature radius）。

如果零件表面中心在垂直于光轴方向偏离了一小段距离 a，那么在干涉场中对应的光束偏移量为

$$c = \frac{2af'_{11}}{r} \tag{2-14}$$

允许光源的角尺寸为

$$2\varepsilon = \frac{\lambda}{4c} \tag{2-15}$$

光源直径为

$$d = 2\varepsilon f'_4 = \frac{\lambda r f'_4}{8af'_{11}} \tag{2-16}$$

2.5.2　大位移测量（Measurement of Large Displacement）

针对目视计数干涉条纹，由于视力高度紧张，计数的干涉条纹不能过多，条纹扫描速度也不能过大，否则容易产生计数错误，一般反射镜的位移量在 100～200 个条纹数内。为了测量较大的位移，必须采用光电自动记录系统。这样，测量范围仅受光源的相干长度限制。然而，激光的出现使干涉测量发生了根本的变革，其测量范围可达几十米，相对误差为 $10^{-8}\%$ ～ $10^{-6}\%$。

大多数测位移（距离）的激光干涉仪采用泰曼-格林干涉仪的光学系统，并用角镜（corner mirror）代替干涉仪中的平面反射镜（plane mirror）。角镜有三个反射镜面，相互间夹角都是 90°。当平行光束投射到角镜上时，光束沿原方向返回，其方向不受该棱镜的倾斜和位移影响。因此，干涉条纹的宽度和方向始终不变。

一般激光器辐射的光是线偏振光，当光束从角镜反射时，大大地改变了其偏振度（polarization degree）。为了减少棱镜反射面的偏振作用，在棱镜的各棱面上镀以反射膜（reflection film）。但是，如果在参考光路和测试光路中都装有角镜，那么两支光路的光束偏振性一致，条纹对比度变化不明显。

如果光电接收器（photoelectric detector）只有一个计数装置，则只能记录干涉条纹的多少，不能确定条纹移动的方向。这样，很难消除由于振动引起的棱镜位移给测定棱镜的最终位置带来的测量误差。为了判别棱镜位移的方向，需要采用两个光电接收器。条纹扫描时，每个光电接收器都输出一正弦信号。如果使两信号的位相差为 90°，那么当条纹向指定方向移动时，脉冲累加；当条纹向相反方向有偶然移动时，脉冲减少。

为了得到 90° 的位相差，在光电接收器的窗平面扫描的两组干涉条纹应错开 $\frac{1}{4}$ 干涉条纹的宽度。有三种使条纹错开的方法：第一种方法是光阑错位法（stop shifting method），在光电接收器前放置两个光阑，用光阑把干涉条纹对应部分分开。但如果光阑位置或条纹宽度变化时，则信号位相差也发生变化。第二种方法是偏振法（polarization method），用 $\lambda/4$ 波片（quarter wave plate）把每支相干光束分成互相垂直的两线偏振光，使其位相差刚好等于 90°。该方法可保证位相差有较高的稳定性，但要使两组条纹达到相同的强度还是比较困难的。第三种方法是镀膜法（coating film method），在干涉仪的一个元件的一半镀上一层透明膜（transparent film），使光束通过膜片时，光程差改变 $\lambda/4$。这种阶梯片可保证两组条纹的照度（illumination）一样，但制造阶梯片的工艺较困难。

按上述原理制成的美国 B-B（Brown-Boveri）公司位移测量干涉仪如图 2-16 所示。从 He-Ne 激光器 1 发出的平行光束，经望远系统准直、扩束后，被分束镜 3 分成两路，分别入射到测试角镜 9 和参考角镜 10 上，再经分束镜 3 汇合在棱镜 6 上，棱镜 6 按波前把光束分成两部分。在光电接收器 4 和 8 前有两个光阑 5 和 7，把干涉条纹分成两部分，其相互错开 $\frac{1}{4}$ 干涉条纹宽度。利用楔形板 11 使光束之间形成某一楔角，用以满足条纹宽度和方向的要求。反射镜 13 和毛玻璃（ground glass）12 形成一目视窗，用于在调整仪器时观察干涉条纹。测试角镜 9 的位移量通过指示器（indicator）以数字形式显示，其最小格值为 $0.1\mu m$，测试范围为 1m。

英国 T-H 公司的激光干涉仪的光学系统与此相似，测量范围为 5m，最小读数为 1μm，反射镜最大移动速度为 18m/min。

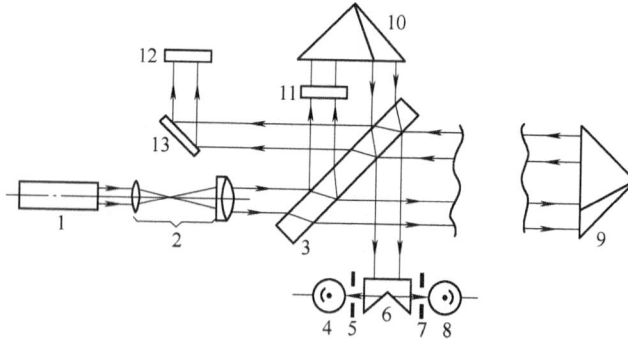

图 2-16　B-B 公司位移测量干涉仪

(Fig. 2-16　Interferometer of B-B Company for Displacement Measurement)

1—He-Ne 激光器　2—准直仪　3—分束镜　4、8—光电接收器　5、7—光阑

6—棱镜　9—测试角镜　10—参考角镜　11—楔形板　12—毛玻璃　13—反射镜

1—He-Ne Laser　2—Collimator　3—Beam Splitter　4、8—Photoelectric Detector　5、7—Pinhole　6—Prism

9—Measuring Corner Cube　10—Reference Corner Cube　11—Optical Wedge　12—Ground Glass　13—Mirror

2.6　CCD-微机系统在干涉测长中的应用[5,6]（Application of CCD-computer System in Interference Length Measurement）

在现代生产技术中，提出许多实时、自动测长问题。用实时全息干涉术固然可以实时地进行测量，但这是一种相对测量方法，在物体变化过程较长时，如测胶体硬化时厚度的收缩量，需要拍摄许多零全息图，否则条纹的密度变得过大，不能计算全息图。更重要的原因是，对于变化速度较快的过程，实时全息术则力不能及，因在拍摄零全息图时损失掉许多信息。通过某种光电装置可以自动记录扫描干涉条纹数，但是它不能自动记录相应于各扫描条纹的时间。在某些情况下，时间是一项重要参数，如实时测物体位移，测温度场、应力场等引起的厚度变化过程。因此光电法只能自动测试变化的结果，不能自动测试变化的过程。

利用 CCD-微机系统可以出色地实时、自动记录扫描的干涉条纹，从而使干涉法实时、自动测长（位移）成为可能。

干涉法实时、自动测试装置包括三部分：光源、干涉仪本体和 CCD-微机系统。干涉仪本体一般是泰曼-格林干涉系统；CCD-微机系统由 CCD 摄像机、监视器和计算机组成，用以实现扫描干涉条纹及其扫描时间的实时、自动记录、自动处理和测试结果的自动显示。

CCD-微机系统自动记录扫描干涉条纹的原理是：如果将泰曼-格林干涉仪中的一个端面反射镜平行地移动，则导致干涉条纹在垂直于条纹的方向上移动。条纹移动的方向取决于反射镜移动的方向。设由光源发出的光是准直光束（collimating light beam），则由参考反射镜和测试反射镜反射的参考波面和测试波面的振幅分布分别为

$$A_r(x, y) = a_r(x, y)e^{-i\phi_1(x, y)} \tag{2-17}$$

$$A_o(x, y) = a_o(x, y)e^{-i\phi_2(x, y)} \tag{2-18}$$

两波干涉后形成的干涉条纹强度为

$$I(x, y) = a(x, y) + b(x, y)\cos\phi(x, y) \qquad (2\text{-}19)$$
$$a(x, y) = a_r^2(x, y) + a_o^2(x, y) \qquad (2\text{-}20)$$
$$b(x, y) = 2a_r(x, y)a_o(x, y) \qquad (2\text{-}21)$$
$$\phi(x, y) = \phi_1(x, y) - \phi_2(x, y) \qquad (2\text{-}22)$$

由式(2-19)可知，干涉条纹的强度分布是一正弦（或余弦）曲线。当反射镜平行移动时，如果能记录下扫描干涉条纹的各采样点强度，则可得到一有限长度的离散正弦曲线（discrete sinusoid curve）。如果已知通过某一标志扫描的干涉条纹数，那么可以计算出测试反射镜平行移动的距离 L，即

$$L = \frac{1}{2}(m + \Delta m)\lambda \qquad (2\text{-}23)$$

式中　m——扫描的干涉条纹数整数部分；

Δm——扫描的干涉条纹数小数部分；

λ——所应用的光源波长。

这种关系可以应用于各种干涉测长的装置中，或者用于测量光源的辐射波长。

干涉条纹的图像用 CCD 摄像机接收下来，记录在监视器上，在监视器上可以观察到干涉条纹的扫描情况。

通过程序可以在监视器上显示两个（或多个）小亮点，并可以把它定位在屏幕的任意位置，十字亮点的作用类似于光电二极管（photodiode）。当干涉条纹扫过亮点时，计算机能记录下扫描干涉条纹的各时刻的灰度值（gray value）。灰度值按光强大小分成 256 个灰阶（gray level）。如果把灰度值在计算机内存储起来，同时把相应于每一个扫描灰度值的时间也记录并存储起来，则有一个正弦形的（理想情况）离散的与时间相关的强度信号（intensity signal）被存储起来。如果知道正弦形强度信号的极值位置，则可以确定各时刻扫描过去的干涉条纹数。根据式(2-23)可以计算光程变化，即厚度变化或位移量 L。

因为在所存储的离散的正弦函数中，零位置的正切是极大值，即零位置保证能确定极值，所以将每一扫描的点与一正弦形强度函数的算术平均值进行比较，并把属于通过零位置的时间存起来，这样可获得一个各零位的灰度值相对时间的函数。利用绘图程序可以将物体的位移或厚度变化相对时间的关系曲线在监视器上描绘出来，并通过打印机（printer）打印出来，以实现整个测试过程的实时和自动化。

图 2-17 所示为用 CCD-微机系统进行二元胶体收缩测试结构图，其基本结构是泰曼-格林干涉系统。这里用 CCD 摄像机 C 把干涉条纹的图像接收下来，输入到监视器 T 上，整个测试过程通过程序由 IBM-PC 微型计算机控制。测试结果在监视器上描绘出，并通过打印机 P 打印出来。所用光源是氩

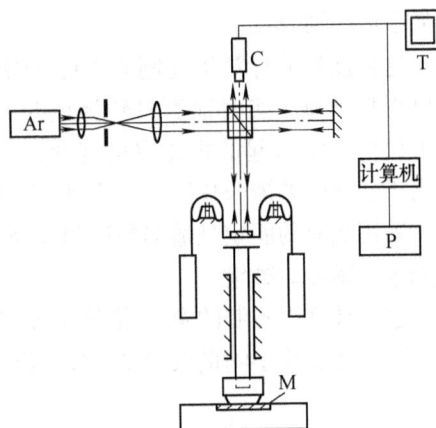

图 2-17　用 CCD-微机系统进行二元胶体收缩测试结构图

(Fig. 2-17　Binary Adhesives Measurement with CCD-computer System)

离子激光器，波长是 0.514μm。

由于胶的硬化过程必须在液态下进行测量，因此需要一个垂直放置的摩擦力极小的柱体，其下端面与被测胶层 M 的上表面轻轻的接触，上端固定一块平面反射镜。通过平衡重锤，使柱体自由地定位于测程的任何位置。由于柱体的下端面与被测胶层 M 的上表面轻轻接触，胶层的黏附力使柱体随着胶层的收缩而同步地向下移动。应该指出，如果所测的不是液态，而是固态物体的位移或厚度变化等，则装置不需要这样的平衡重锤。

装置对工作台稳定性要求较高，用两反射镜支承在同一刚性座上，可以大大地减小振动的影响。

因为只需准确地记录扫描干涉条纹数，所以不需要高精度的平面镜。干涉条纹的形状如何不影响干涉测长的测量结果，仅仅是在开始测量时，微调参考反射镜，使视场中出现 3 ~ 5 个干涉条纹，然后利用程序和计算机键盘，把记录扫描干涉条纹灰度值的两个十字形亮点移到视场中适当的位置。

所测胶液是迅速硬化的二元胶体（binary adhesives），硬化液（harder）和结合液（combiner）以相同的比例均匀地混合在一起，胶层的厚度为 0.3mm，这种胶液在胶合后大约 10min 可承受重力。在实验中观测 20min，根据胶层收缩的速率，记录干涉条纹的扫描频率，按 8Hz（5min）、4Hz（5min）和 1Hz（10min）变化。

图 2-18 所示为二元胶体的硬化曲线，其是收缩厚度 Δs 相对硬化时间 t 的变化曲线。从硬化曲线可以看出，过了 20min 后，硬化胶层收缩了 42μm，相对变化约为 14%。在硬化开始的初期，胶层收缩相当迅速，过了硬化时间的 20%，最大的厚度变化约为 80%；经过 17min 后，变化曲线趋于平直，这表明胶层的收缩停止，在泰曼-格林干涉仪中的条纹不再移动。

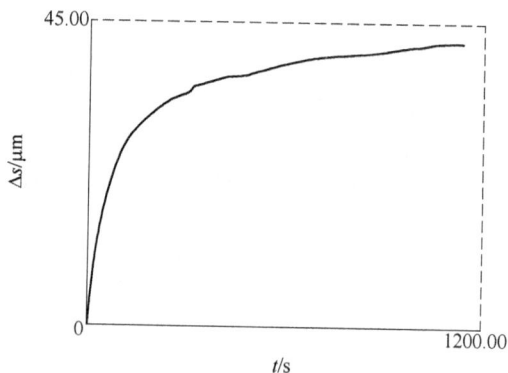

图 2-18　二元胶体的硬化曲线
(Fig. 2-18　Hardening Curve of Binary adhesives)

这种新型的计算机控制的泰曼-格林干涉仪可以自动地、实时地测量物体的位移，或测由任何因素引起的物体厚度变化；它也可以用于任何干涉测长中，包括测平板的楔度、光源的辐射波长等，只是针对具体的测试目标，采用相应的固定且适当的反射镜及其他附件。例如，在精密刻尺的刻度误差测量中，需要配置一瞄准显微镜。

这种计算机控制的泰曼-格林干涉仪的测量范围很大。位移 1 条干涉条纹是测量极小值的极限，所以最小测量极限是 λ/2，最大的测量范围主要取决于光源的相干长度和计算机的容量。

为了避免计算极值时产生误差，每个干涉条纹上记录的灰度值不少于 5 个。由实验可知，IBM-PC 微型计算机可达到的稳定扫描频率最大为 16Hz，这样每秒钟可记录的扫描干涉条纹最多为 3 个，可以满足一般状态变化或位移测量。当测物体位移时，应使位移的速度不超过每秒钟 3 个干涉条纹。当不需要准确记录扫描时间时，则不受这个限制。

扫描频率应根据物体的位移速度而定，当速度变化时，应在不同的时间间隔内用不同的扫描频率。这样既满足了扫描理论，又大大地节省了计算机存储空间。

　　CCD-微机系统也可以与测试显微镜组合用于微小物体尺寸的测量[7~11]，如文献［13］中自动测量玻璃微珠的球度，该装置主要包括工作平台、显微物镜、CCD 相机和微机系统等，图2-19 所示为显微-CCD-微机测量装置示意图。工作台为二维可移动式，上下移动可调整 CCD 像面位置，左右移动可调整工件在CCD 像面的成像区域，可满足物镜视场和成像的要求。成像系统包括两部分：显微物镜和反射棱镜。显微物镜的作用是将被测工件的尺寸放大；反射棱镜起到折转光路的作用，使被测工件成像在 CCD 接收面上，以便于观察和测量。用 CCD 作为显微物镜的接收面来代替传统显微物镜中的分划板和目镜，用 CCD相机来接收被放大物体的像，通过图像采集卡实现 A/D 转换，这样不仅避免了人为误差，而且大大提高了精度，满足了现代

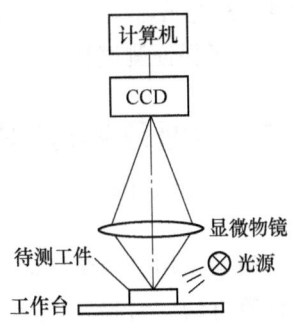

图 2-19　测量装置示意图
（Fig. 2-19　Schematic Sketch of Measurement Setup）

高精度测量的要求。显微物镜使被测工件成像在 CCD 的接收面上，用 CCD 相机实现对被测工件的图像采集，再经过 A/D 转换将所采集到的模拟信号转换为数字信号传入微机中，微机处理系统将此数字信号存储在内存中，再通过程序软件实现对数字图像的处理和检测。考虑到增大系统的测量范围和 CCD 接受面的尺寸限制，系统采用的是数值孔径为 0.15、放大倍率为 3× 的显微物镜，该系统的测量范围为 2.13（L）mm × 1.6（W）mm。CCD 相机采用CV-A50 型，图像采集卡是基于 PCI 总线的高速黑白图像采集卡。

　　图 2-20 所示为工件二维尺寸测量装置。打开需要检测工件的图像，用图像处理程序直接对图像进行平滑处理、阈值选取等处理，从而得到二值化的图像，边缘提取后将给出测量结果的对话框，如图 2-21 所示。

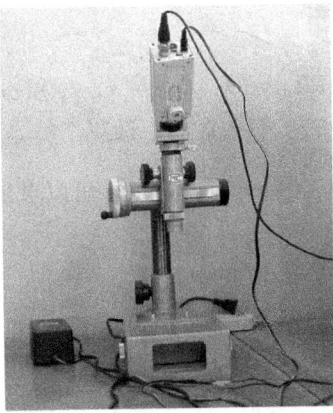

图 2-20　工件二维尺寸测量装置
（Fig. 2-20　Setup for Testing 2D Work Piece）

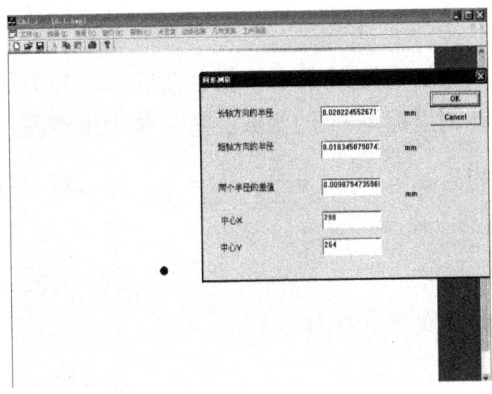

图 2-21　测量程序执行
（Fig. 2-21　Implementation of Testing Program）

　　工件尺寸的计算与 CCD 的分辨率和显微物镜的放大倍率 β 有关，CCD 的分辨率为 752（H）×582（V），接收面的尺寸为 6.4（H）mm × 4.8（V）mm，由此可求得每个像素点（pixel）的实际尺寸为 8.5（H）μm × 8.2（V）μm。

　　测量结果表明，该玻璃微珠是个椭球，测量结果中的长轴最大半径 $R_{max} = 31.0$ μm，短

轴最小半径 $R_{\min} = 17.1\mu m$，两者差值为 $\Delta R = R_{\max} - R_{\min} = 13.9\mu m$，因此该玻璃微珠的球度值为 $13.9\mu m$。

为了保证测试精度，必须对 CCD 进行标定。

2.7 波面位相自动探测技术（Automatic Detection Technology of Wave Front Phase）

波面位相自动探测是建立在自动计算干涉条纹基础上的。有几种原理不同的干涉条纹自动计算方法，因此，对应有几种不同的干涉仪，如 AC 干涉仪（alternative current interferometer）、外差干涉仪（heterodyne interferometer）、锁相干涉仪（phase-locked interferometer）和数字干涉仪（digital interferometer）。

数字干涉仪是用计算机控制干涉图的扫描和亮度分布计算。有三种常用的数字波面自动探测方法：三个干涉图法，一个干涉图法和条纹扫描法。

2.7.1 三个干涉图法[12]（Three interferogram Method）

三个干涉图法是扫描具有不同参考位相位置的三个干涉图。三个不同的干涉图对应有三个光强分布公式，其差别仅在于参考波的位相 d_1、d_2 和 d_3 不同，由式(2-19)可知

$$I_1(x, y) = a(x, y) + b(x, y)\cos[k(\omega + d_1)] \tag{2-24}$$

$$I_2(x, y) = a(x, y) + b(x, y)\cos[k(\omega + d_2)] \tag{2-25}$$

$$I_3(x, y) = a(x, y) + b(x, y)\cos[k(\omega + d_3)] \tag{2-26}$$

式中 ω——参考光与物光的波差（wave front aberration）；

d——参考光波前的光程变化；

k——波数（wave number），$k = \dfrac{2\pi}{\lambda}$。

对于泰曼-格林干涉仪，被检系统的实际波差为 $\omega/2$。$a(x, y)$、$b(x, y)$ 和 $\omega(x, y)$ 都是干涉图坐标 $x—y$ 的函数。对于每个干涉图，d_1、d_2 和 d_3 都是常数。设三个特定的参考波的位相为 $d_1 = 0$，$d_2 = \dfrac{\lambda}{4}$，$d_3 = \dfrac{\lambda}{2}$，那么对于每一采样点（sampling point）可以求出

$$c = \frac{I_1 - I_2}{I_1 - I_3} = \frac{\cos k\omega + \sin k\omega}{2\cos k\omega} = \frac{1}{2}(1 + \tan k\omega) \tag{2-27}$$

由此得实际波差为

$$\omega_0 = \frac{\omega}{2} = \frac{1}{2k}\arctan(2c - 1) \tag{2-28}$$

因为式(2-28)中的反正切函数是多值函数，所以波差 ω 有 $-\lambda/8$ 到 $\lambda/8$ 的位相跃迁（phase jumping）。为了剔除位相跃迁，要在跃迁点加上 $\lambda/4$ 的整数倍的值，直到相邻点的差值不超过 $\lambda/8$。因此，采用三个干涉图法研究波差时，其梯度应小于采样点的间隔 $\lambda/8$。

按等间隔灰度值分解干涉图时，应引起波前重现时非等间隔量化问题。表2-3列出灰度级与波差 ω 最大量化（λ）间的关系。由表2-3可知，要获得 $\lambda/100$ 的分辨率，应取 6 个灰度级。

表 2-3　灰度级对 ω 的影响

(Table 2-3　Effect of Gray Level on Wave Front Aberration)

灰 度 级 数	ω 最大的量化级（λ）
2	0.062 50
4	0.015 71
8	0.006 11
16	0.002 74
32	0.001 30
64	0.000 64
128	0.000 32
256	0.000 16

　　图 2-22 所示为按三个干涉图法波前位相自动测量的数字泰曼-格林干涉仪。参考光束的相移是通过压电位移器（piezoelectric translator）P 使参考光路中的平行平板 G 转某一角度来实现的，对应的相移为 0°、90°和 180°；也可以用压电位移器 P 直接使参考平面镜位移。压电位移器通过位相控制器（phase controller）由计算机自动控制[13]。

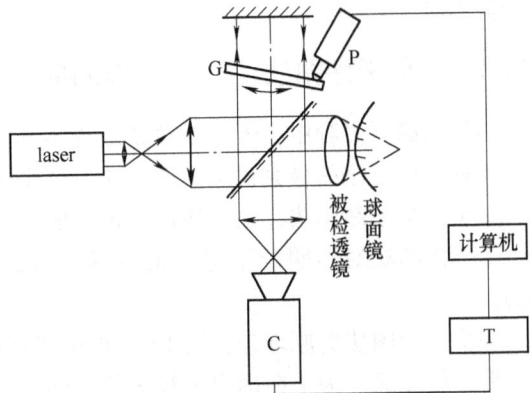

图 2-22　数字泰曼-格林干涉仪

(Fig. 2-22　Digital Twyman-Green Interferometer)

　　三个干涉图由 CCD 摄像机 C 连续地接收，成像在监视器 T 上。电视图像被扫描记录，每个像元按 256 个灰阶，以 8 位二进制（8bit）实现数字化，并送入计算机处理。对于三个干涉图的扫描、记录和处理，大约需要 60s。

　　在开始测量之前，必须校正平板玻璃的旋转角度，使其满足相移的要求。通过测试程序自动实现二次相移及三个干涉图的扫描、记录和处理。

　　图 2-23 和图 2-24 所示分别为用数字泰曼-格林干涉仪测得的红外摄远物镜的波像差及对应的干涉图。图 2-25 所示为红外摄远物镜的点扩散函数（point spread function），图 2-26 所示为该物镜的调制传递函数（modulation transform function）。

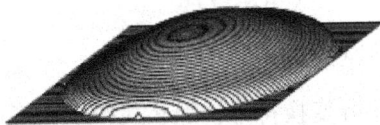

图 2-23　红外摄远物镜的波像差

(Fig. 2-23　Wavefront Aberration of Infrared Telephoto Objective)

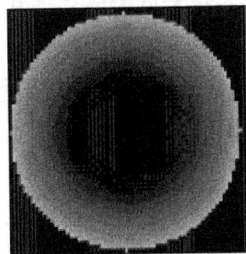

图 2-24　红外摄远物镜的干涉图

(Fig. 2-24　Interferogram of Infrared Telephoto Objective)

图 2-25　红外摄远物镜的点扩散函数
（Fig. 2-25　PSF of Infrared Telephoto Objective）

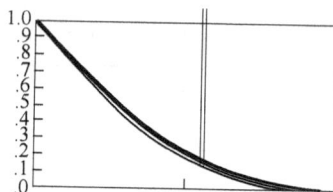

图 2-26　红外摄远物镜的 MTF
（Fig. 2-26　MTF of Infrared Telephoto Objective）

数字泰曼-格林干涉仪使用方便，重复精度为 $\lambda/100$，测试精度可达 $\lambda/50$。只要扫描点的特征曲线是线性的，在扫描范围内，照明的不均匀性以及感光灵敏度的变化对波差就不产生任何影响。

2.7.2　一个干涉图法[14]（One-interferogram Method）

如果在测试过程中，干涉条纹是静止不动的，那么也可以用一个干涉图实现波前位相的自动计算。该方法的最大优点是速度快，整个干涉图的扫描处理为 20~40s。

对于三个干涉图法，在扫描范围内，照明的不均匀性对波面位相计算不产生任何影响，但一个干涉图法对照明的不均匀很敏感，因此要求进行数字平滑滤波（digital smooth filtering）。

一个干涉图法的原理是：用 CCD 摄像机按列扫描干涉图，中间列必须与所有出现的水平干涉条纹交叉。为了在确定干涉级数时同一个条纹获得同一干涉级，要从中间列开始，与相邻的列进行比较。这样，标志的极大值或极小值形成采样点群。因此，对于一个干涉图法，封闭条纹是不能计算的，必须通过倾斜参考反射镜调整到水平条纹。

并非每个扫描点都能重现一个位相值，另外，采样点数和位置是随干涉图变化的，所以扫描器的扫描区是不固定的，可以通过边界限制程序来确定要计算的干涉条纹的扫描区。

一个干涉图法的波前位相计算，可以通过傅里叶变换实现。即通过二次傅里叶变换，由所测量的一个干涉图的强度计算出波前位相差。为此，参考反射镜必须稍微倾斜，以便获得一个干涉条纹级数较高、对比度较好的干涉图。

设干涉场的强度分布为

$$I(x,y) = a(x,y) + b(x,y)\cos[\phi(x,y) + kx\sin\theta] \tag{2-29}$$

式中　θ——参考反射镜法线相对光轴的倾角；

ϕ——被测波前的位相。

将式(2-29)用复数形式表示，即

$$I(x,y) = a(x,y) + c(x,y)e^{ikx\sin\theta} + c^*(x,y)e^{-ikx\sin\theta} \tag{2-30}$$

其中，$c(x,y) = \frac{1}{2}b(x,y)e^{i\phi(x,y)}$，$c^*(x,y) = \frac{1}{2}b(x,y)e^{-i\phi(x,y)}$。

在 x 方向进行傅里叶变换，用 $F\{\}$ 表示傅里叶变换符号，那么式(2-30)可转化为

$$F\{I(x,y)\} = A(f,y) + C(f-f_0,y) + C^*(f+f_0,y) \tag{2-31}$$

其中，$f_0 = \frac{\sin\theta}{\lambda}$。

假定将函数 $a(x,y)$、$b(x,y)$ 和 $\phi(x,y)$ 与载频 f_0 比较，沿 x 坐标缓慢地变化，则频谱

$A(f, y)$、$C(f-f_0, y)$ 和 $C^*(f+f_0, y)$ 可以彼此分开（图 2-27），但只有某一侧可以被分开，如 $C(f-f_0, y)$。这就是说，所有其他的项将被滤掉。然后将函数 $C(f-f_0, y)$ 坐标移至原点位置，变为函数 $C(f, y)$。

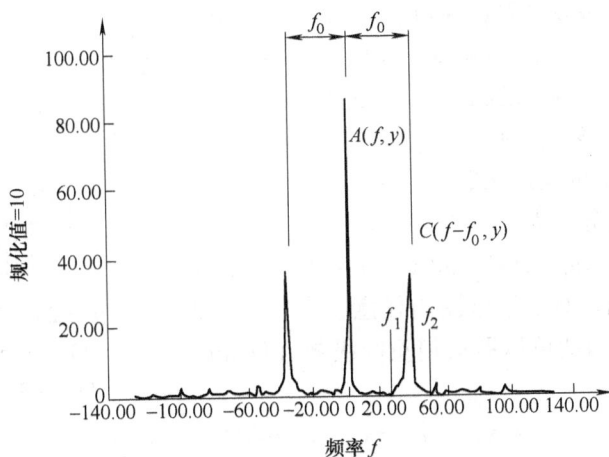

图 2-27　通过频载分离频谱 $C(f, y)$

(Fig. 2-27　Separating Spectrum $C(f, y)$ by Frequency Carrier)

把被分离的频谱 $C(f, y)$ 移到原点后进行傅里叶逆变换又得到 $c(x, y)$

$$F^{-1}\{C(f, y)\} = c(x, y) = \frac{1}{2}b(x, y)e^{i\phi(x, y)} \tag{2-32}$$

由此可以计算出被研究的波前位相 $\phi(x, y)$

$$\phi(x, y) = \arctan\frac{\text{Im}[c(x, y)]}{\text{Re}[c(x, y)]} \tag{2-33}$$

式中　$\text{Im}[c(x, y)]$——$c(x, y)$ 的虚部；

　　　$\text{Re}[c(x, y)]$——$c(x, y)$ 的实部。

或通过计算 $c(x, y)$ 的复数对数计算出 $\phi(x, y)$，即

$$\ln c(x, y) = \ln\left[\frac{1}{2}b(x, y)\right] + i\phi(x, y) \tag{2-34}$$

实现该方法的主要困难在于确定两个要分离的边带频率 f_1 和 f_2 及确定载频 f_0。在数字平滑滤波后，如果反复应用下式

$$f_i = \frac{1}{4}(f_{i-1} + 2f_i + f_{i+1}) \tag{2-35}$$

即可以剔除有限的峰和谷的噪声，这样可以求出函数的极大值和极小值。从 $f=0$ 出发，可以求出载频 f_0。经过第一个极小值后，可找到一个极大值，极大值的左侧和右侧相邻的极小值便是 f_1 和 f_2。对于整个干涉图的每一列傅里叶变换，f_0、f_1 和 f_2 都保持不变。

一个干涉图法可以达到 $\lambda/10$ 的测试精度。

2.7.3　条纹扫描法[15]（Fringe Scanning Method）

条纹扫描法的波前位相测量是动态测量。其原理是通过平移参考反射镜，使干涉场中任一点的光强为位移 l 的正弦函数。这样，当 l 随时间作线性位移时，干涉场中各点的亮度随

时间作正弦变化。

在泰曼-格林干涉仪中（图2-28），假定参考波前和测试波前的复振幅分别为

$$A_r = a_r \cos[2k(L+l)] \qquad (2\text{-}36)$$

$$A_\omega = a_\omega \cos\{2k[L+\omega(x,y)]\} \qquad (2\text{-}37)$$

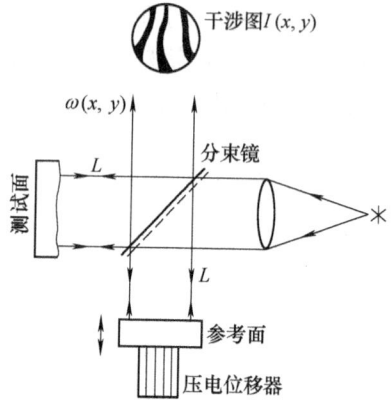

干涉图 $I(x,y)$

图 2-28 条纹扫描法原理

(Fig. 2-28 Principle of Fringe Scanning Method)

式中 L——参考面和测试面到分束镜的距离；

     l——参考反射镜的位移量；

$\omega(x,y)$——被测面的面形函数。

干涉条纹的强度分布为

$$I = a_\omega^2 + a_r^2 + 2a_\omega a_r \cos2k[\omega(x,y)-l] \qquad (2\text{-}38)$$

由式（2-38）可知，对于干涉图内任意一点，强度 I 总是 l 的正弦函数，因此可以展成傅里叶级数（Fourier series），即

$$I(x,y,l_i) = a_0 + a_1\cos2kl_i + b_1\sin2kl_i \qquad (2\text{-}39)$$

式中 a_0——傅里叶级数的直流项；

     a_1、b_1——傅里叶级数的一阶谐波项。

显然，a_0、a_1 和 b_1 是坐标 x 和 y 的函数。

每一采样点的系数由连续采集条纹和三角函数的正交性（orthogonality）确定，即

$$a_0 = \frac{1}{np}\sum_{i=1}^{np} I(x,y,l_i) = a_r^2 + a_\omega^2 \qquad (2\text{-}40)$$

$$a_1 = \frac{2}{np}\sum_{i=1}^{np} I(x,y,l_i)\cos2kl_i = 2a_r a_\omega\cos2k\omega(x,y) \qquad (2\text{-}41)$$

$$b_1 = \frac{2}{np}\sum_{i=1}^{np} I(x,y,l_i)\sin2kl_i = 2a_r a_\omega\sin2k\omega(x,y) \qquad (2\text{-}42)$$

式中 n——每一周期内的采样点数；

     p——被采样的干涉条纹的周期数。

由此可得

$$\omega(x,y) = \frac{1}{2k}\arctan\frac{b_1}{a_1} \qquad (2\text{-}43)$$

$$l_i = \frac{i\lambda}{2n} \quad (i=1,2,\cdots,np)$$

在这种情况下，傅里叶级数体现的是同步探测技术（synchronous detection technique）和相关探测技术（correlation detection technique），被确定的系数代表 $I(x,y,l_i)$ 的最近似值。通过在 p 个周期内累加数据测量傅氏级数，可以消除大气湍流、振动和漂移等非线性引起的测量误差。在每个点上都有 2π 位相不定性，但如果事先知道各个采样点之间的位相变化不大于 $\frac{\pi}{2}$，则可以通过考察各个相邻点间的相对位移以及与最小倾斜面的连续性解决不定性问题。一般情况下，可取 $p=4$，$n=25$。

图 2-29 所示为扫描泰曼-格林干涉仪的光学系统图。探测系统是 32×32 光电二极管阵列摄像机 C，接收到的信号显示在监视器上，这样可以在同一探测系统的不同位置进行重复采

样。A/D 转换器把光电信号转变成数字信息，并输入计算机；D/A 转换器把计算机信号转换成模拟电压，来驱动压电位移器 P 到所要求的位置。为了提高干涉条纹的对比度，减少杂散光对测试结果的影响，装置采用偏振干涉系统。偏振分束镜（polarization beam splitter）把垂直偏振光和水平偏振光分别反射到参考光路和测试光路中。在激光光源前放一块 λ/2 波片（half wave plate），转动 λ/2 波片可以调整参考光束和测试光束的强度比。在参考光路和测试光路中各有一块 λ/4 波片，偏振光两次通过 $\frac{\lambda}{4}$ 波片后，其偏振方向偏转90°。

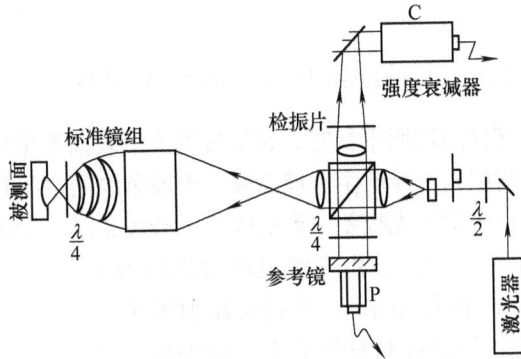

图 2-29　扫描泰曼-格林干涉仪的光学系统图

（Fig. 2-29　Fringe-scanning Twyman-Green Interferometer）

当物镜主要有较大像散（astigmatism）时，在理想焦面有不同方向的倾斜，如图 2-30 所示；当物镜主要有较大彗差（coma）时，在理想焦面也有不同方向的倾斜，如图 2-31 所示。

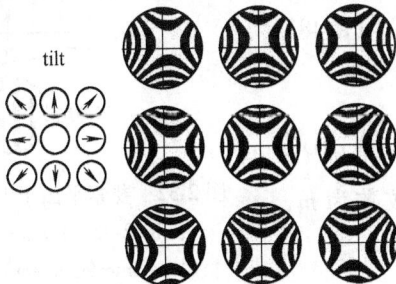

图 2-30　物镜的像散

（Fig. 2-30　Astigmatism of Objective）

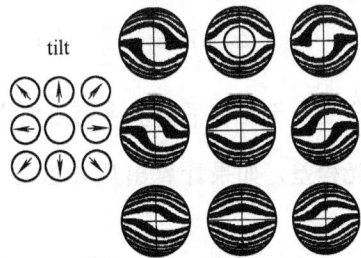

图 2-31　物镜的彗差

（Fig. 2-31　Coma of Objective）

利用条纹扫描法和三个干涉图法等相移技术，可以测出被测系统的实际波面，由波像差可以计算出被检光学系统的点扩散函数、光学传递函数和透镜表面的曲率半径等。点扩散函数是由系统的实际波面即瞳函数（pupil function）$\omega(x, y)$ 的傅里叶变换得到的，即

$$PSF(x', y') = F\{\omega(x, y)\} \cdot F^*\{\omega(x, y)\} \tag{2-44}$$

$$F\{\omega(x, y)\} = \iint \omega(x, y) e^{-i2\pi(xx'+yy')} \mathrm{d}x\mathrm{d}y \tag{2-45}$$

$$F^*\{\omega(x, y)\} = \iint \omega(x, y) e^{i2\pi(xx'+yy')} \mathrm{d}x\mathrm{d}y \tag{2-46}$$

其中，x' 和 y' 是像空间坐标。由点扩散函数的逆变换可以得到复光学传递函数，即

$$OTF(f_x, f_y) = F^{-1}\{PSF(x', y')\} \tag{2-47}$$

光学传递函数通常以其模表示，称为调制传递函数（MTF），由调制传递函数可获得光学系统在目标图像不同对比度时的分辨率。由式（2-44）和式（2-47）可知，在光学测量像质评价中，干涉法、星点法和分辨率法间的关系。

2.8 平行平板的楔度测量 （Wedge Angle Measurement of Plane Parallel Plate）

2.8.1 等厚干涉法 （Equi-thickness Interference Method）

当一束平行光射向有楔度的透明平板时，在平板的上下表面发生反射。如果平板的厚度小于相干长度的一半，那么两束光干涉产生干涉条纹。干涉条纹的空间频率取决于平板的楔度大小。在厚度相等的位置具有相同的光程差，形成同一干涉级条纹，干涉场在平板的内部。

图 2-32 所示为斐索平面干涉仪。由光源发出的波长为 λ 的单色光照明准直物镜 L 的小孔光阑 D，从物镜出射的平行光束经分束镜 B 后，垂直入射到被测平板 P 上；经平板上下表面反射后，被分成两束相干光，两束光相交在平行平板内部，这就是干涉场平面，可用显微镜 M 或放大镜来观察。

设在直径为 b 的干涉场上，条纹数为 n，直径两端点 A、B 处对应的平板厚度为 h_1 和 h_2，根据光程差公式，得

$$\Delta_1 = 2nh_1 + \frac{\lambda}{2} = \left(m_1 + \frac{1}{2}\right)\lambda$$
$$\Delta_2 = 2nh_2 + \frac{\lambda}{2} = \left(m_2 + \frac{1}{2}\right)\lambda \tag{2-48}$$

其中，$\frac{\lambda}{2}$ 是由于光在平板上表面反射产生 π 位相跃迁而引起的附加光程差，如果计算出从 A 到 B 点的干涉条纹数为 m，那么

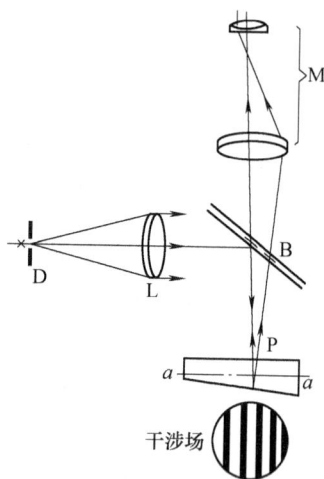

图 2-32 斐索平面干涉仪
（Fig. 2-32 Fizeau Plane Interferometer）

$$\Delta h = h_2 - h_1 = \frac{(m_2 - m_1)\lambda}{2n} = \frac{m\lambda}{2n} \tag{2-49}$$

平板的楔度为

$$\theta = \frac{\Delta h}{b} = \frac{m\lambda}{2nb} \times 206\,265'' \tag{2-50}$$

式中 b——A 到 B 点的距离。

干涉条纹的宽度 d 为

$$d = \frac{\lambda}{2n\theta} = \frac{b}{m} \tag{2-51}$$

因为楔度 θ 是一常数，所以干涉条纹是平行等间隔的直条纹。

因为等厚干涉条纹的方向与平板两表面相交的棱边平行，所以平板的主截面方向与干涉条纹方向垂直。为了判定平板的楔角方向，可采用加热法，即把手指放在被测平板的某局部

位置，局部受热膨胀，厚度增加，使干涉条纹向干涉级低处移动。这样，由条纹位移方向可以判定平板的薄厚端，即楔角方向。

等厚干涉法的最大测量范围受光源的相干长度和人眼能分辨的条纹宽度限制。被测平板的最大厚度为

$$h = \frac{\lambda^2}{\Delta\lambda \cdot 2n} \tag{2-52}$$

表2-4列出几种普通光源及与其对应的被测平板最大厚度。

表2-4　光源与被测平板的最大厚度

（Table2-4　Light Source and Maximum Thickness of Measured Plate）

光　　源	λ/nm	$\dfrac{\lambda}{\Delta\lambda}$	h/mm
钠灯	589.3	10^3	10^{-1}
汞灯	546.1	10^4	10^0
氢灯	656.3	10^5	10^1
镉灯	643.9	10^6	10^2

如果采用激光光源，那么测试范围主要取决于人眼能分辨的干涉条纹宽度。如果取条纹宽度为0.2mm，用He-Ne激光器作为光源，$\lambda = 632.8$nm，$n = 1.5$，那么按式(2-50)可计算出能测量的最大楔度$\theta \approx 3.6'$。等厚干涉法测量平板楔度的精度为10^{-1}s。

如果平板的楔度较小，则可以把平板放在泰曼-格林干涉仪的测试光路中进行测量。测试光束两次通过平板，使平面波产生的总偏角为$2(n-1)\theta$，干涉条纹是由参考光束和测试光束相干形成的。

图2-33所示为泰曼-格林干涉仪测平板楔度原理。楔角的大小可以由下式计算

$$\theta = \frac{m\lambda}{2(n-1)b} 206\,265'' \tag{2-53}$$

式中符号的意义与式(2-50)相同。平板主截面方向垂直于干涉条纹的方向，平板楔角的方向可以通过移动参考反射镜来判定。

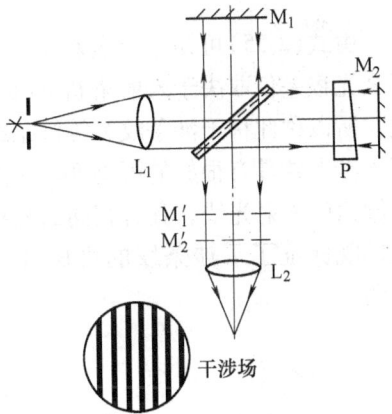

图2-33　泰曼-格林干涉仪
测平板楔度原理

（Fig. 2-33　Measurement Principle of
Wedge Angle with Twyman-Green
Interferometer）

例2-1　现已知光波长λ为0.589 3μm，距离L为20cm，此时测得10个条纹的间距为1.62cm，那么金属丝直径D为多大（图2-34）？

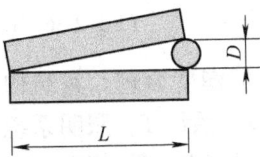

图2-34　金属丝测量示意图

（Fig. 2-34　Sketch Map of Wire Measurement）

解 金属丝直径 D 即为式(2-50)中的 Δh，由式(2-50)和式(2-51)可知

$$\left.\begin{array}{l} \Delta h = \dfrac{L\lambda}{2nd} \\[2mm] d = \dfrac{16.2\,\text{mm}}{10} \end{array}\right\} \Rightarrow D = \Delta h = 0.036\,\text{mm}$$

2.8.2 等倾干涉法（Equi-inclination Interference Method）

等倾干涉的相干光束是平行光，因此干涉条纹在无限远处。使用望远系统进行观察时，在物镜焦平面上可见同心圆环。其原理如图 2-35 所示，两相干光之间的光程差为

$$\Delta = n(\overline{AB} + \overline{BC}) - n'\overline{AN} + \frac{\lambda}{2} \tag{2-54}$$

根据图 2-35 中的几何关系、折射定律 $n'\sin\theta_1 = n\sin\theta_2$ 及反射定律，可知

$$\Delta = 2n\,\overline{AB} - n'AN + \frac{\lambda}{2} = 2n\frac{h}{\cos\theta_2} - 2nh\frac{\sin^2\theta_2}{\cos\theta_2} + \frac{\lambda}{2} = 2nh\cos\theta_2 + \frac{\lambda}{2} \tag{2-55}$$

或

$$\Delta = 2h\sqrt{n^2 - n'^2\sin^2\theta_1} + \frac{\lambda}{2}$$

由式(2-55)可知，光程差 Δ 与入射角 θ_1 和入射点处平板的厚度 h 有关。如果 h 为常数，那么光程差仅取决于入射角 θ_1 的变化，相同入射角 θ_1 的入射光彼此干涉形成同一级干涉条纹，所以称此种干涉条纹为等倾条纹。使用扩展光源可以大大增加条纹的亮度，并且能够保证干涉条纹具有很好的可见度。因为扩展光源上不同点 S' 经平行平板分光后与 S 点发出相同倾角的入射光线，具有相同的光程差，也能到达 P 点，所以 P 点的不同组条纹没有位移，这样既保证了干涉条纹的可见度，又提高了其亮度（brightness），图 2-36 所示为等倾干涉图。

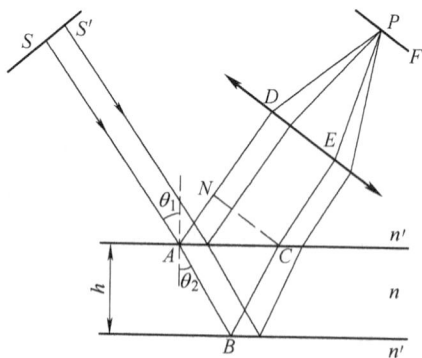

图 2-35　等倾干涉
(Fig. 2-35　Equi-inclination Interference)

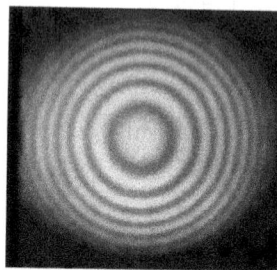

图 2-36　等倾干涉图
(Fig. 2-36　Equi-inclination Interference Pattern)

图 2-37 所示为泰曼干涉仪测平板楔度原理。其结构主要由三部分组成，即照明系统、观察系统和工作台。观察系统是一望远系统 T。照明系统包括单色光源、滤光片 F、聚光镜 O_1、可变光阑 D、聚光镜 O_2 和半反射镜 B。等倾干涉需要漫反射光源，因此要把一毛玻璃放在光源前，为了限制干涉场的大小，应使光阑 D 和被测平板 P 的表面 S 到聚光镜 O_2 的距离等于聚光镜 O_2 焦距两倍，被照明面积等于小孔光阑 D 的面积。因为等倾干涉的干涉场在

无限远处，所以必须用望远系统来观察。

当移动平板，使薄端进入视场时，由于光程差减小，干涉条纹向干涉级高处移动，即同心圆环向中心收缩，一个接一个地消失；当薄板厚端进入视场时，由于光程差增大，干涉条纹向干涉级低处移动，即同心圆环向外扩张，在圆环中心处，条纹一个接一个地出现。

设平板移动距离为 l，条纹出现或消失的个数为 m，那么平板的楔角为

$$\theta = \frac{\Delta h}{l} = \frac{m\lambda}{2nl} \times 206\ 265'' \qquad (2\text{-}56)$$

图 2-37　泰曼-格林干涉仪测平板楔度原理
（Fig. 2-37　Measurement Principle of Wedge Angle with Twyman-Green Interferometer）

测试时要首先旋转平台，使平板主截面方向与工作台移动方向一致。当两方向相互平行时，条纹变化最快；当两方向相互垂直时，条纹变化最慢。

等倾干涉法测平板楔角的精度可达 10^{-2} s。其测量误差主要取决于干涉条纹的判读误差和平板长度的测量误差。

例 2-2　测一折射率 $n = 1.520$ 的平行平板，使用光源的波长 $\lambda = 535$nm，在 $l = 124.2$mm 范围内，测得收缩的干涉条纹 $m = 4.2$，求平板的楔角为多少？

解　平板的楔角为

$$\theta = \frac{4.2 \times 0.000\ 535\text{mm}}{2 \times 1.520 \times 124.2\text{mm}} \times 206\ 265'' = 1.23''$$

取工作台移动量的测量误差 Δl 为 0.05mm，干涉条纹的判读误差 Δm 为 0.2，那么测量误差为

$$\Delta\theta = \theta\sqrt{\left(\frac{\Delta m}{m}\right)^2 + \left(\frac{\Delta l}{l}\right)^2} = \sqrt{\left(\frac{0.2}{4.2}\right)^2 + \left(\frac{0.05\text{mm}}{124.2\text{mm}}\right)^2} \times 1.23'' = 0.06''$$

由此可知，等倾干涉法和等厚干涉法测平板楔角的相对误差大致相同，但等倾干涉的绝对误差较小。等倾干涉法不受视场限制，可在较大的范围内测量干涉条纹的变化。等厚干涉法可以直接指示出平板主截面的方向，等倾干涉法必须旋转被测平板，找出变化最快的方向后才能确定主截面方向。等厚干涉法可以直接指示出平板的薄厚端，但等倾干涉法必须设法使相干两束光的光程差发生变化才能进行判定。

2.9　小角度测量和介质折射率测量[16]（Measurement of Small Angle and Refractive Index）

2.9.1　利用渥拉斯顿棱镜测小角度（Measurement of Small Angle with Wollaston Prism）

1. 渥拉斯顿棱镜测小角度原理（Measurement Principle of Small Angle with Wollaston Prism）

利用偏振光路自准直测角原理如图 2-38 所示。由渥拉斯顿棱镜特性，垂直入射于渥拉斯顿棱镜的激光，其出射光为两束相互分离的正交线偏振光（linearly polarized light），即寻

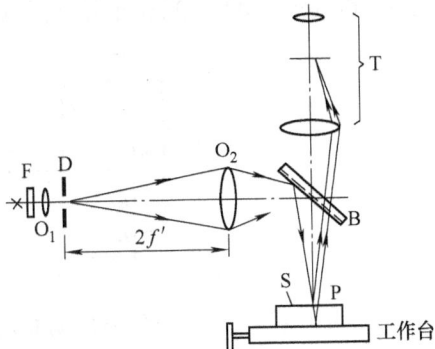

常光（ordinary light）o 光和非寻常光（extraordinary light）e 光，其夹角为

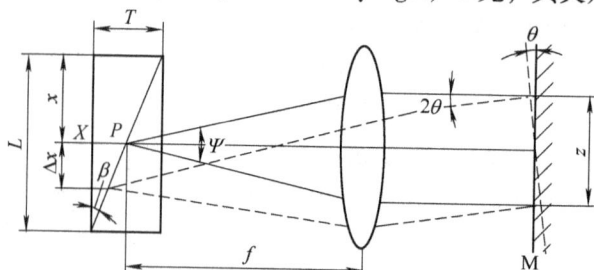

图 2-38 渥拉斯顿棱镜偏振分光与自准直原理

（Fig. 2-38 Beam Polarized Splitting and Autocollimation Principle with Wollaston Prism）

$$\Psi = 2\arcsin\left[\left(n_o - n_e\right)\tan\beta\right] \tag{2-57}$$

式中 n_o——棱镜对寻常光的折射率；

n_e——棱镜对非常光的折射率。

由图 2-38 可知，$\tan\beta = T/L$，所以

$$\Psi = 2\arcsin\left[\left(n_o - n_e\right)T/L\right] \tag{2-58}$$

光在 X 处垂直入射，则光在棱镜中的光程差为

$$\Delta = \frac{T}{L}x(n_e - n_o) \tag{2-59}$$

式中 T——渥拉斯顿棱镜的宽度；

L——渥拉斯顿棱镜的长度。

光通过棱镜的总光程差为

$$2\Delta = \frac{T}{L}2x(n_o - n_e) \tag{2-60}$$

设渥拉斯顿棱镜的 P 点为透镜的焦点，则在反射镜 M 上两光束的分离距离近似为

$$z = 2f'\sin\frac{\Psi}{2} = 2f'\frac{T}{L}(n_o - n_e) \tag{2-61}$$

当 M 转过 θ 角时，反射回棱镜的光点位移了 Δx，且 $\Delta x = 2f\theta$，对式（2-60）微分，将式（2-61）带入得

$$\mathrm{d}\Delta = \frac{T}{L}(n_o - n_e)2\mathrm{d}x = 4\frac{T}{L}f'\theta(n_o - n_e) = 2z\theta \tag{2-62}$$

由式（2-62）可测角度

$$\mathrm{d}\Delta = 2z\theta \tag{2-63}$$

2. 小角度测量系统的结构（System Structure of Small Angle Measurement）

小角度测量系统结构如图 2-39 所示。其中，半波片 3 用于调整 o 光和 e 光强度，反射面由两块反射镜组成，其中 M_1 与压电陶瓷连为一体，可作高频振动。反射光经原路返回，在透镜 6 的焦平面汇合，成为椭圆偏振光（elliptically polarized light），经 $\lambda/4$ 波片 8 变为线偏振光。其振动位相为

$$\phi = \frac{T}{L} - \frac{\delta}{2} \tag{2-64}$$

其中，$\delta = \frac{2\pi}{\lambda}\Delta$。

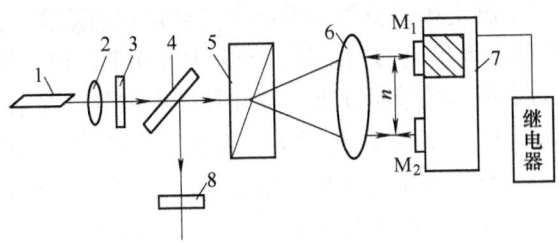

图 2-39　小角度测量系统结构原理图

（Fig. 2-39　Schematic Diagram of Small Angle Measurement）

1—激光器　2—扩束镜　3—λ/2 波片　4—分光镜　5—沃拉斯顿棱镜　6—透镜　7—被测转台　8—λ/4 波片

1—Laser　2—Expender　3—Half Wave Plate　4—Beam Splitter　5—Wollaston Prism　6—Lens

7—Measured Turntable　8—Quarter Wave Plate

$$\mathrm{d}\phi = \frac{\pi}{\lambda}\mathrm{d}\Delta \tag{2-65}$$

当光程差变化一个波长时，位相变化为 π，线偏振光方位角转过 π，条纹变化一个周期。

当反射面有一个角位移 θ 时，由式(2-65)知，合成偏振光光程差变化 $\mathrm{d}\Delta$，经检偏器可观察到干涉条纹的变化，检出条纹变化量即可知角位移量。

2.9.2　气体折射率测量（Refractive Index Measurement of Gas）

介质折射率的测量主要是指气体和液体折射率的测量，以及固态玻璃折射率的测量。用于测量折射率的光学干涉仪主要有马赫-曾德尔干涉仪和雅敏型干涉仪。下面介绍一种用于矿井中的雅敏型干涉仪，其干涉光路图如图 2-40 所示。

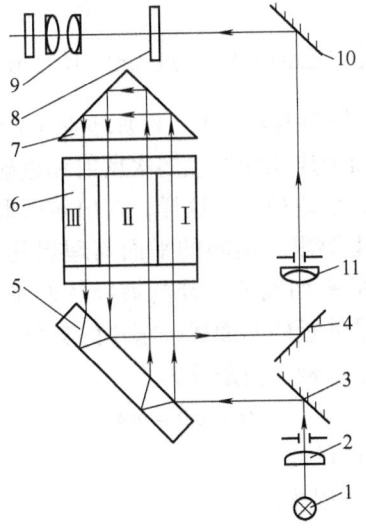

图 2-40　雅敏型干涉仪光路图

（Fig. 2-40　Optical Layout of Jamin Interferometer）

1—光源　2—聚光镜　3、4、10—反射镜　5—平行玻璃板　6—气体容器　7—角镜　8—分划板　9—目镜　11—物镜

1—Light Source　2—Condenser　3、4、10—Mirror　5—Plane Parallel Plate　6—Gas Containers

7—Corner Cube　8—Partition Plate　9—Eyepiece　11—Objective

雅敏型矿井干涉仪可以测定矿井空气中甲烷和二氧化碳的浓度，其体积小便于携带。该仪器的光源是电压为1V的电池供电的白炽灯，光束由光源1发出，经聚光镜2变成细光束，由反射镜3反射后，投射到平行玻璃板5上，在此处光束被分成两束。第一束光通过充有清洁空气的气体容器6的空腔Ⅰ，然后经角镜7反射到充有清洁空气的气体容器6的空腔Ⅲ中。第二束光线两次通过充有矿内空气试样的空腔Ⅱ。空腔Ⅰ、Ⅱ和Ⅲ用玻璃板相互分开。从容器出来的两束光，再次在平行玻璃板5处汇合，又经反射镜4反射，进入观察管的物镜11。在分划板8的平面上，呈现出等倾干涉带，可用目镜9观察。在装调仪器时，角镜7可倾斜一个小角度，使得干涉条纹平行于图平面，具有合适的条纹宽度，然后把棱镜固定住，微动反射镜10可使干涉条纹相对于不动的分划板8移动。

在放到矿井以前，在所有的空腔内冲入干净的空气，并且使消色差条纹（achromatic fringes）的中心与分划板的零刻线相重合。放入矿井以后，用橡胶做的气球往空腔Ⅱ中输入井下空气试样。根据消色差条纹的位移，可以测定井下空气中 CH_4 和 CO_2 的总含量。分划板8分度的格值为5%浓度的 CH_4 和 CO_2，它们的折射率大致是相等的。若采用过滤器（filter）把 CO_2 吸收掉，那么可以单独测出 CH_4 的浓度。从图2-40可知，光束两次（或者多次）通过充有被测气体的容器，这样既可以减小仪器体积，又能提高测量的准确度。该仪器能够测量的浓度范围为0%～100%，测量误差为2.5%。

2.10　激光波长测量[17]（Measurement of Laser Wavelength）

光波频率约为 $10^{14}Hz$，现在任何一种光电探测器都无法直接测量光波的振荡频率。对于光波频率的测量必须通过测其波长 λ，然后通过式(1-2)算出频率或波数。下面介绍两种干涉方法测量激光波长的原理。

2.10.1　标准具测激光波长（Laser Wavelength Measurement with Etalon）

法-珀标准具（F-P etalon）是根据多光束干涉原理制成的仪器。以某入射角度入射的平面波，在干涉仪的两个镀膜表面上连续地产生多次反射和透射，并在干涉仪的两侧各形成一组平行光束。相邻两光束间的光程差相等，这样，在出射面形成等倾干涉环系统，通过望远镜可以把干涉环放大成像。这里要求，镀膜的平面与理想几何平面的偏差不超过（1/50～1/20）λ。为了避免两平板相背的平面间的干涉与镀膜的两平面所产生的干涉相重叠，每块板都不加工成平行平面板，而是使板的两面成一很小的夹角。两平面的间距用热膨胀系数很小的材料制成的环固定。干涉条纹极大值条件为

$$2nd\cos i = m\lambda$$

（2-66）

式中　　d——标准具的两反射面间的距离；

n——两反射面间的介质折射率；

i——平行光束的入射角；

λ——光波的波长。

测量装置如图2-41所示。标准光源经单色仪出射的波长是已知的，调节单色仪可得到不同的已知波长。待测的激光和标准波长的光波通过分束器汇合后同时入射到标准具，标准具前的透镜 L_1 将入射光会聚，标准波长和待测波长的激光经标准具均发生多光束干涉，聚

焦透镜 L_2 将形成的两个系列的等倾干涉环成像在记录器上，如图 2-42 所示。

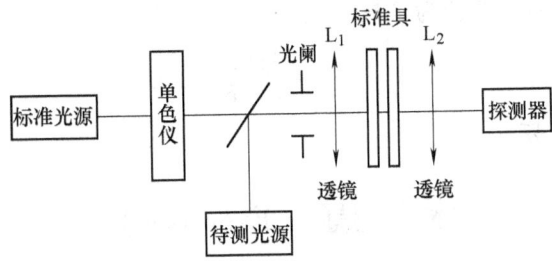

图 2-41　标准具测波长原理图

（Fig. 2-41　Schematic Diagram of Wavelength Measurement with Etalon）

当入射角 i 很小时，$\cos i \approx 1 - i^2/2$，干涉环的直径 D 可以近似写成

$$D = 2fi \qquad (2\text{-}67)$$

式中　f——聚焦透镜 L_2 的焦距。

于是

$$D^2 = 8\left(1 - \frac{m\lambda}{2nd}\right)f^2 \qquad (2\text{-}68)$$

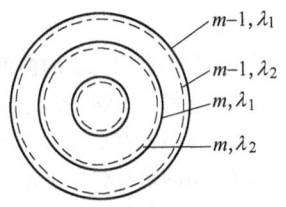

图 2-42　等倾干涉环

（Fig. 2-42　Equi-inclination Interference Pattern）

测得直径 D 和干涉级次 m 后，根据式（2-68）可算出波长 λ；或根据已知波长的干涉环，对比待测波长的干涉环，可算出待测激光的波长。

2.10.2　迈克尔逊干涉仪测激光波长（Laser Wavelength Measurement with Michelson Interferometer）

迈克尔逊干涉仪测激光波长装置如图 2-43 所示。两台迈克尔逊干涉仪 M_1、M_2 共用一个角锥棱镜（后向反射棱镜）P，两台干涉仪中光程差 Δl 变化的量值相等。探测器 D_1 测量参考波长为 λ_R 的干涉强度 I_1，探测器 D_2 测量待测波长为 λ_X 的干涉强度 I_2，由于相干的关系，强度 I 是光程差 $\Delta = l - l'$ 的函数。当 $\Delta = m\lambda$ 时，干涉强度 I 达到极大值。棱镜 P 移动距

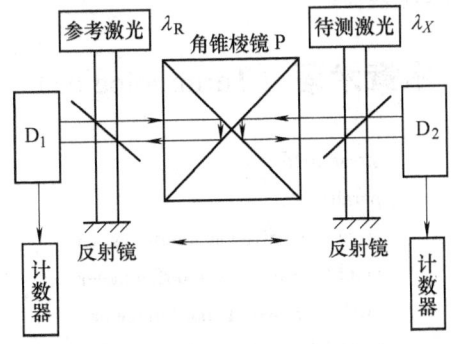

图 2-43　迈克尔逊干涉仪测激光波长原理图

（Fig. 2-43　Schematic Diagram of Laser Wavelength Measurement with Michelson Interferometer）

离 Δx 时，设电子计数器分别测得 M_1、M_2 的干涉条纹数目为 n_1 和 n_2。因为 $\Delta x = 2n_1\lambda_R$，且 $\Delta x = 2(n_2+\delta)\lambda_X$，所以待测波长为

$$\lambda_X = \frac{\lambda_R n_1}{n_2+\delta} \tag{2-69}$$

式中　δ——小于1的正数。

本章习题 （Exercises）

2-1　分波前法的优点是什么？试举出两个分波前的元件。

2-2　分振幅法的优点是什么？试举出两个分振幅的元件。

2-3　泰曼-格林干涉仪的干涉条纹的定域面在哪？如果在分束器的出射面放一透镜，干涉条纹的定位面又在哪？

2-4　如何测出光楔的楔角？画出测试装置并说明各部件的作用。

2-5　如何由牛顿环确定被测平面镜的缺陷或局部缺陷（即凸或凹）？

2-6　准万能补偿镜的工作原理是什么？

2-7　新的米基准是什么？如何定义？

2-8　三步相移法的原理是什么？如何实现三步相移法？

2-9　如何用泰曼-格林干涉仪测出照相光学系统的波像差？

2-10　如何由波像差求出点扩散函数、调制传递函数？

2-11　在波面位相自动探测中，如何实现参考光路的位相移？怎样判断位相移是 $0°-90°-180°$？

2-12　如果欲高精度测一线纹尺的刻线误差，拟设计一泰曼-CCD-微机系统。

1）给出测量线纹尺的光学原理图。

2）试述主要元件的作用。

3）给出测量该线纹尺的长度公式。

4）如何确定扫描干涉条纹的数目 N？

2-13　设氩离子激光器出射光束口径为1.5mm，发散角为0.34mrad。设计一光学系统。要求：

1）出射光束口径大于40mm。

2）发散角小于0.05mrad。

3）光斑能量分布均匀。

4）用干涉不变量分析该系统的合理性。

本章术语 （Terminologies）

应力场	stress field
平行度	parallelism
分波前干涉仪	wave-front division interferometer
分振幅干涉仪	amplitude-division interferometer
迈克尔逊星体干涉仪	Michelson stellar interferometer
瑞利干涉仪	Rayleigh interferometer
半反射镜	half mirror
偏振棱镜	polarization prism
衍射光栅	diffractive grating

迈克尔逊干涉仪	Michelson interferometer
雅敏干涉仪	Jamin interferometer
马赫-曾德尔干涉仪	Mach-Zehnder interferometer
双折射干涉仪	birefringent interferometer
衍射光栅干涉仪	diffraction grating interferometer
泰曼-格林干涉仪	Twyman-Green interferometer
球面镜	spherical mirror
透明平行平板	transparent plane parallel plate
望远镜	telescope
量规	gauge
聚光镜	condenser
光阑	aperture stop
准直物镜	collimating lens
目镜	eyepiece
放大镜	magnifier
补偿物镜	compensator
像差	aberration
偏心误差	eccentric error
调焦误差	focusing error
轮廓图	contour map
非球面补偿镜	aspheric compensator
准万能补偿镜	quasi-universal compensator
谱线	spectrum line
米基准	meter benchmark
飞秒激光器	femto-second laser
稳频激光器	frequency-stabilized laser
半波损失	half wave loss
万能工具显微镜	universal tool microscope
比长仪	comparator
球径仪	spherometer
柯氏干涉仪	Koester interferometer
出射狭缝	exit slit
单色仪	monochromator
光谱棱镜	spectrum prism
自准目镜	auto-collimating eyepiece
整数部分	integer part
小数部分	fractional part
名义值	nominal value
温度计	thermometer
气压计	barometer
湿度计	humidometer
滤光片	filter
显微物镜	microscope objective

出射光瞳	exit pupil
楔形板	wedge plate
补偿板	compensating plate
色差	chromatic aberration
焦距	focal length
曲率半径	curvature radius
角镜	corner mirror
平面反射镜	plane mirror
反射膜	reflection film
光电探测器	photoelectric detector
光阑错位法	stop-shifting method
λ/4 波片	quarter wave plate
镀膜法	coating film method
透明膜	transparent film
照度	illumination
毛玻璃	ground glass
指示器	indicator
准直光束	collimating light beam
光电二极管	photodiode
灰度值	gray value
灰阶	gray level
强度信号	intensity signal
打印机	printer
二元胶体	binary adhesives
硬化液	hardening liquid
结合液	combiner
AC 干涉仪	alternative current interferometer
外差干涉仪	heterodyne interferometer
锁相干涉仪	phase-locked interferometer
数字干涉仪	digital interferometer
波差	wave front aberration
波数	wave number
采样点	sampling point
相位跃迁	phase jumping
压电位移器	piezoelectric translator
位相控制器	phase controller
点扩散函数	point spread function
调制传递函数	modulation transfer function
数字平滑滤波	digital smooth filtering
傅里叶级数	Fourier series
正交性	orthogonality
同步探测技术	synchronous detection technique
相关探测技术	correlation detection technique

偏振分束镜	polarization beam splitter
像散	astigmatism
彗差	coma
瞳函数	pupil function
亮度	brightness
线偏振光	linearly polarized light
寻常光	ordinary light
非寻常光	extraordinary light
椭圆偏振光	elliptically polarized light
消色差条纹	achromatic fringes
法-珀标准具	F-P etalon

参考文献 （References）

[1] 考洛米佐夫．干涉仪的理论基础及应用［M］.李承业，等译．北京：技术标准出版社，1982.

[2] 王承钢．两块鉴定参考资料［M］.北京：中国计量出版社，1982.

[3] 福里斯CE，季莫列娃AB. 普通物理学：第三卷第一分册［M］.程路，等译．北京：人民教育出版社，1979.

[4] 殷纯永．现代干涉测量技术［M］.天津：天津大学出版社，1999.

[5] Wang Wensheng. Application of CCD Camera and Computer in interferometry［J］. SPIE, 1988 (965): 194-196.

[6] 王文生．用泰曼干涉仪实时自动测厚度变化［J］.仪器仪表学报，1988，10（1）：43-47.

[7] 姜淑华，刘东月，王文生．基于显微透镜—面阵 CCD 的微孔自动测试研究［J］.仪器仪表学报，2008，29（4）：798-801.

[8] Jiang Shuhua, Wang Wensheng, Li Mingqiu, et al. Study on the system of the internal stereoscopic inspecting［J］. ISTM, 2005: 703-705.

[9] Jiang Shuhua, Liu Dongyue, Wang Wensheng. Area testing study of arbitrary Shape plane object based on CCD［J］. SPIE, 2008: 6834 3K-1 ~ 3K-4.

[10] 姜淑华，刘东月，陈方涵，王文生．玻璃微珠球度自动测试［J］.光学学报，2008，28（12）：149-152.

[11] Zhang Ye, Wang Wensheng. Non-contact and automatic measurement of 2D size with CCD mtrix and computer system［M］. Semiconductor Photonics and Technology［J］, 2003, 9 (3): 189-192.

[12] B. Dörband. Die 3-lnterferogramm Methode Zur automatischen Streifenauswertung in rechnergesteuerten digitalten zweistrahlinterferometern［J］. Optik, 1982, 60 (2): 161-174.

[13] 王文生．压电位移器位移速度的实时自动测量［J］.仪器仪表学报，1995，16（4）：427-430.

[14] M. Takeda, H. ina, S. Kobayuashi. Fourier – transform method of fringe-pattern analysis for Computer – based topography and interferometry［J］. JOSA, 1982 (72): 156-160.

[15] J. H. Bruning, et al. Digital Wavefront Measuring lnterferometer for Testing Optical Surfaces and Lenses［J］. Applied Optics, 1974 (13): 2693-2703.

[16] 张琢．激光干涉测试技术及应用［M］.北京：机械工业出版社，1998.

[17] 李相银，等．激光原理技术及应用［M］.哈尔滨：哈尔滨工业大学出版社，2006.

第3章 双频干涉术
（Chapter 3 Double Frequency Interferometry）

3.1 双频干涉术（Double Frequency Interferometry）

3.1.1 概述（Summary）

光波的频率很高，约为 10^{15} Hz，因此，任何探测器都不能记录如此高频率的信号，只能记录光的强度信号。记录发光强度信号的单频干涉仪虽然具有很高的测试精度，但对于这种干涉仪，光电探测器后的前置放大器只能用直流放大器（DC magnifier），不能用交流放大器（AC magnifier），因此，在测量时，测量环境对测试结果的影响较大，一般只能在计量室内恒温、防振条件下工作。为了实现车间内的精密测量，必须使干涉仪不仅具有高的测量精度，还要有好的抗干扰能力。双频干涉术可以用交流放大器代替直流放大器，可以防止由于外界环境干扰引起的直流电平漂移，使仪器能在车间内稳定的工作。

3.1.2 光学模拟（Optical Simulation）

由两个高频正弦信号混合或重叠产生一较低的拍频信号的系统称为外差系统（heterodyne system）。电学中的外差收音机是通过本机振荡频率信号与天线接收的高频信号混频后产生拍频，使信号容易处理。从这一意义上讲，外差系统也存在一光学模拟，即莫尔系统（moire system）。

当把两个细分的频率不同的玻璃尺或光栅重叠在一起时，使一个相对另一个稍有位移，在透射光中观察时，就会产生莫尔条纹。莫尔条纹的间隔等于一光栅刻线数与另一光栅刻线数之差。例如，一光栅每 10mm 有 100 条刻线，另一光栅每 10mm 有 101 条刻线，那么可以观察到莫尔条纹的间隔为 10mm。如果把一光栅相对另一光栅移动 0.1mm，那么莫尔条纹移动 10mm。当两光栅常数相同，并具有一空气间隔时，在光栅的上方中部用发散光照明，由于距离不同，使光栅常数表现不同，同样可以产生莫尔条纹。这样，通过研究莫尔条纹的移动来研究光栅的位移就相当容易了。

3.1.3 双频干涉条件（Condition of Double Frequency Interference）

从莫尔条纹原理出发来研究双频干涉术。虽然光的频率太高，不能直接探测，但通过两光频混合后有可能产生一拍频，这个频率可以用现代光电探测器（如雪崩二极管（avalanche diode））计数。

实现双频干涉术的前提是用偏振光学的方法把两个紧密相邻的频率分开，然后再使它们汇合发生干涉。两频率必须满足以下条件：

1）双频必须成对的发射。

2）双频必须是相干的。

3）光学参数必须有区别。

4）频率间隔必须能被光电探测器探测。

这两个光学参数不同的光波能在干涉仪的偏振分束器中被分开，并在干涉仪的两臂中光波的频率受到相对调制。在众所周知的激光外差干涉仪（laser heterodyne interferometer）中，这是两束频率不同而旋转方向相反的圆偏振光。因此，利用 $\lambda/4$ 波片和 $\lambda/2$ 波片可以产生两偏振方向相互垂直的线偏振光，而线偏振光在偏振分束器中被分开。

两频率的间隔应适当地选择，以便可以用光电探测器记录。例如，红光的频率 $\nu = 5 \times 10^{14} \mathrm{Hz}$，这个频率所对应的波长为 $6 \times 10^{-7} \mathrm{m}$。如果使用一探测器，它可以记录的频率为 $2 \times 10^{6} \mathrm{Hz}$，那么由此频率可以计算出对应光波长差 $\Delta\lambda = 2.4 \times 10^{-15} \mathrm{m}$。这样，选择的两频率谱线必须是十分靠近的频率谱线。

两波混合产生的拍频频率为

$$\nu = \nu_1 - \nu_2 \tag{3-1}$$

对应的拍频波长（beat wavelength）为

$$\Lambda = \frac{\lambda_1 \lambda_2}{\lambda_1 - \lambda_2} \tag{3-2}$$

不同频率光波叠加能量分布如第 1 章图 1-9 所示。因为任意两光源辐射的光波波长彼此间是不相干的，所以为了满足条件 1）和 2），两光频必须是同一辐射源的辐射。利用分频技术可以实现双频条件。

3.1.4　双频干涉术与单频干涉术的区别（Difference between Double Frequency Interferometry and Monofrequency Interferometry）

单频干涉术给出干涉条纹的空间像，条纹是静止不动的；与此相反，双频干涉术给出的干涉条纹按时间顺序出现在光电探测器上，条纹是运动的。出现在分束镜前后的干涉条纹不能看到，因为它是随光束运动的。但当把高精度的光学补偿器用于双频干涉仪时，如果出现的干涉条纹对比度好，在测试反射镜移动时，可由双频外差干涉仪计数。

单频干涉术用于检测干涉条纹的强度和对比度；双频干涉术用于检测频率差，但不能识别干涉条纹的位移方向。

单频干涉仪对装置的机械振动十分敏感，因此对工作台的稳定性提出严格的要求。当存在振动时，干涉条纹在像场中来回移动，移动的距离对应于振动的强度，因此计数时必须相应地加减计数。因为双频干涉仪的干涉条纹是按时间顺序入射到探测器上的，所以对振动不敏感，这样，双频干涉仪对元件振动要求不严，它能应用于车间的工作环境中。

当把出射光投射到一张纸上时，可以在偏振分束棱镜（polarization beam-splitting prism）没有使用的侧面上观察到干涉条纹。这种光实际上是不应有的，是杂散光，它是由于线偏振光通过干涉仪时偏离了原来的振动方向引起的。为了避免这一问题，双频干涉仪比单频干涉仪更难调校。

3.2 光频调制技术（Light Frequency Modulation Technology）

为了使双频干涉的两不同频率的光波是相干的，则两光频必须是由同一光源辐射的。用光频调制技术可以把一个频率的光波分解成两个频率的光波，而且频率差可以调制，以使合成后的拍频能被探测器记录。光频调制技术主要有三种方法：声光调制、磁光调制和电光调制。

3.2.1 声光调制技术[1,2]（Acoustooptical Modulation Technology）

当超声波（ultrasonic wave）作用在各向同性透明介质（isotropic transparent medium）中时，由于光波是一种弹性纵波，因此在介质中将沿声波传播方向上发生介质变形，从而引起介质折射率的变化。

设声波沿 x 轴方向传播的波动方程为

$$A = a_0\sin(\Omega t - kx) \tag{3-3}$$

式中　Ω——声波的角频率；

k——声波波数，它等于 $\dfrac{2\pi}{\lambda_a}$；

λ_a——声波波长。

介质变形引起的折射率变化为

$$n(x,\ t) = n - \Delta n\sin(kx - \Omega t) \tag{3-4}$$

$$\Delta n = -\frac{1}{2}\sqrt{2MI} \tag{3-5}$$

式中　M——声光介质的品质因数；

I——声波的功率密度。

例如，当测定波长为 $0.63\mu m$ 时，石英晶体的折射率 $n = 1.46$，声光介质的品质因数 $M = 1.51\times 10^{-12}s^2/g$。由式（3-4）可知，在任一瞬间，介质的折射率发生周期性的变化，因此该介质可以看作是一个运动的位相光栅（phase grating），光栅的常数就是声波波长 λ_a。当光波通过介质时，光波被光栅衍射。因为这种光栅是以声速运动的，所以将发生多普勒效应（Doppler effect），即衍射光波的频率发生变化。图 3-1 所示为声光调制原理及声光调制器。角频率为 ω 的光波通过在垂直方向被声波调制的介质后发生衍射，各级衍射光的频率是衍射级的函数。这样，声光调制器可以对入射光的位相与频率进行调制。

通过声光调制器后，第 m 级衍射光的衍射角 θ_m 为

$$\theta_m = \pm\frac{m\lambda}{\lambda_a} \tag{3-6}$$

对应于 m 级的衍射光角频率 ω_m 为

$$\omega_m = \omega \pm m\Omega \tag{3-7}$$

式中　λ——入射光在介质中的波长；

ω——入射光的角频率。

为了实现布喇格衍射（Bragg diffraction），提高衍射效率，使一级衍射光功率达到入射光的100%，必须遵守下面两个条件。

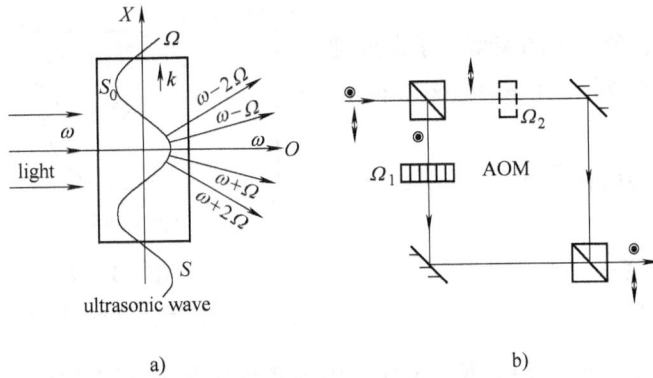

图 3-1　声光调制原理及声光调制器

(Fig. 3-1　Principle of Acoustooptical Modulation and Modulator)

a) 声光调制原理　b) 声光调制器

(a) Principle of Acoustooptical Modulation　b) Acoustooptical Modulator)

1) 按布喇格角 θ_B 入射

$$\theta_B \approx \sin\theta_B = \frac{\lambda}{2n\lambda_a} \tag{3-8}$$

2) 晶体长度 L 应满足下式

$$L \geqslant \frac{2\lambda_a^2}{\lambda} \tag{3-9}$$

声光介质必须均匀、透明，常用的晶体有石英、钼酸铅等。当用 He-Ne 激光器作光源，用 40MHz 频率的声波进行调制时，求得钼酸铅的折射率 $n = 2.37$，布喇格角 $\theta_B = 4.7'$，晶体长度 $L = 67\text{mm}$。

图 3-2 所示为丹麦 DISA 公司的双频灰尘粒子计数器的示意图。

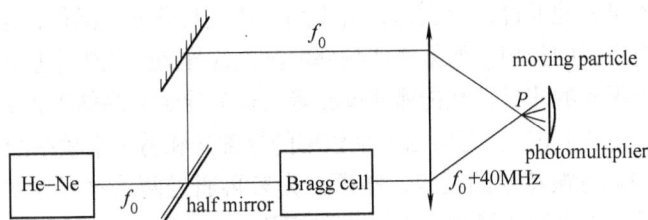

图 3-2　灰尘粒子计数器的示意图

(Fig. 3-2　Sketch of Dust Particle Counter)

3.2.2　磁光调制技术[3,4]（Magneto-optical Modulation Technology）

在 1896 年，塞曼（Zeeman）发现在外磁场作用下，光谱线的频率有微小的变化，并具有偏振性质，这就是塞曼效应（Zeeman effect）。利用塞曼效应可以实现磁光调制。

一单纵模的 He-Ne 激光器，它由环形磁铁包围着，在磁场的作用下，激光谱线被分成两个相近的谱线。在谱线对称的情况下，两谱线的频率间隔仅取决于磁场强度。两谱线频率分别为（$\nu + \Delta\nu$）和（$\nu - \Delta\nu$），一个是右旋圆偏振光，另一个是左旋圆偏振光。图 3-3 所示为塞曼效应原理。

按照经典理论，分子中的束缚电子在外磁场 B 的作用下，受到一个洛伦兹力的作用，即

$$F = eVH\sin(\vec{V}, \vec{H}) \qquad (3\text{-}10)$$

式中　e——电荷值；

　　　V——电子速度；

　　　H——磁场强度。

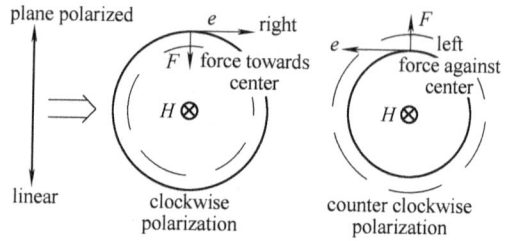

图 3-3　塞曼效应原理

（Fig. 3-3　Principle of Zeeman Effect）

洛伦兹力的方向垂直于 $(\vec{V}, \vec{H})$ 平面。因为光辐射频率 ν 取决于电子轨道能量，所以电子在洛伦兹力的作用下，轨道能量发生变化。假定光源发出单一方向的线偏振光，那么可以将线偏振光在与磁场作用方向垂直的平面内分解为作等速圆周运动的右旋光和左旋光。洛伦兹力对右旋光产生向心力 F，对左旋光产生离心力 F。这样，右旋光的频率增加至 $(\nu + \Delta\nu)$，左旋光的频率减少至 $(\nu - \Delta\nu)$。频率 $\Delta\nu$ 与磁场强度成正比，其大小为

$$\Delta\nu = \pm\frac{1}{4\pi}\frac{e}{m}H \qquad (3\text{-}11)$$

为使两圆偏振光能在干涉仪的参考臂和测试臂中分开，然后又能重合，必须首先将它们变换成线偏振光，其偏振方向应相互垂直。用一晶体平板可以完成偏振光的这种变换。把一单轴双折射晶体（birefringent crystal）按平行于其光轴方向切开，则晶体有这样一种特性，即两晶轴有不同的折射率，而且通过晶轴的光束有不同的速度。这样，入射光束在晶体中被分成两束光，这两束光平行传播，但有不同的速度。将这两束光分别称为寻常光和非寻常光。如果将晶体的厚度这样研磨，即在一确定的波长通道中，寻常光相对非寻常光传播的位相差为90°，就能获得 $\lambda/4$ 波片，$\lambda/4$ 波片能把入射的圆偏振光变换成线偏振光。由于两束光位相差是90°，因此两线偏振光的偏振方向相互垂直。双折射晶体有两种结构，一种允许寻常光迅速地通过，另一种允许非寻常光迅速地通过，分别称为右旋晶体和左旋晶体。但是，这样的晶体对右旋偏振光和左旋偏振光有不同的作用。如果使两频率的激光这样通过晶体平板，即使右旋圆偏振光的寻常光和左旋圆偏振光的非寻常光传播速度相等，这就导致在晶体平板后面的两线偏振光的偏振方向各改变90°，并且正交。每对由一个频率的寻常光和另一个频率的非寻常光组成。

为了获得所希望的偏振特性的变换，必须使光束再通过两倍这样厚的晶体平板，即半波片。它使一个频率的寻常光和非寻常光在一个偏振平面内振动，彼此相对入射平面旋转45°。在半波片后获得所希望的偏振状态，一偏振平面在水平面内，另一偏振平面在垂直面内。

因为磁场强度可由电流控制，所以利用磁光调频技术是十分方便的，而且调制范围较大，现已成功应用于双频干涉仪中。图3-4所示为渥拉斯棱镜（Wollaston prism）分束。

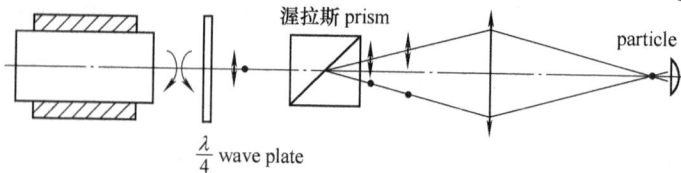

图 3-4　渥拉斯棱镜分束

（Fig. 3-4　Beam Splitting with Wollaston Prism）

3.2.3 电光调制技术[5] （Electro-optical Modulation Technology）

角频率为 ω 的圆偏振光通过静止的半波片后，其旋转方向发生反转，但旋转角频率不变。如果半波片以角频率 Ω 旋转，那么圆偏振光经过半波片后，不但旋转方向发生反转，而且由于多普勒效应，旋转角频率也发生变化。如果半波片的旋转方向与入射的圆偏振光的旋转方向相同，那么角频率变化为 $+2\Omega$；如果半波片的旋转方向与入射的圆偏振光的旋转方向相反，那么角频率变化为 -2Ω。因此，经旋转 $\lambda/2$ 波片后，光的角频率变为 $(\omega+2\Omega)$ 或 $(\omega-2\Omega)$。可见，利用旋转半波片能调制光的角频率。旋转半波片产生角频率位移的原理如图 3-5 所示。

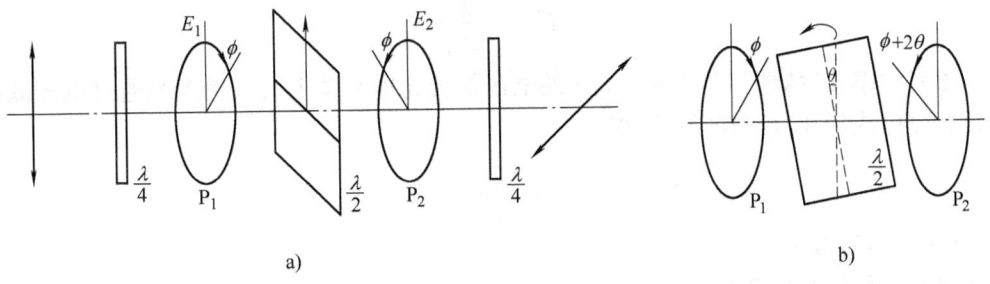

图 3-5 半波片调制原理

（Fig. 3-5 Modulation Principle of Half-wave Plate）

a) 半波片静止 b) 半波片旋转

（a）Stilling Half-wave Plate b）Rotating Half-wave Plate）

机械法旋转半波片可获得的频率位移较小，因此应用意义不大。如果应用电光晶体（electro-optical crystal），把位相差90°的两个同频电压加到晶体的正交方向上，其作用相当于旋转的半波片，这种方法可以产生很大的频率位移。图 3-6 所示为双电光晶体频率调制原理。

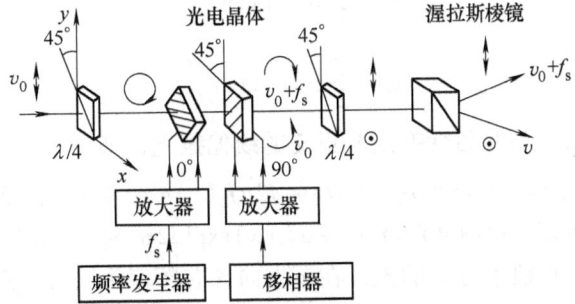

图 3-6 双电光晶体频率调制原理

（Fig. 3-6 Frequency Modulation Principle with Double Electro-optical Crystal）

外电场加到光学介质上引起介质折射率的变化称为电光效应。如果折射率的改变量正比于外加电场的强度，称为线性电光效应，即普克效应；如果折射率的改变量正比于外加电场强度的平方，称为平方律电光效应，即克尔效应。频率调制常用线性电光效应，使电场方向与通光方向平行，称为纵向电光调制。在无外加电场时，晶体不产生双折射；在有外加电场时，晶体产生一对与原折射率主轴成45°角的感应主轴，入射的平面偏振光被分解成沿感应轴方向的两个相互垂直的偏振分量。这样，从调制器输出了椭圆偏振光，两光波之间的位相延迟为

$$\phi = \frac{2\pi n_o^3 r_{63} U}{\lambda} \tag{3-12}$$

式中　n_o——电光材料的o光折射率；

　　　r_{63}——电光材料的电光系数；

　　　U——外加电压；

　　　λ——入射光波长。

当ϕ等于π时，所需要的电压为半波电压，用U_π表示。由式(3-12)得

$$U_\pi = \frac{\lambda}{2n_o^3 r_{63}} \tag{3-13}$$

当参考频率发生器把$U = U_0 \sin 2\pi f_s t$的电压加到光电晶体上时，两束光通过电光晶体产生的位相差由式(3-12)和式(3-13)得

$$\phi = \pi \frac{U_0}{U_\pi} \sin 2\pi f_s t \tag{3-14}$$

式中　f_s——调制频率。

通过电光晶体的光强为

$$I = I_0 \sin\left(\omega t + \pi \frac{U_0}{U_\pi}\sin 2\pi f_s t\right) \tag{3-15}$$

由此可知，经贝塞尔函数展开后，可以找到与调制频率f_s有关的一次谐波f_s和二次谐波$2f_s$等分量，这是使激光产生频率位移的好方法。为了使光束在空间分开，必须应用偏振光学方法，即在电光晶体前后各放一个$\lambda/4$波片。设入射的线偏振光为

$$A = a\exp(i2\pi\nu_0 t) \tag{3-16}$$

经$\lambda/4$波片后分解为

$$A_x = \frac{\sqrt{2}}{2}a\exp(i2\pi\nu_0 t) \tag{3-17}$$

$$A_y = \frac{\sqrt{2}}{2}a\exp(i2\pi\nu_0 t) \tag{3-18}$$

经电光晶体和第二块$\lambda/4$波片后变换成两正交的线偏振光，即

$$A_x'' = \sqrt{2}aJ_1(x)\exp[i2\pi(\nu_0+f_s)t] + \sqrt{2}aJ_3(x)\exp[i2\pi(\nu_0-3f_s)t] + \cdots \tag{3-19}$$

$$A_y'' = aJ_0(x)\exp(i2\pi\nu_0 t) + aJ_2(x)\exp[i2\pi(\nu_0-f_s)t] + \cdots \tag{3-20}$$

因此，在y方向含有频率为ν_0的光，在x方向含有频率为(ν_0+f_s)的光。如果适当地选择x，使$J_1(x)$达到最大，即可获得最大的调制输出。图3-7所示为电光晶体偏振分光。

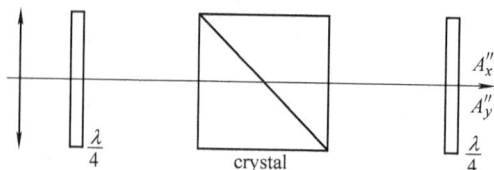

图3-7　电光晶体偏振分光

(Fig. 3-7　Polarization Beam-splitting with Electro-optical Crystal)

3.3　激光外差干涉仪[6~9]（Laser Heterodyne Interferometer）

3.3.1　激光外差干涉仪原理（Principle of Laser Heterodyne Interferometer）

图 3-8 所示为外差测距干涉仪原理。将 He-Ne 激光器加上 300Gs（$1Gs = 10^{-4}T$）的轴向磁场后，由于塞曼效应产生两频率不同的左旋和右旋圆偏振光，两光束的频差可通过磁场强度调制。对于外差测距干涉仪，频差为 1.5~2MHz。两圆偏振光经 $\lambda/4$ 波片后形成相互垂直的线偏振光，再经过扩束系统 K 准直、扩束和空间滤波后，入射到第一个分束镜 B_1 上。分束镜 B_1 把两频率光强的 20% 反射到偏振分束镜 B_2 上，通过偏振分束镜 B_2 入射到检偏振器（analyser）P 上，检偏振器的主截面方向要与两正交的线偏振光的偏振方向各成 45° 角。根据马昌斯定律，这两个正交的线偏振光在检偏振器主截面上的分量产生拍频，它等于激光器所产生的两个光频的差值，即（$\nu_1 - \nu_2$）。偏振分束镜应使两光频波这样分开，即使一频率波与另一频率波的一小部分重叠。这样，光电探测器 D 所接收的信号有一直流电压信号 DC 和一交流电压信号 AC。通过电学方法把直流信号与交流信号分开，将交流信号记录在参考计数器 C_1 上，直流信号作为调制信号来稳频。

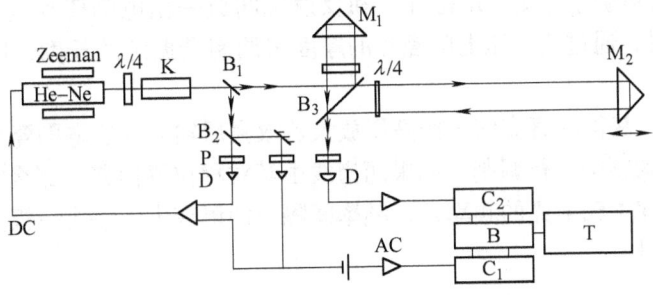

图 3-8　外差测距干涉仪原理图

（Fig. 3-8　Layout of Heterodyne Range Finding Interferometer）

经分束镜 B_1 透射的主光束入射到干涉仪的偏振分束镜 B_3 上，两光频在干涉仪的两臂中分开。经参考棱镜 M_1 和测试棱镜 M_2 后又平行的反射回来，汇合在一起，入射到光电探测器 D 上。光电信号经放大后，输入到测试计数器 C_2 上。通过比较器（comparator）B 把参考计数器 C_1 和测试计数器 C_2 联系在一起，并连续地把所记录的数据进行比较，在指示器（indicator）T 上显示其偏差。只要两棱镜相对不动，参考计数器和测试计数器的记数比率相同，那么示值为零。如果测试棱镜 M_2 移动，则测试光路的频率发生改变，这种改变对应于多普勒效应，拍频为（$\nu_1 - \nu_2 + \Delta\nu$）。这种拍频的频率改变将在基波的半波长内由光电探测器记录下来，并在斯米特触发器中变换成直角信号，再经过微分、放大和计算，在指示器中显示出来。

根据计算公式

$$N = \int_0^t \Delta\nu dt = \int_0^t \frac{2V}{\lambda} dt = \frac{2}{\lambda} \int_0^t V dt = \frac{2}{\lambda} L \tag{3-21}$$

实际位移量为

$$L = N \frac{\lambda}{2} \tag{3-22}$$

式中　V——测试棱镜移动的速度；

　　　N——在测试时间 t 内扫描的条纹数。

由此可知，在激光外差干涉仪中，双频起了调制作用。当测试棱镜静止时，干涉仪仍然保留一交流信号，测试棱镜的移动只是使交流信号的频率增加或减少。因此，可以采用高倍交流放大器来避免直流放大器所产生的直流漂移等问题。

3.3.2　频率稳定的激光外差干涉仪（Frequency-stabilized Laser Heterodyne Interferometer）

当用光波波长作为测尺度量长度时，应保证频率稳定，使光波波长的变化不超过某一极限值。

激光按其作用是一有源振荡发生器。为了产生光振荡必须输入能量。在输入的能量中，仅一小部分能量作为光又发射出来，其余能量加热系统，产生热变化。这种热变化影响光振荡的稳定性，因此也影响辐射光的频率。

为了使辐射频率稳定，必须保证谐振腔（resonator）的长度不变。因此，谐振腔管要由具有很小膨胀系数的陶瓷制成，并在管子和反射镜间放一压电陶瓷片（piezoelectric crystal plate）。在加电压时，通过改变压电陶瓷片的厚度来调制谐振腔的长度，以便保证输出辐射光的频率稳定。

如图 3-8 所示，获得的直流信号经高压放大器放大后输入到压电陶瓷片上，使其对两激光谱线间的实际平均频率进行调制。如果两谱线由其对称位置偏移，那么它不仅改变了辐射光的强度，而且改变了辐射光的频率差，频率间隔向两侧变大，并有一极大值，该极大值同样可以用作调制信号。

3.3.3　波长稳定的激光外差干涉仪（Wavelength-stabilized Laser Heterodyne Interferometer）

从计量学的角度来讲，是通过自然常数来确定测量系统的基本单位。在 1960 年以前，米的长度是由众所周知的米原器确定的，米原器通过两标线来表示具体长度。1983 年第十七届国际计量大会正式通过了米的新定义："米是光在真空中 1/299792458 秒的时间间隔内行程的长度"，这是米的第三次国际定义。即 $T = 1/299792458$s，可用飞秒激光器（femtosecond laser）测量，其精度可达 $\Delta t = 10^{-18}$/s。对于长度测量意味着可以废除具体标尺而过渡到真空中——非长度定义。如果按照米的新定义测量物体的长度，那么必须到真空中去，而在真空中由于变化的压力关系会得到另一长度。另一方面，如果让物体在大气中，而波长取真空波长，那么长度将随空气折射率的变化而变化，这种长度确定的可靠性取决于怎样能准确地掌握波长变化的影响。

当测量在大气中进行时，频率的稳定性对干涉仪的测量精度不起决定性，频率稳定性仅说明波长在真空中是不变的。在空气中，波长仍随空气折射率的变化变化，而空气折射率随温度和气压变化。这样，干涉仪的测尺（即波长）像胶皮带一样，随空气的变化而伸缩。

真空中的波长 λ_v 相对标准空气中的波长 λ_n 的变化为

$$\frac{\Delta\lambda_{\mathrm v}}{\Delta\lambda_{\mathrm n}}=2.7\times10^{-4}$$

波长与温度的关系为

$$\frac{\Delta\lambda_{\mathrm n}}{\Delta T}=8.4\times10^{-7}/K$$

波长与压力的关系为

$$\frac{\Delta\lambda_{\mathrm n}}{\Delta p}=3.6\times10^{-7}/\mathrm{Torr}(1\mathrm{Torr}=1\mathrm{mmHg}=133.322\mathrm{Pa})$$

在温度稳定的空间，波长随空气的变化约为 10^{-5}，这时仅气压对波长的变化有重要影响。在野外测量时，温度波动引起的波长变化大约为 10^{-4}。这样，重要的是要测量出温度和气压，利用这个值，通过艾德林（Edlen）公式进行波长校正，从而校正被测长度值。

因为测量精度取决于波长的稳定性，所以首先要使波长自然稳定。图 3-9 所示为法布里-珀罗干涉示意图，图 3-10 所示为法布里-珀罗标准具。该标准具由两块反射率为 97% 的高质量的平行玻璃板组成，其反射距离是半波长的整数倍。平板间隔是固定的，两个平行平面反射镜胶合在热膨胀系数很小的玻璃陶瓷管上，管的端面要进行准确的平行抛光，在管的径向中间位置钻一小孔，作为空气入口。

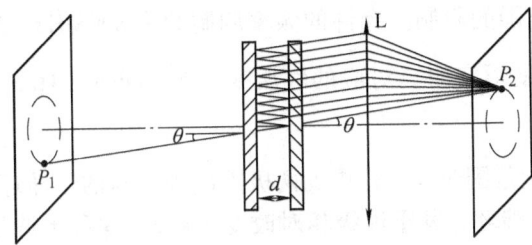

图 3-9　法布里-珀罗干涉示意图
（Fig. 3-9　Sketch of Fabry-Perot Interference）

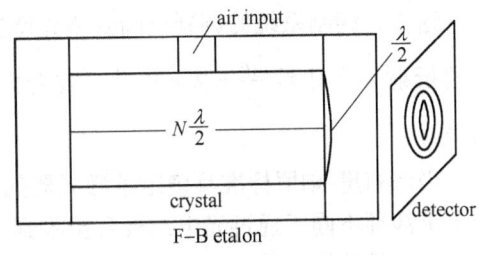

图 3-10　法布里-珀罗标准具
（Fig. 3-10　Fabry-Perot Etalon）

法布里-珀罗标准具是反映波长变化的仪器。如果干涉环不变，则波长不变。如果由于空气中的温度、压力等因素使波长发生变化，那么必然引起干涉环的直径发生变化。若将此变化产生的光电流反馈给激光谐振腔，控制谐振腔的伸缩，以保证干涉环的稳定，从而实现波长的稳定。重要的是把干涉环投射到差分光电二极管上，其感光表面用一根窄的狭缝分开，两光电流通过比较器进行比较，其输出通过一高压放大器来控制激光谐振腔的压电陶瓷。如果波长未变，则干涉环的直径不变，差分后的值为零；如果波长改变，则干涉环的直径扩大或缩小，差分信号放大后控制压电陶瓷，使谐振腔长度改变，从而使波长保持不变。

图 3-11 所示为波长稳定的外差测程干涉仪。He-Ne 激光器有一玻璃陶瓷做的谐振腔，其外侧套一环形磁铁，利用磁场进行塞曼分束。两反射镜之间有一压电陶瓷环。第一分束器把部分光反射到参考光电二极管上，由光电二极管记录下振动频率；第二分束器把部分光反射到法布里-珀罗干涉仪中，通过望远系统把干涉环投射到差分光电二极管上，由此得到的信号反馈到谐振腔的压电陶瓷环上，从而控制波长变化。

波长稳定的精度一方面取决于谐振腔玻璃陶瓷管的材料特性，另一方面取决于调制精度。若空气折射率变化 $\Delta n=10^{-8}$，引起的电压变化为 0.03V，在比较器的出口处对应频率

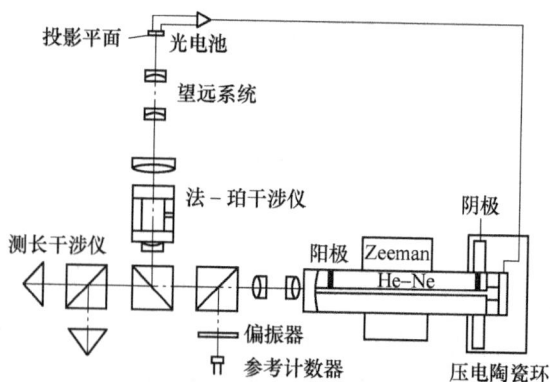

图 3-11 波长稳定的外差测程干涉仪

(Fig. 3-11 Wavelength-stabilized Heterodyne Interferometer)

变化为 3×10^{-9}。这样，在测量空间可获得的波长稳定精度为 10^{-7} 或者更高。

在这个装置中，谐振腔玻璃陶瓷管的长度是基准，波长的稳定性就与这个基准有密切关系。因此必须准确的测出管子的长度，并在测量时作为仪器常数给出。作为因子，长度值要输入到外差干涉仪的计算机中。

这样，调制系统的调制范围受激光调制范围的限制。允许的频率调制约为 $800\,\mathrm{MHz}$，对应的折射率变化约 $\dfrac{\Delta n}{n} = 2 \times 10^{-6}$，或者在温度恒定时，对应的气压变化为 $7\,\mathrm{mbar}$（$1\,\mathrm{bar} = 10^{5}\,\mathrm{Pa}$）。

当法布里-珀罗标准具确定了激光器的调制范围时，在范围的两极限出现一新的干涉环，这个干涉环不同于通过光电二极管接收到的干涉环，其干涉级相对改变 $\pm\lambda/2$。这种半波长跃迁可输给计算机处理。

波长稳定外差干涉仪的波长与作为自然常数的真空波长无关，而与用玻璃陶瓷做成的基准长度有关，玻璃陶瓷管的长度决定辐射的波长。因此，这种装置没有提高给出米定义的基本要求，但却使实测技术有较大的进步。

3.4 外差偏振测距干涉仪[10,11]（Polarizing Heterodyne Range Finding Interferometer）

3.4.1 概述（Summary）

众所周知，大多数测距机（range finder）是发射和接收强度调制的光波，测量在一定时间间隔内彼此间的位相位置。这种测距方法是用振动波来计算的，而该振动波实际上是不存在的。与此相反，外差偏振测距干涉仪是对两点之间进行静态测量，它建立在测量至少两个不同波长的位相基础上。这两个波是相干波，相干后形成一实际存在的振动波，两光波的频率差决定了振动波长。

外差测距干涉仪有下列优点：

1）可做静态测量。

2）分辨率高。

3）测量范围大。

4）通过固定零点可获得绝对测量。

5）测量空气折射率更简单。

6）测量速度快。

对于现代精密测距仪，当调制频率为 500MHz 时，分辨率大约为 0.1mm，而外差偏振测距干涉仪的分辨率高于 $\lambda \cdot 10^{-4}$，其测量范围取决于两辐射波的相干长度。

3.4.2　基本原理（Basic Principle）

经典的测长干涉仪是根据位相差，即根据被测量规上表面和支承量规的平板表面间的干涉条纹相对位移来测量两反射表面间的距离，从而测出量规的长度。外差式位相测量可以通过下面三种方法实现：

1）电学方法，测试精度为 $\lambda \cdot 10^{-2}$。

2）偏振光学方法，测试精度为 $\lambda \cdot 10^{-3}$。

3）改变光程方法（简称 VLP 法），测试精度为 $\lambda \cdot 10^{-5}$。

这里主要论述第三种方法（即 VLP 法），其测试原理基于下面两个基本公式。设两相干波长为 λ_1 和 λ_2，则距离与位相的关系为

$$2E = \lambda_1(n_1 + m_1) \tag{3-23}$$
$$2E = \lambda_2(n_2 + m_2) \tag{3-24}$$

式中　E——被测两点间的距离；

n_1、n_2——记录振动周期的整数部分，确定了测量距离上波长的整数；

m_1、m_2——记录振动周期的小数部分，确定了测量距离上波长的小数。

测量分两步进行，第一步用光波 λ_1 进行精测，测出 $m_1\lambda_1$；第二步用光波 λ_2 测出 $m_2\lambda_2$。根据第一次和第二次测量的位相差，求出整数 n，作为粗测结果。

设拍频波长为 Λ，如果被测距离 $2E \leq \Lambda$，则 $n_1 = n_2 = n$。由式（3-23）和式（3-24）可求出

$$n = \frac{m_1\lambda_1 - m_2\lambda_2}{\lambda_2 - \lambda_1} \tag{3-25}$$

将式（3-25）代入式（3-23）或式（3-24），即可求出被测距离 E。

作为外差测距干涉仪，必须有高稳频的辐射源，并且要有较大的相干长度。这样的相干辐射最好通过激光产生，两相邻光频可通过一台双纵模气体激光器实现。双纵模气体激光器的两频率间隔为 500MHz。在单纵模气体激光器中，可以通过一轴向磁场，利用塞曼分束原理获得两个频率，其频率间隔正比于磁场强度。如果用声光调制器，可控制的频率间隔为 20~80MHz。若两支光路都用声光调制器，可控制的频率间隔为 20~160MHz。

3.4.3　位相测量装置和线性工作原理（Phase Measurement Device and Linearly Working Principle）

位相测量是通过零位相测量实现的，零位相测量首先要假定位相探测器的一端可以变化，其变化量可以测出。位相改变是通过在干涉仪前分出的光束中改变其光程实现的。

若两相干波合成产生的拍频波长为 Λ，则被测距离也可表示为

$$2E = \Lambda(N + \phi) \qquad (3\text{-}26)$$

式中　N——拍频振动周期的整数部分；

　　　ϕ——拍频振动周期的小数部分。

这样，通过测振动波位移 $\phi\Lambda$，在干涉仪中的位相探测仪上测出波长的小数部分为 $m\lambda$。光学传动比是 Λ/λ，从而大大地提高了测试精度，图 3-12 所示为外差偏振测距干涉仪。

距离测量必须测量至少两个不同频率的位相位置。当被测距离在拍频波长 Λ 之内时，测量是单一的。

如图 3-12 所示，用 He-Ne 激光器作为相干光源，经塞曼分束后，以双纵模模式振动，一个纵模产生右旋圆偏振光，另一纵模产生左旋圆偏振光。在出口处的 $\lambda/4$ 波片把两圆偏振光转变成两正交的线偏振光。两纵模的频率间隔为 500MHz，对应的振动波长为 600mm。经 $\lambda/4$

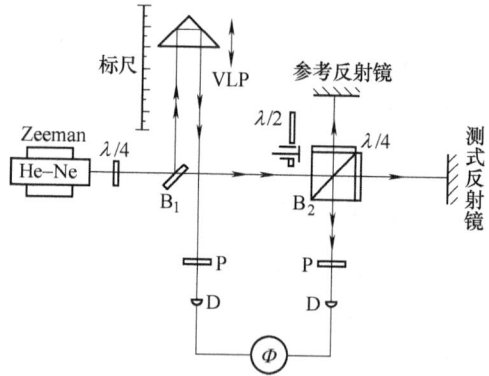

图 3-12　外差偏振测距干涉仪
(Fig. 3-12　Polarizing Heterodyne Range Finding Interferometer)

波片后，一部分光束被非偏振分束镜 B_1 反射到 VLP 中（VLP 的位移范围至少等于振动波长），通过一个偏振器 P 使两波相干，光学振动频率通过光电探测器 D 转变成电信号，输入到位相探测器（phase detector）Φ 中。另一部分光束入射到干涉仪中，通过偏振分束棱镜 B_2 把不同偏振状态的两个频率波分别引至干涉仪的两臂中，反射后再通过分束棱镜 B_2 汇合在一起，经偏振器 P、光电探测器 D 把信号输入到位相探测器 Φ 中。通过位相探测器比较两位相位置，若位相示值不等于零，则可以调整 VLP，即移动参考棱镜，使位相探测器 Φ 示值为零。测量标尺上读出的 $\Lambda\phi$ 值对应参考反射镜和测试反射镜之间的位相差 $m\lambda$。实现了以光学传动 Λ/λ 测量一光波 λ 位相。对 500MHz 的纵模间隔，光学传动比是 10^6。因此，这种测量方法可以得到比强度调制法更高的分辨率。

要测量的距离为

$$2E = n_1\lambda_1 + m_1\lambda_1$$

其中，n_1 是未知数，为了求出 n_1，要用第二个波长 λ_2 重复地进行测量。若在偏振分束棱镜 B_2 前旋入半波片，则可以交换两频率的光程，即一次使 λ_1 在测试臂，一次使 λ_2 在测试臂，从而测得 $m_2\lambda_2$，又得

$$2E = n_2\lambda_2 + m_2\lambda_2$$

若 $2E \leqslant \Lambda$，则 $n_1 = n_2 = n$，由式（3-25）求出整数 n。若被测距离 $2E > \Lambda$，也可以用同样的精度测量距离。假定名义距离为 $N\Lambda$，那么 $N = n_1 - n_2$，由式（3-2）、式（3-23）、式（3-24）和式（3-26）即可求出距离 E。

零位相探测器的电学原理如图 3-13 所示。位相测量要求用雪崩二极管、微波放大器（microwave magnifier）和混频器（mixer）。混频器输出 DC 信号，该信号既可在测量仪上指示出来，又可用于控制伺服电机，把可变光程的棱镜移到位相比较仪指示为零的位置。位相测量精度取决于位相探测器的分辨能力。

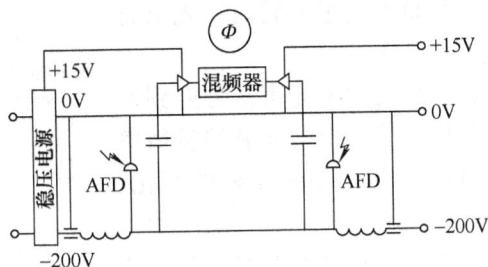

图 3-13 零位相探测器电学原理

（Fig. 3-13 Electrical Principle of Zero Phase Detector）

3.4.4 偏振差动干涉仪（Polarization-differential Interferometer）

差动干涉仪测量两光学反射镜之间的距离，从而大大地减少了干扰对测量的影响和干扰对测程的限制。在测量量规长度时，量规的上表面和支承量规的平板上表面是光学反射镜。偏振分束棱镜的光程必须使参考光路和测试光路彼此平行传播。

图 3-14 所示为偏振分束棱镜。光路折叠能进一步提高分辨能力，作为被检件的量规研合在平板 C_{10} 上，起平面反射镜作用的 C_9 和 C_{10} 的上表面间的间隔即为要测的距离。

偏振分束棱镜由六个相同材料制成的直角棱镜 $C_2 \sim C_7$ 和一个 $\lambda/4$ 平板 C_8 组成。在最大的中间棱镜 C_4 的斜面上胶合一个 $\lambda/4$ 平板 C_8。C_2、C_3 和 C_4 的直角平面间镀有偏振分束层，棱镜 C_2 和 C_3 的直角平面间也镀有偏振分束层。另一偏振分束层镀在 C_5 的两直角平面上。棱镜 C_7 是转向棱镜，在其反射表面上不允许偏转入射光的偏振方向，C_7 也可以用一角镜代替。

光路如下：两正交的不同频率的光波入射到偏振分束棱镜上，C_2 和 C_3 之间的偏振分束层使一个频率的光通过，另一个频率的光传播方向偏转 90°，经 C_2 和 C_4 间的偏振分束层再

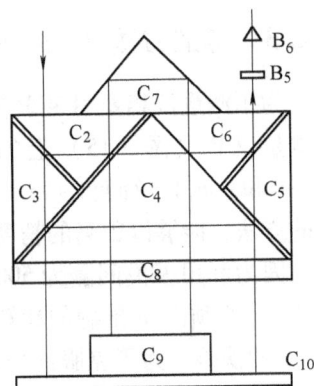

图 3-14 偏振分束棱镜

（Fig. 3-14 Polarized Beam Splitter Prism）

偏转 90° 后通过 C_7、C_6、C_4、C_8，被 C_9 反射回来；两次通过平板 C_8 后偏振方向改变 90°，通过 C_2 和 C_4 间的偏振层，重新入射到 C_9 上，反射回来后，偏振方向又改变 90°，通过 C_2 和 C_4，经 C_6 和 C_5 间的偏振分束层反射后，从偏振分束棱镜中射出。

第一个频率的光通过棱镜 C_2、C_3、C_4 和平板 C_8，在 C_{10} 处被反射回来；两次通过 1/4 波片 C_8 后，偏振方向旋转 90°，经 C_3 到 C_4 和 C_4 到 C_5 间的偏振层反射，又被 C_{10} 反射回来，C_8 又使偏振方向改变 90°，通过 C_4、C_5 和 C_6 与第二个频率的光汇合在一起。通过偏振器 B_5 后，两波相干涉，其振动频率由二极管 B_6 探测出。

也可以在棱镜 C_6 的平面上加上另外一个棱镜 C_{11}，使光束在一个与图平面平行的平面内位移，沿相反方向光束重新按原路线折回，在棱镜 C_2 处射出。通过这种方法可使测程加倍，测量分辨率提高一倍。测程加倍可实现多次，当在棱镜 C_2 的斜面上围绕入射光束平面再放

另一个棱镜，其方向为在图平面内向里放置时，光束将在第三个平面内传播。

对测试技术最重要的要求是两频率光束从分开到汇合在偏振分束棱镜中的光程要相等。光学玻璃的折射率随温度和气压而变化，折射率的变化导致光程的变化。如果两频率的光在玻璃中的光程不相等，那么温度和气压的变化将导致错误的测量结果，所以整个偏振分束棱镜应由同一块玻璃材料制成。

图 3-15 所示为偏振差动测距干涉仪，它是利用偏振分束棱镜作为核心部件制成的。在出口处，用一非偏振分束镜把部分光束偏折，入射到由四个光电池组成的差动探测器上，通过步进电动机 M_1 和 M_2，调整带有测件 C_9 的平板 C_{10}，使平板垂直光束的入射方向。

图 3-15 中的 C 是在偏振分束棱镜前可旋入、旋出的半波片，以使波长 λ_1 和 λ_2 分别进入偏振分束棱镜。

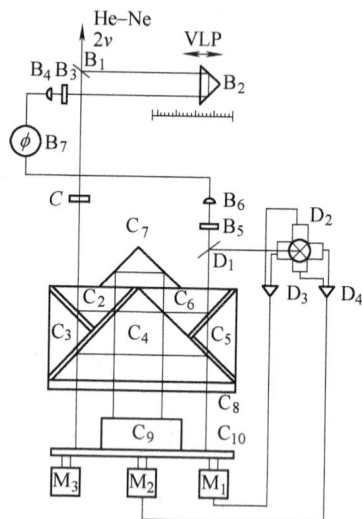

图 3-15 偏振差动测距干涉仪
(Fig. 3-15 Polarization-differential Interferometer for Range Finding)

3.4.5 测试方法（Test Method）

为了测量位相要用 VLP 法，即改变光程的方法，光程的起点是仪器的零位。通过在位相测量仪 B_7，（图 3-15）上的指针位移来实现位相测量。在仪器零位附近有两个零通道（$+m_1$ 和 $-m_1$），而且 $|+m_1| + |-m_1| = 1$。在测量中必须给出被测值的符号。利用上面描述的方法，能够以很高的精度测出 $m\lambda$。粗测值 n 可以利用式（3-25）由位相测量的差值计算出。因为利用纵模间隔为 500MHz 的激光器时，光学传动比 $\Lambda/\lambda = 10^6$，所以对于距离 $E = 10^6\lambda$，n 必须由 m 准确的计算到 6 位数字。如果位相测量最后的个位数字不准确，那么将引入 $x\lambda$ 的误差。为了克服这个缺点，可以采用下列三种方法：

1）经典量规测量方法。将从名义值获得的 n 作为预定值，然后用所测量的值与之进行比较。

2）波长比较法。对于外差测距干涉仪，建议用双波长比较法，即 $\lambda_1(n_1 + m_1) = \lambda_2(n_2 + m_2)$。

3）多色测量法。对此要求用绿光双纵模 He-Ne 激光器。

以上三种方法可以任意组合起来使用。

仪器的零位是通过在测试距离上投影参考反射镜 B_2 的虚像给出的。测试反射镜 C_{10} 应放在参考反射镜 B_2 的虚像位置，这样所有的相位都为零，即 $2E = \lambda_1 m_1 = \lambda_2 m_2 = 0$。

仪器和测试反射镜间的距离应这样改变，即直至用 λ_1 和 λ_2 时，位相测量仪都保持为零。当调整点和仪器的零点不一致时，VLP 所处的位置对应仪器的零位，即有一附加常数。

仪器零位确定后，可以进行精测。测试时移动 VLP 的参考镜，使位相测量仪的指示为零。可以证明，VLP 相对调整零点所移动的距离 ϕ 即为 m 值。因为 VLP 是以光学传动比 Λ/λ 来测 n 值的，即

$$\Lambda\phi = \lambda m \frac{\Lambda}{\lambda}$$

所以 $\phi = m$，测出对应于 λ_1 和 λ_2 的相位差后，可以算出距离 E 为

$$2E = \lambda_1 \frac{\lambda_2 m_2 - \lambda_1 m_1}{\lambda_1 - \lambda_2} + \lambda_1 m_1 \tag{3-27}$$

为了保证测量精度，零位相测量仪的分辨率应小于 $\lambda/2$。测量距离上的空气扰动也应在这个极限范围内。

3.5 实时外差干涉仪[12]（Real-time Heterodyne Interferometer）

3.5.1 概述（Summary）

为了从干涉条纹获得光程差，要把条纹的峰或谷（亮纹或暗纹）当作等位相线来判读，根据条纹峰或谷的位置计算出光程差。这个方法既有利又有弊，当产生的条纹数较少时，判读精度较低。

利用实时外差干涉术可以直接测量光程差，并可同时在干涉场像面上的所有点进行测量。这种外差系统几乎避免了条纹干涉术的所有局限性，并具有 $\lambda/100$ 的测量精度，但也增加了其结构的复杂性。

为讨论方便，图 3-16 所示为硅片干涉图，由照片获得的光程差信息中，存在两方面的问题，即精度限制和信息特征。精度主要由干涉仪参考镜表面的质量限制，而且在这种干涉系统中，测量和减少参考镜表面的误差不是简单的事情。但是，如果设计合理，可以减少空气抖动、光束强度不等引起的测试误差。信息特征是影响条纹干涉术测试精度的又一因素，当把干涉条纹简化成光程差时，有时仍然是一个不能解决的问题。在这种复杂的图形表面上，各处条纹间隔并不相等。因此，精度和空间分辨率是表面位置的函数。另外，在两条纹之间没有任何信息，这就导致不能探测局部缺陷，更重要的是不能确定干涉图中各个小圆环是代表表面的峰还是谷。

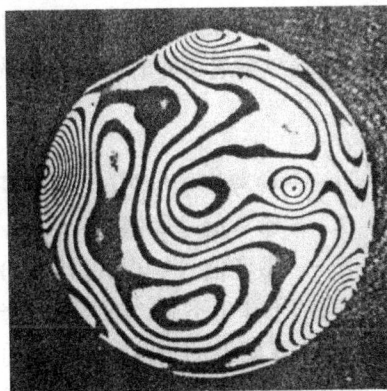

图 3-16 硅片干涉图

(Fig. 3-16 Interferogram of Silicon Wafers)

实时干涉术可以解决上面所有的问题，它按三步实现光程差图计算，即干涉图的产生，干涉条纹数字化和计算机处理。对于高对比的干涉图，这个过程可以自动实现。

3.5.2 细光束外差位相探测（Heterodyne Phase Detection with Pencil Beam）

外差干涉术能实时完成高精度光程差的测量。其原理如图 3-17a 所示。单频 ω_0 的细光束被分束后，一支光路经频率调制后变成（$\omega_0 + \omega_1$），两束光按不同的路线传播，然后在光电探测器上共线重合。光电探测器上的光电流正比于两束光复振幅和的平方，即

$$i = \langle [a_1 \cos\omega_0 t + a_2 \cos((\omega_0 + \omega_1)t + \phi)]^2 \rangle \tag{3-28}$$

其中，$\langle \ \rangle$ 表示在一个光学周期内取平均值。简化后，式(3-28)变为

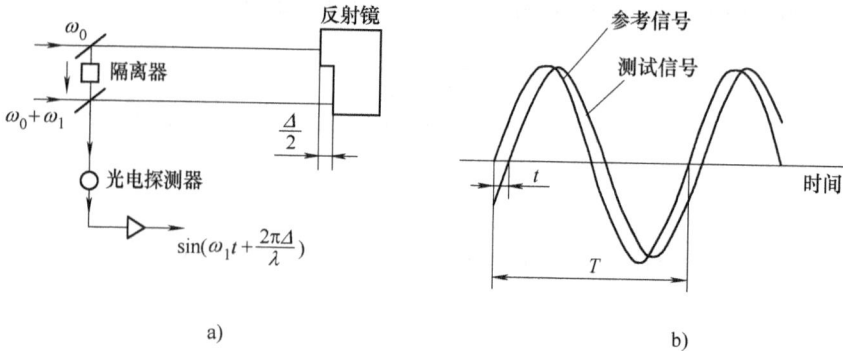

图 3-17　细光束外差位相探测

（Fig. 3-17　Heterodyne Phase Detection with Pencil Beam）

a）位相探测系统　b）位相差的确定

(a) Phase Detection System　b) Determination of Phase Difference)

$$i = \frac{a_1^2}{2} + \frac{a_2^2}{2} + a_1 a_2 \cos(\omega_1 t + \phi) \tag{3-29}$$

式（3-29）第三项包含一光学位相差，该位相差由频率约为 10^6 Hz 的光电信号记录下来。光电信号的位相探测是通过把测量信号同视频分出的参考信号比较实现的。如图 3-17b 所示，由两信号零通道的时间测量出光学位相差。光程差与零通道时间的关系为

$$\frac{t}{T} = \frac{\Delta}{\lambda} \tag{3-30}$$

式中　t——参考信号与测试信号的零通道时间差；

T——参考信号周期；

Δ——参考信号与测试信号的光程差。

与普通干涉术不同，细光束外差位相探测仪不要求参考波前和测试波前的强度相等，也不要求光电探测器的线性性质。为了获得 $\lambda/100$ 的精度，对 10kHz 的拍频信号要求时间测量精度为 $1\mu s$。

细光束外差系统可以用于长度测量。如果图 3-17 a 的两束光平行并具有相同的频率，那么在探测器上得到的条纹亮度取决于位相 ϕ；如果两频率不同，那么两光束间的位相变为 $(\omega_1 t + \phi)$，条纹亮度是时间的函数。事实上，条纹随光束传播，只是位相位移为 ϕ。

3.5.3　宽光束实时外差干涉仪（Real-time Heterodyne Interferometer with Wide Beam）

宽光束实时外差干涉仪可以实时测量全场干涉图，作为模拟电量的光程差在探测器的出口处迅速地输出。宽光束实时外差系统应具有下面四个条件：

1）一束光相对另一束光其频率有位移。

2）一束光入射到参考目标上，另一束光入射到测试目标上。

3）两束光必须重新汇合。

4）光束具有低系统畸变和宽光束的特性。

上述四个条件是通过特殊形式的泰曼-格林干涉仪实现的，其原理如图 3-18 所示。输出单频激光光束被分束后，每一束光都直接输入到布喇格盒中，经声光调制后，一束光的频率

位移为 ω_1，而另一束光的频率位移为 ω_2。通过半波片使从一个布喇格盒中出射光束的偏振方向旋转 90°，从而使两束光的偏振方向正交。经偏振合成器后两束光又重合在一起，再经扩束系统形成所要求的宽光束。这样，满足条件 1）。

泰曼-格林干涉仪的偏振分束棱镜使不同偏振状态的两束光分别沿测试光路和参考光路传输。在每一支光路中，$\lambda/4$ 波片把线偏振光变成圆偏振光，经反射镜反射，二次通过 $\lambda/4$ 波片后，线偏振光的偏振方向旋转 90°，光束再经过偏振分束棱镜入射到干涉平面上。在出口处有一个偏振片，其主截面方向与两束光的偏振方向各成 45°，从而使两束偏振光干涉。

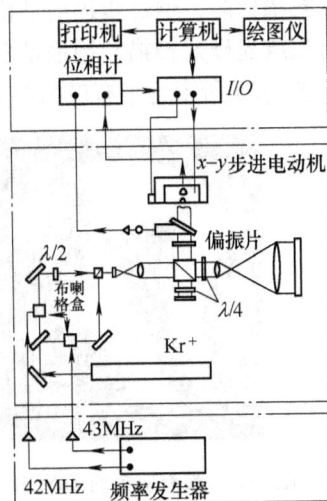

图 3-18　宽光束实时外差干涉仪

(Fig. 3-18　Real-time Heterodyne Interferometer with Wide Beam)

来自测试光路的光束频率为 $(\omega_0 + \omega_1)$，位相为 $\phi_1(x, y)$，来自参考光路的光束频率为 $(\omega_0 + \omega_2)$，位相为 $\phi_2(x, y)$。这样，满足了条件 2）和 3）。在像面上每一点的探测器输出的光电流为

$$i = i_0 \cos\left[\delta\omega t + \delta\phi(x, y)\right] \tag{3-31}$$

式中　$\delta\omega = \omega_2 - \omega_1$；

$\delta\phi(x, y) = \phi_2(x, y) - \phi_1(x, y)$。

位相测量的参考信号从位于像面上一个固定的面元探测器上取出，而测试信号从位于像面上某点 (x, y) 的面元探测器上取出。将参考信号和测试信号都输入到光电探测器中，把光学位相差转变为模拟电压。全场干涉图的数据由面阵探测器采集，也可以用一个探测器，通过扫描图像获得全场干涉图的数据。

位相 $\delta\phi(x, y)$ 的测量过程如图 3-19 所示。在 $t = 0$ 时，出现的条纹由实线表示；在 $t = T$ 时，条纹移动到虚线位置。置于 A 和 B 点的探测器测量了条纹到达时间 t_1 和 t_2。

设周期为 T，则两点之间的光程差为

$$\Delta = \lambda \frac{t_2 - t_1}{T} \tag{3-32}$$

其中，$T = \dfrac{2\pi}{\delta\omega}$。

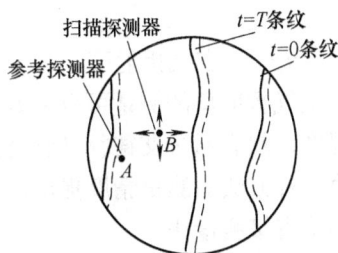

图 3-19　条纹移动模型

(Fig. 3-19　Model of Fringes Shifting)

实时外差干涉仪具有很高的时间、空间和位相分辨力。其电子控制和数据采集系统由计算机程序控制，测试结果由绘图仪或打印机给出。干涉仪应用氪离子激光器，它的辐射功率为 100mW，波长为 647.1nm，光束宽度约为 1.2mm。经布喇格盒频率调制后，将一束光的频率调制为 42MHz，另一束光的频率调制为 43MHz，这样产生 1MHz 的拍频。经倒伽利略系统后，细光束被扩束到 17mm，像差小于 $\lambda/100$。

为了检验大口径的光学系统，测试光束再经过一个扩束器，使出射口径为 15cm。当测系统像差时，必须用高质量的参考反射镜。这样，满足了条件 4）。

扫描像时，通过步进电动机驱动 x—y 二维工作台实现。计算机把控制信号输入给电机，进行二维光栅式扫描。扫描是双向的，并仅限于圆环形区域内。

图 3-20 所示为带有应力的 ZnSe 片干涉图，其光程差三维图如图 3-21 所示。

图 3-20　带有应力的 ZnSe 片干涉图
（Fig. 3-20　Interferogram of ZnSe Wafers with Stress）

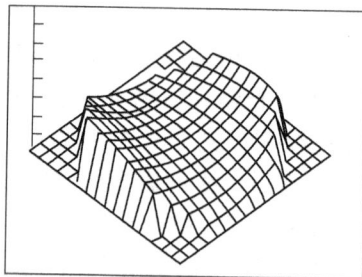

图 3-21　ZnSe 片光程差三维图
（Fig. 3-21　3D OPD Map of ZnSe Wafers）

3.6　空气折射率的测定[13,14]（Refractive Index Measurement of Air）

3.6.1　概述（Summary）

干涉测长技术以波长作为测尺，因此具有极高的测试精度。其测试精度主要受环境影响，即受空气折射率的影响。光波波长是按真空定义的，在测试空间的波长由空气折射率 n 决定，因此受空气的温度、压力、湿度，甚至 CO_2 含量的影响。光在真空中波长 λ_v 和空气中波长 λ_a 的关系为

$$\lambda_v = n_a \lambda_a \tag{3-33}$$

式中　n_a——空气折射率。

空气折射率的测量可以采取两种方法。一种方法是测量空气的三种参数，即温度、气压和湿度，然后通过艾德林经验公式计算空气折射率。另一种方法是直接测量空气折射率。因为第一种方法对测量精度提出严格的要求，任何情况下都不能简单地得到满足，所以这里主要讨论直接测量法。

如果用折射仪测量空气折射率，那么只能对影响空气折射率的所有因素（温度、气压、湿度和成分）进行综合测试，而且这种测试必须与干涉测长同时、同地点进行。一般折射仪与干涉测长仪结构相同，测量一个距离或测量两个距离之差，其中之一位在真空中。当仪器结构合理时，折射仪可以与真空中的米定义联系起来，这样，可以把折射仪当作基准仪器。因此，要求折射仪和测长干涉仪有共同的辐射源。

3.6.2　外差位移测量折射仪（Heterodyne Refractometer for Displacement Measurement）

该方法的基本原理是测量光程变化，光程由双频干涉仪测量，测量值直接作为校正因子给出。利用参考长度，一次注入空气，一次抽成真空，则在两种不同状态下的光程变化就是空气折射率的一个量度。

参考长度由一标准长度的陶瓷管制成。作为参考长度，陶瓷管长度的稳定性应不受空气折射率的影响，尤其是不受温度和压力的影响。如果选用膨胀系数约为 $10^{-8}K^{-1}$ 的材料（如石英），则可省去附加的温度测量。压力影响，尤其是在外部用泵抽真空时产生的压力影响，可以通过适当的结构减至最小。这种方法的分辨率可达 10^{-8}。

瑞士联邦计量院设计的外差位移测量折射仪如图 3-22 所示，它与外差测程干涉仪一起使用。折射仪的核心部件是一个外径为 60mm、内径为 40mm、长为 140mm 的陶瓷管，它的侧面有一个通气孔。管子的两端部经过平行地研磨抛光（polishing），一端光胶在厚为 20mm 的玻璃板上，玻璃板直径大约比管子直径大 10mm；另一端用带有 $\lambda/4$ 波片的平板玻璃封闭起来。再用一个较粗的管子把陶瓷管封闭起来。当测试室抽真空时，外管表面受到一个由气压产生的力，若没有外管，压力将直接作用在内管壁上，引起管的变形和收缩。陶瓷管的外端胶上偏振分束棱镜，分束棱镜的一侧是胶有 $\lambda/4$ 波片的补偿平板和反射平面镜，另一侧胶合上角镜，用以平移光束。平板、角镜和偏振分束棱镜要由同一块玻璃材料做成。

由图 3-22 可知，通过测试光束在陶瓷管中的四次折叠，将充分利用干涉仪的计数速度，因此，在注入空气时，要用一针形阀调节。

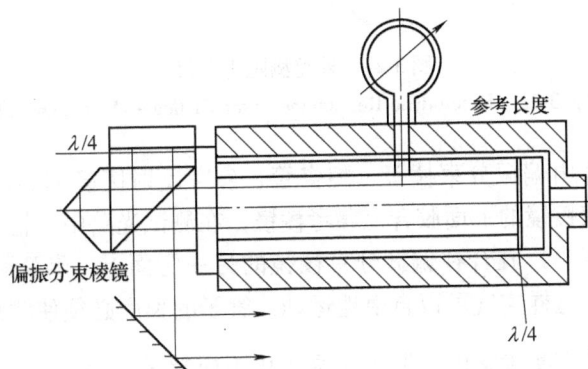

图 3-22　外差位移测量折射仪

（Fig. 3-22　Heterodyne Refractometer for Displacement Measurement）

由于棱镜和平板由相同材料做成，因此参考光束和测试光束在棱镜和平板中的光程相等，两光束的光程差等于陶瓷管中的光程。设在真空中参考光束与测试光束的光程差为 Δ_1，注入空气后参考光束和测试光束的光程差为 Δ_2，则

$$\Delta_1 = 4n_v L_r$$
$$\Delta_2 = 4n_a L_r$$
$$\Delta = \Delta_2 - \Delta_1 = 4(n_a - 1)L_r = \Delta N\lambda \tag{3-34}$$

式中　L_r——参考长度；

　　　n_v——真空折射率，它等于 1；

　　　n_a——空气折射率；

　　　ΔN——干涉条纹变动数；

　　　λ——测试波长。

由式(3-34)可知，只要测出陶瓷管由真空状态到空气状态干涉条纹的变化量 ΔN，即可算出空气的折射率 n_a。

折射仪的电学系统类似于偏振外差测程干涉仪，因此不再赘述。

3.6.3 外差测距折射仪（Heterodyne Refractometer for Distance Measurement）

对于具有模间隔为 500MHz 的双频激光器，3.4 节已描述了一个外差系统（图 3-12），该系统通过位相比较能够达到 10^6 的光学传动比。用这种高分辨率的外差方法可以制作一个尺寸很小的折射仪，如图 3-23 所示。

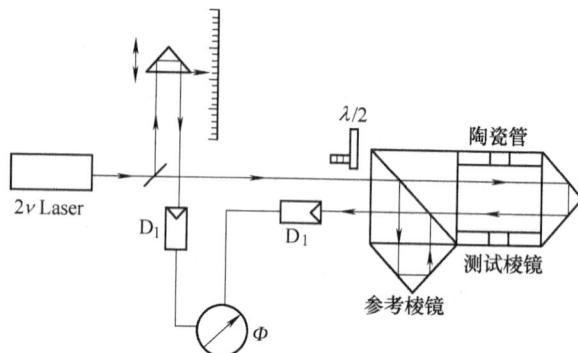

图 3-23 外差测距折射仪

（Fig. 3-23 Heterodyne Refractometer for Distance Measurement）

折射仪的核心部件由偏振分束棱镜、陶瓷管、参考反射棱镜和测试反射棱镜四部分组成。在折射仪偏振分束棱镜的下面胶合上参考棱镜，在测试光路中，把一平行抛光的陶瓷管（热膨胀系数 $\alpha \leqslant 10^{-8} \mathrm{K}^{-1}$）胶合在偏振分束棱镜的另一侧面上，陶瓷管的端部胶合上测试棱镜。管子是开口的，这样空气可以自由地运动。管子的长度必须使测量范围内的光程变化小于 $\dfrac{\alpha}{2}$。如果将仪器放在实验室内，那么室温变化不应超过 $\pm 1℃$。这样，仅空气压力变化对测试结果有影响，若取测试范围 $\Delta n = 10^{-5}$，则管子的总长度 $L = 10^5 \dfrac{\lambda}{2}$，约为 30mm。理论上测试范围可达到 10^{-6}，但是只要作为参考长度的陶瓷材料限制测试精度，则很难实现理论的测试范围。

为了测量距离，必须在干涉仪的偏振分束棱镜前加入一可旋入的半波片，它能使两频率光的偏振方向偏转 90°，从而使两频率光在棱镜和干涉仪中交换位置。通过频率交换，获得两次位相测量，因此，可以确定距离的精测和粗测。对于极高分辨率的折射仪，可以把折射仪同外差测距干涉仪组合在一起使用。

测量位相时，用零位相比较仪 Φ 进行比较法测量，棱镜的位移是空气折射率的直接量度。一束偏振光通过测试臂中的陶瓷管，由内插系统确定相移波长的小数部分，实现精测；通过在偏振分束棱镜前旋入半波片，使另一束线偏振光通过测试臂，从而确定相移波长的整数部分 n。由式(3-23)和式(3-24)可求得整数 n 和光程 E。在空气中光程为

$$2n_a L_r = 2E \tag{3-35}$$

其中，L_r 为已知的参考距离。只要测出光程 E，即可求出空气的折射率 n_a。

为了提高测试精度，可以把偏振分束棱镜做成图 3-14 的结构形式。两偏振光在棱镜中

的光程必须保持相等，棱镜应由同一炉玻璃制成，这样可避免在空气参数变化时棱镜中的光程变化。

与位移测量折射术相比，距离测量折射术有更多的优点，它不必在每次测量时抽真空，从根本上减少了工作量。

3.7　微振动和角度测量（Measurement of Micro-vibration and Angle）

3.7.1　微振动测量[15]（Measurement of Micro-vibration）

从 20 世纪 70 年代开始，出现了一种用于测量现场随机振动的双频激光干涉仪，如图 3-24 所示。单频激光器 1 发出频率为 ν_0 的偏振激光，经声光调制器 2 分成两束光，一束频率为 ν_0，另一束频率为（$\nu_0 + \nu_s$）。ν_s 是声光调制器的调制频率，为 25MHz。两束光之间有 0.6° 的偏角，利用楔形棱镜 4 使其分开角度大些。频率为 ν_0 的光作为测量光束，经反射镜 3、方解石棱镜 6、$\lambda/4$ 波片、会聚透镜 7、反射镜 8 及可调光束的中继望远镜（relay telescope）9 后射向被测振动体，并被后向散射回来，由光电探测器 10 接收。设物体振动产生的多普勒频移为 ν_D，则测量光束被接收的光频为（$\nu_0 + \nu_D$）。而频率为（$\nu_0 + \nu_s$）的参考光束经楔形棱镜 4、$\lambda/2$ 波片及分光镜汇合后，获得的拍频信号为

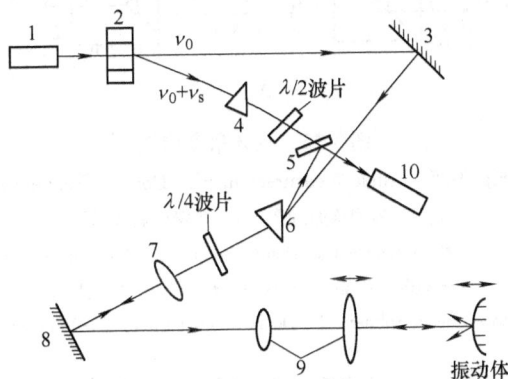

图 3-24　双频激光测量振动原理图

(Fig. 3-24　Schematic Diagram of Vibration Measurement with Double-frequency Laser)

1—单频激光器　2—声光调制器　3、8—反射镜　4—楔形棱镜　5—半反射镜　6—方解石棱镜
7—会聚透镜　9—中继望远镜　10—光电探测器
1—Single-frequency Laser　2—Acoustooptical Modulator　3、8—Reflective Mirror　4—Wedge Prism
5—Half Mirror　6—Calcite Prism　7—Converging Lens　9—Relay Telescope　10—Photodetector

$$\Delta\nu = \nu_0 + \nu_s - (\nu_0 \pm \nu_D) = \nu_s \pm \nu_D \tag{3-36}$$

只要 $\nu_s > \nu_D$，拍频信号就与多普勒频移信号完全一致。该拍频信号 $\Delta\nu$ 经交流前置放大后进入混频器及频率跟踪器。同时，频率 ν_s 信号由声光调制器的信号源直接输入混频器与拍频器的拍频信号混频，把多普勒频移 ν_D 解调出来。频率跟踪器的作用是跟踪随时间变化的 ν_D，求出并记录 ν_D，方解石棱镜及 $\lambda/4$ 波片的作用是使测量光束的光路既作发射光路，又作接收光路。通过 o 光和 e 光在方解石棱镜中光路的不同，起到"光学定向耦合"作用，使发射与接

收的光无损失的通过方解石棱镜（不考虑光吸收损失）。会聚透镜 7 及中继望远镜 9 作发射与接收天线（光学天线），既能最大限度地接收在不同的测量环境下来自漫反射振动体的返回光，又可尽可能地减少测量光束的波面变形，以保证获得较大的拍频信号。$\lambda/2$ 波片的作用是调节参考光束的光强，使其与测量光束的光强大致相等，改善拍频信号的对比度。

这种仪器可以测量漫射面，也可以测量镜面。仪器能够给出振动速度曲线，振动频率范围为 1～100kHz。

3.7.2　角度测量[16]（Measurement of Angle）

应用外差干涉仪精密测角如图 3-25 所示。激光光频调制后变成两圆偏振光，经准直扩束系统通过 $\lambda/4$ 波片成为两偏振方向相互垂直的线偏振光。通过偏振分束器 1 分成两路光，频率为 ν_1 的偏振光通过双角锥棱镜 2 的下角镜反射回来，另一路频率为 ν_2 偏振光，其偏振方向垂直于下面光的偏振方向，通过反射棱镜 3 射到双角锥棱镜 2 的上角镜，经角镜反射回来，ν_1 与 ν_2 在偏振分束器 1 汇合产生干涉。

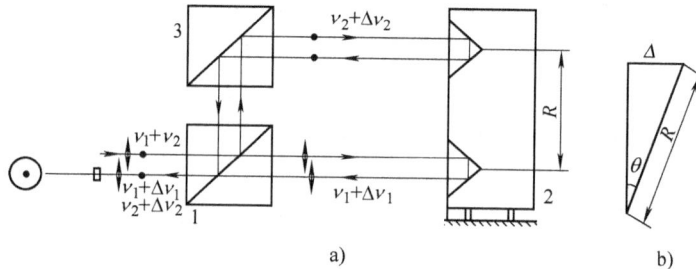

图 3-25　双频角度测量

(Fig. 3-25　Angle Measurement with Double Frequency)

a）双频测角原理图　b）角镜倾斜关系图

（a）Schematic Diagram of Angle Measurement with Double Frequency　b）Relation Graph of Corner Cube Tilting)

1—偏振分束器　2—双角锥棱镜　3—反射棱镜

1—Polarized Beam Splitter　2—Double Corner Cube　3—Reflective Prism

双角锥棱镜放在被测物镜上，当前后平移双角锥棱镜时，由于多普勒效应会引起两偏振光的光频变化。若双角锥棱镜没有摆动，则

$$\Delta\nu_1 - \Delta\nu_2 = 常数$$

计算机上显示值不变；若双角锥棱镜倾斜 θ 角时，则顶点在光轴方向产生一相对位移 Δ，则倾斜角 θ 为

$$\theta = \arcsin\frac{\Delta}{R} = \arcsin\frac{\lambda\int_0^t \Delta\nu\,\mathrm{d}t}{2R} \tag{3-37}$$

式中　$\Delta\nu$——由 Δ 引起的附加多普勒频移，$\Delta\nu = \Delta\nu_1 - \Delta\nu_2$；

　　　R——双角锥棱镜上、下角镜的棱尖间距。

本章习题（Exercises）

3-1　双频干涉术的条件是什么？

3-2 双频干涉术和单频干涉术的主要区别是什么？

3-3 光频调制有几种方法？试述其中一种方法。

3-4 什么叫塞曼（Zeeman）效应？

3-5 外差干涉仪测距的原理是什么？试述每个元件的作用。

3-6 在外差干涉仪中，如何实现频率稳定？

3-7 在外差干涉仪中，如果用塞曼（Zeeman）方法使频率位移 $\Delta\nu$，相应位相移动多少？

本章术语（Terminologies）

直流放大器	DC magnifier
交流放大器	AC magnifier
外差系统	heterodyne system
莫尔系统	Moire system
雪崩二极管	avalanche diode
激光外差干涉仪	laser heterodyne interferometer
拍频波长	beat wavelength
偏振分束棱镜	polarized beam-splitting prism
超声波	ultrasonic wave
声光调制	acoustooptical modulation
各向同性透明介质	isotropic transparent medium
位相光栅	phase grating
多普勒效应	Doppler effect
布喇格衍射	Bragg diffraction
塞曼效应	Zeeman effect
双折射晶体	birefringent crystal
渥拉斯棱镜	Wollaston prism
电光晶体	electro-optical crystal
检偏振器	analyser
比较器	comparator
指示器	indicator
谐振腔	resonator
偏振分束棱镜	polarized beam splitter prism
频率稳定的激光器	frequency-stabilized Laser
波长稳定的激光器	wavelength-stabilized Laser
压电陶瓷片	piezoelectric crystal plate
法布里-珀罗标准具	Fabry-Perot Etalon
测距机	range finder
位相探测器	phase detector
微波放大器	microwave magnifier
混频器	mixer
抛光	polishing
中继望远镜	relay telescope

参考文献（References）

[1] 塔米尔. 集成光学［M］. 梁民基，张福初，译. 北京：科学出版社，1982.

[2] 杨国光. 近代干涉测试技术［M］. 北京：机械工业出版社，1987.

[3] 兰斯别尔格. 光学：下册［M］. 杨葭荪，张之翔，译. 北京：高等教育出版社，1957.

[4] 王之江. 光学技术手册：上册［M］. 北京：机械工业出版社，1987.

[5] 马科斯·玻恩，埃米尔·沃耳夫. 光学原理：下册［M］. 杨葭荪，等译. 北京：电子工业出版社.

[6] K. NeMes, M. Valic. Frequency Stabilization of a He-Ne Zeeman Laser by Phase-Locking its Beat Frequency to an External Oscillator［J］. Laser 81，Springer ~ Verlag，1982：23-25.

[7] R. Dandliker. Measuring Displacement Velocity and Vibration by Laser Interferometry［J］. Laser 81，Springer ~ Verlag，1982：51-58.

[8] M. Kerner. Heterodynes Interferometermit Diodenlaser［J］. Technisches Messen，1990，57（1）：3-10.

[9] M. Kerner. Wellenlangenstabili-Satiθn［J］. Feinwerktechnik Meptechnik，1989（87）：368-372.

[10] M. Kerner. Polarisationsoptische Heterodyn – Interferometrie in der Entfernungsmessung［J］. Technisches Messen，1989（56）：291-297.

[11] F. Reinboth, G. Wilkening. Optische Phasenschieber fuer Zweifrequenzlaser-Interferometrie［J］. PTB-Mitteilung，1983（93）：168-174.

[12] N. A. Massie, R. D. Nelson and S. Holly. High-Performance real-time heterordyneinterferometry［J］. Applied Optics，1979，18（11）：1793-1803.

[13] K. Dorenwendt, R. Probst. Hochaulosende Interferometrie mit Zweifrequenzlasern［J］. PTB-Mitteilung，1980（90）：359-362.

[14] P. Schellkus. Measurements of the refractive Index of air, using Interference refraktometers［J］. Metrologia，1986（22）：279-287.

[15] 张琢. 激光干涉测试技术及应用［M］. 北京：机械工业出版社，1998.

[16] 杨国光. 近代光学测试技术［M］. 杭州：浙江大学出版社，2006.

第4章 莫尔干涉术

(Chapter 4 Moire Interferometry)

4.1 莫尔干涉测量原理 (Measurement Principle of Moire Interference)

4.1.1 概述 (Summary)

莫尔现象和干涉术这两个不同概念有许多共性，在某种条件下，甚至可以等同起来。一方面，莫尔条纹是由一个周期性的振幅图形与另一个周期性的振幅图形叠加形成的，所以莫尔条纹的实际观察与一般干涉条纹完全相同；另一方面，光波是天然的周期性结构，两波叠加产生的干涉条纹也可以看作莫尔条纹 (Moire fringes)[1,2]。

莫尔干涉测量技术已应用了许多年，但直到20世纪70年代人们才认识到莫尔干涉测量技术的巨大潜力。其主要原因是电子细分技术的应用和电视-微机系统的应用不但能使莫尔技术的分辨率和精度满足现代精密计量要求，而且能扩展到自动跟踪、控制和测试；照相制版工艺大大地降低了制造计量光栅的成本；与普通干涉术相比，莫尔干涉术具有下列优点：

1) 信号强，信噪比高。

2) 可以进行高倍细分。

3) 不受高压和温度影响。

4) 系统结构简单，稳定性高。

5) 测角方便，可测大角度，也可测小角度。目前已做到测量精度为 $0.01''$。量程为 $360°$。

莫尔干涉测量技术已广泛地应用于长度、角度、振动、应力、位移、变形、面形和折射率等方面的测量。应用莫尔干涉技术不但可以测量一维、二维信息，而且通过适当的处理，也可以测量空间的三维信息。

4.1.2 莫尔条纹的形成及分类 (Formation and Classification of Moire Fringes)

两种周期性的图案重叠在一起，产生第三种周期性的图案，这就是莫尔条纹。最简单的周期性结构就是通常的光栅，光栅有两种结构形式：矩形光栅和圆形光栅。在矩形光栅中，所有光栅线是平行等间隔的直线。在圆形光栅中，光栅线是以圆心为中心的射线，称为径向光栅；或者是切于一个小圆的等角节距的离心切线，称为切向光栅；第三种是等节距的同心圆，称为环形光栅。

按莫尔条纹形成的机理，可以将光栅分为两类：阴影型光栅 (shadow grating) 和衍射型光栅 (diffraction grating)。阴影型莫尔条纹是用重叠线的交点轨迹来表示莫尔条纹的亮度分布；衍射型莫尔条纹是根据衍射干涉的原理，由衍射光束之间的相干形成新的亮度分布。

4.1.3 阴影型莫尔条纹原理（Principle of Shadow-type Moire Fringes）

1. 矩形光栅（Rectangular Grating）

当光栅节距远大于所用光源的波长时，衍射现象不明显，因此主要服从阴影型原理。

图 4-1 所示为矩形光栅与莫尔条纹。设一光栅节距为 p_1，另一光栅节距为 p_2，两光栅交角为 θ。当两光栅重叠时，在两光栅线交叉处遮光，形成暗条纹；光栅线其他位置透光，形成亮条纹。

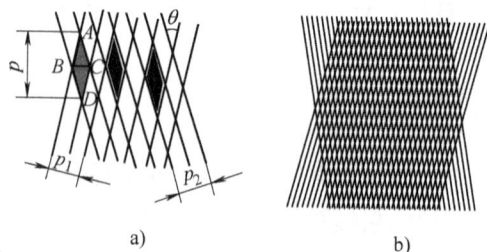

图 4-1 矩形光栅与莫尔条纹

（Fig. 4-1 Rectangular Gratings and Moire Fringes）

a）矩形光栅交点轨迹 b）莫尔条纹

（ a ）Intersection Trajectory of Rectangular Gratings b）Moire Fringes）

设两光栅线相邻交点的连线为 $ABCD$，设 $\triangle ABC$ 的面积为 S，则由图 4-1a 可知

$$S = \frac{1}{2}\overline{AB}\frac{p_1}{2} \Rightarrow \overline{AB} = \frac{4S}{p_1}$$

$$S = \frac{1}{2}\overline{AC}\frac{p_2}{2} \Rightarrow \overline{AC} = \frac{4S}{p_2}$$

$$S = \frac{1}{2}\overline{BC}\frac{p}{2} \Rightarrow \overline{BC} = \frac{4S}{p}$$

根据三角形余弦定理，有

$$\overline{BC}^2 = \overline{AB}^2 + \overline{AC}^2 - 2\,\overline{AB}\,\overline{AC}\cos\theta$$

$$\frac{1}{p^2} = \frac{1}{p_1^2} + \frac{1}{p_2^2} - \frac{2}{p_1 p_2}\cos\theta$$

$$p = \frac{p_1 p_2}{\sqrt{p_1^2 + p_2^2 - 2p_1 p_2 \cos\theta}} \tag{4-1}$$

其中，p 是形成的莫尔条纹宽度，式（4-1）是莫尔条纹方程。由此式可知，莫尔条纹宽度与两光栅节距有关，与其相互夹角有关。当光栅确定后，通过改变两光栅间夹角 θ，可以获得不同宽度的莫尔条纹，即获得不同的灵敏度。

将莫尔条纹的宽度公式（4-1）与双波长干涉条纹的宽度公式（1-62）比较可知，两公式形式完全相同，仅是用光栅的周期 p 代替波长的周期 λ，因此莫尔条纹与干涉术有许多共性。

当 $p_1 = p_2 = p_0$ 时，式（4-1）可转化为

$$p = \frac{p_0}{\sqrt{2(1 - \cos\theta)}} = \frac{p_0}{2\sin\frac{\theta}{2}} \tag{4-2}$$

一般 θ 角很小，故 $\sin\dfrac{\theta}{2} \approx \dfrac{\theta}{2}$，因此式(4-2)可近似写成

$$p \approx \frac{p_0}{\theta} \tag{4-3}$$

莫尔放大率为

$$\frac{p}{p_0} = \frac{1}{\theta} \tag{4-4}$$

由式(4-4)可知，当 θ 角较小时，莫尔条纹把原光栅节距放大了 $1/\theta$ 倍。即当 $\theta = 1'$ 时，莫尔条纹把光栅节距放大了 3437.7 倍。这就是说，光栅副相当于一高质量的可调位移放大器。因为莫尔条纹的宽度比光栅节距大千百倍，所以可以进一步细分微读，这就是光栅读头的原理。如果利用两矩形光栅形成的莫尔条纹测量长度，那么由图 4-1 可知，当一光栅相对另一光栅向左或向右平行横移时，光栅线的交点向下或向上移动，即莫尔条纹向下或向上移动。光栅移动一个节距，莫尔条纹移动一个条纹距离。如果测出在某个标志上扫描过的莫尔条纹数为 n，则光栅位移量或被测长度为

$$L = np_0 \tag{4-5}$$

这种严格的线性关系是用莫尔条纹进行长度或位移测量的原理。正如双光束干涉时，干涉条纹的方向垂直于两束光夹角平分线，莫尔条纹的方向垂直于两光栅夹角平分线。

当 $\theta = 0$ 时，即两光栅线相互平行时，由式(4-1)可知，莫尔条纹宽度为

$$p = \frac{p_1 p_2}{p_1 - p_2} \tag{4-6}$$

若 $p_1 = p_2$，则

$$p = \infty \tag{4-7}$$

即莫尔条纹的宽度为无限大。当莫尔条纹为亮纹时，入射光通过；当莫尔条纹为暗纹时，入射光被遮拦。因此莫尔条纹的作用如同光闸（light shutter），时启时闭。

2. 圆形光栅（Circular Grating）

如前所述，圆形光栅有三种，这里仅以径向光栅（或称为辐射光栅）为例加以介绍，其结构如图 4-2 所示。如果两径向光栅相互重叠，保持一微量偏心 e，那么光栅线重合处形成莫尔暗条纹。图 4-3 和图 4-4 所示分别为径向光栅形成的莫尔条纹和径向光栅莫尔条纹的解析图。

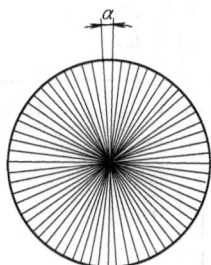

图 4-2　径向光栅

(Fig. 4-2　Radial Grating)

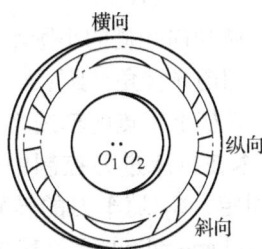

图 4-3　径向光栅形成的莫尔条纹

(Fig. 4-3　Moire Fringes Formed by Radial Gratings)

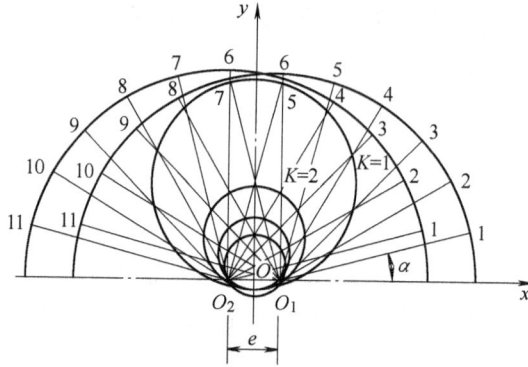

图 4-4 径向光栅莫尔条纹的解析图

(Fig. 4-4 Analysis Diagram of Moire Fringes formed by Radial Gratings)

莫尔条纹的零位对称地分布在两光栅中心线的上下。莫尔条纹宽度可由式(4-3)导出，设光栅角节距为 α；偏心量（即两光栅圆心间距离）为 e；观察圆半径（即观察点到两光栅圆心连线中点的距离）为 R。光栅线节距是观察圆半径 R 的变量，即

$$p_0 = R\alpha \tag{4-8}$$

光栅线夹角 θ 是观察圆半径 R 和偏心量 e 的变量，由图 4-4 可知

$$\theta = \frac{e}{R} \tag{4-9}$$

将式(4-8)和式(4-9)代入式(4-3)中，得

$$p = \frac{\alpha R^2}{e} \tag{4-10}$$

由式(4-10)可知，通过改变偏心量 e 或观察圆半径 R 可以获得不同的灵敏度。当两光栅相对转动时，莫尔条纹产生位移。光栅转过一个角节距，莫尔条纹移动一个条纹距离。由此可通过记录扫描过的莫尔条纹数 n 来测光栅的转角，这就是径向光栅测角原理。设光栅转角为 β，则

$$\beta = n\alpha \tag{4-11}$$

对于切向光栅，也可以推导出类似的表达式，只不过莫尔条纹是同心圆环。切向光栅的莫尔条纹宽度公式为

$$p = \frac{\alpha R^2}{(r_1 + r_2)} \tag{4-12}$$

式中 r_1、r_2——两切向光栅的小圆半径；

α——切向光栅角节距；

R——光栅上某点的刻线半径。

莫尔条纹技术在机床进刀控制中的应用如图 4-5 所示。其中 G_2 固定，G_1 随车刀的转轴旋转。透镜 L 是球面柱面镜（sphere-cylinder），其柱面的方向与光源的狭缝方向相同。采用两个探测器 D 接收莫尔条纹，以判读旋转方向，剔除由振动产生的偶然误差；

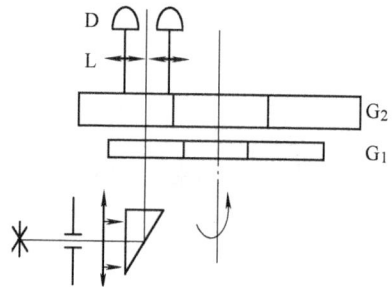

图 4-5 莫尔条纹进刀控制

(Fig. 4-5 Feed Control by Moire Fringes)

两个探测器 D 接收的莫尔条纹的位相差为180°，以便在数字信号处理时剔出直流项 DC。

4.1.4　衍射型莫尔条纹原理（Principle of Diffraction-type Moire Fringes）

当光栅节距较小，相当于光波波长量级时，光栅的衍射作用十分明显，由各级衍射光束之间相互干涉形成衍射型莫尔条纹。衍射型莫尔条纹同样需要一个光栅副，一个称为主光栅（host grating），另一个称为指示光栅（indicator grating）。图4-6所示为衍射光栅原理。

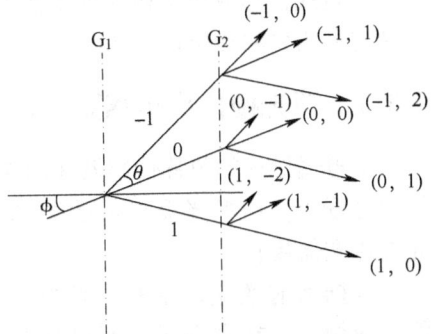

当平面波以 ϕ 角入射到光栅 G_1 时，被衍射为 n 级光束，各级光束的方向由光栅方程确定，即

$$p(\sin\phi \pm \sin\theta) = k\lambda \qquad (4\text{-}13)$$

其中，正号表示衍射光和入射光在法线同侧，负号表示衍射光和入射光在法线异侧。经光栅 G_1 衍射后，第 k_1 级衍射光束的方向为

$$\sin\theta_{k1} = \frac{k_1\lambda}{p_1} - \sin\phi \qquad (4\text{-}14)$$

经光栅 G_2 衍射后，第 k_2 级衍射光束的方向为

$$\sin\theta_{k2} = \frac{k_2\lambda}{p_2} - \sin\theta_{k1} \qquad (4\text{-}15)$$

图 4-6　衍射光栅原理

（Fig. 4-6　Principle of Diffraction Gratings）

若 $p_1 = p_2 = p_0$，$k_1 + k_2 = k$，那么式(4-15)可以简化为

$$\sin\theta_{k2} = \sin\phi - (k_1 + k_2)\frac{\lambda}{p_0} = \sin\phi - k\frac{\lambda}{p_0} \qquad (4\text{-}16)$$

其中，$k = 0,\ 1,\ 2,\ \cdots,\ n$，分别称为零级群、一级群、二级群、$\cdots$、$n$ 级群，同一级群的所有衍射光方向相同，是相干光，其干涉场在无限远处。经透镜聚焦后，在其焦平面上形成中央是零级群（一般为狭缝像），两边是各级群的干涉条纹。同样，把这种干涉条纹称为莫尔条纹。当两光栅相对移动一个节距时，莫尔条纹移动一个周期，或者观察点处亮度变化一个周期。为了得到基波信号，透镜光轴的倾角应取一级光的衍射角，并在透镜的焦平面上用狭缝光阑进行滤波，不让其他各级衍射波通过，如图 4-7 所示。因此式(4-16)变为

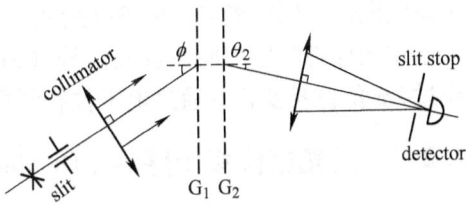

图 4-7　衍射式光栅

（Fig. 4-7　Diffraction Gratings）

$$\sin\theta_{k2} = \frac{\lambda}{p_0} + \sin\phi \qquad (4\text{-}17)$$

由以上分析可知，利用莫尔干涉技术有以下特点：

1）莫尔条纹把位移放大。

2）莫尔条纹位移与光栅位移呈线性关系。

3）莫尔条纹的亮度分布遵循正弦规律。

以上三种主要特征使莫尔干涉技术获得广泛的应用。

4.2 莫尔干涉术测位移（Displacement Measurement with Moire Interferometry）

测量线位移或角位移的莫尔技术是应用最广、技术较高的莫尔干涉技术。将这种测位移的装置称为位移传感器（shifting sensor），它广泛地应用在机床和测长仪器中。

4.2.1 两光栅位移传感器（Displacement Sensor with Two Gratings）

最普通形式的位移传感器如图4-8所示。由光源发出的光经准直物镜后入射到主光栅和指示光栅上，由两光栅形成的莫尔条纹被后面的光电探测器接收。

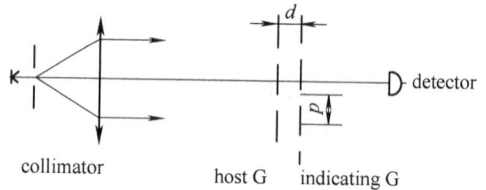

根据衍射效应，在相干光中，周期性物体也能自成像[3]。在主光栅后面符合菲涅尔焦面公式的各个位置上，都会重现光栅的花样，因此在这些平面上放置指示光栅，都能得到莫尔条纹，菲涅尔焦面公式为

图 4-8　两光栅位移传感器

（Fig. 4-8　Displacement Sensor with Two Gratings）

$$d_i = i \frac{p^2}{\lambda} \qquad (4-18)$$

式中　　p——光栅节距；

$\quad\quad$ i——菲涅尔焦面序数，$i = 1, 2, 3, \cdots$；

$\quad\quad$ λ——照明光波长。

当主光栅移动时，由于莫尔条纹对应于光栅节距也移动，因此在探测器上的一点获得一以正弦形式变化的光强。通过对光电流的电学处理，可以对莫尔条纹进行细分。一种处理方法是应用一自扫描光电二极管阵列（现用 CCD 代替），通过二极管阵列产生一线扫描的莫尔条纹图像。假定光电二极管阵列的长度精确地等于莫尔条纹周期，那么重复的线扫描的莫尔条纹图像将产生周期性载波信号（carrier wave signal）。在通过每一条纹时该载波信号要经过 2π 的位相变化，通过电子位相测量可以把莫尔条纹的位置细分为 1/1000。

4.2.2 三光栅位移传感器（Displacement Sensor with Three Gratings）

光栅具有成像性质。如果物体也是光栅，那么成像光栅将在像空间形成物光栅的像[4]，如图4-9所示。

对于光栅几何成像，其成像条件是

$$d_2 = d\left(1 + \frac{l}{l'}\right) \qquad (4-19)$$

像的放大倍率为

$$\beta = \frac{d_0}{d_2} = \frac{l'}{l} \qquad (4-20)$$

其波长条件是

$$l = \frac{n d d_2}{\lambda} \qquad (4-21)$$

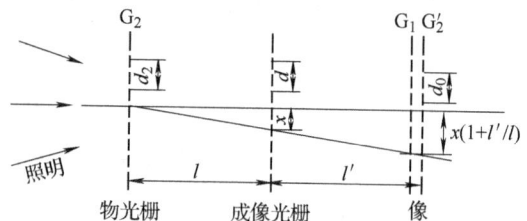

图 4-9　光栅成像

（Fig. 4-9　Grating Imaging）

其中，n 为整数。

对于光栅衍射成像，其成像条件是

$$d = \frac{1}{2}d_2\left(1 + \frac{l}{l'}\right) \tag{4-22}$$

放大倍率为

$$\beta = \frac{d_1}{d_2} = \frac{l'}{l} \tag{4-23}$$

式中　d_1——光栅一级衍射像。

如果 $l > \dfrac{d^2}{2\lambda}$，那么波长条件没有限制。衍射像是成像光栅一级衍射的多光束干涉形成的。

如果在图 4-9 所示的像平面上，放上节距适当的光栅，则能获得莫尔条纹。成像光栅位移将引起光栅像的位移，因此引起莫尔条纹的位移。

如果用反射式成像光栅，三光栅系统可以用两个光栅完成，使物光栅的像与物光栅本身重合，这样可以放宽定位公差（positioning tolerance），消除焦深（focal depth）限制。对于几何型成像，由式（4-19）可知，应使物光栅的节距是成像光栅的两倍。对于衍射型成像，由式（4-22）可知，应使物光栅的节距与成像光栅的相等。衍射成像对比度较低，除非采取措施，排除成像光栅零级衍射的影响，图 4-10 所示为三光栅位移传感器。

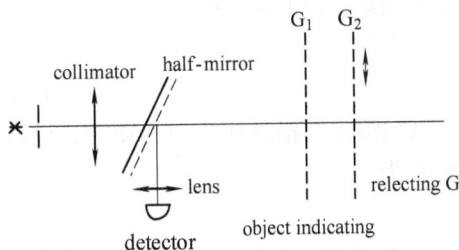

图 4-10　三光栅位移传感器

（Fig. 4-10　Displacement Sensor with Three Gratings）

点光源发出的球面波经准直透镜后变换成准直的平面波，通过半反射镜，再经指示光栅 G_1 入射到反射式主光栅 G_2 上。主光栅上的高反射刻线的作用像一系列一维的针孔相机，它在指示光栅平面上形成该指示光栅的倒像。这样，在指示光栅的平面上产生莫尔条纹。反射式主光栅 G_2 的横向移动导致莫尔条纹的移动，通过记录扫描的莫尔条纹数即可计算出主光栅的移动量。光电探测和电子信号处理与两光栅系统一样。

三光栅传感器的主要优点是可以在反射主光栅和指示光栅间隔较大时进行工作，而且即使在两光栅间隔变化时，像也精确地重叠在指示光栅上。因此，这种传感器的制造公差可以远远小于菲涅尔成像系统的要求[5]。

如果精心设计，三光栅传感器将具有较好的性能。线传感器能在 1m 的范围内达到 1μm 的精度，应用辐射光栅的角位移传感器可以在 360°范围内达到 1s 的精度或者更高。

4.2.3　位移传感器的应用（Application of Displacement Sensor）

一种测表面法向位移的线位移传感器如图 4-11 所示[6]。光源经物镜 O 后均匀地照明光栅 G_1，G_1 的阴影被被测表面反射后，通过第二个光栅 G_2。当被测表面沿法线方向移动时，莫尔条纹产生位移，通过记录扫描过某一观察点的莫尔条纹数目可计算出表面法向位移量的大小。该方法的灵敏度取决于倾斜角 α 和光栅节距 p_0 的大小。

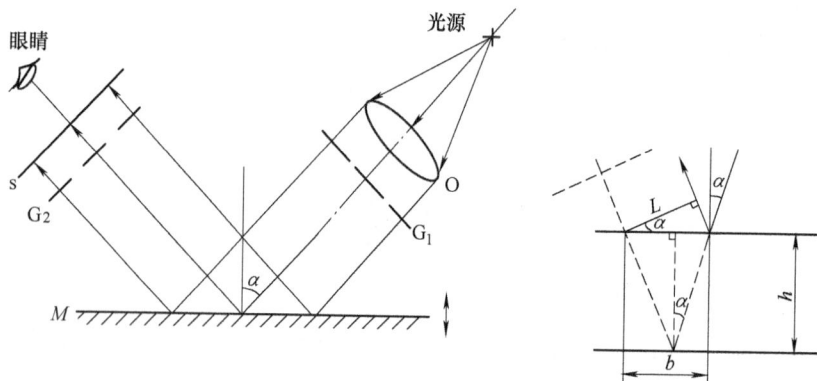

图 4-11　测表面法向位移的线位移传感器

（Fig. 4-11　Linear Displacement Sensor for Normal Displacement Measuring of A Surface）

设入射光轴和反射光轴与表面法线夹角为 α，表面沿其法线方向位移为 h，则光栅 G_1 的像相对光栅 G_2 位移 L 为

$$b = 2h\tan\alpha$$

$$L = b\cos\alpha = 2h\sin\alpha \tag{4-24}$$

当被测表面沿法线方向移动时，设在观察点处扫描的莫尔条纹数为 n，则莫尔条纹移动距离 L' 为

$$L' = np_0 \tag{4-25}$$

由式（4-24）和式（4-25）及莫尔放大率式（4-4）得出表面位移量 h 为

$$2h\frac{1}{\theta}\sin\alpha = np_0$$

$$h = \frac{np_0\theta}{2\sin\alpha} \tag{4-26}$$

许多测量角位移的传感器也已研制出来，其灵敏度随使用范围的变化而变化。通过把莫尔光学与光电条纹探测技术结合起来，可以使角位移传感器达到相当高的灵敏度。一种简单而实用的测表面旋转的角位移传感器如图 4-12 所示[7]。

光源是 3.2W、4V 的矿工帽状的氖灯，可以连续使用几个月。它能辐射足够的光能使光电探测器工作，其辐射热量较少，不需制冷设备。光源 S 的像被聚光镜 L_1 聚焦在反射镜 M 上，反射镜固定到要被测量的旋转物体上。被 M 反射的光入射到聚光镜（condenser） L_2 上，L_2 与 L_1 结构相同，都是由两个间隔、口径和焦距相同的平凸透镜组成。因此，在两光电池（photocell） X_1 和 X_2 表面上形成 S 的像，S 的像仍为 S。在 L_1、M 和 L_2 之间插入一辅助系统，它由靠近反射镜 M 的透镜 L_3 和两光栅 G_1、

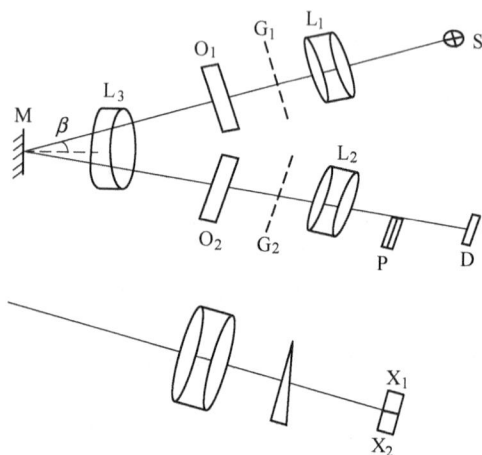

图 4-12　测表面旋转的角位移传感器

（Fig. 4-12　Angular Displacement Sensor for Surface Rotation Measuring）

G_2 组成，L_3 为消色差物镜（achromatic lens）。光栅 G_1 由 L_1 发出的汇聚光照明，G_1 的位置应使从 G_1 上每点发出的发散光束经透镜 L_3 后变成平行光束，再经反射镜 M 反射，通过透镜 L_3 聚焦在 G_2 的平面上。这样，G_1 成像在 G_2 上，G_2 平面是一标准自准直位置，在放大倍率为 1 时像无畸变。

如果 G_1 和 G_2 相同，那么根据 G_1 和 G_2 对光轴的横向相对位置，当 G_1 的像与 G_2 完全重合时，G_1 发出的光通过；当 G_1 的像与 G_2 相差半个光栅周期时，G_1 发出的光被遮拦。光栅 G_2 的刻线从中间被分成两部分，其光栅刻线位置彼此相差半个光栅周期。所以，当 G_2 的右半部通过由 G_1 发出的光时，G_2 的左半部遮拦由 G_1 发出的光。从 L_2 观察，当反射镜 M 旋转时，在垂直分开的视场中，每半视场以相反的位相交替地变亮变暗。把一小光楔 P（一般由介电有机玻璃做成）放在透镜 L_2 后一半的位置，楔角方向垂直向上，光楔 P 使入射的光束下倾，光源 S 的聚焦像入射到光电池的下半部 X_2 上。通过 G_2 和 L_2 的另一部分光不倾斜，S 的聚焦像形成在光电池的上半部 X_1 上。当反射镜 M 随物体旋转时，两像的位置保持不变，但由于 G_1 的像和 G_2 两半之间叠加程度变化，两像的强度也变化。系统是以大约在每半上叠加 50% 进行工作的，这样在光电池 X_1 和 X_2 上给出相等强度的像。反射镜 M 的轻微旋转引起一个像变暗，另一个像变亮；连接 X_1 和 X_2 的桥电路记录下失平衡的电流。

为了调校光栅 G_1 像的位置，把一光学测微计平板 O_2 放在 G_2 的前面。光学测微计是平面平行玻璃板，它通过机械测微计（micrometer）绕垂直轴旋转；O_2 旋转几度，就能引起 G_1 像足够的横向位移，遮盖住整个光栅间隔。因为插入平板 O_2 多少会破坏光学系统的对称性，所以在入射光束的对应位置固定一相同的平板 O_1。

光栅的间隔大小取决于其应用。光栅间隔较小时有较大的灵敏度，其最小极限受光学系统的像差和在反射镜 M 上的衍射限制，一般选择 5～70cy/mm 是比较适合的。在光栅对 L_3 张角的四分之一范围内，该系统可线性测量反射镜 M 的旋转角。该系统也可称为光学杠杆，在 $2mm^2$ 反射镜的方位内，可以探测的角度变化约为 10^{-10} 弧度。

4.3 莫尔干涉术测面形（Surface Contour Measurement with Moire Interferometry）

4.3.1 照射型莫尔法（Illuminating-type Moire Method）

大部分莫尔等高线装置是应用照射型莫尔技术，照射型莫尔法的基本原理如图 4-13 所示。通过点光源或线光源把一光栅阴影投射到物体表面上，光栅阴影由于受到物体表面形状的调制而变形。当从不同于光栅投影的角度来观察或拍摄该物体表面时，光栅和其受调制变形的光栅阴影重叠产生莫尔条纹。莫尔条纹表示了该物体表面等高线轮廓图。

照射型莫尔条纹等高线的深度可根据图 4-14 简单地计算出。光栅就是基准面（base surface），距基准面的第 1 级莫尔等高线的深度为 h_1，其所对应的光栅节距为 $1p_0$，第 n 级莫尔等高线的深度为 h_n，其所对应的光栅

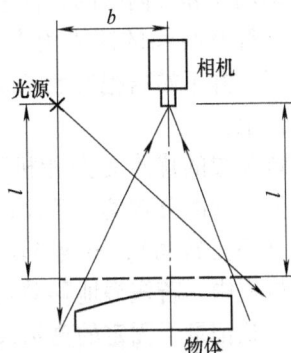

图 4-13 照射型莫尔等高线原理图
(Fig. 4-13 Principle Diagram of Illuminating-type Moire Contour)

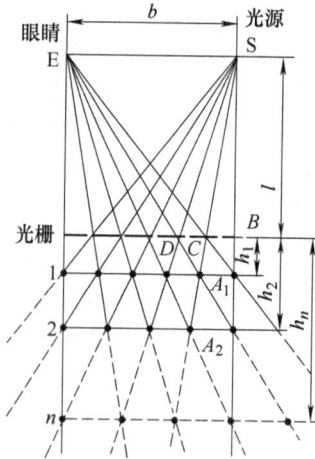

图 4-14 照射型莫尔等高线解析图

(Fig. 4-14 Analysis Diagram of Illuminating-type Moire Contour)

节距为 np_0，由相似三角形性质可得

$$b : p_0 = (l + h_1) : h_1$$

$$h_1 = \frac{p_0 l}{b - p_0} \tag{4-27}$$

式中 b——光源到观察点或记录点的距离；

　　l——光源或观察点到光栅的距离；

　　p_0——光栅节距。

同理，第 n 级莫尔等高线的深度为

$$h_n = \frac{np_0 l}{b - np_0} \tag{4-28}$$

图 4-15 所示为莫尔等高线。

应该指出，图 4-13 所示几何结构的任何偏离虽然都产生莫尔干涉条纹，但不再遵循等高线光程相等的原则，即两相邻等高线间光程差不是常数。如果要保持表面轮廓等高线间的间隔为常数，那么要用准直光束照明，但这并不妨碍把发散光成功地应用于测绘较大物体的表面上。

该装置的优点是照相机不必分辨较高频率的光栅线，但必须能分辨莫尔条纹；另外，光栅在其平面上移动时（不是转动），不改变莫尔条纹的图样。因此，在记录过程中，若缓慢地移动光栅，照片上不会出现光栅的像，只记录下固定的莫尔条纹图样。其要克服的缺点是光栅应合理地接近待测的等高线的表面。

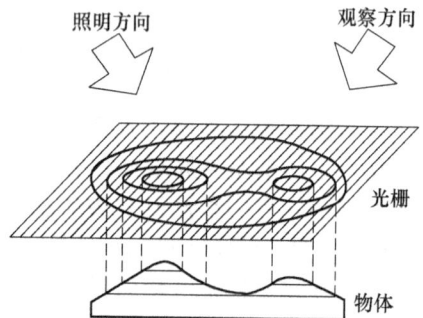

图 4-15 莫尔等高线

(Fig. 4-15 Moire Contour Map)

这种装置不能测物体的全场，因为从观察位置看，物体有些部位黯淡不清，所以全场测量需要有几个环绕物体的观察点。这个问题可以通过光学传输柱体的像来解决。按这种方

法，物体整个表面可以在一个照片上观察。图 4-16 所示为全场莫尔等高线原理图，其等高线用照射法产生，并把一狭缝定位在照相机的胶片平面上。在照相机曝光时，物体与通过狭缝传输的胶片同步转动，这样整个表面的等高线图将被记录在一张长带胶片上[8]。

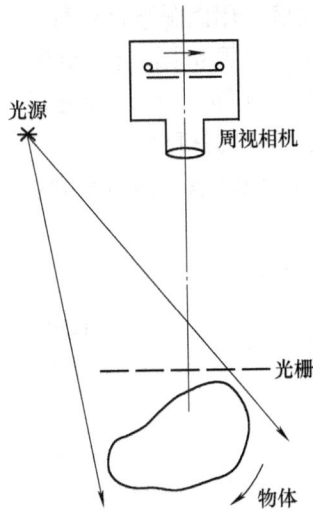

图 4-16 全场莫尔等高线原理图

(Fig. 4-16 Schematic Diagram of Moire Contour in Full Field)

4.3.2 投影型莫尔法（Projecting-type Moire Method）

如果把光栅放在物体表面附近不方便，或者如果物体较大，不可能用足够大的光栅来覆盖住物体，那么可以利用投影法。

图 4-17 所示为投影型莫尔等高线原理图。通过投影仪（projector）把光栅投影到物体表面上，经物体表面反射后，被照相机成像在参考光栅平面上，受物体表面调制变形的光栅像与参考光栅重叠产生莫尔等高线图。

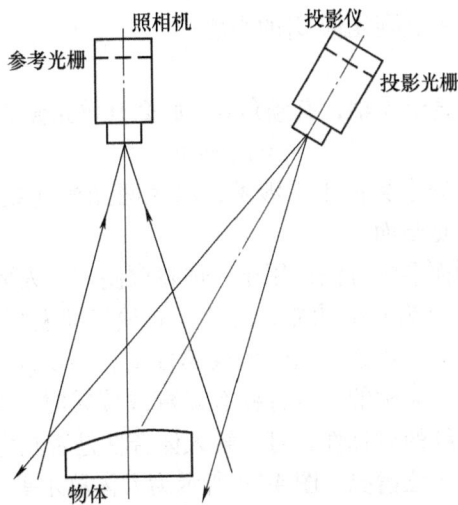

图 4-17 投影型莫尔等高线原理图

(Fig. 4-17 Schematic Diagram of Projecting-type Moire Contour)

与照射法一样，只有用准直光束，而且只有在满足许多几何条件下，每一莫尔条纹才是等高度的线。投影和观察的角度应正确地确定，并且要求把待测等高线的表面成像在光栅上，以便适当地选择参考光栅平面的倾角。如果在参考光栅后面放一张照相底片，就能拍摄下莫尔条纹的照片，或者放上毛玻璃，用肉眼直接观察。

图 4-18 所示为投影型莫尔等高线解析图，由此图，通过简单的计算，可以得到从基准面（即光栅 G_1 经透镜 L_1 后的像面位置）到等高线处莫尔条纹的深度 h_n。

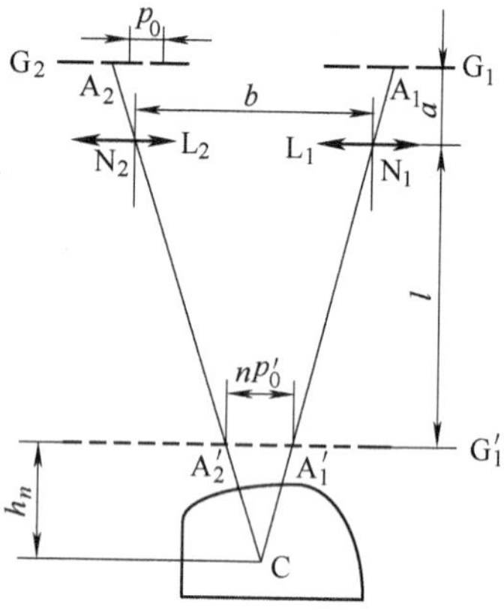

设光栅节距为 p_0，经透镜 L_1 后 p_0 的像为 p_0'，由 $\triangle N_1CN_2 \approx \triangle A_1'CA_2'$ 得

$$b : np_0' = (l + h_n) : h_n$$

$$h_n = \frac{np_0'l}{b - np_0'} \tag{4-29}$$

成像放大率公式为

$$\frac{p_0'}{p_0} = \frac{l}{a} \tag{4-30}$$

成像高斯公式为

$$\frac{1}{l} + \frac{1}{a} = \frac{1}{f'} \tag{4-31}$$

根据式 (4-30) 和式 (4-31) 可求得

图 4-18 投影型莫尔等高线解析图
(Fig. 4-18 Analysis Diagram of Projecting-type Moire Contour)

$$p_0' = p_0\left(\frac{l}{f'} - 1\right) \tag{4-32}$$

把式 (4-32) 代入式 (4-29)，求得莫尔条纹深度为

$$h_n = \frac{lnp_0(l - f')}{bf' - np_0(l - f')} \tag{4-33}$$

式中　h_n——第 n 级莫尔条纹等高线到基准面（即光栅 G_1 的像 G_1'）的深度；

　　　a——物距，透镜前主点到光栅 G_1 的距离；

　　　l——像距，透镜后主点到光栅 G_1' 的距离；

　　　f'——透镜的焦距。

如果光栅 G_1 和 G_2 不垂直于光轴，有倾角 α，那么有效光栅节距为

$$p_e = p_0/\cos\alpha \tag{4-34}$$

莫尔等高线的高低判读完全类似于干涉术，增大两光栅（或光栅像）间的光程差，莫尔条纹向干涉级低处移动，是凸面。

在医学上，莫尔技术测面形的方法已用于人体轮廓测定。人体脊柱侧弯是一种常见的疾病，严重时不易矫正，而且影响心肺功能，因此，必须早期发现和治疗。应用莫尔照相法（Moire photography）比较简单、可靠，适于大规模普查和早期发现治疗。脊柱是人体中轴，正常时是垂直的，脊部两侧是对称的。当脊柱有侧弯或旋转时，背部两侧条纹也发生变化。因此，通过观察背部两侧条纹的对称性，可了解人体脊柱是否侧弯及其严重的程度。根据同样道理，可以研究人体其他部位情况。图 4-19 所示为人体莫尔等高线图[9]。

该方法的缺点是投影器焦深不大，所以必须对仪器进行仔细的调校；另外，通过一个光学系统来传递高频条纹会降低条纹的对比度。

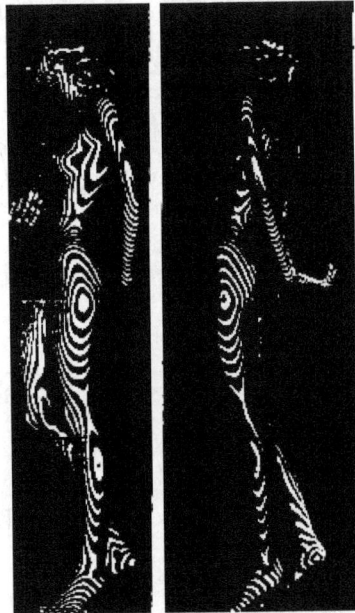

图 4-19　人体莫尔等高线图

（Fig. 4-19　Contour Map of Human Body）

图 4-20 所示为不同间隔莫尔条纹的投影应用，它是把莫尔条纹投影到一模拟物体的情况。利用上述方法可以实现莫尔三维测试，也是莫尔技术研究的热点之一。

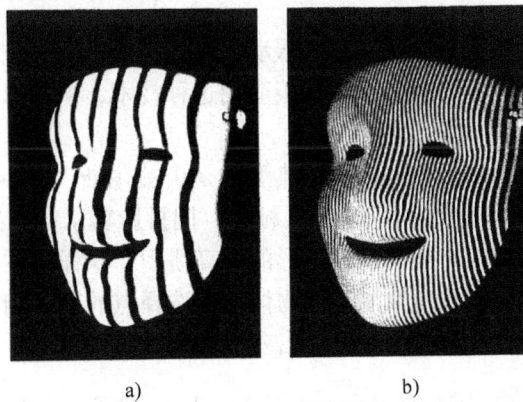

a)　　　　　　　　　　　　　b)

图 4-20　不同间隔莫尔条纹的投影应用

（Fig. 4-20　Projecting Application of Moire Fringes with Different Spacing）

a) 粗条纹间隔　b) 细条纹间隔

（a) Coarse Fringe Spacing　b) Fine Fringe Spacing）

4.3.3　干涉投影法（Interferometric Projecting Method）

大多数莫尔系统是应用非相干光，把一光栅投影到物体上，通过参考光栅来观察物体。这种非相干照明的主要缺点是当被测物体表面严重偏离平面时，有限焦深可能限制从该物体上获得信息，这就大大地限制了被测物体的选择。这个问题可以利用干涉投影法来解决，即用干涉法或全息法产生的光栅代替被投影的光栅。

用一台干涉仪取代光栅投影仪的装置如图 4-21 所示，其基本结构是用泰曼-格林干涉仪代替投影仪。经准直扩束的激光光束再经过分束棱镜形成两束光，经反射镜后两束光又汇合在一起，如果稍微倾斜分束棱镜或反射镜，就能产生非定域干涉条纹。这种干涉条纹代替了被投影的光栅，光栅节距的大小可由倾斜反射镜来控制。把光栅投影到被检物体的表面上，用照相物镜把被检表面形状调制的变形的光栅（即干涉条纹）成像在参考光栅上，再通过毛玻璃来观察或由 CCD 记录莫尔条纹。由于干涉系统产生非定域条纹，所以系统中不存在焦深问题。

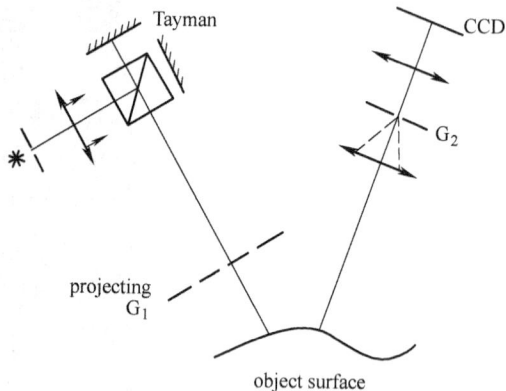

图 4-21　干涉投影系统

(Fig. 4-21　Interferometric Projecting System)

4.4　莫尔干涉术测变形和振动（Measurement of Deformation and Vibration with Moire Interferometry）

4.4.1　平面外变形测量（Measurement of Out-of-plane Deformation）

莫尔干涉术可以用于测量变形、应力和振动等。这种测量仍然应用投影莫尔法和照射莫尔法的测量技术。平面外变形的测量可以直接应用这种技术，从变形前和变形后的莫尔条纹的变化求出变形的大小。

用莫尔干涉术测变形的实例很多，比较典型的是由威尔斯（Welsh）研究的空心铜质柱体的爆炸变形。威尔斯把高速摄影术（14000 帧/s）同投影莫尔等高线技术结合起来，炸药在柱体内点燃，用高速摄影机拍摄下迅速变形的等高线图。这样，在各不同时刻可获得不同状态的莫尔等高线图。分析帧系列就能获得物体上所选择点的变形相对时间的关系曲线。把爆炸前后的莫尔等高线图进行比较可以计算出残余变形。

4.4.2　平面内变形测量（Measurement of In-plane Deformation）

在 1948 年，威勒（Weller）和谢佩德（Shepherd）首先提出莫尔法测平面内变形，尽管他们的原始方案已发展，并归入大的测量技术系列，但其基本原理仍然保持不变。

把标本光栅（specimen grating）放在物体上，或者蚀刻在物体表面上，这样，物体在平面内的变形将引起标本光栅的变化。变形光栅的像与未变形的基准光栅（base grating）重叠产生莫尔条纹。基准光栅可以靠近物体放置，也可以放在照相机的像平面上，如图 4-22 所示[10]。

莫尔条纹代表了在垂直于光栅线方向的一定变形的等高线。为了获得二维平面内变形的等高线图，需把两正交光栅或者把规则的二维点图贴在物体表面上。这样，变形的水平分量

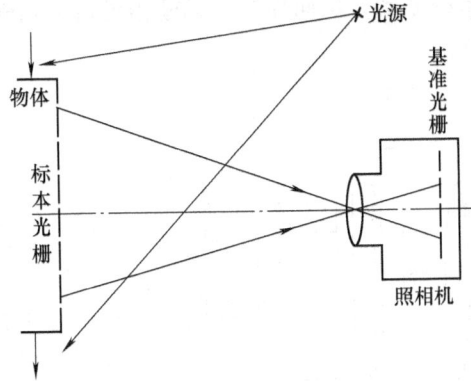

图 4-22　平面内变形测量的莫尔系统

（Fig. 4-22　Moire System for In-plane Deformation Measurement）

由垂直方向的基准光栅来观测，而变形的垂直分量由水平方向的基准光栅来观测。如果标本光栅像的名义节距为 p，那么基准光栅的名义节距为 $\sqrt{2}p$。节线方向与水平（或垂直）方向成 45°角的基准光栅可以直接用于测量该方向的变形分量。

当测量较小的应力时，与标本光栅等节距的基准光栅产生较少的莫尔条纹，每一莫尔条纹都覆盖一较大面积的像，因此定位精度不高。定量分析这种形式的莫尔条纹是较困难的，因此研制一种差分莫尔法（differential Moire method）。差分莫尔法利用节距与基准光栅节距略有差别的标本光栅，以便引入一附加的初始变形。如果将参考光栅在其平面内稍微旋转也会产生同样的效果。这样，未变形的标本光栅产生一系列极易定位的直条纹，根据物体受应力时产生的莫尔条纹的间隔和形状变化，即可确定变形的大小和部位。

任何莫尔条纹传感器的灵敏度都部分地由光栅节距所决定。当用图 4-22 所示的方法测平面内变形时，标本光栅的节距必须足够大，以便能被照相机分辨。一般情况下，标本光栅的节距不大于 200cy/mm。

4.4.3　振动测量[11]（Measurement of Vibration）

振动位相可以用照射型莫尔法确定。假定工件平面平行于图 4-13 中的光栅，光栅被照射后投影到工件上。工件平面和光栅间的距离应使整个工件表面被一等高线暗条纹横切。如果工件发生横向振动，那么表面波节点保持在暗条纹范围内，而非波节点通过光栅在一定的范围内振动。当表面离开波节平面时，物体的像较亮，时间平均记录显示出波节区和非波节区暗亮条纹。这样，记录表明了表面振动的状态。

华德尔（Waddel）应用投影型莫尔法测定了旋转分量的振动状态。当一系列规则分布的点投影到物体表面时，通过图像探测器观察物体，当投影点图是一系列同心圆环时，物体的像是稳定的。如果用同心圆环线组成的基准光栅来观察，当没有横向振动时，表面出现均匀变暗。旋转物体的横向振动引起物体局部绕着节平面振动，所以时间平均记录包含一暗波节区和一亮的非波节区，由此可以研究物体的横向振动。

光栅振动检波原理如图 4-23 所示，光源发出的光经准直物镜形成准直扩束光照到主光栅上，主光栅与弹簧—质量系统相连，而弹簧—质量系统与被测振源相联系，若被测物发生振动即会引起弹簧—质量系统振动，从而导致主光栅相对指示光栅产生位移，在光栅副后就可观察到莫尔条纹发生位移。

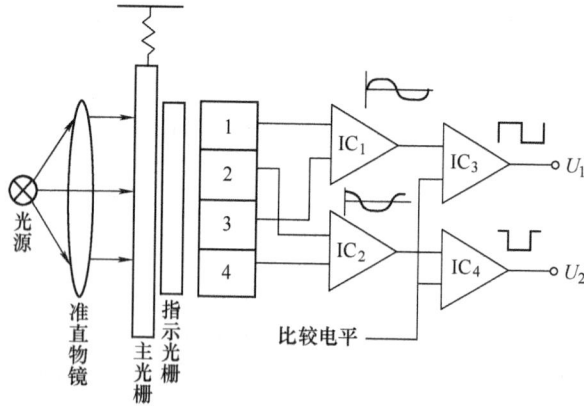

图 4-23　光栅振动检测原理
(Fig. 4-23　Testing Principle of Grating Vibration)

条纹接收采用相位差为 90° 的四个直线排列的光电池，分别记为 1、2、3 和 4。它们接收由被测振动信号调制的莫尔条纹，并通过放大器 IC_1、IC_2 差动放大输出正弦和余弦信号，再经 IC_3、IC_4 与比较电平比较输出相位差为 90° 的方波信号，如图 4-23 所示，从而可以得到一个振动周期内的脉冲个数 N。

假设两个光栅的光栅常数为 p_1，输入振动信号的振幅（峰值）为 B，光栅传感器计数输出为 N，则

$$N = \frac{2B}{A} \tag{4-35}$$

其中，A 为莫尔条纹的分量，且 $A = \frac{p_1}{n}$，n 为细分倍数。被测振动信号的振幅为

$$x_m = \frac{NA}{2} \tag{4-36}$$

根据不同时刻的 N 值，由式(4-36)可以得到完整的振动曲线，从而可以得到被测振动信号的频率和振幅信息。

光栅谐振子检测地震波（earthquake wave）的理论依据是结合地震勘探和光栅动态信号检测的特点，完成地震波信号的拾取。主要是基于光栅精密测量理论，将光栅副中的主光栅与弹簧组合形成谐振子，指示光栅与外壳固定，当检测大地震动信号时，主光栅与指示光栅产生相对运动，从而产生变化的莫尔条纹，得到被测震动信息。

光栅动态检测主要是检测运动物体的状态，包括加速度、速度、振动以及运动规律等。根据物体不同的运动规律，传感器所检测的信号特征不同，但其核心都是运动物体激发传感器输出位移量对时间的对比度。当传感器与被测物接触时，若被测物作加速运动，则可以通过检测传感器位移的时间变化量对时间的对比度，得到加速度值；若被测物作振动运动，则可以通过检测传感器位移、运动方向改变对时间的对比度，得到相应的振幅、频率等信息。

被测物运动速度的变化将引起光栅传感器主光栅与指示光栅之间的相对运动速度的变

化，即莫尔条纹移动速度变化，单位时间内莫尔条纹移过光电元件表面的数量随物体的运动速度不同而不同。被测速度越大，输出信号越密集；反之则越疏散。图 4-24 所示为振动信号输出，其为示波器采集到的速度由快变慢的信号波形。

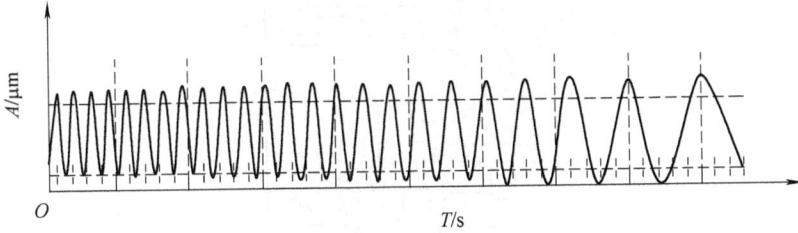

图 4-24 振动信号输出
（Fig. 4-24 Output of Vibration Signal）

如果被测对象是振动的物体，传感器两光栅的相对运动除了速度的变化外，还有运动方向的变化，反映在输出信号上就是存在速度"零点"，即换向点，如图 4-25 所示。

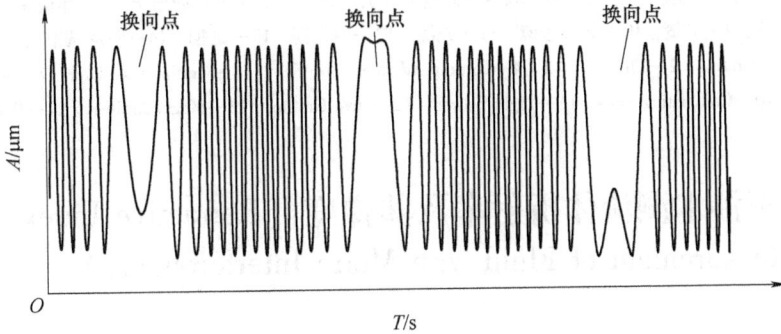

图 4-25 运动方向的变化
（Fig. 4-25 Change of Moving Direction）

采用辨向细分技术，通过信号处理和计数、计时及运算处理，可以实现加速度、速度以及振动信号的测量。

光栅谐振子地震检波装置结构如图 4-26 所示，其由安装于壳体内的光源、聚光镜、光电转换及放大器件、光栅副和光栅调节器共同组成；光栅谐振子由光栅副中的主光栅、固定主光栅的光栅架、固定光栅架于壳体上的横向限振片和卡簧组成，置于准直透镜 10 与光电池 2 之间；光栅副为振幅裂相式结构；在光栅谐振子的光栅架上，设有上下两个阻尼筒，另有两个磁钢分别置于两个阻尼筒中，该两个磁钢的外端分别固定于阻尼调节器上，通过调节阻尼调节器可改变磁钢在阻尼筒内占据的长度比例；光栅调节器包括调节两光栅栅线间夹角和调节两光栅间距及平行度的两套调节装置。由四组间隔为 $(n+1/4)w$（w 为光栅线宽度）的指示光栅与主光栅叠放在一起组成振幅裂相式光栅副，四组指示光栅相互平行，刻线错开四分之一栅距，在刻线方向上分成相差 $\pi/2$ 的相位差的四个区域，将指示光栅的刻线调节到与标尺光栅刻线平行，由四组光电池分别接收上述四个刻划区与主光栅相对运动各自形成的光闸莫尔条纹信号。

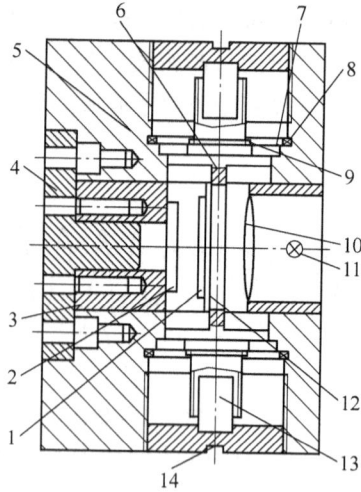

图 4-26　光栅谐振子地震检波装置结构图

(Fig. 4-26　Structure of Seismic Geophone with Grating Vibrator)

1—指示光栅　2—光电池　3、4—光栅调节器　5—外壳　6—光栅振子　7—弹簧片

8、9—卡簧　10—准直透镜　11—光源　12—主光栅　13—磁钢　14—阻尼调节器

1—Indicator Grating　2—Photocell　3、4—Grating Adjuster　5—Shell　6—Grating Oscillator　7—Spring Leaf

8、9—Circlip　10—Collimating Lens　11—Light Source　12—Host Grating　13—Magnetic Steel　14—Damper Regulator

4.5　莫尔干涉术测流体折射率及其梯度（Refractive Index and Gradient Measurement of Fluid with Moire Interferometry）

4.5.1　折射率梯度测定（Gradient Measurement of Refractive Index）

1. 准直照明系统（Collimating Illumination System）

　　莫尔干涉术测量折射率和折射率梯度的方法已成功地应用于空气动力学和温度场分布等领域。准直照明系统是最常用的测折射率梯度系统，其原理如图 4-27 所示[12]。这种结构形式简单、使用方便的莫尔干涉仪是由两个低空间频率的相同光栅组成的。准直光把光栅 G_1 的阴影投射到光栅 G_2 上，光栅 G_2 平行于光栅 G_1 放置，其刻线可以在其放置平面内相对光栅 G_1 刻线旋转一个小角 θ，这样产生一等间隔直线莫尔条纹，其间隔为 $\frac{p_0}{\theta}$，p_0 为光栅节距。因为存在折射率梯度分布，所以入射光发生偏折。入射光中的位相梯度使光栅 G_1 的阴影移动，即使莫尔条纹发生位移。设位相梯度分布为 $\frac{\partial \phi}{\partial x}$，两光栅 G_1 和 G_2 间的距离为 l，那么莫尔条纹位移为

$$s = \frac{\lambda l}{2\pi\theta}\frac{\partial \phi}{\partial x} \tag{4-37}$$

　　莫尔条纹的深度由光程决定，因此由变形的莫尔条纹可以分析折射率分布。

　　由式(4-37)可知，装置的灵敏度随 θ 和 l 变化。当光栅 G_2 刻线相对于光栅 G_1 刻线旋转

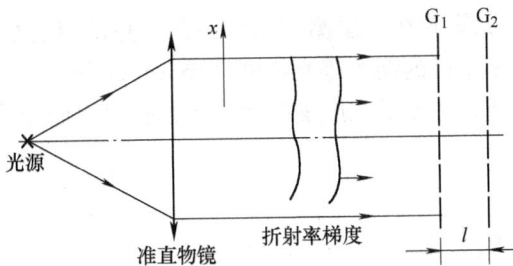

图 4-27　准直照明莫尔干涉仪测折射率梯度

（Fig. 4-27　Gradient Measurement of Refractive Index with Moire Interferometer Illuminated with Collimating Light）

角 θ 较小时，条纹间隔增大。两光栅间隔 l 受几何光学要求限制，即

$$l << \frac{p_0^2}{\lambda} \qquad (4-38)$$

也可以通过放大率为 1 的光学系统把一光栅成像到另一光栅上。在成像光束中，工作空间的折射率变化将引起条纹的畸变，由此可以确定折射率分布。

在上述系统中，系统的灵敏度主要取决于光栅节距，而其工作范围主要取决于准直光束和成像光束的口径。

光电探测莫尔条纹的方法容易使条纹进行数字处理，因此测试结果可以数字形式给出。

2. 发散照明系统（Diverging Illuminating System）

准直照明系统不能测量大视场的折射率梯度，因为其要求大口径的光学元件。华德尔利用一发散照明系统克服了准直照明测试系统的不足，其光学原理如图 4-28 所示。光栅 G_1 通过工作空间被投影到光栅 G_2 上，光栅 G_2 的节距适当大些。工作空间的折射率梯度使莫尔条纹变形，根据莫尔条纹的位置和深度可以计算出折射率梯度分布[13]。

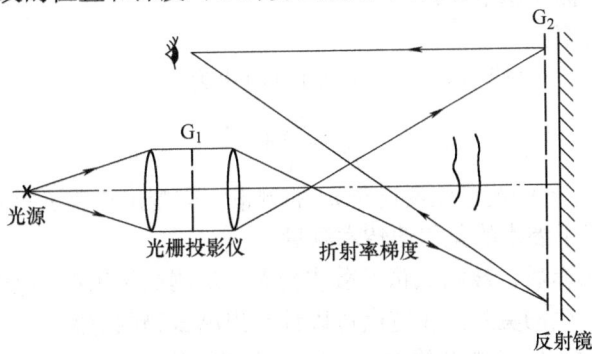

图 4-28　发散照明莫尔干涉仪测折射率梯度

（Fig. 4-28　Gradient Measurement of Refractive Index with Moire Interferometer Illuminated with Diverging Light）

因为采用发散照明，所以系统的灵敏度随折射率梯度沿光轴的干扰位置而变化，这种灵敏度的变化妨碍莫尔条纹的简单定量的计算。但是，在许多应用中，并不严重损害折射率梯度的目视观察。

4.5.2　流体折射率测定（Refractive Index Measurement of Fluid）

为了测量均匀的流体（液体或气体）折射率，需要一种特殊的装置，该装置的光学原理如图 4-29 所示。将被检流体放在三层测试箱的内部，测试箱的最外层充入不同折射率的均匀流体，中部由已知曲率半径的两个零光焦度（optical power）的弯月镜（meniscus）L 限制。所以测试箱像一个透镜，透镜的焦距随被测流体的折射率而变化[14]。

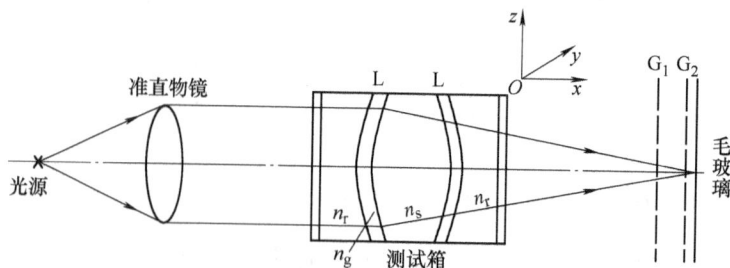

图 4-29　测流体折射率的莫尔干涉仪

（Fig. 4-29　Moire Interferometer for Measuring Refractive Index of Fluid）

若外层用已知折射率为 n_r 的流体充入，内层用被测流体（折射率为 n_s）充入。当 $n_s \neq n_r$ 时，测试箱起一透镜作用。$n_s > n_r$ 时，测试箱相当于正透镜；$n_s < n_r$ 时，测试箱相当于负透镜。透镜焦距为

$$\frac{1}{f'} = (n_s - n_g)\frac{1}{r_1} + (n_g - n_r)\frac{1}{r_2} \tag{4-39}$$

式中　f'——透镜焦距；

　　　n_s——内层被测流体折射率；

　　　n_r——外层流体折射率；

　　　r_1——弯月镜内侧曲率半径；

　　　r_2——弯月镜外侧曲率半径；

　　　n_g——玻璃折射率。

在测量时，若 n_g、n_r 保持不变，式（4-39）可简化为

$$\frac{1}{f'} = \frac{n_s}{r_1} + c \tag{4-40}$$

其中，c 是常数。这样，f' 的测量仅反比于 n_s 的测量。若测出焦距 f' 就可以求得流体折射率 n_s。焦距测量用等效于干涉术的莫尔偏转术测量。

准直光束进入测试箱后，被测试箱发散或会聚。从测试箱出射的光束把一光栅阴影投射到另一光栅上，分析产生的莫尔条纹宽度可以计算出测试箱的焦距。

设矩形光栅 G_1 和 G_2 的光栅常数为 p_0，两光栅间隔为 l，在 y—z 平面两光栅栅线的交角为 θ。当没有光线偏折时，产生的莫尔条纹垂直于原始光栅夹角平分线。由式（4-2）可知莫尔条纹的宽度为

$$p = \frac{p_0}{2\sin\dfrac{\theta}{2}}$$

因为 z 轴垂直于光栅刻线方向，所以 G_1 和 G_2 与 z 轴的夹角为 $\dfrac{\theta}{2}$。如果把光栅 G_1 沿 y 轴方向移动 $p_0/\cos\dfrac{\theta}{2}$，那么莫尔条纹在 z 方向移动一个莫尔条纹宽度 p。这样，任一光束在 y

方向的偏移将引起莫尔条纹在 z 方向的位移，这种位移放大比为

$$A = \frac{p}{p_0/\cos\frac{\theta}{2}} \approx \frac{1}{\theta} \qquad (4\text{-}41)$$

如图 4-30 所示，若在点 y' 莫尔条纹的位移量为 h，则光线在 y 方向的偏转角为

$$\phi = \frac{h}{Al} = \frac{h\theta}{l} \qquad (4\text{-}42)$$

在该装置中，光线点 y' 被偏转向焦点，则偏转角为

$$\phi = \arctan\frac{y'}{f'} \qquad (4\text{-}43)$$

因为 ϕ 角较小，所以由式(4-42)和式(4-43)得

$$\phi \approx \frac{y'}{f'} = \frac{h\theta}{l} \qquad (4\text{-}44)$$

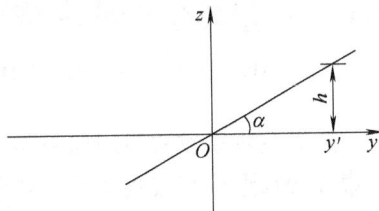

图 4-30　理想透镜产生的条纹旋转角 α

(Fig. 4-30　Fringe Rotation α Produced by Ideal Lens)

光线偏折引起新的条纹，其在 y—z 平面绕 x 轴转 α 角，如图 4-30 所示。根据式(4-44)可知偏转角 α 为

$$\tan\alpha = \frac{h}{y'} = \frac{l}{f'\theta} \qquad (4\text{-}45)$$

由式(4-40)和式(4-45)得

$$\frac{n_s}{r_1} + c = \frac{\theta\tan\alpha}{l} \qquad (4\text{-}46)$$

对式(4-46)求微分，得

$$\frac{d(\tan\alpha)}{dn_s} = \frac{l}{\theta r_1} \qquad (4\text{-}47)$$

式(4-47)表明，透镜曲率半径越大，测量的灵敏度越大。因为莫尔条纹有些变形，所以测量 α 角比较麻烦。但是，莫尔条纹也是一个光栅，是一节距可调的光栅。如果两次曝光莫尔条纹，一次测试箱充入被测流体 n_s，一次测试箱充入参考流体 n_r，即 $n_s = n_r$，那么将获得一旋转的莫尔条纹，条纹间隔为 p'（图 4-31），这是由于两个莫尔条纹叠加而形成二级莫尔条纹。二级莫尔条纹比间隔为 p 的原始莫尔条纹更直，由于有两次曝光，因此条纹消除了畸变（distortion）。α 角由下式计算

$$\alpha = 2\arcsin\left(\frac{p}{2p'}\right) \qquad (4\text{-}48)$$

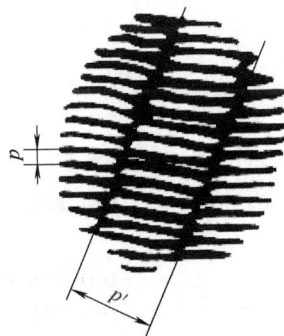

图 4-31　双曝光产生的二级莫尔条纹

(Fig. 4-31　2nd Order Moire Fringe Produced by Double Exposure)

式中　p——由节距为 p_0 的光栅 G_1 和 G_2 产生的莫尔条纹节距；

p'——两次曝光产生的二级莫尔条纹节距。

莫尔偏转术流体折射率的精度可由下式计算，设测试箱口径为 D，则测试误差为

$$\Delta n_{\min} \approx \frac{\lambda}{2D} \qquad (4\text{-}49)$$

若 $\lambda = 6 \times 10^{-4} \text{mm}$，$D = 3\text{cm}$，则 $\Delta n_{\min} \approx 10^{-5}$。

4.6 外差莫尔干涉术测平面度[15] （Flatness Measurement with Heterodyne Moire Interferometry）

外差莫尔条纹法原理如图 4-32a 所示。将双棱镜 1 放在移动拖板上，经双棱镜折射后的两束光叠加形成与被测面平行且等间隔的干涉条纹，干涉条纹经平面反射镜 2 反射后，通过五角棱镜 8 和直角棱镜 7（各占视场的一半）偏转 90°，再经透镜 6 与参考光栅 5 重合产生莫尔条纹。将拖板沿被测表面移动，被测表面轮廓的高低不平引起干涉条纹垂直移动，当垂直移动的干涉条纹分别经过五角棱镜 8 和直角棱镜 7 后，在视场里形成两部分作相反方向位移的干涉条纹形成的两部分莫尔条纹的位相差是干涉条纹位相移的两倍。

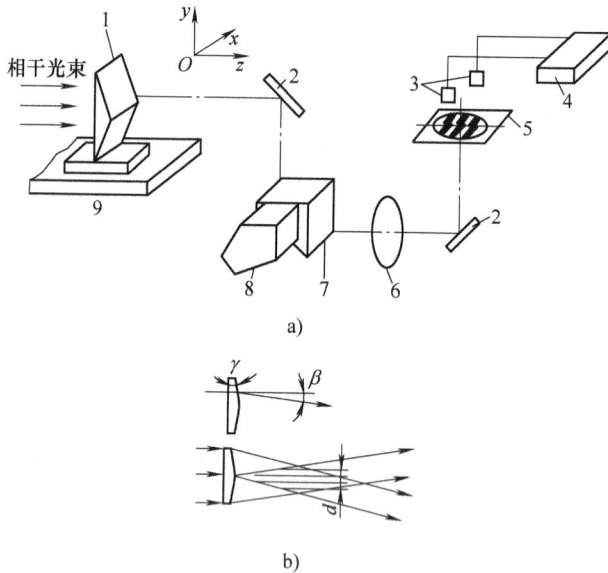

图 4-32　外差莫尔条纹法原理图

（Fig. 4-32　Schematic Diagram of Heterodyne Moire Fringe Method）

a）原理图　b）β 角与条纹宽度 d 关系

（a）Schematic Diagram　b）Relation between β Angle and Fringe Width d）

1—双棱镜　2—平面反射镜　3—光电二极管　4—相位计　5—参考光栅

6—透镜　7—直角棱镜　8—五角棱镜　9—被测平板

1—Biprism　2—Plane Mirror　3—Photodiode　4—Phase Meter　5—Reference Grating

6—Lens　7—Right-angle Prism　8—Penta Prism　9—Tested Plate

测量中，参考光栅以 0.75mm/s 的速度作匀速移动，以实现对莫尔条纹的调制，莫尔条纹的明暗度由光电二极管 3 接收，并用相位计 4 测量信号的相位差。若设双棱镜楔形角 $\gamma = 1°$，棱镜折射率 $n = 1.52$，则入射光经棱镜后的偏角 $\beta = (n-1)\gamma = 0.52°$。$\beta$ 角与干涉条纹的间距 d 之间的关系（图 4-32b）为

$$d = \frac{\lambda}{2\sin\beta} \tag{4-50}$$

若 $\lambda = 0.632\,8\,\mu m$，$\beta = 0.52°$，则 $d = 34.86\,\mu m$，相位测量灵敏度 A 为

$$A = \frac{2 \times 360°}{34.86\,\mu m} = 20.65°/\mu m \tag{4-51}$$

若用分辨率为 $1°$ 的相位计测量，则线值分辨力可达 $0.05\,\mu m$。

为了减小激光束波动的影响，在本实验中采取了用风扇将紊流状态的空气吹向测量区域的方法，并用网状物来获得微小均匀的紊态气流，采用这种方法后，干涉条纹的波动降至亚微米数量级，大大减小了激光束波动的影响。

影响本装置精度的因素还有双棱镜在移动过程中绕 z 轴和 x 轴产生的倾角 θ_z 和 θ_x，但这时引起的误差与 θ_z^2、θ_x^2 成正比，若减小双棱镜中心到底面的高度，也可减小这一误差的影响。此外，双棱镜面的平面度误差会引起干涉条纹局部产生与平面度误差同一数量级的条纹宽度的变形，但由于莫尔条纹的平均作用原理，故此项误差极其微小，利用本装置可以达到亚微米级的精度。

4.7　莫尔条纹的自动处理[16,17]　（Automatic Processing of Moire Fringes）

莫尔干涉术的最新工作已集中在莫尔条纹的自动探测和自动分析方面。该技术的关键是把 CCD-微机系统应用于莫尔等高线上。这样，有可能用莫尔干涉术实现自动实时测试。

4.7.1　自动检测方法（Automatic Testing Method）

为了探测莫尔条纹，可以用一光敏器件记录一特定点的信号，也可以用一摄像机观测整个像场。

用于实时扫描投影光栅最常用的方法有两种。一种方法是将被检物体固定，投影光栅以某一角度对物体表面进行扫描。这样，将引起莫尔条纹移动。在任一特定点，通过把在可移动探测器上获得的变化的强度信号同在固定探测器上获得的强度信号进行比较来探测莫尔条纹位相。由于莫尔条纹的强度分布是正弦形分布，适当地处理这两个信号，可以获得所需要的位相信息。另一种方法是将投影光栅固定，而物体在平行于探测器观察方向的平面内振动。这样，莫尔条纹发生位移。通过在物体振动周期内在各个点比较莫尔条纹的位置，可获得所需要的位相信息。这两种方法都给出要确定等高线级次的位相。假定参考光栅图形均匀分布，那么条纹代表物面和平面之间沿着观察方向的深度差。如果能测量物体上特定的点到参考光栅的距离，那么就能够计算抽样点的等高线图。

作为研究自动实时处理莫尔条纹的例子，图 4-33 所示为 CCD-微机莫尔干涉系统光学原理图，图 4-34 所示为 CCD-微机莫尔干涉系统电学原理图。

其原理是：一发散光束通过迈克尔逊干涉仪 M 形成两束相干光，经准直物镜 L 后，形成干涉条纹 G（代替投影光栅），再以某倾角把干涉条纹 G 投射到被测物体 O 上，倾角的大小可以改变，但一般根据测量灵敏度的要求事先确定好。在被测平面的法线方向上，用 CCD 摄像机 C 来观测，在电视监视器上可以实时观测莫尔条纹。通过电视摄像机接口可以把莫尔条纹以电的方式存储在 $625 \times 521 \times 5bit$ 的帧存储器中，参考光栅帧像是物体变形前扫

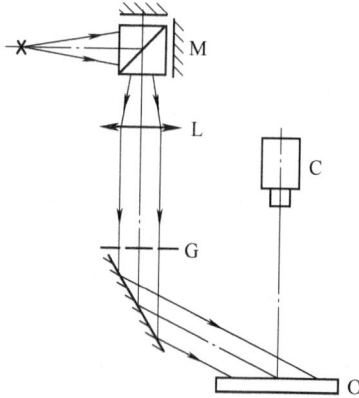

图 4-33　CCD-微机莫尔干涉系统光学原理图
（Fig. 4-33　Optical Schematic Diagram of CCD-computer Moire Fringe Interference System）

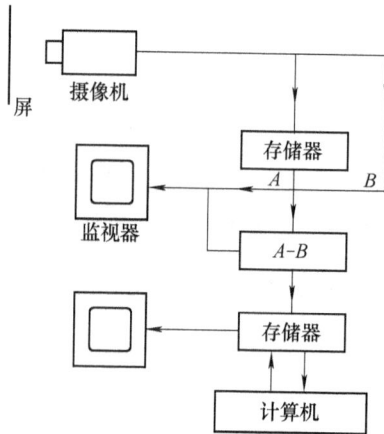

图 4-34　CCD-微机莫尔干涉系统电学原理图
（Fig. 4-34　Electric Principle Diagram of CCD-computer Moire Interference System）

描记录的投影光栅（即干涉条纹），物体变形后，以电视的帧率把变形（或位移）投影光栅同原始的参考光栅进行比较，即把输入的帧从所存储的像中减去。将被处理的像输送到微机中，进行条纹自动跟踪。这样，如果物体位移或变形，那么在物体上投影光栅相对原物体上光栅产生变形，获得实时莫尔条纹。

4.7.2　计算机自动分析（Automatic Analysis with Computer）

二维莫尔条纹在定量检测变形中是十分有用的，但计算很繁琐，因此由莫尔条纹来定量评价需要的时间较长。如果应用数字模拟技术，通过计算机来实现条纹分析，那么计算将十分方便和迅速。同样，也可实现三维图形的自动计算。

为了自动分析莫尔条纹，需要一个条纹分析器，条纹的峰可由此装置自动探测出，而由杂散光等产生的假峰则可通过数字滤波消除。

如果应用一组莫尔等高线，那么不能区分物体变形或位移的方法，因为两相邻等高线间的相对级次或标号是未知的。为了解决这个问题，必须有辅助信息。如果应用扫描莫尔法，那么位相、节距和扫描线的方向都可以改变，因此可以直接产生各种等高线。也就是说，能够确定等高线的级次等。

在典型的投影型莫尔等高线装置中，对应 n 级莫尔条纹的物空间点 (x_n, y_n, z_n) 和观察平面上点 (x_m, y_m) 之间有如下关系

$$z_n = \frac{al}{p(n+d)} \tag{4-52}$$

$$x_n = \frac{z_n x_m}{a} \tag{4-53}$$

$$y_n = \frac{z_n y_m}{a} \tag{4-54}$$

$$n = n_m - n_p \tag{4-55}$$

$$d = d_m - d_p \tag{4-56}$$

式中　a——投影光栅到投影透镜节点的距离；

　　　l——投影系统和观察系统光轴间的距离；

　　　n——莫尔条纹的绝对级次；

　　　d——莫尔条纹的位相因子；

　　　n_m——观察光栅的序号；

　　　d_m——观察光栅的位相因子；

　　　n_p——投影光栅的序号；

　　　d_p——投影光栅的位相因子。

当观察光栅的位相因子 d_m 变化时，莫尔条纹的位相 d 也变化，对应莫尔等高线级次位移。这表明，等高线位移的方向取决于物体向下或向上移动的斜度。在扫描莫尔条纹法中，莫尔条纹级次的自动确定可由计算机完成，因为观察光栅的位相是以电的方式控制的。实际上，莫尔条纹的级次是通过采样三个不同位相的投影像来确定的。

在自动分析莫尔条纹时，要进行下面的几个步骤：

（1）输入单位长度（Inputting Unit Length）　在从测试空间坐标系统到物空间坐标系统变换时，需要有一单位长度。为此，假定要分析的像中含有一基准图像，其长度在物空间是已知的。

（2）确定分析线（Determining Analysis Line）　输入单位长度后，重叠在原条纹图形上的竖直方向分析线将显示在电视监视器上，必须确定分析线的位置和间隔是否适合。当竖直线被分析之后，要分析的第一个水平线显示出来，同竖直一样，也要确定要分析的位置和间隔。如果需要，可以改变分析位置和间隔。

（3）条纹峰值探测（Detecting Fringe Peak）　这一步骤自动地完成。沿着分析线条纹数据被自动地读入，然后，条纹峰被探测出。峰值探测出后，被探测点的峰沿分析线显示在电视监视器上，这些峰点重叠在原条纹图形上。

（4）峰值校正（Correcting Fringe Peak）　操作者要确定被分析的峰位置，如果在探测条纹峰时发现错误，操作者可以插入条纹峰，去掉假峰，用光笔校正峰的位置。

（5）条纹级次确定（Determining Fringe Orders）　为了确定条纹级次，应该通过人机对话告诉计算机沿分析线确定莫尔条纹的级次。下倾间隔要通过把光笔瞄准在该间隔的两端部

表示出来，操作者可以确定这些间隔并用光笔校正。

（6）条纹级次匹配（Matching Fringe Orders）　这一步骤是调整竖直分析线和水平分析线间的条纹级次。最近的两个峰，一个在竖直线上，另一个在水平线上，以较小的矩形点显示在监视器上，矩形的长边或者沿竖直分析线，或者沿水平分析线。因长边的方向对应于分析线，所以可以容易地区分条纹峰是在哪个分析线上。条纹级次确定后，所有被探测的条纹峰的位置和条纹级次显示在控制终端上。如果发现错误，可以再输入这个条纹级次进行匹配处理。这些条纹分析过程重复进行，一直到所有水平分析线都被分析完。

（7）数据库（Database）　为了能在以后处理时可以应用这些数据，要把测试数据存在一个文件库中，文件库中包含前面分析过的数据和其辅助数据。辅助数据包括物体上的信息、分析数据、操作者名字等。

本章习题（Exercises）

4-1　莫尔条纹的宽度由什么决定？写出公式。莫尔条纹的方向怎样确定？莫尔条纹和干涉条纹有何共性？

4-2　阴影莫尔法的原理是什么？

4-3　衍射莫尔法的原理是什么？

4-4　如果测一线纹尺的长度，选用何种光栅？写出用光栅测量线位移的公式。

4-5　测量角位移用何种光栅？写出用光栅测量角位移的公式。

4-6　两光栅传感器的原理是什么？

4-7　三光栅传感器的原理是什么？

4-8　如何用莫尔干涉术测量物体表面的面形？画出装置的光路图并说明各元件的作用。

本章术语（Terminologies）

莫尔条纹	Moire fringes
阴影型光栅	shadow grating
衍射型光栅	diffraction grating
矩形光栅	rectangular grating
光闸	light shutter
圆形光栅	circular grating
球面柱面镜	sphere-cylinder
主光栅	host grating
指示光栅	indicator grating
位移传感器	displacement sensor
载波信号	carrier wave signal
定位公差	positioning tolerance
焦深	focal depth
聚光镜	condenser
光电池	photocell
测微计	micrometer

基准面	base surface
投影仪	projector
莫尔照相法	Moire photography
标本光栅	specimen grating
基准光栅	base grating
差分莫尔法	differential Moire method
地震波	earthquake wave
光焦度	optical power
弯月镜	meniscus
畸变	distortion
双棱镜	biprism
相位计	phase meter
直角棱镜	right-angle prism
五角棱镜	penta prism

参考文献 (References)

[1] 顾去吾. 莫尔现象、干涉术和全息术 [J]. 光学学报, 1981. 1 (2): 135-142.

[2] 于美文. 光学全息及信息处理 [M]. 北京: 国防工业出版社, 1988.

[3] Lowley. J. W. and Moodie. A. F. Fourierimage [J]. Froc. Roy. Soc. B, 1957 (70): 486.

[4] R. M. Pettigrew. Analysis of Granting Imaging and its Application to Displacement Metrology [J]. SPIE, 1977 (136): 325-331.

[5] G. T. Reid. Moire Fringes in Metrology [J]. Optics and Lasers in Engineering, 1984 (5): 63-93.

[6] A. Livnat. Moire' technique for measuring liquid level [J]. Applied Optics, 1982 (21): 2868-2870.

[7] J. L. Kelly. Recording Optical Level [J]. Journal of Scientific instruments, 1959 (36): 90-94.

[8] M. Suzuki. Moire topography using developed recording method [J]. Optics and Lasers in Engineering, 1982 (3): 59-64.

[9] H. Takasaki. Moire' Topography [J]. Applied Optics, 1973, 12 (4): 845-850.

[10] P. S. Theocaris. The Moiré method in thermal fields [J]. Expmech, 1964 (4): 223-231.

[11] 李淑清. 光栅谐振子检测地震波的理论和方法研究 [D]. 天津: 天津大学博士论文, 2009.

[12] O. Kafri. Noncoherent optical method for mapping phase Objects [J]. Opt. lett, 1980 (5): 555-557.

[13] P. Waddell. Alarge field retro-reflective Moiré schlieren system [M]. London: Proc. Electro-Optics/Laser interna-tional 82, Butterworth Scientific, 1982.

[14] Z. Karny. Refractive index measurements by Moiré deflectometry [J]. Applied Optics, 1982 (21): 3326-3328.

[15] 张琢. 激光干涉测试技术及应用 [M]. 北京: 机械工业出版社, 1998.

[16] P. O. Varman. A Moiré System for Producing Numerical Data of the Profile of a Turbine Blade using a Computer an video store [J]. Optics and Laser in Engineering, 1984 (5): 41-58.

[17] T. Yatagal. Automatic Fringe Analysis for Moire Topography [J]. Optics and Lasers in Engineering, 1982 (3): 73-83.

第 5 章　全　息　术
（**Chapter 5　Holography**）

5.1　全息术原理（Holographic Principle）

全息术是记录（record）和重现（reconstruct）波前的一种方法，它是基于记录物波和与其相干的参考波形成干涉图的强度分布，被记录的干涉图称为全息图（hologram）。

照相术是通过光学系统使物体一个平面清晰地成像，其他位置或多或少的不清楚。记录介质（如照相乳胶）记录物体的强度分布。全息术是在二维介质中记录三维的波场。当信息被记录后，如果用参考光照明全息图，则在全息图平面上产生与物波相同的振幅和位相分布。按惠更斯-菲涅耳原理，全息图是把参考光波变换成物波的复制，这种变换与全息图记录的方式（振幅全息图或位相全息图）无关。

全息术的主要早期工作是布拉格（Bragg，1929 年）X 射线显微镜的工作以及更早期的 Wolfke（1920 年）的工作。在 1948 年，英国物理学家加伯（Gabor，1900 ~ 1979 年，图 5-1）建立了全息术的基本原理。加伯提出要改善电子显微镜的原理，除记录振幅（amplitude）信息外，还要记录电子波的位相（phase）信息。由于没有相干的电子束，他做了光学模拟实验，这就是全息术的开始。因为发明了全息术，加伯于 1971 年获诺贝尔物理学奖。但是，由于当时缺少大功率相干光源（coherent light source），全息术仅保持在光学逆论（optical paradox）中[1]。

全息术的第二次发展是在 1962 ~ 1963 年。美国科学家利思（Leith）和乌帕特尼克斯（Upatnieks）提出了制作全息图的双光束法（也称为离轴法），接着苏联科学家丹尼苏克（Denisyuk）利用已发明的激光，在一个三维介质中获得了第一个记录的全息图，此后全息术迅速地发展起来。

图 5-1　英国物理学家加伯
(Fig. 5-1　British Famous Physicist Gabor)

全息术这个词来源于希腊语"Ὅλοσ"，意思是"全部"，全息术的发明者用这个词来强调记录了波的全部信息——振幅和位相。但是现在没有能记录波前位相的感光介质，照相胶片、光电器件及人的眼睛都是强度探测器（intensity detector），也就是说不能记录位相。因此，全息术要求从位相到振幅（即强度）的人工变换，这种变换是通过把物波与恒定位相的参考波干涉来实现的。未知位相的物波与恒定位相的参考波重叠，形成干涉图。物波的振幅是以干涉条纹的可见度（visibility）的形式记录，物波的位相是以干涉条纹的形状和频率（frequency）的形式记录。全息术的方法就基于这种原理。

全息图可以记录在一个表面上（二维记录），也可以记录在一个体积内（三维记录）。对于这两种不同的记录方式，记录和重现过程的许多特征是不同的。但是，全息图的主要特征

（即参考波变换成物波）保持不变。最初，全息术采用每毫米数千线对的干板作为记录介质，干板曝光需要暗室，化学处理也十分繁琐，因而限制了它的应用范围。直到 1967 年，德国的科学家 Goodman 提出了用数字方式记录和处理全息图像的数字全息概念，但限于当时数字图像记录设备及计算机性能的条件，不能很快实现。与此同时，英国科学家 Butter 和 Leendertz、美国科学家 Makovski 成功研究了用电视摄像机替代照相干板以及图像简单相减的一种类似全息干涉法测量位移场的装置（即电子散斑干涉的雏形）。随着光电子、计算机技术的飞速发展，直到 1994 年德国科学家 Schnars 首先开始数字全息（digital holography）方法的实验研究，此后在该领域的其他研究人员陆续发表了一些研究成果，完成了数字全息的起步阶段。但从总体上看，数字全息与其他研究方法相比尚有很大的发展空间。数字全息技术是利用 CCD 等数字光学记录器件取代传统光学全息中的记录介质来记录全息图的，重建过程则在计算机中完成。

为什么全息图能把参考波变换成物波呢？设想有一个记录了由物波和参考波相干形成的正片全息图，其最大透过率的部位对应于物波位相与参考波位相相同的部分，随着物波强度的增加，该部位的透过率增加。因此，当用参考光波照明这样的全息图时，在全息图平面上形成与物波相同的振幅与位相分布，这样保证了物波的重现。

5.2　全息图的记录、存储和重现（Recording，Storage and Reconstruction of Hologram）

5.2.1　全息图的记录（Hologram Recording）

因为全息图是由物波和参考波形成的干涉图，所以可以利用 1.2 节中的基本公式。设图 5-2 为制作全息图的装置，由物体和参考光源发出的光波入射到全息干板 H 上，电场强

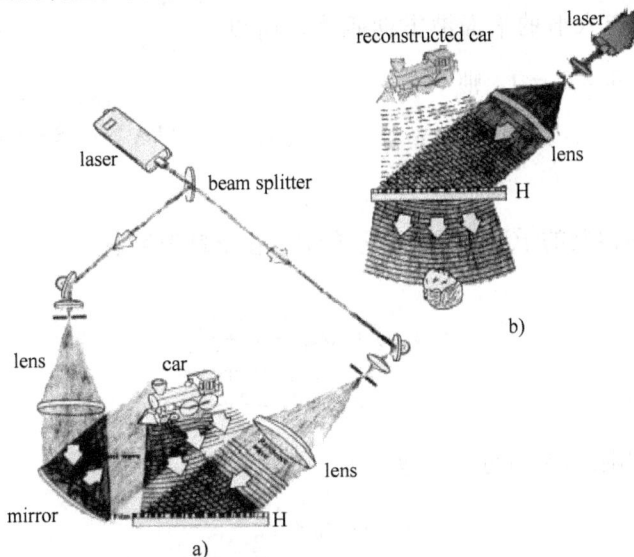

图 5-2　全息图的记录与重现

（Fig. 5-2　Recording and Reconstruction of Hologram）

a）全息图的记录　b）全息图的重现

（a）Holographic Recording　b）Holographic Reconstruction）

度的振动方向垂直于所画的平面,故可以仅讨论标量。

设由于光的散射在物体上产生的物波复振幅为 A_0,参考波的复振幅为 A_r,参考波必须与物波有相同的频率,并能与物波相干(时间相干和空间相干是必要条件)。合成波场的振幅是两波复振幅之和,通过产生稳定的干涉条纹把合成波场存储在记录介质中。设物波和参考波的复振幅为

$$A_0 = a_0 e^{-i\phi_0} \qquad (5\text{-}1)$$

$$A_r = a_r e^{-i\phi_r} \qquad (5\text{-}2)$$

则合成波场的振幅为

$$A = A_0 + A_r \qquad (5\text{-}3)$$

在全息图上产生的干涉条纹的强度分布为

$$
\begin{aligned}
I &= (A_0 + A_r)(A_0 + A_r)^* \\
&= A_0^2 + A_r^2 + A_0 A_r^* + A_0^* A_r \\
&= a_0^2 + a_r^2 + 2a_0 a_r \cos(\phi_0 - \phi_r)
\end{aligned}
\qquad (5\text{-}4)
$$

5.2.2　一个点的全息图记录(Hologram Recording of A Point)

如图 5-3 所示,用平面波照明一个点状的目标 $O(0,0,-z_0)$,照相底板位于 x—y 平面,照相底板既接收 O 点散射的球面波,又接收未散射的平面波。在 x—y 平面上任一点 $P(x,y,0)$,对应的物波和参考波的复振幅为

$$A_0(x,y) = \frac{c}{r(x,y)} e^{-i[kr(x,y)-\delta_1]} \qquad (5\text{-}5)$$

$$A_r(x,y) = a_r e^{-i(\vec{k}\cdot\vec{r}-\delta_2)} \qquad (5\text{-}6)$$

因为 x—y 平面与入射的平面波方向垂直,所以 $\vec{k}\cdot\vec{r}=0$。设初位相 $\delta_1 = \delta_2 = 0$,则

$$A_0(x,y) = \frac{c}{r(x,y)} e^{-ikr(x,y)} \qquad (5\text{-}7)$$

图 5-3　点全息图的记录

(Fig.5-3　Recording of Point Hologram)

$$A_r(x,y) = a_r \qquad (5\text{-}8)$$

将这两项合成后得到的干涉图的强度分布记录在全息干板上。

由图 5-3 可知

$$
\begin{aligned}
r(x,y) &= \sqrt{z_0^2 + x^2 + y^2} \\
&= z_0 \sqrt{1 + \frac{x^2 + y^2}{z_0^2}}
\end{aligned}
\qquad (5\text{-}9)
$$

若 x、$y << z_0$,则式(5-9)可近似地写作

$$r(x,y) \approx z_0 + \frac{x^2 + y^2}{2z_0} \qquad (5\text{-}10)$$

把式(5-10)代入式(5-7),由于上述假定,分母中的 r 与坐标 x、y 的依赖性可以忽略掉,但是,指数中的 r 不可以这样处理。于是,式(5-5)变为

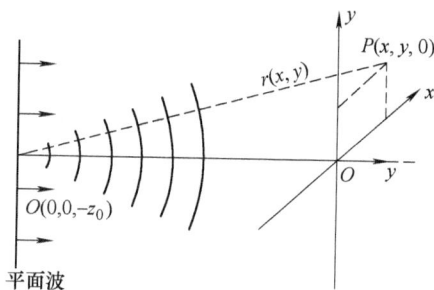

$$A_0(x,y) \approx c\frac{e^{-ikz_0}}{z_0}e^{-ik\frac{x^2+y^2}{2z_0}} = a_0 e^{-ik\frac{x^2+y^2}{2z_0}} \tag{5-11}$$

其中，$a_0 = \dfrac{c}{z_0}e^{-ikz_0}$。

在接收器上记录的强度为

$$I(x,y) = |A_0 + A_r|^2 = \left| a_0 e^{-ik\frac{x^2+y^2}{2z_0}} + a_r \right|^2$$
$$= a_0^2 + a_r^2 + 2a_0 a_r \cos\left(k\frac{x^2+y^2}{2z_0}\right) \tag{5-12}$$

若 $a_0 = a_r$，则点全息图及其强度分布曲线如图 5-4 所示。

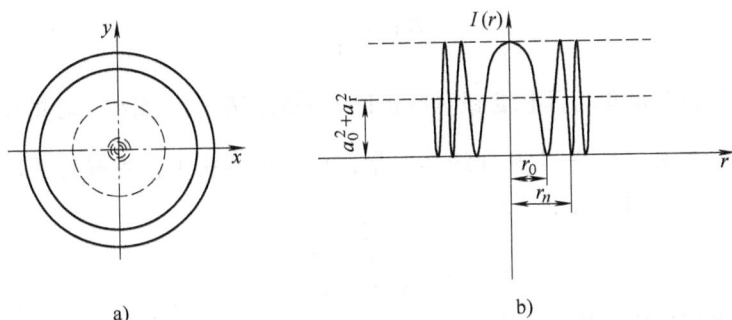

图 5-4　点全息图

(Fig. 5-4　Point Hologram)

a）干涉图样　b）强度分布

（a）Interference Pattern　b）Intensity Distribution）

零强度半径 r_n 由下式给出

$$\cos\left(k\frac{x^2+y^2}{2z_0}\right) = -1 \tag{5-13}$$

即

$$k\frac{r_n^2}{2z_0} = \pi(2n+1) \tag{5-14}$$

$$r_n = \sqrt{\lambda z_0}\sqrt{2n+1}$$
$$r_0 = \sqrt{\lambda z_0} \tag{5-15}$$

则相邻两环的距离为

$$r_n - r_{n-1} = r_0(\sqrt{2n+1} - \sqrt{2n-1})$$
$$= \frac{r_0}{\sqrt{2n}} \tag{5-16}$$

例如，当 $\lambda = 6 \times 10^{-4}$ mm，$z_0 = 24$ mm 时，可计算出 $r_0 = 0.12$ mm，$r_{50} - r_{49} = 12\mu$m。由此可以看出，干涉条纹的间距很小。

由图 5-4 所示的点全息图令人想起众所周知的菲涅耳波带片。与菲涅耳波带片相比，点全息图表现为亮暗环间连续的过渡。

5.2.3　全息图的存储（Hologram Storage）

本节仅讨论感光层通过其透过率（transmittance）记录振幅分布的情况。

对照相干板起作用的是曝光量（exposure）H（$H = It$）。若显影（development）后获得的负片（negative）用 I_0 照明，允许通过的强度为 I，则强度透过率为

$$\tau = \frac{I}{I_0} \tag{5-17}$$

$\tau < 1$，$\frac{1}{\tau}$ 的对数称为负片的黑度，用 D 表示，即

$$D = \lg \frac{1}{\tau} \tag{5-18}$$

$\lg \frac{1}{\tau}$ 与显影后负片的单位面积含银量成正比。一般情况下，照相干板的感光特征用所谓的特征曲线 H—D 表示，即 D—$\lg H$ 曲线，但是，在全息照相中，用振幅透过率与曝光量的关系曲线表示更方便。振幅透过率为

$$T = \sqrt{\frac{I}{I_0}} = \frac{a}{a_0}$$

式中　a_0——入射到负片上的光振幅；

　　　a——从负片出射的光振幅。

照相干板的 T—H 曲线如图 5-5 所示。从 H_1 到 H_2 区域，曲线可以近似地看作为一条直线，振幅透过率为

$$T = T_0 + kIt \tag{5-19}$$

系数 k 决定直线部分的斜率，对负记录，系数 k 小于零。

如果用一正弦形光波照明干板，通过适当地选择工作点可以得到，从负片透射的光振幅具有同样的正弦形。因此，最大曝光量和最小曝光量必须位于曲线的直线区域内。将曝光量选择在曲线的直线区域内，再现的全息像没有畸变，也没有高级次衍射

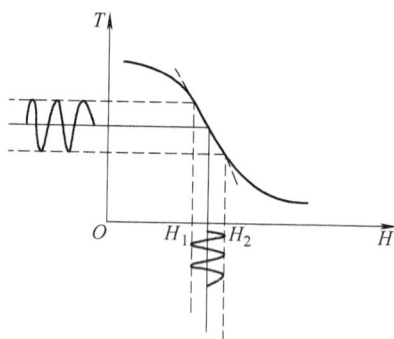

图 5-5　照相干板的 T—H 曲线
(Fig. 5-5　T-H Curve of Photographic Plate)

（high order diffraction）。对于平面全息图，记录全息图的感光金属粒子比较薄，厚度约为 $6 \sim 10\mu m$。对于体积全息图，在整个体积内，感光金属粒子都记录全息图，感光层厚度约为 $16 \sim 20\mu m$。

把式(5-4)代入式(5-19)中，得全息图振幅透过率的分布公式

$$T = T_0 + kt(a_0^2 + a_r^2) + ktA_0 A_r^* + ktA_0^* A_r \tag{5-20}$$

5.2.4　全息图的波前重现（Wavefront Reconstruction of Hologram）

如果用原参考光波照明全息图，那么在全息干板后获得的透射光复振幅分布为

$$TA_r = [T_0 + kt(a_0^2 + a_r^2)]A_r + kta_r^2 A_0 + ktA_r^2 A_0^* \tag{5-21}$$

式中第一项等于参考波的复振幅乘一实系数，其对应零级衍射波，即入射的参考波的方向不改变，仅振幅变化 $\left[T_0 + kt(a_0^2 + a_r^2)\right]$ 倍；第二项与物体复振幅的差异仅在于实数因子 kta_r^2，这项描述了被全息图重现的物波，是正一级衍射波，它形成了三维物体的原始像，定位于记录全息图时物体所在的位置；第三项是共轭物波 A_0^* 乘以复数因子 ktA_r^2，它描述了负一级衍射波，形成物体的变形共轭像（conjugate image）。为了获得不变形的共轭像，必须用共轭参考波来照明全息图。

零级和正负一级光波传播的方向由物波和参考波入射到全息图的角度决定。在加伯装置中，参考波与物体都放在全息图的轴线上（图 5-6a、b），重现了三个波在全息图后互相干扰。在利思和乌帕特尼克斯提出的装置中，通过一倾斜参考光束消除这种干扰（图 5-6c、d）。记录过程中的任何非线性效应均将导致出现高级衍射。但是，高级衍射通常都比较微弱，并且不与所需的波束重叠。离轴全息图的优点之一是可消除非线性记录问题。

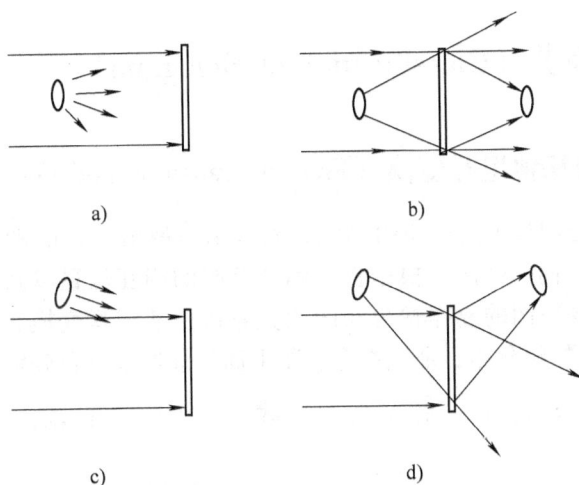

图 5-6　同轴全息图与离轴全息图

（Fig. 5-6　In-line Hologram and Off-axis Hologram）

a）加伯全息图形成　b）加伯全息图重现　c）利思全息图形成　d）利思全息图重现

（a）Gabor Hologram Formation　b）Gabor Hologram Reconstruction

c）Leith Hologram Formation　d）Leith Hologram Reconstruction）

物光波通常都是发散的，因此全息重现时，式(5-21)中的第二项是虚像项，它形成物体的虚像；第三项表示收敛光波，它形成物体的实像，称为实像项。然而有许多可能的光束结构，若变换后的物波是会聚的，第二项和第三项所得的结果将与上述相反。因此，必须根据具体光路确定其是实像还是虚像。

德国耶纳（Jena）国家光学博物馆展示的全息重现的目标图像如图 5-7 所示，它是在不同方向观看时拍摄的图像，不但可观看到三维立体图像，而且可在不同的位置观看到不同的侧面。

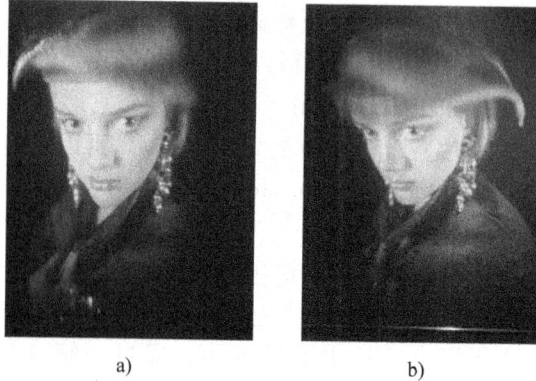

图 5-7 全息重现

(Fig. 5-7 Holographic Reconstruction)

a）正面观测的全息重现 b）侧面观测的全息重现

（a）Holographic Reconstruction of Front View） b）Holographic Reconstruction of Side View）

5.3 全息图的分类（Classification of Hologram）

5.3.1 菲涅耳变换和傅里叶变换（Fresnel Transform and Fourier Transform）

全息图上的物波是用相干光束照明物体，光被物体散射后，携带物体的信息（振幅和位相）入射到全息图上而产生的。根据物体和全息图的相互位置以及它们中间的光学元件位置，全息图平面和物平面的复振幅分布间的关系可由菲涅耳变换和傅里叶变换表示。设 $f(x_1,y_1)$ 为物平面的复振幅分布，那么在全息图平面的复振幅分布分别为[2]

$$A(x,y) = \iint f(x_1,y_1)\frac{1}{\lambda d}\mathrm{e}^{\frac{\mathrm{i}\pi}{\lambda d}[(x_1-x)^2+(y_1-y)^2]}\mathrm{d}x_1\mathrm{d}y_1 \qquad (5\text{-}22)$$

$$A(x,y) = \iint f(x_1,y_1)\mathrm{e}^{\frac{2\pi\mathrm{i}}{\lambda f}(x_1 x + y_1 y)}\mathrm{d}x_1\mathrm{d}y_1 \qquad (5\text{-}23)$$

式中 x、y——全息图平面坐标；

　　　x_1、y_1——物平面坐标；

　　　d——从物平面到全息图平面的距离；

　　　f——傅里叶变换透镜的焦距。

式(5-22)和式(5-23)中的常数因子已被忽略掉。

5.3.2 按物波和参考波形成的方式分类（Classification by the Formation of Object Wave and Reference Wave）

按物波和参考波形成的方式，全息图可以分成五类：像面全息图、夫琅禾费全息图、菲涅耳全息图、傅里叶变换全息图和无透镜傅里叶变换全息图。

1. 像面全息图（Image Hologram）

若物体位于全息图平面，或者物体成像在全息图平面上，那么在全息图上物波的振幅和位相分布与物平面上的振幅和位相分布相同（图 5-8a），这样的全息图称为像面全息图。

像面全息图充分利用物体散射光的能量，因此可以缩短曝光时间。

2. 夫琅禾费全息图（Fraunhofer Hologram）

当全息图距物体无限远，即全息图是在夫琅禾费衍射区时，形成的全息图称为夫琅禾费全息图。为了获得夫琅禾费全息图，物体应远离全息干板，或者物体位于透镜的焦面上（图 5-8b）。在这种情况下，物体上每一点发出的平行光束入射到全息图上，全息图上物波的振幅和位相分布是物平面上振幅和位相分布的傅里叶变换。

3. 菲涅耳全息图（Fresnel Hologram）

最普通的全息图是菲涅耳全息图（图 5-8c）。当记录介质位于菲涅耳近场衍射区时，形成的全息图称为菲涅耳全息图。当物体和全息图间的距离增加时，菲涅耳全息图可转变成夫琅禾费全息图；当物体和全息图的距离减少趋近于零时，菲涅耳全息图则转变成像面全息图。由菲涅耳变换可以计算出全息图上的振幅和位相分布。

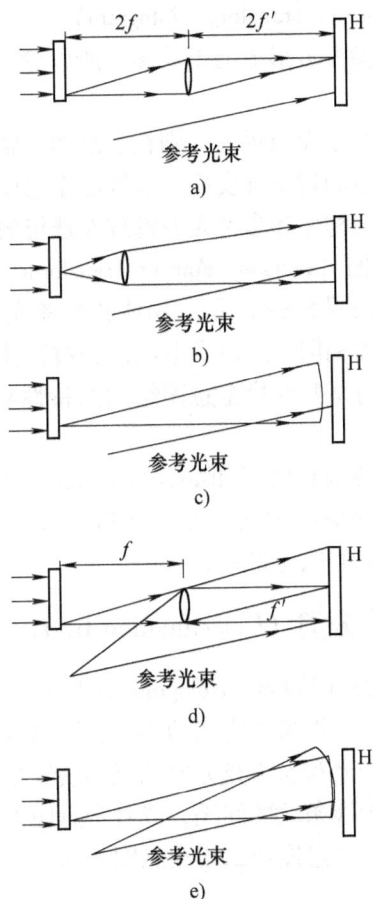

图 5-8　全息图的类型

（Fig. 5-8　Types of Holograms）

a）像面全息图　b）夫琅禾费全息图　c）菲涅耳全息图

d）傅里叶变换全息图　e）无透镜傅里叶变换全息图

（a）Image Hologram　b）Fraunhofer Hologram　c）Fresnel Hologram

d）Fourier Transform Hologram　e）Lensless Fourier Transform Hologram）

图 5-9 和图 5-10 所示分别为菲涅尔全息图和菲涅尔全息图重现。

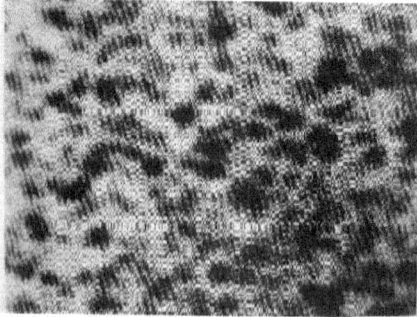

图 5-9 菲涅尔全息图

（Fig. 5-9 Fresnel Hologram）

图 5-10 菲涅尔全息图重现

（Fig. 5-10 Fresnel Holographic Reconstruction）

4. 傅里叶变换全息图（Fourier Transform Hologram）

因为全息图记录了物波和参考波形成的干涉图，所以参考波的波前形状对全息图的分类也是重要的。

倘若物体和参考波光源都位于无限远处，则在全息图上物波与参考波的复振幅分布分别是物体和参考波光源复振幅分布的傅里叶变换，这样的全息图称为傅里叶变换全息图。为了获得傅里叶变换全息图，通常把物体和参考光源都放在透镜的焦平面上[3]（图 5-8d）。

5. 无透镜傅里叶变换全息图（Lensless Fourier Transform Hologram）

无透镜傅里叶变换全息图如图 5-8e 所示。物体和参考光源都位于距全息干板一有限距离，因为它们距全息干板的距离相同，所以参考波前和被物体各分离的点散射的子波波前有相同的曲率，这样一个无透镜傅里叶变换全息图结构的特性实际上与图 5-8d 所示装置获得的特性相同。

以上五种全息图都属于离轴全息图（off-axis hologram），或称为双光束全息图。离轴全息图干涉条纹的空间频率高于加伯同轴全息图（in-line hologram），因此，为了记录这样的全息图需要具有较高空间分辨率的感光材料。

5.3.3 按记录干涉图的方式分类（Classification by Recording Interference Pattern）

1. 体积全息图和平面全息图（Volume Hologram and Plane Hologram）

若感光层的厚度远大于相邻干涉条纹之间的距离，则这种全息图称为体积全息图或三维全息图。全息图的三维性质在物光和参考光方向相反的装置中很容易证明。

若感光层厚度远小于相邻干涉条纹的间隔，或者全息图不记录在感光层内，而记录在其表面上，这样的全息图称为平面全息图或二维全息图。从二维全息图过渡到三维全息图的准则由下式决定

$$p \approx \frac{1.6d^2}{\lambda} \tag{5-24}$$

式中　p——感光层厚度；

　　　d——相邻干涉条纹的间隔；

　　　λ——记录全息图时所用的光源波长。

对于离轴全息图，条纹间距取决于物光束和参考光束间的角度。若该角度大于 7°或 8°，

并用可见光进行记录，在全息干板上形成的全息图应看作是体积全息图。在这种情况下，条纹间距可能是 $2\mu m$ 的数量级，而感光乳胶的厚度大约是 $5\sim20\mu m$ 量级[4]。

体积全息图与平面全息图的主要特征区别在于，对应于照明光束的每一个入射方向，体积全息图相应的只能形成一个像。如果采用平面全息图的方法制作物体的体积全息图，那么只有当照明光束与参考光束完全相同时，才能在物体原位置形成一个无像差的原始像（虚像）；而只有当照明光束是参考光束的共轭光束时，才能在物体原位置形成一个无像差的共轭像（一个深度反转的实像）。

由于体积全息图充分利用记录介质的全部体积，所以它特别适合于信息存储和彩色全息。丹尼苏克（Deniyuk）利用体积全息图把记录介质放置在物光束和参考光束方向相反的装置中，被记录的干涉极值沿乳胶的表面在其内侧分布成层状。当用原参考光束照明这样的

全息图时，重现的物波与照明光束位于全息图的同侧，这样的全息图称为反射全息图，其灵敏度（sensitivity）极高。反射全息图可以用白光再现，图 5-11 所示为记录反射全息图的装置原理图。

由图 5-11 可知，参考光束是从物光束的对面一方进入记录介质中的，这两个互相干涉的光束几乎是沿着相反的方向进行，在介质中建立起驻波。由于建立起来的驻波面等效于一个半波堆叠型干涉滤波器（interference filter），因此读出过程可用白光实现。

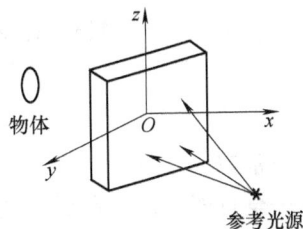

图 5-11　记录反射全息图的装置
(Fig. 5-11　Layout of Recording Reflective Hologram)

2. 振幅全息图与位相全息图（Amplitude Hologram and Phase Hologram）

若全息图是以记录介质的反射率（reflectance）变化或透过率变化的形式记录下来的，那么这样的全息图调制了波前重现时照明波的振幅，称为振幅全息图；若全息图是以记录介质的厚度变化或折射率变化的形式记录下来的，则这样的全息图调制了照明波的位相，称为位相全息图。

在许多情况下，位相调制和振幅调制同时产生。例如，普通的全息干板是以黑度变化、折射率变化和厚度变化的形式记录下干涉图的。全息图经漂白后，仅保留位相调制（phase modulation），黑度变化不再保留，从而获得纯位相调制。光导热塑料胶片（thermoplastic photoconductor film）是以厚度变化记录全息干涉条纹的，而硅酸铋晶体（$Bi_{12}SIO_{20}$ crystal）是以折射率变换记录全息干涉条纹的，故两者均是位相全息图。而数字全息（digital holography）是用 CCD 记录的，它是把全息干涉条纹的强度分布转化为电流信号，再通过图像采集卡 FGB（frame grabber board）以 256 个灰阶转化为数字。

一般情况下，在全息干板上记录的全息图能保持很长时间，记录和重现全息图的过程是分开的，这种全息图是静态的；然而，有些介质（如某些晶体）在记录的同时进行波前重现，这种全息图是动态的。

5.4　全息图的基本性质（Basic Characteristics of Hologram）

全息图的基本性质有下面几个方面。

1）全息图与普通照片的基本区别在于，后者仅记录入射光波的振幅分布，而全息图除记录振幅分布外，还记录物波相对参考波的位相分布。物波的振幅信息以干涉图的可见度形式记录在全息图上，而物波的位相信息以干涉条纹的形状和频率的形式记录在全息图上。因此，当用参考波照明时，全息图产生具有振幅和位相全部细节的重现物波。

2）重现时，全息图具有正负透镜的作用[5]。若把显影后的全息干板再用参考平面波 Ar 照明，那么，从某种程度上说，全息图的作用像一个衍射光栅（diffraction grating）。为了简化，假定全息图的振幅透过率是照明能量的线性函数，即由式(5-19)表示。在点全息图后的光振幅为

$$A(x,y,z=0) = A_r T(x,y) = A_r T_0 + A_r kt I(x,y) \tag{5-25}$$

按惠更斯原理，任一点 $P(x_P, y_P, z_P)$ 的复振幅为

$$A(x_P, y_P, z_P) = c \int A(x,y,z=0) \frac{e^{-ikr}}{r} dx dy$$

$$= A_r c \int T(x,y) \frac{e^{-ikr}}{r} dx dy \tag{5-26}$$

式中 c——常数；

r——全息图上任一点到 P 的距离，可以表示为

$$r = \sqrt{(x-x_P)^2 + (y-y_P)^2 + z_P^2}$$

根据式(5-12)，可将振幅透过率分解成三项，即

$$T(x,y) = T_0 + kt I(x,y)$$

$$= T_0 + kt(a_0^2 + a_r^2) + 2kt a_0 a_r \cos\left(k\frac{x^2+y^2}{2z_0}\right)$$

$$= c_0 + c_1 e^{+ik\frac{x^2+y^2}{2z_0}} + c_1 e^{-ik\frac{x^2+y^2}{2z_0}} \tag{5-27}$$

其中，c_0 和 c_1 为常数。振幅 $A(x_P, y_P, z_P)$ 和振幅透过率 $T(x,y)$ 是一线性关系。

$$A_0(x_P, y_P, z_P) = A_r c c_0 \int \frac{e^{-ikr}}{r} dx dy$$

$$A_1^{\pm}(x_P, y_P, z_P) = A_r c c_1 \int e^{\pm ik\frac{x^2+y^2}{2z_0}} \cdot \frac{e^{-ikr}}{r} dx dy$$

其中，A_0 是全息干板的均匀的灰白色衍射像，从本质上说，零级衍射像是衰减的照明波。$A_1^{\pm}$ 是全息干板的正负一级衍射像，主要影响光的位相。可以证明，正负一级衍射像的位相的调制和平凸、平凹透镜引起的位相调制一样。

如图 5-12 所示，在任一点 X 玻璃板的厚度（r_2 是负值）为

$$d(x) = d_0 + (r_2 - r_2 \cos\varepsilon) \approx d_0 + r_2 \frac{\varepsilon^2}{2} \tag{5-28}$$

因为 ε 很小，所以 $\varepsilon \approx \frac{x}{r_2}$，则

$$d(x) \approx d_0 + \frac{x^2}{2r_2}$$

根据一个透镜曲率半径和折射率间的关系，可以把半径 r 用焦距 f' 表示，即

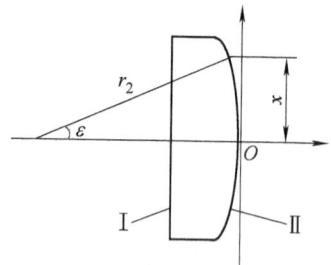

图 5-12　平凸透镜截面

（Fig. 5-12　Plano-convex Lens Section）

$$\frac{1}{f'} = (n-1)\left(\frac{1}{r_1} - \frac{1}{r_2}\right) \tag{5-29}$$

因为 $r_1 = \infty$，所以

$$r_2 = -(n-1)f' \tag{5-30}$$

则式(5-28)可转化为

$$d(x) \approx d_0 - \frac{x^2}{2f'(n-1)} \tag{5-31}$$

平面 I 和曲平 II 间的光程差为

$$(n-1)d(x) = c - \frac{x^2}{2f'} \tag{5-32}$$

式中　c——常数。

这表明，焦距为 f' 的会聚透镜的复振幅透过率为

$$T_{\mathrm{L}}(x,y) = \mathrm{e}^{+\mathrm{i}k\frac{x^2+y^2}{2f'}} \tag{5-33}$$

同理可以得出，发散透镜的复振幅透过率为

$$T_{\mathrm{L}}(x,y) = \mathrm{e}^{-\mathrm{i}k\frac{x^2+y^2}{2f'}} \tag{5-34}$$

把式(5-33)和式(5-34)与式(5-27)比较，可以看出，全息图的复振幅透过率中的第二项和第三项如同焦距 $f' = z_0$ 的会聚透镜和发散透镜的复振幅（complex amplitude）透过率。用平面波照明时，在距全息干板 z_0 处形成一实焦点和一虚焦点。由此可知，在全息重现时，全息图的作用如同正负两个透镜，形成两个像，一个是虚像，位于物体的原位置；另一个是实像，位于全息图另一侧与物体对应的位置。

3）振幅全息图通常记录在负片照相材料上，但全息图的性质与正片全息图一样，即重现像的亮点对应物体的亮点，重现像的暗点对应物体的暗点。全息图的这种性质是容易理解的，这是由于物波的振幅信息包含在干涉图的可见度中，而可见度的分布在用负片代替正片时并不改变。用这样的代换，仅仅重现波的位相位移为 π，但是人眼观察不出来，只能在全息干涉的某些实验中证实。

4）在记录全息图时，若物体每一点发出的光入射到全息图的整个表面上，那么全息图的每一部分都能重现整个物体的像。但是，当重现全息图的面积很小时，重现像的像质变坏，全息图的面积越小，重现波前的能量越少。对于像面全息图，物体每一点发出的光入射到对应该点的全息图的一点上。因此，一小块这样的全息图仅重现对应物体的部分。

5）如果用作照明全息图的光束是原参考光束，且相对全息图没有位移，则重现的虚像在形状和位置上与物体本身重合。若照明光束的位置相对参考光束变化了，或者波长改变了或者全息图的方位变化了，那么重现物波的虚像就不能再与物体本身重合。

为了求出重现像的位置及其大小，设全息图位于 x—y 平面（图 5-13），记录和重现全息时，全息图的位置保持不变，物坐标是 (x_0, y_0, z_0)，重现像的坐标是 (x_i, y_i, z_i)，重现点源的坐标是 (x_c, y_c, z_c)。重现前全息图被放大了 m 倍，重现光源波长比记录全息时的光源波长大 μ 倍，则重现像的坐标为

$$z_i = \frac{m^2 z_r z_c z_0}{(m^2 z_r - \mu z_c)z_0 + \mu z_r z_c} \tag{5-35}$$

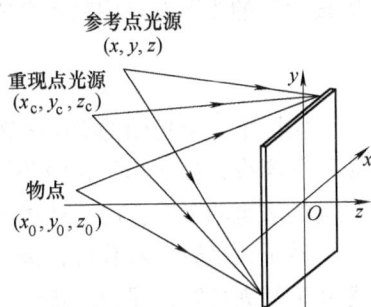

图 5-13　计算重现像坐标示意图
(Fig. 5-13　Coordinate Sketch of Holographic Reconstruction)

$$x_i = \frac{\mu m z_r z_c x_0 + (m^2 x_c z_r - \mu m x_r z_c) z_0}{(m^2 z_r - \mu z_c) z_0 + \mu z_r z_c} \tag{5-36}$$

$$y_i = \frac{\mu m z_r z_c y_0 + (m^2 y_c z_r - \mu m y_r z_c) z_0}{(m^2 z_r - \mu z_c) z_0 + \mu z_r z_c} \tag{5-37}$$

在全息重现时，最常用的方法是用原参考光作为照明光，因此，$x_c = x_r$，$y_c = y_r$，$z_c = z_r$，$\mu = 1$。若全息图放大率 $m = 1$，则全息图的物像关系式可简化为

$$z_i = z_0 \tag{5-38}$$

$$x_i = x_0 \tag{5-39}$$

$$y_i = y_0 \tag{5-40}$$

由此可知，当用原参考光照明全息图时，虚像点与原物点重合。

全息图的角放大倍率为

$$M_a = \frac{\mu}{m} \tag{5-41}$$

其横向放大倍率为

$$M_y = \frac{\mu}{m} \frac{z_i}{z_0} = \frac{m}{1 + \dfrac{m^2}{\mu} \dfrac{z_0}{z_c} - \dfrac{z_0}{z_r}} \tag{5-42}$$

若一个全息图同时形成两个物体的像，用 $-\mu$ 代替 μ 则可以获得第二个像的坐标。

一般来说，全息图的纵向放大倍率与横向放大倍率不同，它等于

$$M_z = \frac{\partial z_i}{\partial z_0} = \frac{\dfrac{m^2}{\mu}}{\left(1 + \dfrac{m^2}{\mu} \dfrac{z_0}{z_c} - \dfrac{z_0}{z_r}\right)^2} = \frac{M_y^2}{\mu} \tag{5-43}$$

式（5-35）~式（5-43）不是绝对精确的，其成立的前提是从全息图到物体的距离远大于全息图的横向尺寸。

6）全息像的分辨极限由全息图孔径的衍射决定，并可以像普通光学系统一样进行计算。根据瑞利准则，直径为 D 的圆形全息图的角分辨率为

$$\Phi = \frac{1.22\lambda}{D} \tag{5-44}$$

边长为 L 的矩形全息图的角分辨率为

$$\Phi = \frac{\lambda}{L} \tag{5-45}$$

实际上，全息图的极限分辨率达不到由式（5-44）和式（5-45）所计算的值。有许多因素影响分辨率，如在相干光中获得的任意漫射物体的像，包括用全息图获得的重现像，都受到混乱的散斑的影响。由于散斑的影响，全息像的分辨率仅是衍射极限的一半。

对于大多数全息装置，全息图的最小尺寸由记录介质的分辨率决定。当增大物光束和参考光束间夹角时，即当全息图有较高空间分辨率时，由式（5-44）和式（5-45）可知，全息图的尺寸应增大。

必须注意，只有从物体上每一点发出的光分布在全息图的整个表面上时，式（5-44）和式（5-45）才成立，否则式中的 D 和 L 值应该用被物体每一点散射光照明的实际全息图的尺

寸，而不是整个全息图的尺寸。

全息像的角分辨率极限与全息图大小的关系如图 5-14，虚线是按瑞利准则计算的，实线是实测值。

7）全息图的衍射效率（diffraction efficiency）决定重现像的亮度（brightness）。衍射效率等于重现波的光通量与入射到全息图的光通量之比，它由全息图的类型、记录介质的性质和记录全息图的条件决定。

对于振幅全息图，由式(5-21)可知，形成虚像的重现波振幅是 $kta_r^2 a_0$，因此全息图的衍射效率为

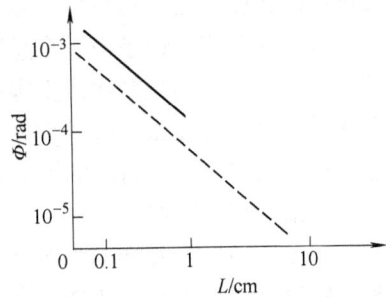

图 5-14 全息图的角分辨率
（Fig. 5-14 Angular Resolution of Hologram）

$$D = \frac{(kta_r^2 a_0)^2}{a_r^2} = (kta_1 a_0)^2 \qquad (5\text{-}46)$$

因干涉条纹的对比度由物波和参考波的振幅决定，即

$$P = \frac{2a_r a_0}{a_r^2 + a_0^2} \qquad (5\text{-}47)$$

故衍射效率为

$$D = \left| \frac{kt(a_r^2 + a_0^2)P}{2} \right|^2 = \left(\frac{k\overline{H}P}{2} \right)^2 \qquad (5\text{-}48)$$

式中 $\overline{H}$——平均曝光量，$\overline{H} = t(a_r^2 + a_0^2)$。

对于理想的线性感光材料，曝光量与振幅透过率的关系如图 5-15 所示。图中 $|k\overline{H}| = 0.5$，对比度 $P = 1$，根据式(5-48)，最大衍射效率 $D_{max} = 1/16 = 6.25\%$。

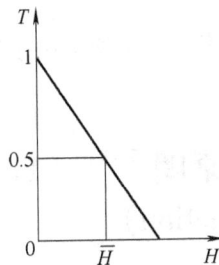

图 5-15 线性感光材料的振幅透过率图
（Fig. 5-15 Amplitude Transmittance of Linear Photosensitive Material）

各种全息图可获得的最大衍射效率见表 5-1，实验中获得的衍射效率接近于表中给出值。

表 5-1 各种全息图可获得的最大衍射效率
（Table 5-1 Maximum Diffraction Efficiency of All Kinds of Holograms） （%）

全息图种类	透 射		反 射	
	振 幅	位 相	振 幅	位 相
二维	6.25	33.9	6.25	100
三维	3.7	100	7.2	100

8）若全息图中的曝光量超过记录的线性区，则记录的全息图是非线性的。线性记录的全息图可以同正弦形振幅透过率分布的衍射光栅相比较，众所周知，这种光栅不能形成高于一级的衍射。在非线性记录中，全息图也是一个周期性光栅，但振幅透过率的分布与正弦光栅区别比较大，这样的光栅除产生零级和一级衍射外，也产生较高衍射级光波。全息记录的非线性性质不仅表现在振幅透过率分布与正弦光栅区别较大，也表现在重现一级波振幅的变形。非线性性质对一级衍射像的影响在于将背景噪声放大，出现光晕，物体各点的相对强度畸变，有时出现畸变的像。

9）体积（3D）全息图有特殊性质。它有三维的结构，波节和波腹表面以折射率变化或反射率变化的形式记录干涉图。当用参考光束照明时，其作用像一个衍射光栅。图 5-16 所示为光在三维全息图上的衍射。从层上反射的光，与从反射镜上反射一样，重现了物波。波节和波腹表面是沿着物光束和参考光束形成的角平分线方向，从而保证全息图的三维性质。

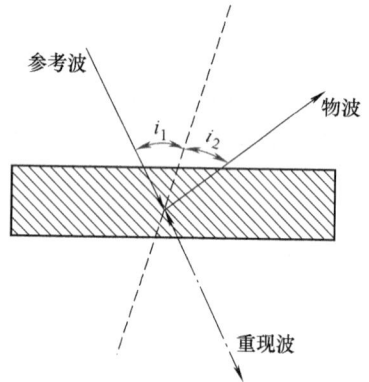

图 5-16　光在三维全息图上的衍射
(Fig. 5-16　Diffraction of Light on Three Dimension Hologram)

从不同层上反射的光束，如果它们有同样的位相，即它们间的光程差等于波长的整数倍，合成光波将相互加强。这种三维光栅将自动满足布拉格条件：入射角与衍射角相等，并且这两个角同时都满足光栅方程。这样导致全息图具有对重现波长的选择性。因此，有可能借助连续光谱的光源（如白炽灯、太阳）来重现物体的像。若全息图由几种谱线（如红、绿、蓝）的光形成，则每种波长都形成自己的三维图形；当全息图被照明时，相关波长从连续光谱中分开，这样不仅导致物波的重现，而且导致光谱成分的重现，即获得彩色的像。

三维全息图只形成一个像，是虚像还是实像取决于照明全息图的方式。三维全息图不产生零级衍射光。

5.5　数字全息记录与重建原理[5~9]（Principle of Digital Holographic Recording and Reconstruction）

5.5.1　数字全息的特点（Characteristics of Digital Holography）

数字全息是一种新的全息成像方法，1967 顾德门提出数字全息，1994 年 Schnar 和 Uptner 提出用 CCD 记录，故数字全息是以 CCD 等光耦合器件取代传统的干板来记录全息图的，并由计算机以数字形式对全息图进行重现。因此数字全息不仅继承了传统全息术的特点，而且还具有以下优点：

1）无需干板化学处理过程，大大简化了记录与处理过程。

2）重现过程由计算机完成，可以实时获取和处理图像，不仅提高了工作效率，还有助于测量的自动化。

3）采用 CCD 记录图像时间仅需几十毫秒，比干板曝光时间低两个数量级，因此测量系统对抗振性的要求大大降低。

4）数字全息可以免除光学系统的像差等非线性因素的影响，还可以方便地实现多种功能，如对图像的数字对焦、多方位显示等，容易实现三维观测。

光学全息的三个像是在传播方向上的分离，不必同时观测；数字全息的三个像是在空间上的分离，要同时观测，必须研究重现像的分离技术，去除零级影响。

5.5.2 数字全息图的记录（Recording of Digital Hologram）

数字全息图从形式上可以分为三种类型：傅里叶变换数字全息、像面数字全息和相位数字全息。

由于目前数字全息所用光电器件的尺寸大小为厘米级，分辨率为每毫米百线对量级，相比光学全息记录干板每毫米数千线对的高分辨率相差很多，因此提高数字全息的分辨率和扩大其记录物体的尺寸是数字全息发展和应用中的重要方向。在光电器件图像采集面的尺寸及其像素尺寸确定后，为了获得较高质量的数字重现像，只能根据物体尺寸的大小，合理安排记录系统的光路结构，尽可能多地记录物体的信息，其关键是降低干涉条纹的空间频率，以满足光电器件像元尺寸对采样条件的限制。根据记录光路的不同，数字全息与光学全息一样可分为同轴和离轴两种，前者是参考光和物光共轴，对记录材料的分辨率要求很低，适用于对微小物体的研究；而后者是参考光和物光成一定的角度，对记录材料的分辨率要求很高，适用于对大物体和不透明物体的研究。

用于记录的摄像机的空间频率较全息干板低数十倍，而无透镜傅里叶全息术可以在较大的面积产生空间频率低的等间距干涉条纹图，使整个 CCD 靶面上可以基本一致地满足条件，容易记录到大孔径的数字全息图，采用高分辨率数字全息术记录物体时，无透镜傅里叶数字全息术被看作一种基本的方法。图 5-17 所示为无透镜傅里叶数字全息图的记录光路示意图。

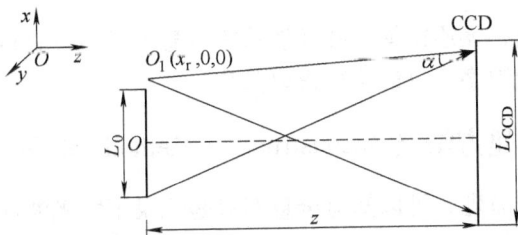

图 5-17　无透镜傅里叶数字全息图的记录光路示意图
（Fig. 5-17　Light Path Layout of Lensless Fourier Transform Digital Hologram Recording）

图 5-17 中光路图坐标系方向见图左上角，以物体中心 O 为坐标原点，物体的一个截面和参考光源 O_1 位于同一 xOz 平面，紧靠物体的作为参考光的光源坐标为 $(x_r,0,0)$，CCD 靶面中心位于 z 轴与坐标原点距离为 z。物体表面受激光照射后的漫射光与点光源参考光在靶面上发生干涉，其最大的夹角为 α，L_0 和 L_{CCD} 分别为物体和摄像机靶面尺寸。

假设物平面为 (x_o,y_o) 平面，CCD 靶面平面为 (x_c,y_c) 平面，当用一束平行激光照射到待测物体经物体漫反射后，物体产生的物光光波为 $O(x_o,y_o)$，该物光传播到 CCD 靶面后，其复振幅分布为 $O(x_c,y_c)$。利用菲涅耳衍射公式可以得到

$$O(x_c, y_c) = \frac{-i\lambda}{2\pi z}\exp\left[\frac{i\pi}{\lambda z}(x_c^2 + y_c^2)\right]\iint O(x_o, y_o)\exp\left[\frac{i\pi}{\lambda z}(x_o^2 + y_o^2)\right]$$

$$\times \exp\left[-i\frac{2\pi}{\lambda z}\pi(x_o x_c + y_o y_c)\right]dx_o dy_o = C\exp\left[\frac{i\pi}{\lambda z}(x_c^2 + y_c^2)\right]O(\xi_c, \eta_c) \tag{5-49}$$

其中，λ 是照明激光的波长，C 为系数，$\xi_c = \frac{x_c}{\lambda z}$，$\eta_c = \frac{y_c}{\lambda z}$，$O(\xi_c, \eta_c)$ 为 $O(x_o, y_o)$ $\exp\left[\frac{i\pi}{\lambda z}(x_o^2 + y_o^2)\right]$ 的傅里叶变换。

同样，点光源参考光 R 传播到 CCD 靶平面后，其复振幅分布为

$$R(x_c, y_c) = R_0\exp\left[\frac{i\pi}{\lambda z}(x_c^2 + y_c^2)\right]\exp(i2\pi\xi_c x_r) \tag{5-50}$$

在 CCD 靶面上，物光光波和参考光波叠加后的光强为

$$I_c = |O(x_c, y_c) + R(x_c, y_c)|^2$$

$$= |O|^2 + |R|^2 + C^* O^*(\xi_c, \eta_c)R_0\exp(i2\pi\xi_c x_r) + CO(\xi_c, \eta_c)R_0\exp(-i2\pi\xi_c x_r) \tag{5-51}$$

其中，C^* 是 C 的共轭。由式(5-50)可以看出，无透镜傅里叶变换全息图中的二次项相互抵消，只有变化比较平缓的一次项，这对数字重现像的分离非常有利。

当用发散球面波在距全息图 $-z$ 处重现全息图时，全息图面上即 CCD 靶面上的重现光波为

$$c(x_c, y_c) = c_0\exp\left[-\frac{i\pi}{\lambda z}(x_c^2 + y_c^2)\right]$$

而在全息图后距离 d 处重现光波复振幅 A 为

$$A = C\iint\left\{|O|^2 + |R|^2 + O^* R_0\exp(i2\pi\xi_c x_r)\right.$$

$$\left. + OR_0\exp(-i2\pi\xi_c x_r)\exp[-i2\pi(x_c\xi_c + y_c\eta_c)]\right\}dx_c dy_c \tag{5-52}$$

从式(5-52)可以看出，无透镜傅里叶变换数字全息可以通过直接对全息图进行傅里叶变换实现数字重现，因而使数字全息的重现得以简化。

5.5.3 数字全息的重建方法 (Reconstruction Methods of Digital Holography)

根据全息技术的基本原理，可以知道全息图只是记录了物光波和参考光波相叠加时产生的一系列干涉条纹，要得到物体的重现像，必须对全息图进行重建处理。就光学全息而言，其重建过程属于光学重现过程，即将记录物体全部信息的全息图用原参考光照明全息图，光通过全息图时的衍射光和衍射光之间的干涉形成了与原物光波相似的光波，构成物体的重现像[9]。对于数字全息来说，就是先将 CCD 记录的全息图数字化，然后在计算机中重建物体的重现像。下面介绍几种常见的数字重建处理方法。

1. 菲涅耳变换法 (Fresnel Transform Method)

菲涅耳变换法是常用的数字全息重建方法，当物体与全息图平面的距离远大于物体的尺寸时，可以利用离散逆菲涅耳变换重建原物像，即重建波前。$h(x, y)$、$R(x, y)$ 分别为全息记录和参考光的分布，其乘积的逆菲涅耳变换为

$$U(\xi, \eta) = \frac{1}{i\lambda z}\exp(ikz)\exp(i\pi\lambda z)\iint h(x, y)R(x, y)\exp\left[\frac{i\pi}{\lambda z}(x^2 + y^2)\right]$$

$$\times \exp\left[\frac{-\mathrm{i}2\pi}{\lambda z}(x\xi + y\eta)\right]\mathrm{d}x\mathrm{d}y$$

对于离散情况，则有

$$U(m,n) = \exp\left[\mathrm{i}\pi\lambda z\left(\frac{n^2}{N^2\Delta x^2} + \frac{m^2}{M^2\Delta y^2}\right)\right]$$

$$\times \sum_{k=0}^{N-1}\sum_{l=0}^{M-1}\left\{h(k\Delta x,l\Delta y)R(k\Delta x,l\Delta y)\exp\left[\frac{\mathrm{i}\pi}{\lambda z}(k^2\Delta x^2 + l^2\Delta y^2)\right]\times \exp\left[\mathrm{i}2\pi\left(\frac{kn}{N} + \frac{lm}{M}\right)\right]\right\}$$

$$(5\text{-}53)$$

式中 M、N——CCD 芯片在两个垂直方向上的像素数；

　　　 Δx、Δy——CCD 芯片在两个垂直方向上的像素尺寸。

物光波的强度和相位由下面两式给出

$$\begin{cases} I(n,m) = U(n,m)U^*(n,m) = |U(n,m)|^2 \\ \varphi(n,m) = \arctan\dfrac{\mathrm{Im}[U(n,m)]}{\mathrm{Re}[U(n,m)]} \end{cases} \qquad (5\text{-}54)$$

由此可见，离轴数字全息可以方便地分离物像、共轭像和常数项，但它也要求所使用的 CCD 具有足够大的空间带宽。

2. 相移法（Phase Shifting Method）

CCD 靶面的有效面积很小，大大限制了离轴光路布置的应用。同轴光路布置可充分利用数字成像器件的空间带宽积，但是在同轴结构下，物体的像、共轭像和参考光是重叠在一起的。为了消除零级和共轭像，可以采用一种四步相移法，即在参考光束中分别引入 90° 的相移，记录下四幅全息图 I_k（$k=0,1,2,3$），然后把四幅全息图分别乘以参考光并求和，即

$$U(x,y) = \sum_{k=0}^{3}R_kI_k = 4R^2a(x,y)\exp[\mathrm{i}\phi(x,y)]$$

下一步则和原先重建方法一样，用菲涅耳公式对记录的全息图重建原物体光波。这种方法经相移还会带来附加的除噪效果。

除了上述几种方法外，小波变换、分数傅里叶变换等数学方法都可以用来进行数字全息的重建，但目前多采用菲涅耳变换法。

图 5-18 和图 5-19 所示分别为傅里叶变换全息图及其数字重现。为了比较，利用电寻址液晶和傅里叶变换透镜实现的光学重现如图 5-20 所示[10,11]。

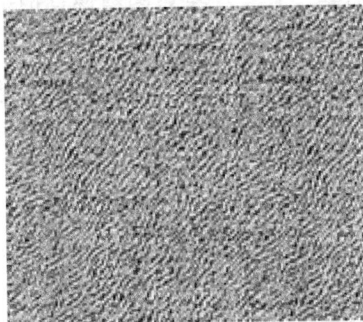

图 5-18　傅里叶变换全息图

（Fig. 5-18　Fourier Transform Hologram）

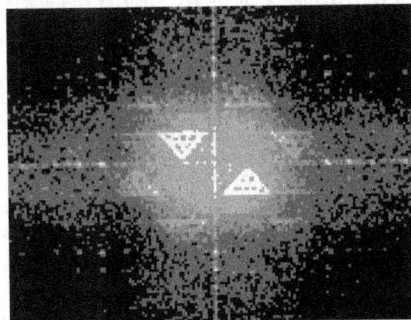

图 5-19　数字重现

（Fig. 5-19　Digital Reconstruction）

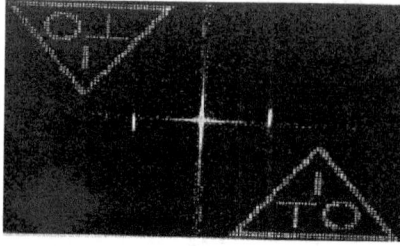

图 5-20　光学重现
(Fig. 5-20　Optical Reconstruction)

5.6　全息术的应用（Holographic Application）

全息术在科学、工程、医学和艺术等各不同领域均得到广泛的应用。

从实用观点说，全息图发展最迅速的领域是全息干涉术，本书将在第 6 章详细论述。这里主要论述全息显微术、全息信息存储、全息光学元件和全息防伪。

全息电影术和全息电视工作实际上已进入应用阶段。正在研究声全息，以便能对电磁波不透明的介质进行技术观测和医学诊断。无线电全息图正用于雷达和无线电天线的研究。这些应用代表着真正的革新，最终会进入尖端技术的行列。

5.6.1　全息显微术[13]（Holographic Microscopy）

由 5.4 节可知，全息重现像的放大倍率正比于重现光波波长和记录全息图光波波长之比（式(5-42)），这样就获得一种观察放大物体像的方法，这是由加伯提出的。例如，用波长为 0.5nm 的短波 X 射线激光记录全息图，用可见激光照明再现，就能获得一千倍的放大倍率。

全息显微术是把全息图与显微术结合起来的一门技术，与一般显微术相比，其优点是能存储标本物整体，进行三维观察和测量。

全息显微术有两个主要特点。其一，在记录和重现时采用不同波长就可以实现放大，尽管波长的改变会引入像差，但可以采用适当的记录和读出装置加以校正。例如，对于平面全息图，若采用平面波的参考光束和重现照明光束，使其入射角大小相等、符号相反，并将全息图按波长比值放大或缩小，则所有原始像差将同时消失。其二，全息图视场是记录介质的分辨率和尺寸的函数，因此全息图能在更大的视场内获得优良的像质。

由式(5-42)可知，提高放大倍率的其他方法是放大全息图和适当地选择参考光和照明光的波面曲率。例如，用平面波作参考光记录全息图，用小曲率半径的球面波照明再现，那么横向放大倍率为

$$M_y = \frac{m}{1 + \frac{m^2}{\mu} \frac{z_0}{z_c}} \tag{5-55}$$

但是，若采用平面波照明，则放大倍率对 μ 的依赖关系就消失了，全息显微术的放大倍率就等于全息图的缩小倍率 m。

应该指出，重现波长的改变总要引起像差，除非全息图也相应地放大，即 $m = \mu$，否则

全息像的分辨率就会由于像差增加而减小。

全息显微镜有两种形式：预放大全息显微镜和后放大全息显微镜。前者是用普通显微镜将物体的像放大以后再记录全息图，观察重现像；后者是先拍照物体的全息图，然后用显微镜观察重现像。

图 5-21 所示为预放大全息显微镜。标本经显微物镜放大后形成一个实像，用平行光作为参考光记录全息图，用原参考光照明再现，通过目镜进行观察。

当需要高分辨率和大视场的放大像时，可采用后放大全息显微镜。图 5-22 所示为后放大全息显微镜。先用一般的全息记录方法记录下物体标本的全息图（图 5-22a），然后用与参考光共轭的光波照明全息图，用普通显微镜观察重现物体的实像（图 5-22b）。这种方法可以扩大视场，对物体标本 O 进行逐层、逐点地研究。

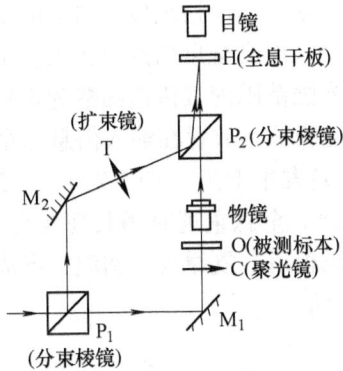

图 5-21 预放大全息显微镜
(Fig. 5-21 Pre-amplified Holographic Microscope)

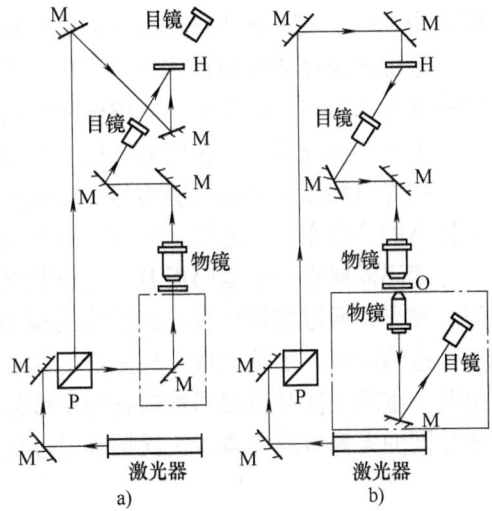

图 5-22 后放大全息显微镜
(Fig. 5-22 Post-amplified Holographic Microscope)
a）全息记录 b）全息观测
（a）Holographic Recording b）Holographic Observation）

5.6.2 全息信息存储[14,15]（Holographic Information Storage）

信息存储是将信息记录下来，以便保存。印刷和照相是最早采用的信息存储方式，计算机把各种信息以数字的形式存储在磁盘上，更是近代普遍采用的方法；激光唱片和电视软盘正走入家庭生活；而全息信息存储是一种大容量高密度的存储方式。

全息信息存储的优点是可靠性高、记录和判读快、容量大。

全息信息存储介质较多，如银盐全息干板、光导热塑料和硅酸铋晶体等。

高密度的全息信息存储常用傅里叶变换全息图。把输入信息放置在傅里叶变换透镜的前焦面，而记录介质放在后焦面，如图 5-23 所示，这样记录下信息的频谱。

高密度存储时，通常用 135 相机把被存储的信息（如图表或文件）缩小成负片。负片的黑背景亮图像能减少杂光，使图像更清楚。

全息图的大小可由式(5-44)或式(5-45)计算出，若全息图的角分辨率等于人眼的角分

135

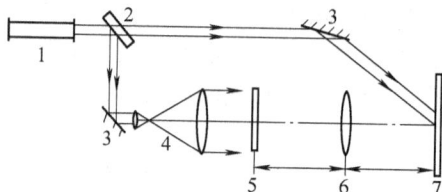

图 5-23　傅里叶变换全息存储系统

(Fig. 5-23　Holographic Storage by Fourier Transform)

1—激光器　2—分束镜　3—反射镜　4—准直镜　5—物体　6—FT 透镜　7—全息图

1—Laser　2—Beam Splitter　3—Mirror　4—Collimator　5—Object　6—FT Lens　7—Hologram

辨率 2′，用 He－Ne 激光作为光源，可以计算出全息图的直径为 1mm。若取相邻全息图间的距离为 1mm，则一张 10cm × 10cm 的全息干板可存储 2500 幅这样的图像。

单位记录介质所能存储的信息单元数称为存储密度，单位为 bit/mm^2。平面全息图的存储密度为 $10^6 bit/mm^2$ 量级，体积全息图的存储密度为 $10^9 bit/mm^2$ 量级。

为了获得高质量高密度的傅里叶变换全息图，要求记录平面严格地位于傅里叶变换平面上，物光束和参考光束照明均匀，传输信息的所有光能都入射到全息图的面积内，记录介质有较高的分辨率，并能记录信息的所有频谱，在很大的光强范围内其传递函数为常数。

编码需要有一个编码板 D，它是由位相材料制成的透明板，放置在输入信息与全息图之间。物光束通过编码板后，由于编码板的位相调制，物光发生变形（图 5-24a）。参考光束不经过编码板，于是全息图只记录了经编码板调制的物波。全息重现时用共轭参考光波 A_r^* 照明，重现光波是经编码板调制的变形物波；再通过编码板后，复原为原物波，形成与原物体相同的无像差的实像。这就是解码过程，如图 5-24b 所示。

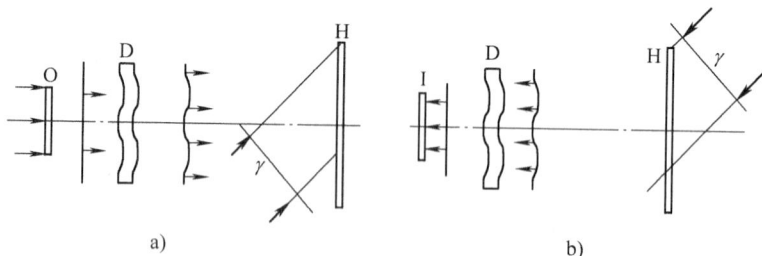

图 5-24　全息编码存储

(Fig. 5-24　Holographic Coding Storage)

a) 编码　b) 解码

(a) Coding　b) Decoding)

5.6.3　全息光学元件[13]（Holographic Optical Element）

普通光学元件 COE（common optical elements）通常是用透明的光学玻璃、晶体或有机玻璃等制成的，其作用是基于光的直线传播、光的反射和折射等几何光学的定律，其功能可以成像、转像、准直和分光等。全息光学元件 HOE（holographic optical elements）是在一种感光薄膜材料上制成的，它的作用是基于光的干涉和衍射等物理光学的原理，也可以完成普通光学元件的功能，制作方法可以采用光学全息或计算全息方法，或者两种方法相结合。全息光学元件也称为衍射元件。

1. 全息透镜（Holographic Lens）

最早的衍射成像元件是 1871 年由瑞利制成的菲涅耳波带片，它是由半径与整数的平方根成比例递增（$r_n = \sqrt{n\lambda f}$，n 是整数，λ 是波长，f 是焦距）的透明和不透明相同的圆环所组成的。它的成像性质已经用实验证明，不过由于它的衍射效率低和多级像的存在，当时没有得到实际应用。后来，伍德（Wood R W）将不透明的环带改为透明的，并在其上镀以产生 π 位相差的透明薄膜。这样虽然能提高衍射效率，但不能消除多级像，并且制造也很困难，因此没有推广使用。自 20 世纪 60 年代激光和全息术发展起来以后，人们就自然地意识到可用点源的全息图来制作波带片。加上近 20 多年来有高效率、低噪声的位相记录介质可以利用，这样促使其发展成为另一类光学成像元件——全息透镜。

图 5-25a 所示为制作透射型全息透镜的光路，为简明起见，忽略了实际光源及分束器和所用的光学元件。由点源 A 发射出球面波，B 是会聚球面波的焦点，两光波是相干的。在两光束相重叠的干涉场内放置一种全息记录介质，通过曝光和显影等处理过程，就可以制成全息透镜。图 5-25b 所示为离轴记录的全息透镜的光栅结构，图 5-25c 所示为同轴记录的。全息图的类型（厚或薄，振幅或相位）与记录介质的性质、厚度和处理方法有关，而记录介质基底表面的形状则与成像的位置没有关系，仅对像差有影响。如果记录介质表面中心的法线与 A、B 两点的连线重合，则是同轴全息透镜；否则是离轴全息透镜。

全息透镜的特性可用它的透射系数表征。光波在记录介质表面上的复振幅为

$$A = A_0 e^{i\phi_A} \tag{5-56}$$

$$B = B_0 e^{i\phi_B} \tag{5-57}$$

式中　A_0、B_0——振幅；

ϕ_A、ϕ_B——相对于坐标原点（或透镜中心）的位相函数。

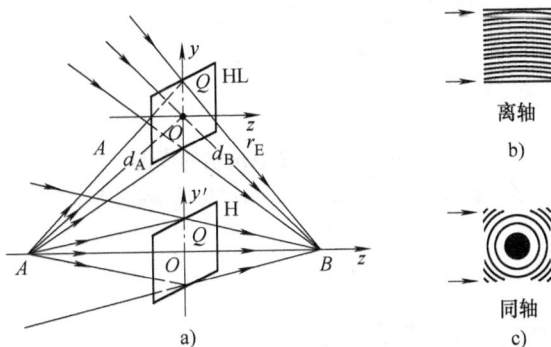

图 5-25　制作透射型全息透镜光路图

（Fig. 5-25　Light Path Layout of Manufacturing Transmitted Holographic Lens）

由图 5-25a 可知

$$\phi_A = k_0 \overline{AQ} \tag{5-58}$$

$$\phi_B = k_0 \overline{BQ} \tag{5-59}$$

其中，$k_0 = 2\pi / \lambda_0$，λ_0 是记录时所用的波长。根据两束光的干涉原理，对于薄振幅型全息

图，在线性记录的条件下，透射系数为

$$\tau_H \propto \varPhi = A_0^2 + B_0^2 + 2A_0 B_0 \cos(\phi_B - \phi_A) \tag{5-60}$$

可简化写成

$$\tau_H = \tau_0 + 2\tau_1 \cos(\phi_B - \phi_A) \tag{5-61}$$

或

$$\tau_H = \tau_0 + \tau_1 \{ \exp[i(\phi_B - \phi_A)] + \exp[-i(\phi_B - \phi_A)] \} \tag{5-62}$$

式中 τ_0——平均透射系数；

τ_1——调制深度。

式(5-61)说明线性记录的光栅结构是余弦型的，式(5-62)表明一个正弦型薄全息透镜的作用相当于三个普通光学元件。

同轴全息透镜的成像如图5-26所示。由于全息透镜是衍射光学元件，自物点 O 发出的球面光波通过各透明环带发生衍射。形成像点的光波满足光栅方程，即

$$d_n(\sin\theta_{In} - \sin\theta_{On}) = m\lambda \qquad (m = 0, \ \pm 1) \tag{5-63}$$

式中 θ_{On}——入射角；

θ_{In}——衍射角（即成像光束与光轴夹角）；

d_n——光栅间距。

因为光栅的间距不等，所以用角标 n 表示自中心向外数起的顺序号，m 表示衍射级。在图5-26中，O 是轴上物点，I 是正一级衍射像（正透镜的作用），I' 是负一级衍射像（负透镜的作用），在全息透镜的右边还有直接透射的光束（平板玻璃的作用）。图5-27所示为轴外物点成像。应当注意，如果是厚全息图，则只有正一级衍射像。

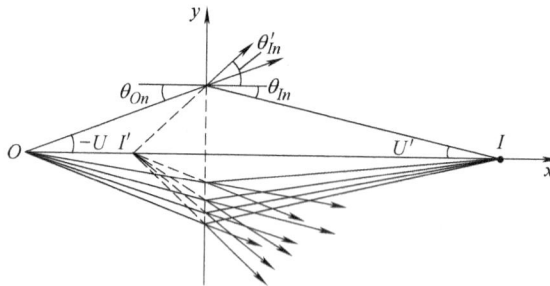

图5-26　同轴全息透镜的成像

(Fig. 5-26　Imaging of In-line Holographic Lens)

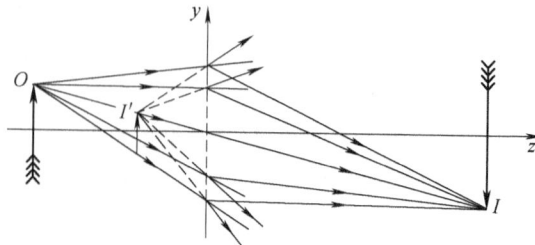

图5-27　轴外物点成像

(Fig. 5-27　Imaging of Off-axis Object Point)

2. 反射全息元件（Reflective Holographic Element）

反射全息元件可以兼有滤光和成像的功能，其成像功能类似于反射菲涅耳全息图，下面只简单地介绍几种类型。

图 5-28a 所示为全息平面反射镜的记录光路，两束平行光 A 和 B 以非对称光路记录。它有滤光和改变光束宽度的功能，激光束以 A 光方向入射时，反射光束被压缩；以 B 光方向入射时，反射光被展宽。当用白光照射时，反射光为窄带波段。

图 5-28b 所示为全息同心球面镜的记录光路，其功能类似于自准直透镜（透镜加平面反射镜）或球面反射镜。

图 5-28c 所示为全息双曲面镜的记录光路，使用时如果是实物，则产生虚像，或者虚物形成实像。

图 5-28d 所示为全息离轴抛物面镜的记录光路，可以作为离轴准直镜使用，或对无限远物体成像。

图 5-28e 和 f 所示分别为同轴全息椭球面镜和离轴全息椭球面镜的记录光路，对于实物能产生实像。

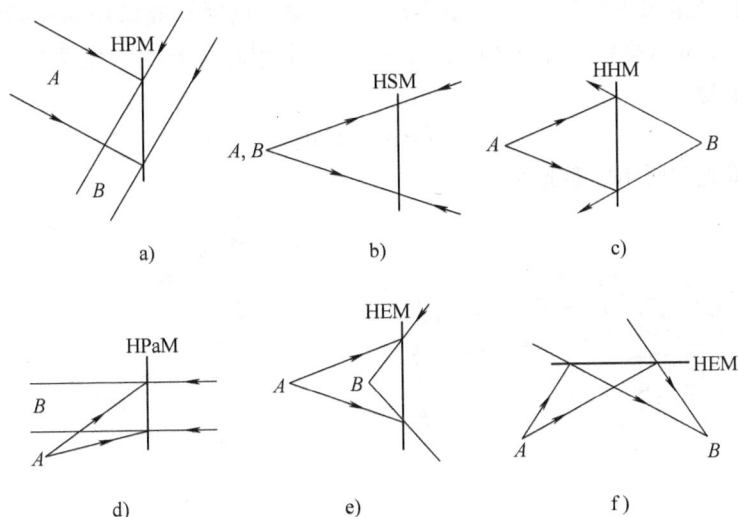

图 5-28 反射全息元件示意图

（Fig. 5-28 Layout of Reflective Holographic Elements）

a）全息平面反射镜 b）全息同心球面镜 c）全息双曲面镜
d）全息离轴抛物面镜 e）同轴全息椭球面镜 f）离轴全息椭球面镜

（a）Holographic Plane Mirror b）Holographic Concentric Sphere Mirror
c）Holographic Hyperboloid Mirror d）Holographic Off-axis Paraboloidal Mirror
e）In-line Holographic Ellipsoidal Mirror f）Off-axis Holographic Ellipsoidal Mirror

各种全息反射镜因为按记录光路使用时像差最小，记录光路都是按实际需要情况设计和布置。

反射全息元件的一个重要应用是制作激光防护镜。反射全息元件具有很高的衍射效率，很好的波长选择性。当某种波长的光以布拉格条件射入反射全息光学元件时，绝大部分的光波反射，还有少部分光被介质吸收，只有极弱的光透过滤光片。而当射到反射全息光学元件上的光不满足布拉格条件时，则除介质的少量吸收外，90%以上的光均可透过反射全息光学元件。这种反射全息光学元件的峰值波长和带宽可以人为地加以控制。当不要求反射全息光学元件的带宽很窄时，可获得相当高的衍射效率，95%以上的光将被反射，再考虑到介质的吸收，则只有不到1%的光透过反射全息光学元件。如果把两个反射全息光学元件复合到一起，那么透过反射全息光学元件的光强将小于入射光强的万分之一。与此同时，其他不满足布拉格条件的光将绝大部分透过滤光片。这一特性表明，反射式全息滤光片可以作为一种很好的人眼激光防护装置。

3. 全息光栅（Holographic Grating）

光栅是一种重要的分光元件，光栅光谱仪、光栅单色仪在光谱分析和光度测量中起着重要的作用。过去制作光栅都是用刻线机刻划一个母光栅，然后进行复制。随着全息术的发展，全息光栅的制作和应用发展起来。国际上，在1970年就有全息光栅出售（法国 Jobin – Yvon 公司）；西德在1969年制成了边长达1m的全息光栅，用于天文学方面。我国也有一些单位在研制全息光栅，并有产品出售。

全息光栅较全息透镜要简单一些，平面全息光栅就是在平基面上记录平面光波的干涉条纹。全息光栅的光路如图5-29所示，图5-29a是用球面反射镜或抛物面反射镜产生平行光；图5-29b是用两个准直物镜产生平面光波，一般是采用对称光路。设两平面光波的夹角为 2θ，则条纹间距为

$$d = \lambda_0/2\sin\theta \tag{5-64}$$

式中 λ_0——曝光时所用的激光波长。

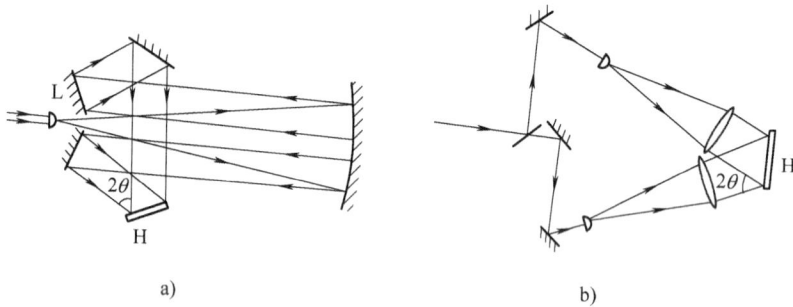

图 5-29   全息光栅的光路图

（Fig. 5-29   Light Path Layout of Holographic Grating）

制造全息光栅的记录介质多采用光致抗蚀剂，最常用的是正性的抗蚀剂 MICROPOSIT1350。抗蚀剂的灵敏波长是蓝光，所以用氩离子激光器的457.9nm谱线或氪离子激光器的351nm谱线记录。当两光束的夹角为110°或122°时，可以产生空间频率为3360cy/mm或5000cy/mm，其间隔约为0.29μm或0.2μm。如果增大夹角，还可以增加每毫米的条纹数，但是受到光致抗蚀剂分辨率的限制，用MP1350抗蚀剂只能做到1500cy/mm。

光致抗蚀剂通过曝光和显影，可得浮雕型正弦透射光栅。如果在表面镀铝，则可以制成反射全息光栅。光栅的槽型也可以通过曝光时间、膜厚及化学处理等加以改变。

与刻划光栅相比，全息光栅有以下特点：

（1）没有鬼线（ghost line）   刻划光栅的鬼线是由光栅周期误差或不规则误差所造成

的假谱线。全息光栅的周期与波长成比例，故不存在周期误差，因而没有鬼线。所以全息光栅在天文学和喇曼（Raman）光谱仪中非常有利。

（2）杂散光（stray light）少　杂散光是由于偶然误差（accidental error）引起的。刻划光栅生产周期长，易产生偶然误差，所以全息光栅的信噪比（ratio of signal to noise）要高于刻划光栅。

（3）分辨率高　光栅的分辨率 $\lambda/(\delta\lambda)$ 等于光谱的级次 m 与光栅刻线总数 N 的乘积，即

$$\frac{\lambda}{\delta\lambda} = mN \tag{5-65}$$

因为级次 m 高了以后色散范围变小，所以总是用增加 N 来提高光栅的分辨率。对于刻划光栅来说，刻线数总是受到一定的限制，而全息光栅则易于通过增大光栅长度来增加 N，从而得到很高的分辨率。

（4）适用光谱范围宽　全息光栅的适用光谱范围比刻划光栅的适用光谱范围宽得多。刻划光栅的适用光谱范围为闪跃波长的 $2/3 \sim 2$ 倍，如闪跃波长为 300nm 的光栅，其适用光谱范围为 $200 \sim 600$nm。全息光栅的适用光谱范围为其线间距的 $0.5 \sim 3$ 倍，如一块 2500cy/mm 的全息光栅，其适用波长范围为 $200 \sim 1200$nm。

（5）有效孔径（effective aperture）大　全息光栅不仅能制作大面积光栅，而且由于它能消除像差，因而能制成相对孔径大、集光能力强的大相对孔径凹面光栅。已制成的有相对孔径达到 $D/f' = 1$。

（6）衍射效率高　全息光栅的最大衍射效率可达 60%。在较宽的光谱范围内衍射效率变化比较小。

（7）生产效率高　全息光栅的生产过程是拍照一张全息图和镀制反射膜，因此生产效率较刻划光栅高得多。

4. 平视显示器（Head-up Display）

全息元件有体薄、量轻的优点，特别适合于军事、航空和宇航中的光学系统。现已将其用于平视显示器、头盔显示系统、全息单管夜视镜以及汽车用显示器等。

所谓平视显示器是指在飞机舱内，驾驶员不改变视线方向便可同时看到外面的景物和显示仪表（阴极射线管）所显示的图像。平常的平视显示器除显示仪表、中继透镜（relay lens）外都有一块镀膜的半反半透镜（half mirror），使其同时能看到外面的景物和仪表显示的图像，但析光玻璃只能将 50% 的光能利用，同时视场也受到限制。如果把析光玻璃换为全息反射滤光片，它可以将阴极射线射出的光几乎全部反射，对外面景物的光绝大部分透过。另外系统利用全息元件衍射成像的特点还可以提高瞬时视场，扩大出射光瞳，允许驾驶员的头部自由活动。

平视显示器中全息透镜的设计关键是利用连续透镜原理。因为全息透镜像差大，对大视场透镜难以消像差。连续透镜的设计如同用两个点光源记录的全息图，如图 5-30a 所示。但在使用时图像不位于 A 点或 B 点，而是位于焦平面 F 上，如图 5-30b 所示，使 B 点位于中继透镜的光阑中心。这样 F 平面上每一像点发出的光，其主光线经全息元件反射后，将汇聚于 A 点。但与主光线有稍许偏离的光束，经全息元件反射后，将分布在主光线周围形成一束平行光。在 A 点形成出射光瞳，如图 5-30b 所示。

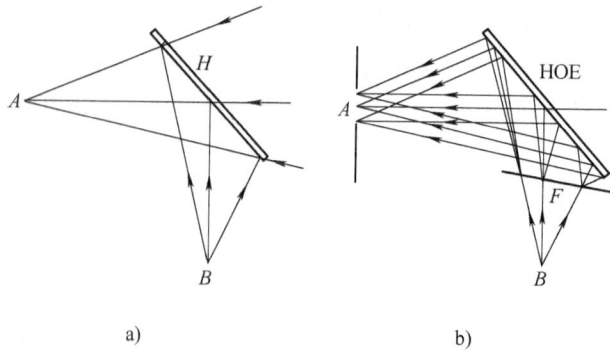

图 5-30 连续透镜原理示意图

(Fig. 5-30 Principle of Continuous Lens)

英国史密斯（Smith）公司研制的一种实用的大视场 Z 型全息平视显示器（ZHUD）如图 5-31 所示，这种平视显示器已进行过试飞鉴定。

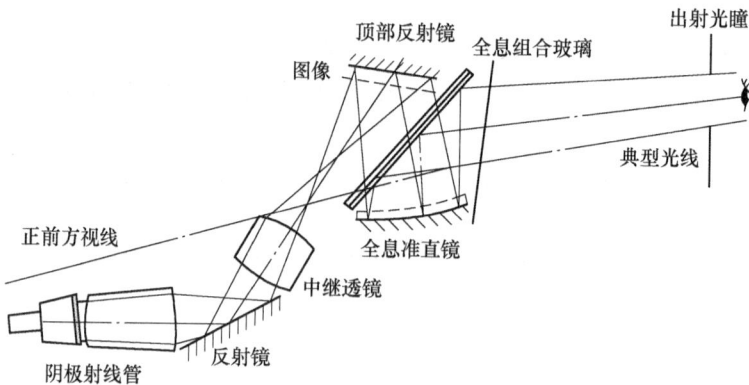

图 5-31 大视场 Z 型全息平视显示器（ZHUD）工作示意图

(Fig. 5-31 Sketch of Working Principle of Z-holographic Head-up Display with Large Field of View)

ZHUD 所用的中继透镜为一般的球面透镜，需要修正的像差较小，具有较大的出射光瞳，可允许驾驶员头部自由活动。组合玻璃只允许反射与阴极射线管荧光体相对应的波长，目标环境射来的光几乎全透过，所以图表及外景都较明亮。此外，视场和出瞳都较大，一般平显的视场为 30 度，ZHUD 的视场可大于 40 度。

研究平视显示器的国家主要是英国和美国。英国除史密斯公司外，还有马克尼航空电子公司，它们研制了夜间低空导航红外瞄准系统的广角平视显示器。美国有休斯公司，该公司曾于 1976 年与史密斯公司联合研究成功世界上第一台有全息元件的平视显示器。我国于 1979 年也由政府拨款研制平视显示器。

5.6.4 全息防伪[14] (Holographic Anti-counterfeiting)

1969 年本顿（Benton）发明了彩虹全息术，掀起以白光显示为特征的全息三维显示的新高潮。彩虹全息图是一种能实现白光显示的平面全息图，与丹尼苏克（Denisyuk）的反射全息图相比，除了能在普通白炽灯下观察到明亮的立体像外，还具有全息图处理工艺简单、易于复制等优点。把彩虹全息术与当时发展日趋成熟的全息图模压复制技术结合起来便形成了目前风靡世界的全息印刷产业，产生了全息信用卡、全息商标、全息钞票、全息卡通、全息装饰材料，甚至全息服装等保安防伪及装潢装饰的全息图新应用。因此可以说，彩虹全息术的发明才真正使全息防伪成为可能。

经过数十年发展，激光全息防伪产品也从最初的全息防伪标识逐步升级发展为第二代、第三代，甚至第四代激光防伪技术。下面仅介绍在发展过程中具有代表性的几个例子。

1. 全息防伪技术（Holographic Anti-counterfeiting Technology）

反射激光全息图像的成像原理是将入射激光射到透明的全息乳胶介质上，一部分光作为参考光，另一部分透过介质照亮物体，再由物体散射回介质作为物光，物光和参考光相互干涉，在介质内部生成多层干涉条纹面，介质底片经处理后在介质内部生成多层半透明反射面（如 $6\mu m$ 厚的乳胶层里可以有 20 多个反射面），用白光点光源照射全息图，介质内部生成的多层半透明反射面将光反射回来，迎着反射光可以看到原物的虚像，因而称为反射全息图。

图 5-32 和图 5-33 所示分别为白光全息——金鱼和白光全息——少女，可用于防伪商标，当太阳光照明时，显示出彩色。反射全息图对不同波长的反射率不同，反射率的大小也与入射角相关，故当倾斜光全息时，全息图上同一位置的颜色将变换。

图 5-32　白光全息——金鱼
（Fig. 5-32　White Light Holographic—Gold Fish）

图 5-33　白光全息——少女
（Fig. 5-33　White Light Holographic—Girl）

2. 真三维全息图（True Three-dimensional Hologram）

全息图的一个重要特征就是能够实现三维显示，真三维全息图就是利用真实三维雕刻模型制作全息图，其防伪意义有两个方面，一是三维模型全息图的拍摄难度比普通 2D/3D 高很多，尤其是将两者结合起来；二是即使仿冒者能够制作三维模型全息图，但三维雕刻及拍摄时物体的角度等也会有很大差异，很难成功。因此，真三维全息图是一种高防伪性的全息图。

图 5-34 和图 5-35 是在不同方向拍摄的同一幅真三维全息图，拍摄于德国耶那光学科技馆；它是由三色激光记录的，当用三色激光照明该全息图时，重现三维立体物像；在正面和侧面不同方向观看该全息图时，看到的部位不同。

图 5-34　侧面观看全息图

（Fig. 5-34　Hologram of Side View）

图 5-35　正面观看全息图

（Fig. 5-35　Hologram of Front View）

5.7　实验中注意的问题（Notice in Experiments）

1. 相干性（Coherence）

为了在全息干板上获得稳定的干涉条纹，物光束和参考光束必须是相干的。激光的相干长度不是任意大的，只有参考光和物光的光程差小于相干长度时，两束光才是相干的。由式（1-90）相干长度可以表示为

$$L_{\mathrm{c}} = c\tau = \frac{c}{\Delta\nu} \tag{5-66}$$

式中　$\Delta\nu$——光源的辐射频谱宽度。

对于气体激光器有

$$\Delta\nu \approx 2\frac{c}{L} \sim 4\frac{c}{L} \tag{5-67}$$

$$L_{\mathrm{c}} \approx \frac{L}{2} \sim \frac{L}{4} \tag{5-68}$$

式中　L——激光器谐振腔长度。

例如，当 He-Ne 激光器的谐振腔长为 30cm 时，相干长度 $L_{\mathrm{c}} \approx 10\mathrm{cm}$。这表明两束光的光程差不应大于几个厘米。

2. 机械装置的稳定性（Stability of Mechanical Setup）

因为在全息图中要记录干涉条纹，所以在曝光时，参考光和物光的相对移动不允许超过波长的几分之一，这要求光路中的所有分离元件要非常稳定。如果在曝光时，由于某个元件的振动或位移，使条纹位移其间隔的 1/2，那么记录的条纹对比度下降为零。

如果衍射效率下降一半，那么允许的最大的移动量为

1）匀速运动，$\Delta s = 0.44\lambda$。

2）正弦振动，振幅 $a \leq 0.18\lambda$。

3）随机运动，$RMS = 0.12\lambda$。

由此可知，对装置的稳定性要求相当高，因此，装置必须具备防振台，并把它固定在弹性部件上，组成阻尼振动系统。

3. 记录介质的空间分辨率（Spatial Resolution of Recording Medium）

记录介质的感光层有一定的分辨率，若干涉条纹过密，超过感光层的分辨能力，则实际干涉图不能在记录介质上记录下来，重现时见到一很暗的物像（最好的情况）。

若参考光和物光都是平面波，分别以角 β_r 和 β_0 入射到全息干板上，则干涉图是一个正弦光栅，光栅常数为

$$p = \frac{\lambda}{\sin\beta_r + \sin\beta_0} \tag{5-69}$$

干涉条纹的空间频率为

$$\nu = \frac{1}{p} = \frac{\sin\beta_r + \sin\beta_0}{\lambda} \tag{5-70}$$

例如，当 $\lambda = 632.8\text{nm}$，$\beta_r = \beta_0 = 30°$ 时，计算得 $\nu = 1/\lambda = 1600\text{cy/mm}$。选择的记录介质的分辨率必须高于 1600cy/mm。

本章习题（Exercises）

5-1　所有的探测器都是平方律探测器，那么全息术是如何记录物体的振幅和相位的？

5-2　为什么全息图能将参考波转换成物波？请写出公式并说明。

5-3　为什么全息图具有正负透镜的功能？

5-4　请说明加伯（Gabor）的同轴全息图和利思（Leith）的离轴全息图的区别。

5-5　如果一幅全息图被损坏并缺少一部分，为什么还能得到其重建的图像？重现像有何变化？

5-6　请说明什么是像面全息图及特点？什么是菲涅尔全息图及特点？

5-7　振幅全息图和相位全息图的含义是什么？举例说明用什么样的器件能记录相位全息图。

5-8　如果用 CCD 相机记录全息图，那么它记录的是相位还是振幅？

5-9　在全息重建过程中，为什么人们常用原参考光作为读出光束？

5-10　如何利用全息术进行编码和解码？

5-11　如果用 1in 的 CCD 记录全息图，CCD 的像素尺寸为 3.5μm，用 He-Ne 激光器作为光源，参考光束和物光束间的最大夹角为多少？

5-12　傅里叶变换全息图的数字重现和光学重现分别是如何实现的？

本章术语（Terminologies）

全息术	holography
记录	recording
重现	reconstruction
全息图	hologram
点全息图	point hologram
记录介质	record medium
参考光	reference light
振幅	amplitude
位相	phase
相干光源	coherence light source

光学逆论	optical paradox
强度探测器	intensity detector
可见度	visibility
频率	frequency
照相干板	photographic plate
全息干涉术	holographic interferometry
数字全息	digital holography
透过率	transmittance
曝光量	exposure volume
显影	development
负片	negative
高级次衍射	high order diffraction
共轭像	conjugate image
夫琅禾费全息图	Fraunhofer hologram
菲涅耳全息图	Fresnel hologram
傅里叶变换全息图	Fourier transform hologram
无透镜傅里叶变换全息图	lensless Fourier transform hologram
同轴全息图	in-line hologram
离轴全息图	off-axis hologram
体积全息图	volume hologram
平面全息图	plane hologram
振幅全息图	amplitude hologram
位相全息图	phase hologram
反射率	reflectance
位相调制	phase modulation
衍射光栅	diffraction grating
复振幅	complex amplitude
衍射效率	diffraction efficiency
亮度	brightness
光导热塑料胶片	thermoplastic photoconductor film
硅酸铋晶体	$Bi_{12}SIO_{20}$ crystal
数字重现	digital reconstruction
电寻址液晶	electrically addressed liquid crystal display (EALCD)
光学重现	optical reconstruction
平凸透镜	planoconvex lens
相移法	phase shifting method
全息显微术	holographic microscopy
编码	coding
解码	decoding
普通光学元件	common optical elements (COE)
全息光学元件	holographic optical elements (HOE)
全息透镜	holographic lens
衍射成像元件	diffraction imaging element

反射光学元件	reflective optical element
全息平面反射镜	holographic plane mirror
全息同心球面镜	holographic concentric sphere mirror
全息双曲面镜	holographic hyperboloid mirror
全息离轴抛物面镜	holographic off-axis paraboloidal mirror
全息椭球面镜	holographic ellipsoidal mirror
全息光栅	holographic grating
鬼线	ghost line
杂散光	stray light
偶然误差	accidental error
信噪比	ratio of signal to noise
有效孔径	effective aperture
大视场 Z 型全息平视显示器	Z-holographic head-up display with large field of view
中继透镜	relay lens
半反射镜	half mirror
正弦透射光栅	sinusoidal transmission grating
彩虹全息术	rainbow holography
全息防伪技术	holographic anti-counterfeiting technology
空间分辨率	spatial resolution

参考文献（References）

[1] W. H. Steel. Interferometry [M]. second edition. Cambridge：Cambridge University Press，1983.

[2] A. K. Ghatak. Contemporary optics [M]. New York：Plenum Press，1978.

[3] 王刚，孙杰，郭俊，等. 光全息中傅里叶变换透镜设计 [J]. 光电工程，2011，38（11）：141-145.

[4] M·弗郎松. 光学像的形成和处理 [M]. 北京工业学院光学教研室，译. 北京：科学出版社，1979.

[5] 金观昌. 计算机辅助光学测量 [M]. 北京：清华大学出版社，2007.

[6] Yu. I. Ostrovsky. Interferometry by Holography Spring-er Verlag [J]. Berlin Heidelberg New York，1980：65-73.

[7] 王洪涛，郭霏，李林涛，等. 基于 CCD、EALCD 的数字全息再现研究 [J]. 长春理工大学学报：自然科学版，2008，31（1）：4-8.

[8] Guo Jun, Zhang Pengfei, Wang Wensheng. A new method of digital holographic reconstruction based on EAL-CD and CCD [C]. IEEE-CISP，2009（5）：2724-2728.

[9] Yin Na, Li Lintao, Wang Wensheng. Experimental research of CCD/LCD in holography [J]，SPIE，2008（6832）：B8322-8327.

[10] Guo Jun, Zhang Wanyi, Wang Wensheng. Application of Digital Holographic Interferometry Based on EALCD for Measurement of Displacement [J]. SPIE，2010（7544）：75442I-1～7.

[11] 张婉怡，郭俊，严飞，等. 基于 EALCD 的数字全息的研究 [J]. 测试技术学报，2010，24（5）：397-401.

[12] 孙杰，王刚，郭俊，等. 数字全息中几种消零级方法的比较及改进 [J]. 半导体光电英文版，2012，33（1）：149-152.

[13] 于美文. 光全息学及其应用 [M]. 北京：北京理工大学出版社，1996.

[14] 王之江，顾培森. 现代光学应用技术手册：上册 [M]. 北京：机械工业出版社，2010.

[15] 清华大学光学仪器教研室. 信息光学基础 [M]. 北京：机械工业出版社，1985.

[16] 刘大禾，周静，黄婉云. 用全息光元件实现对眼睛的激光防护 [J]. 光学学报，1990（9）：851-856.

第6章 全息干涉术
（Chapter 6 Holographic Interferometry）

6.1 全息干涉术原理（Principle of Holographic Interferometry）

所有古典干涉仪都是由同一光源同时辐射的两波彼此干涉。两波是通过振幅分割（amplitude division）器件或波前分割（wave-front division）器件由一束光分割而成的。所谓分割是指光在空间上被分成两不同的路程。借助于全息术可以把波前先后分割记录下来。在同一张全息干板上可以记录下许多任意形状的相干波前，这些波前是在不同时刻不同条件下产生的。在全息再现时，所有这些波前能同时再现，彼此干涉。这就是说，在全息干涉中，波振幅是在时间上被分割的，相干波基本上是按相同的路程不同的时刻传播的。

对于漫反射物体，干涉条纹是物体变形（deformation）、位移（displacement）或旋转（rotation）的一种度量，对于透明物体，干涉条纹是折射率变化或物体厚度变化的一种度量。

全息干涉术是指用干涉的方法比较两个物波或多个物波，其中至少有一个物波是全息再现波。将这样的两个或多个波的合成称为全息干涉图。全息干涉术在精密测试技术中有重要的应用。

由此可知，全息干涉术的内容包括全息干涉图制作、观察和判读，形成干涉图的物波至少有一个是被全息图记录和重现的。由于物体的变化或变形主要影响物波的位相，所以可以把变形前后的物波分别写作

$$A_{01}(x,y) = a(x,y)e^{[-i\phi(x,y)]} \tag{6-1}$$

$$A_{02}(x,y) = a(x,y)e^{-i[\phi(x,y)+\Delta\phi(x,y)]} \tag{6-2}$$

两波相干形成的干涉条纹的强度分布为

$$\begin{aligned}
I(x,y) &= [A_{01}(x,y) + A_{02}(x,y)]^2 \\
&= \{a(x,y)e^{-i\phi(x,y)} + a(x,y)e^{-i[\phi(x,y)+\Delta\phi(x,y)]}\}^2 \\
&= 2a^2(x,y)[1+\cos\Delta\phi(x,y)]
\end{aligned} \tag{6-3}$$

物光强度 $a^2(x,y)$ 受到干涉图 $2[1+\cos\Delta\phi(x,y)]$ 的调制。暗条纹是 $\Delta\phi$ 等于 π 的奇数倍时的等高线（contour map），亮条纹是 $\Delta\phi$ 等于 π 的偶数倍时的等高线。在各种应用中，$\Delta\phi$ 与某些物理量有关，如位移、旋转、应力（stress）、弯曲（bending）的力矩、振动（vibration）的振幅、温度、压力、质量中心、张力和倾斜（tilting）等。因此，通过计算 $\Delta\phi$ 就可以计算出引起物波变化的上述某一物理量。

全息干涉术与全息术有本质的区别。全息术是物波和参考波之间的干涉，用于记录或处理信息；全息干涉术是利用全息记录和全息再现，使物体变化前后的两物波干涉，用于测量物体变化的大小或引起物体变化的各物理量。

全息干涉术分为下面三类：

(1) 实时全息干涉术（real-time holographic interferometry）　全息图曝光一次。

(2) 双曝光全息干涉术（double exposure holographic interferometry）　全息图曝光两次。

(3) 时间平均全息干涉术（time-average holographic interferometry）　全息图连续曝光。

全息干涉术必须满足下面几个条件：

1）经显影后的全息图要以小于 $\lambda/2$ 的精度复位（home position）。

2）参考光源的位置及其辐射的频谱没有变。

3）物体没有移动。

6.2　全息干涉术的特征（Characteristics of Holographic Interferometry）

全息干涉术和普通的干涉术都是比较两个光波或多个光波，干涉图揭示了被比较的波位相间的差异。

在普通干涉仪中，被比较的两个波是同时形成的，但沿着不同的路线传播，由两波间的光程差决定的两波延迟时间绝不能超过相干时间（coherent time），甚至最好的单频激光器，其延迟时间也不超过几分之一秒。另外，被比较波的传播通道必须是相同的，因为干涉图不仅表征了所研究物体的位相，而且表征了干涉装置中光学元件的形状差异，所以对光学通道不相同的元件，普通干涉仪提出了相当高的制造公差要求。

在全息干涉仪中，被比较的两波沿着相同的路线传播，不同之处是两波在不同的瞬间产生。获得的干涉图仅由于在全息曝光和观察之间物体中产生的变化引起，或者由于在第一次和第二次曝光之间物体中产生的变化引起。因为波的光学通道相同，所以对光学元件的制造精度要求较低。

全息术使永久记录光波和在任意时刻重现它成为可能，因此，全息干涉术不受要在同一时刻形成相干光波的限制。这种特性开辟了许多有趣的重要应用，在普通干涉仪中这是不可能实现的。这样，同一物体的不同状态可以用全息干涉术进行比较。全息干涉术自动的提供一比较波，这就是重现的物体初始状态的原物波，原物波与变形物波是相干波。由于这种特性，全息干涉术可以用于研究不规则形状的物体和能散射的粗糙表面的物体。但是，当物体从一个状态到另一个状态变化时，物体的微观结构不应有明显的变化。在普通干涉术中只能研究形状简单并具有抛光的光学表面物体，因只有当物体有足够简单的形状时，才能制作标准参考镜（平面镜、球面镜或二次曲面），使比较波与物波干涉。

由于全息干涉术是将同一通道的两物波进行比较，所以光学元件中的缺陷使两相干波的变形相同，但这种缺陷不影响干涉条纹的结构，即不影响测量结果。

全息干涉术对光学元件缺陷的不敏感性允许对较大的物体进行研究。由于制造大口径的光学元件极其复杂，花费过大，所以用普通干涉术进行这样的研究是很困难的。

全息术能记录和再现各方散射的光波，因此能从不同的角度观测物体，这对研究折射率空间不均匀性有特殊意义。为了获得折射率的空间分布，必须把对应不同的观察角度的许多全息干涉图记录在一个全息图上。

全息干涉术的另一个独一无二的特征是能获得不同频率（波长）的光波并形成干涉图。若全息图被两个或更多个波长的光源曝光，则全息图是对应不同波长全息图的重叠。当一个双波长全息图用一单色光束照明时，记录在全息图上的两物波同时重现，彼此干涉形成干涉图。由于比例因子 μ 不同和所研究的物体有色散（dispersion），在记录介质上仅形成对应其位相差（phase difference）的干涉图。双波长全息干涉方法被用于研究物体表面的形状及等离子体的色散。

全息干涉术具有时间滤波的特性，即能形成代表时间频率分量的随时间变化的物波信息干涉图。最普通的应用是用时间平均全息干涉术来研究机械振动。

综上所述，全息干涉术具有下面四个关键特性：

1）高信息容量（information volume）。

2）以时间分割振幅。

3）永久记录。

4）时间滤波。

正是以上这些特性才使全息干涉术得到广泛的应用。

全息干涉术有以下优点：

1）能研究任一复杂形状和表面状态的反射或透射物体，甚至能研究色散物体。

2）能研究三维物体和表面很大的物体。

3）对光学元件质量没有严格的要求。

在全息干涉术中也有许多困难，主要是高分辨率的全息感光层的灵敏度较低，对光源的要求较高，如空间相干性（spacial coherence）、时间相干性（temporal coherence）和亮度（brightness）等。

6.3　实时全息干涉术（Real-Time Holographic Interferometry）

实时全息干涉术首先使变形前的原物波与参考波相干，在全息干板上产生全息图；经显影后，全息干板要准确复位（复位精度小于 $\lambda/2$），用原参考光束照明，产生重现物波；物体变化后，变形的物波与原物波重叠产生干涉条纹，通过全息图直接观察物体的变化，即干涉条纹的变化。因为干涉条纹是物体发生变化的同时观察到的，所以将这种全息干涉术称为实时全息干涉术。

根据式(5-21)，对应物体初始状态的全息重现物波（reconstructed object wave）为

$$A_1 = kta_r^2 A_{01} \tag{6-4}$$

式中　A_{01}——曝光全息图时被物体散射的物波复振幅。

观察时，被物体散射的变形物波（deformed object wave）通过全息图后的复振幅 A_2 为

$$A_2 = \beta A_{02} \tag{6-5}$$

式中　β——光波通过全息图时的衰减系数，即全息图的振幅透过率；

A_{02}——变形物波的复振幅。

如果在记录和观察全息图期间物体没有发生变化，即 $A_{01} = A_{02}$，则两相干波彼此间仅常数因子 kta_r^2 和 β 不同。换句话说，若全息图的记录过程是正的（$k>0$），则在全息图平面两相干波是同相（in phase）的，彼此加强；若全息图记录过程是负的（$k<0$），则两相干波是反相（out of phase）的，彼此减弱；当振幅相同时，两波完全相消。

若在记录和观察全息图期间物体发生变化，即 $A_{01} \neq A_{02}$，两波相干形成干涉条纹。干涉条纹的形状和频率由物体的变化情况决定；干涉条纹的定位区域由物体的结构、物体发生变

化的性质及全息装置的设计决定；干涉条纹的可见度由干涉波强度决定。为了平衡参考光和物光的强度，观察时可以在参考光束或物光束中嵌入一强度调制滤光片（filter），滤光片必须是高质量的，以防止干涉波位相结构发生畸变。通过适当的方法制作全息图，可以使两相干波的强度相等，即满足如下条件：

$$kta_r^2 = \beta \tag{6-6}$$

根据式(5-46)，这个条件可以写成

$$D = \beta^2 a \tag{6-7}$$

式中　β^2——全息图强度透过率；

　　　a——物光束和参考光束的强度比。

这样，干涉条纹的强度分布可由式(6-3)计算出，仅仅是常数项不同。

为了实现实时全息干涉术，经过照相处理后的全息图必须准确的复位，放回到其曝光时所在的位置，通常是就地显影（in-situ development）。

实时全息术有一明显的优点，即用物体初始状态所获得的一个全息图，可以以干涉级的精度来研究物体后续的动态过程，即研究一个接一个的许多状态。

若在波前重现时，重现光束的倾角发生变化，则可能获得一有限宽度的条纹传递系统，其方向和频率由光束倾斜的方向和角度决定。与普通干涉术一样，有限宽度条纹系统往往有利于更精确地判读干涉条纹。

6.4　双曝光干涉术（Double Exposure Holographic Interferometry）

把同一物体的两个不同状态的全息图连续地记录在一个全息干板上，全息重现时，在全息图上不同时刻记录的两个不同状态的物波同时出现并相干，这种全息干涉术称为双曝光全息干涉术。

双曝光全息干涉术是研究两次曝光期间物体产生的变化。因为将不同状态的两个全息图连续地记录在同一个感光层上，所以全息干板不存在复位问题。从实验观点来说，双曝光全息干涉术是非常简单的。

当重现光束的位置与记录双曝光全息图时所用的参考光束的位置不同时，像的大小、变形和位移对两波是相同的，因此干涉条纹的结构不发生变化。然而，若重现光束的位置和倾斜变化太大，干涉条纹的少量变形也是有可能的[1]。

如果两次曝光是在相同的照明条件下，曝光时间也相同，那么重现波的振幅将相同。这样可保证干涉条纹有较高的对比度。

在负记录双曝光全息图时，两重现波的位相相对于所记录波的位相是相反的，但它们彼此的位相大小是相同的，因而物体没有发生变化时，两波彼此不相消，而是彼此加强，这恰与实时干涉术相反。

在全息干板上第一次记录全息图的曝光量为

$$H_1(x,y) = t(a_{01}^2 + a_r^2 + A_{01}A_r^* + A_{01}^*A_r) \tag{6-8}$$

第二次记录全息图的曝光量为

$$H_2(x,y) = t(a_{02}^2 + a_r^2 + A_{02}A_r^* + A_{02}^*A_r) \tag{6-9}$$

则总曝光量为

$$H(x,y) = H_1(x,y) + H_2(x,y) \tag{6-10}$$

对于线性记录的振幅全息图，振幅透过率和曝光量之间的关系由式(5-19)给出，即

$$T = T_0 + ktI$$
$$= T_0 + kt[2a_r^2 + (a_{01}^2 + a_{02}^2) + (A_{01} + A_{02})A_r^* + (A_{01}^* + A_{02}^*)A_r] \tag{6-11}$$

当用原参考光 A_r 照明这样透过率的全息图时，正一级衍射的重现波复振幅为

$$A_{1i} = kta_r^2 A_{01} \tag{6-12}$$
$$A_{2i} = kta_r^2 A_{02} \tag{6-13}$$

设被记录的波振幅与参考波振幅相同时，仅位相有区别，即

$$A_{01} = a_r e^{-i\phi_{01}} \tag{6-14}$$
$$A_{02} = a_r e^{-i\phi_{02}} \tag{6-15}$$

则透过率可以写成

$$T = T_0 + kt\{4a_r^2 + 2a_r^2[\cos(\phi_{01} - \phi_r) + \cos(\phi_{02} - \phi_r)]\}$$
$$= T_0 + 4a_r^2 kt\left[1 + \cos\left(\frac{\phi_{01} + \phi_{02}}{2} - \phi_r\right)\cos\left(\frac{\phi_{01} - \phi_{02}}{2}\right)\right] \tag{6-16}$$

因余弦项可以在 +1 到 -1 范围内变化，故全息图不同部分的透过率将在 T_0 到（$T_0 + 8a_r^2 kt$）间变化。

对于理想的线性负记录感光材料，其 H—T 曲线如图5-15所示，透过率可以从1变化到0，即 $a_r^2 kt = \frac{1}{8}$。故在最好记录条件下，重现波的复振幅为

$$A_{1i} = \frac{1}{8}a_r e^{i\phi_{01}} \tag{6-17}$$
$$A_{2i} = \frac{1}{8}a_r e^{i\phi_{02}} \tag{6-18}$$

每一重现波的强度为 $\frac{1}{64}a_r^2$。

当 $a_r = a_0$ 时，用同样的方法可以推导出单次曝光振幅全息图的透过率，即

$$T = T_0 + kt[2a_r^2 + 2a_r^2\cos(\phi_r - \phi_0)] \tag{6-19}$$

透过率在 T_0 到（$T_0 + 4a_r^2 kt$）范围内变化。当透过率由1变化到0时，可以计算出 $a_r^2 kt = \frac{1}{4}$，重现波的强度为 $\frac{1}{16}a_r^2$。

由此可知，双曝光全息干涉术重现物波的强度是单次曝光全息干涉术重现物波强度的1/4。在某些全息干涉方法中，应用多次曝光全息图有时可观察到多光束全息干涉图，它类似于多光束干涉仪获得的干涉图。对于在最佳状态曝光 m 次的振幅全息图，类似的处理可获得每一重现波的强度为

$$I_m = \frac{I_1}{m^2} \tag{6-20}$$

式中　I_1——单次曝光全息图的重现波的强度。

用多次曝光观察到干涉图强度极值为

$$(I_m)_{max} = I_1 \tag{6-21}$$

在双曝光全息干涉术中，可获得无限宽度条纹。为了获得有限宽度条纹，应在第二次曝

光之前改变物光束和参考光束间夹角，为此可以在两次曝光之间将一薄的光楔（optical wedge）放入物光束中。

与实时全息干涉术不同，在双曝光干涉术中不能改变在重现过程中条纹的频率和方向。条纹的频率由光楔偏转的物光束偏角决定，条纹的方向同光楔的楔边方向一致。如果为处理干涉图需要改变条纹的方向，则可以应用一个特殊的装置，该装置可以将其分离为对应于每次曝光的重现物波，并改变两物波间夹角。图 6-1 所示为改变干涉图频率和方向的光学重现装置。对应于两次曝光的物波被反射棱镜分开并入射到干涉仪的每支光路中，通过一反射镜可以改变两物波间的夹角。

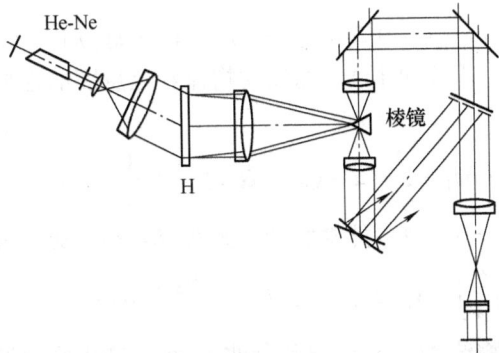

图 6-1　改变干涉图频率和方向的光学重现装置

（Fig. 6-1　Optical Reconstruction Layout of Changing Frequency and Direction of Interferogram）

为了使用方便，可以用双曝光法的变种，该方法是将全息图连续的曝光在不同的全息干板上，在全息重现过程中，改变两全息图的相互位置即可改变干涉条纹的方向和频率。

6.5　时间平均全息干涉术（Time-average Holographic Interferometry）

时间平均干涉术是物体简谐振动时连续曝光全息图的方法。因此，这个过程可以看作是许多增量全息图的记录，每一全息图与物体的每一振动位置相对应；在重现时，每一增量全息图给出一个物体的像，——相互稍微错开，产生干涉[2]。

时间平均全息干涉术利用全息记录介质的积分性质，即在一张全息图上记录任意形状的许多相干波前。

应用时间平均全息干涉术可以简单的解决与振动状态有关的问题，如研究扬声器振膜、石英振荡器、超声波换能器和音乐仪器等。

若物体用复振幅 $A_1(x_1, y_1)$ 表示，则振动物体的复振幅为 $A_1[x_1 + \Delta x_1(t), y_1 + \Delta y_1(t), \Delta z_1(t)]$。$\Delta x_1$、$\Delta y_1$、$\Delta z_1$ 是与时间有关的物体相对于其原始坐标 $(x_1, y_1, 0)$ 的位移。如图 6-2 所示，在全息干板 Q 点的复振幅可按标量（scalar）衍射理论计算，即

$$A(x, y, z) = \int_{-\infty}^{+\infty} \int_{-\infty}^{+\infty} A_1[(x_1 + \Delta x_1(t), y_1 + \Delta y_1(t), \Delta z_1(t)] e^{-ik\overline{PQ}} dx_1 dy_1 \qquad (6\text{-}22)$$

式中　$\overline{PQ}$——从 $P(r)$ 到 $Q(r)$ 的光程。

为了确定空气中的光程，可以把光程表示为

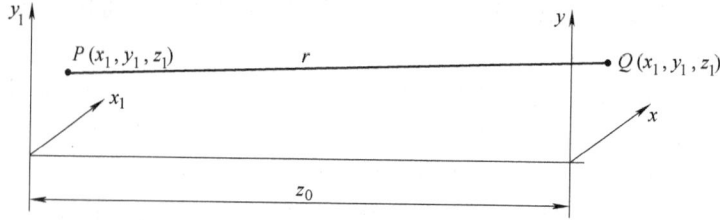

图 6-2 振动分析

（Fig. 6-2 Vibration Analysis）

$$\overline{PQ} = r(t) = \{[x-(x_1+\Delta x_1)]^2 + [y-(y_1+\Delta y_1)]^2 + (z_0-\Delta z_1)^2\}^{\frac{1}{2}} \tag{6-23}$$

因物体运动 Δz_1 很小（几个波长），而振动物体到全息图的距离 z_0 很大，故式(6-23)可以写作为

$$r(t) \approx z_0 - \Delta z_1 + \frac{1}{2z_0}[x-(x_1+\Delta x_1)]^2 + \frac{1}{2z_0}[y-(y_1+\Delta y_1)]^2 \tag{6-24}$$

若令 $\Delta x_1(t) = \Delta y_1(t) = 0$，忽略掉常数项，则式(6-22)可以写成

$$A(x,y,t) = \int_{-\infty}^{\infty}\int_{-\infty}^{\infty} A_1[x_1,y_1,\Delta z_1(t)]e^{\frac{i2\pi}{\lambda}\Delta z_1(t)}e^{-\frac{i\pi}{\lambda z_0}[(x-x_1)^2+(y-y_1)^2]}dx_1dy_1 \tag{6-25}$$

在全息干板上，振动物波 $A(x,y,t)$ 与参考波 A_r 叠加产生全息图。如果在时间 T 内对全息图曝光，则在全息干板上 Q 点处的复振幅可按式(5-20)计算，取含原物波的第二项并去掉常数因子，得

$$A_r^*\langle A(x,y)\rangle = \frac{A_r^*}{T}\int_0^T A(x,y,t)dt \tag{6-26}$$

所以当振幅 $\Delta z_1(t)$ 较小时，式(6-26)可以写成

$$A_r^*\langle A(x,y)\rangle = A_r^*\int_{-\infty}^{\infty}\int_{-\infty}^{\infty} A(x_1,y_1)e^{-\frac{i\pi}{\lambda z_0}[(x-x_1)^2+(y-y_1)^2]}dx_1dy_1\frac{1}{T}\int_0^T e^{\frac{i2\pi}{\lambda}\Delta z_1(t)}dt \tag{6-27}$$

若物体作正弦运动（如石英振荡器情况），即

$$\Delta z_1(t) = a\cos\omega t \tag{6-28}$$

式中 a——物体振动的振幅。

则式(6-27)中后面的积分项变为

$$\frac{1}{T}\int_0^T e^{\frac{i2\pi}{\lambda}a\cos\omega t}dt = \frac{1}{T}\int_0^T\sum_{n=-\infty}^{\infty}i^n J_n\left(\frac{2\pi}{\lambda}a\right)e^{in\omega t}dt \tag{6-29}$$

通常情况下，T 远大于振幅周期，当 $n=0$ 时，式(6-29)中的积分消失，因此式(6-27)可简化为

$$A_r^*\langle A(x,y)\rangle = A_r^*\int_{-\infty}^{\infty}\int_{-\infty}^{\infty} A(x_1,y_1)e^{-\frac{i\pi}{\lambda z_0}[(x-x_1)^2+(y-y_1)^2]}dx_1dy_1 J_0\left(\frac{2\pi}{\lambda}a\right) \tag{6-30}$$

式中 J_0——第一类零阶贝塞尔函数。

所以，当用原参考光 A_r 照明全息图时，又重现原始物波，但其振幅受零阶贝赛尔函数的调制，或光强按零阶贝塞尔函数的平方分布，如图6-3所示。

重现的干涉条纹是物体振动振幅的一个量度。当 $J_0=0$ 时产生暗纹。需要指出的是，只有振动物体的相同点才能形成相干光并在点 $Q(x,y,z)$ 产生复振幅分布，其他的点仅提供非

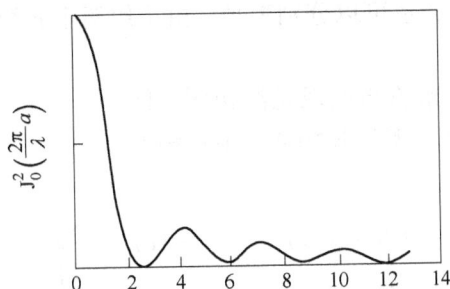

图 6-3　零阶贝塞尔函数平方分布

(Fig. 6-3　Squared Distribution of Zero-order Bessel Function)

相干光。

　　用时间平均全息干涉术可以测量的振动振幅小于 10λ，若振动振幅较大，则可用频闪观测方法进行测量。

6.6　频闪照明全息干涉术（Holographic Interferometry with Stroboscopic Illumination）

　　频闪照明全息干涉术主要应用于振幅较大时的振幅分析。其原理在于固定振动物体的端部位置，在振动的极限位置，实际上物体的运动已停止。干涉条纹的强度和对比度取决于物体停顿在极限位置的时间和频闪照明时间。由照明脉冲有限宽度引起的光程差应小于 $\lambda/8$，这样可以获得高对比度的干涉图。由此得出频闪照明脉冲宽度的一个量度。图 6-4 示出垂直于物面振动的情况。

　　有各种调制照明物光和参考光的方法，可以同时调制两束光，也可以分别调制。对于频率 $\nu \leqslant 1000\mathrm{Hz}$ 的振动，应用机械调制方法较好；对于振动频率较高的物体，如石英振荡器 $\nu = 16\mathrm{kHz}$，应用光电调制技术。

　　频闪照明全息干涉术非常适应于振动振幅较大的情况。物体只需要短时间照明，在照明时间内，物体仅完成整个振动周期的一小部分。所以总是可以对曝光时间提出要求，光程的变化对应于光波波长的整数倍。

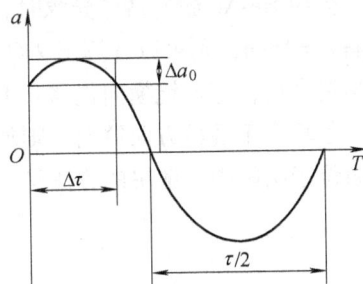

图 6-4　脉冲宽度的确定

(Fig. 6-4　Determination of Pulse Width)

6.7　全息等高线术（Holographic Contour Method）

6.7.1　双光源照明法（Double Light Sources Illumination Method）

　　所有全息干涉方法都是物体的两个像干涉，两像的主要差别在于像点的位相差。因最终研究的是两像的位相差，故可以把两像中共同的恒定位相部分忽略掉。

　　双光源照明法是应用两个不同的照明光源 Q_1 和 Q_2，在同一全息干板 H 上进行曝光。可以使两个照明光源同时曝光，也可以分别曝光。由于用两个光源照明，所以对同一物点 O 的两个像产生位相差。

如图 6-5 所示，若参考光源与重现光源相同，即 $R \equiv C$，照明光源波长与重现光源波长相同，则在物点 O 两个像的位相差为

$$\Delta \phi = \frac{2\pi}{\lambda} \Delta L = \frac{2\pi}{\lambda} (\overline{Q_1 O} - \overline{Q_2 O}) \qquad (6\text{-}31)$$

两重现像点干涉形成干涉条纹。当 $\Delta \phi = 2m\pi$（$m = 0, \pm 1, \pm 2, \cdots$），即

$$\overline{Q_1 O} - \overline{Q_2 O} = m\lambda \qquad (6\text{-}32)$$

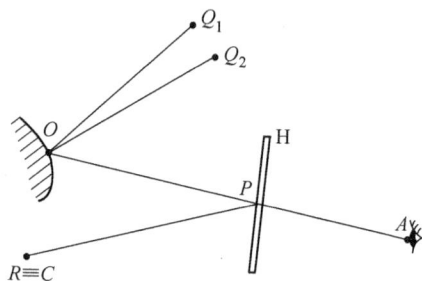

图 6-5 双光源照明法原理
(Fig. 6-5 Principle of Double Light Sources Illumination)

获得亮条纹。式（6-32）确定了一严格同焦的旋转双曲面（hyperboloid），其焦点为 Q_1 和 Q_2，旋转轴是 $\overline{Q_1 Q_2}$。若 Q_1 和 Q_2 位于无限远处，即 Q_1 和 Q_2 在准直透镜（collimating lens）的焦点上，那么双曲面变成一个严格的平行平面，其间隔为

$$h = \frac{\lambda f'}{\overline{Q_1 Q_2}} = \frac{\lambda}{2\sin \frac{\theta}{2}} \qquad (6\text{-}33)$$

式中　　θ——两平行光束间夹角。

也就是说用一组等间隔的平行平面光照明物体，当沿垂直于照明平面方向观察物体时，就能看到等高线图。等高线的间隔就是照明平面间的距离。

当用 He-Ne 激光器作光源时，$\lambda = 0.6328 \mu m$，准直物镜焦距 $f' = 200mm$，欲使等高线的间隔 $h = 1mm$，则可以计算出 $\overline{Q_1 Q_2} = 0.1266mm$。这就是说，两光源横向错位为 $0.1266mm$，或者半曝光后，把透镜横向位移 $0.1266mm$。

若垂直于观察方向照明，则如上所述，等高线的计算相当简单。但是，获得照明物体的侧面位于阴影内，解决的方法是从两侧同时照明，其原理如图 6-6 所示。

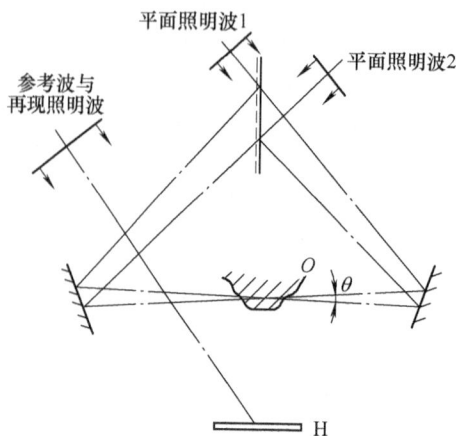

图 6-6 双光源照明全息等高线术装置
(Fig. 6-6 Holographic Contour Layout with Double Light Sources Illumination)

6.7.2　双波长法[3]（Dual Wavelength Method）

　　若应用两不同波长对同一张全息图进行曝光，那么也能产生取决于物点 O 位置的位相差。因物光束和参考光束均含有两个波长 λ_1 和 λ_2，而此两波长又互不相干，所以记录的全息图是物体的两个互不相干的全息图的叠加。再现时，若只用一个波，如用 λ_2 照明，则物体每一点都再现出两个球面波前。倘若参考光源与再现光源重合，那么对于每一物点 O 都重现两个像 B_1 和 B_2，两像具有不同的位相，也不重合，仅像点 B_2 与原物点 O 重合。两像的横向错位会导致干涉条纹的对比度下降，两像也不一定位于物体上。通过记录时应用两不同的参考光源位置，可以使两像点在物体上近似的横向重合，如图6-7所示。

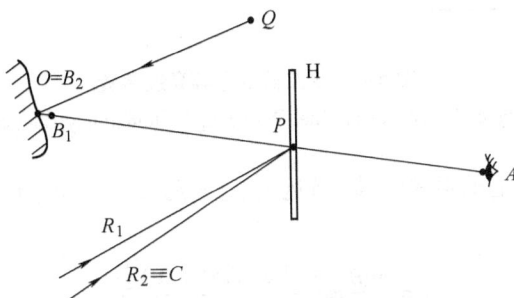

图 6-7　双波长等高线全息术原理

（Fig. 6-7　Holography Principle of Dual Wavelength Contour）

　　设物点 O 到全息图的距离为 z，当用 λ_2 照明全息重现时，重现像 B_2 到全息图的距离为 z_0，因为 $z_r = z_c = \infty$，所以按式(5-35)计算的重现像 B_1 到全息图的距离 z_1 为

$$z_1 = \frac{\lambda_1}{\lambda_2} z_0 \tag{6-34}$$

两像点 B_1 和 B_2 间的位相差为

$$\Delta\phi = \left(\overline{QO} + \overline{OP}\right)\left(\frac{2\pi}{\lambda_1} - \frac{2\pi}{\lambda_2}\right) \tag{6-35}$$

当 $\Delta\phi = 2m\pi (m = 0,\ \pm1,\ \pm2,\ \cdots)$ 时，式(6-35)变为

$$m\frac{\lambda_1\lambda_2}{\lambda_2 - \lambda_1} = \overline{QO} + \overline{OP} \tag{6-36}$$

　　式(6-36)确定了一个严格同焦的旋转椭圆面（ellipsoid），其焦点为 Q 和 P，旋转轴为 $\overline{QP}$。被物体切割的等高线距离（即两相邻椭圆面间的距离）为

$$h = \frac{\lambda_1\lambda_2}{2(\lambda_2 - \lambda_1)} \tag{6-37}$$

　　图6-8所示为双波长全息等高线装置，它用一反焦系统把物体成像在全息干板上。在透镜 L_1 和 L_2 的共同焦面处放置一光阑，使物方和像方都是远心光路，使物体以一倍放大倍率成像在全息图上。对于一物点 O，其像点 O' 清晰地成像在全息图上。因像面全息图对重现波长的变化不敏感，故通过应用两个具有不同入射角的平面参考波 R_1 和 R_2，重现时将获得两个重合的像点 B_1 和 B_2。

　　当图示的光栅空间频率为 ν_g 时，入射波长为 λ 的平面波按一级衍射角（$\theta = \arcsin(\nu_g\lambda)$）通

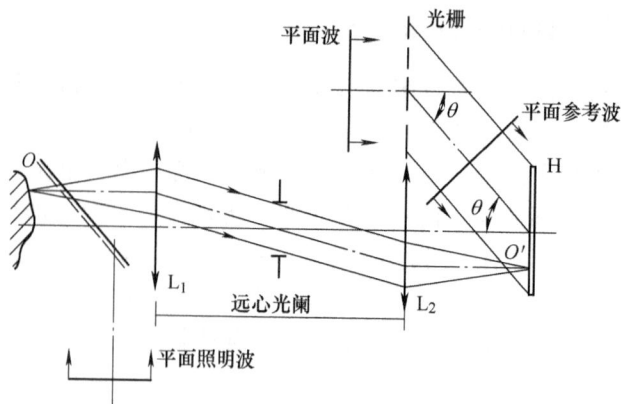

图 6-8　双波长全息等高线装置

(Fig. 6-8　Layout of Dual Wavelength Holography Contour)

过光栅。在全息图上产生的载频（即当远心光阑封闭时，入射角为 θ 的两平面波的干涉）为

$$\nu_{\text{H}} = \frac{\sin\theta}{\lambda} = \frac{\sin\left[\arcsin(\nu_g\lambda)\right]}{\lambda} = \nu_g \tag{6-38}$$

即全息图上产生的载频等于光栅频率，它与所应用的记录波长 λ_1 和 λ_2 无关。重现时，两像点 B_1 和 B_2 都在 O' 处重现，两像间的差别仅在于位相。

按图 6-8 所示装置产生的两等高线间距离仍用式(6-37)计算。被测物体的尺寸不能大于反焦系统的透镜口径，光学系统应很好地消除像差。由于玻璃存在色散，应该用尽可能薄的平板分束器，任何情况下都不能用立方体。

6.7.3　双折射率法（Double Refractive Index Method）

双折射率法使实验更加简单，图 6-9 所示为双折射率全息等高线装置。该装置仍然用反焦系统和分束器，用平面波照明物体，参考波和重现照明波可以是任意结构。由物体的几何形状所决定的两重现像的位相差是通过两次曝光之间改变环绕被测物体的折射率实现的，换句话说，当把装有物体的液槽中的折射率 n_1 换成 n_2 时，光在液体中的波长发生变化，从而光程发生变化。全息再现时出现的等高线间距按下式计算：

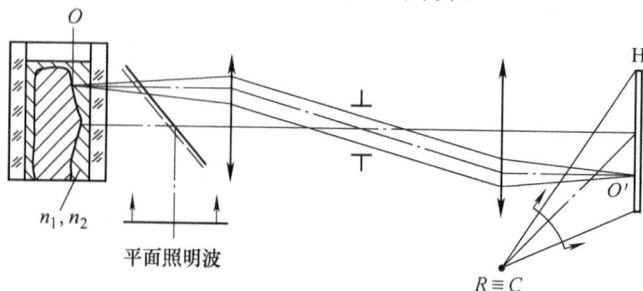

图 6-9　双折射率全息等高线装置

(Fig. 6-9　Holographic Contour Layout with Double Refractive Index Method)

$$h = \frac{\lambda_\nu}{2n_1 |n_2 - n_1|} \tag{6-39}$$

式中 λ_ν——光在真空中的波长；

n_1、n_2——液体（或气体）的折射率。

例如，用 He-Ne 激光器作光源，$\lambda = 632.8\text{nm}$，欲使等高线间隔 $h = 1\text{mm}$，则应用水作折射液，$n = 1.33$，要求 $\Delta n = n_2 - n_1 = 2.37 \times 10^{-4}$，这可以通过在 1L 的水中放 1g 的糖实现。

产生的等高面平行液槽前面的玻璃平板。玻璃平板的质量不必很高，因由此产生的波前变化对 n_1 和 n_2 相同，故不影响干涉条纹。双折射率法是产生等高线最常用的方法，它装置简单，可以消除一般双波长全息等高线装置中像的横向位移问题，把等高线条纹真正地定位在物体表面上。

6.8 反射照明全息图的计算（Calculation of Reflective Illumination Hologram）

由物体的位移、变形等影响引起的变形波前与原始波前叠加产生干涉条纹，根据干涉条纹可以计算物体的变形、位移等。由干涉条纹定量的分析变形是较困难的，本节仅作为例子进行分析。

6.8.1 位移和倾斜的分析计算（Analysis and Calculation of Displacement and Tilting）

如图 6-10 所示，光源 S 发出的球面波照明位移前和位移后的物体 O_1 和 O_2，由于物体位移，物点由 P_1 移动到 P_2。

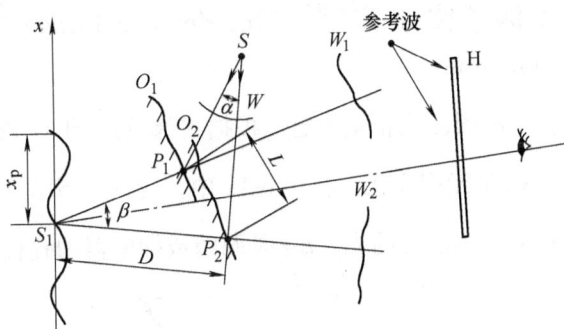

图 6-10 位移测量示意图

(Fig. 6-10 Sketch of Displacement Measurement)

一般被测物体表面都粗糙，入射的平行光按不同方向散射和衍射。被测表面上局部位相变化影响发散球面波的复振幅分布，而且在不同的方向影响不同。对于每一给定的方向，波前是恒定的，但是产生所谓的散斑图。在图 6-10 中，W_1 和 W_2 分别表示位移前后实际的理想波前。

由于光学记录介质（全息干板）的积分特性，物体在 O_1 和 O_2 时曝光的信息被记录下来。全息再现时，重现出物波 W_1 和 W_2，从而获得干涉条纹。曝光期间，当物体横向位移或旋转时，干涉条纹一般不直接出现在物体的重现像上，而在物体前或后，如图 6-10 所示。当物点 P_1 移动到 P_2 时，获得最好对比度的干涉条纹是在 S_1 附近。S_1 处两波前叠加后的复振幅为

$$A(x) = a_1(x)e^{-i\frac{2\pi}{\lambda} x \times \sin\frac{\beta}{2}} + a_1(x)e^{i\frac{2\pi}{\lambda} x \times \sin\frac{\beta}{2}} \tag{6-40}$$

合成波强度为

$$I(x) = |A(x)|^2 = 2a^2(x)\left[1 + \cos\left(\frac{2\pi}{\lambda}2 \times \sin\frac{\beta}{2}\right)\right] \tag{6-41}$$

即在 S_1 附近的强度是正弦分布。应该指出，仅从点 P_1 和 P_2 附近发出的光才能在 S_1 区域干涉，其他点发出的光对 S_1 区起干扰作用，尤其当物体上不同的质点位移不同时对 S_1 区的干扰更大。

如果点 P_1 位移为 L，那么由 $\frac{2\pi}{\lambda}2x_p\sin\frac{\beta}{2} = 2\pi$ 可得

$$\frac{2\pi}{\lambda}\frac{Lx_p}{D} = 2\pi$$

则

$$L = \frac{D\lambda}{x_p} \tag{6-42}$$

式中 x_p——干涉条纹周期；

D——干涉条纹到物体的距离。

如果物体垂直于观察方向位移，并且没有倾斜，那么干涉条纹的定位面（localization plane）也位移。根据干涉条纹的周期和定位面到重现像的距离可以确定位移量和倾斜的大小。

倘若用平面波照明物体，则纯位移的定位面在无限远处。

6.8.2 三维变形的干涉条纹分析[4,5]（Interference Fringe Analysis of Three-dimensional Deformation）

在观察孔径很小时，干涉图由位相差决定。根据式(6-3)，干涉条纹由 $[1 + \cos\Delta\phi(x, y)]$ 给出，$\Delta\phi = \frac{2\pi}{\lambda}\Delta L$，$\Delta L$ 是光程变化。在图 6-11 中，物体由 S 发出的球面波照明，在点 B 观察（人眼或光电池）被物体散射的光。$\Delta\alpha$ 是眼睛或探射器的孔径角。

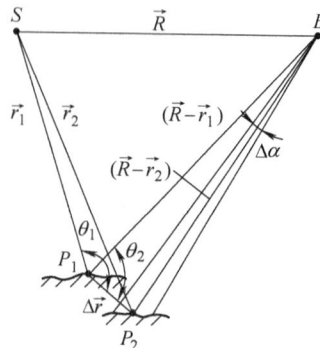

图 6-11 三维变形分析

(Fig. 6-11 Analysis of Three-dimensional Deformation)

由于被测物体的变形，P_1 位移到 P_2，产生的光程差为 ΔL。根据图 6-11，光程差为

$$\Delta L = [SP_1B] - [SP_2B] \tag{6-43}$$

因 $|\overrightarrow{r_1}|$，$|\overrightarrow{R}| \gg \Delta L$，故式(6-43)可以写成

$$\Delta L = |\overrightarrow{\Delta r}|(\cos\theta_1 + \cos\theta_2) = N\lambda \tag{6-44}$$

一般情况下，位移的方向是未知的，因此很难求出位移矢量 $\overrightarrow{\Delta r}$。为了分析物体的三维变形，即每点的位移矢量，需要有三个不同的全息图，或在不同的观察方向研究全息图的三个点，这样可获得三个线性方程

$$\Delta L_i = |\overrightarrow{\Delta r}|(\cos\theta_1 + \cos\theta_i) = N_i\lambda \quad i = 1,2,3,\cdots \tag{6-45}$$

当干涉级 N_i 已知时，可以计算出 $\overrightarrow{\Delta r}$。通过计算干涉条纹数，就能获得物体的三维变形。

6.9　数字全息干涉术（Digital Holographic Interferometry）

6.9.1　数字全息干涉术的发展[5]（Development of Digital Holographic Interferometry）

随着计算机及 CCD 技术的进步，20 世纪 70 年代出现的用 CCD 代替全息感光材料的数字全息取得了快速发展。根据 CCD 探测的干涉图来获取物光复振幅是进行数字全息的基本内容，并已研究出多种数据处理方法。

图 6-12 所示为同轴相移数字全息干涉光路，主要用于复合材料的无损检测，如图 6-13 所示。图 6-14 所示为壁画模型的干涉图和双曝光全息干涉图。

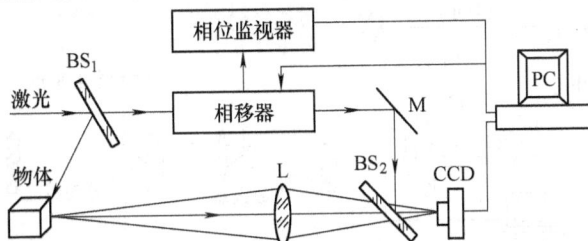

图 6-12　同轴相移数字全息干涉光路

（Fig. 6-12　Light Path of Coaxial Phase Shifting Digital Holographic Interferometry）

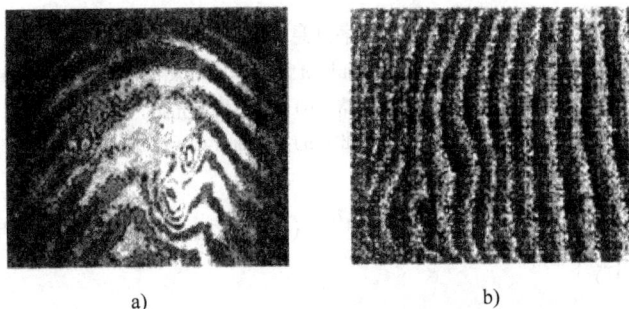

a)　　　　　　　　　　　　　b)

图 6-13　无损检测蜂窝板和夹层板

（Fig. 6-13　Nondestructive Testing of Honeycomb Panel and Sandwich Plate）

a）蜂窝板　b）夹层板

（a）Honeycomb Panel　b）Sandwich Plate）

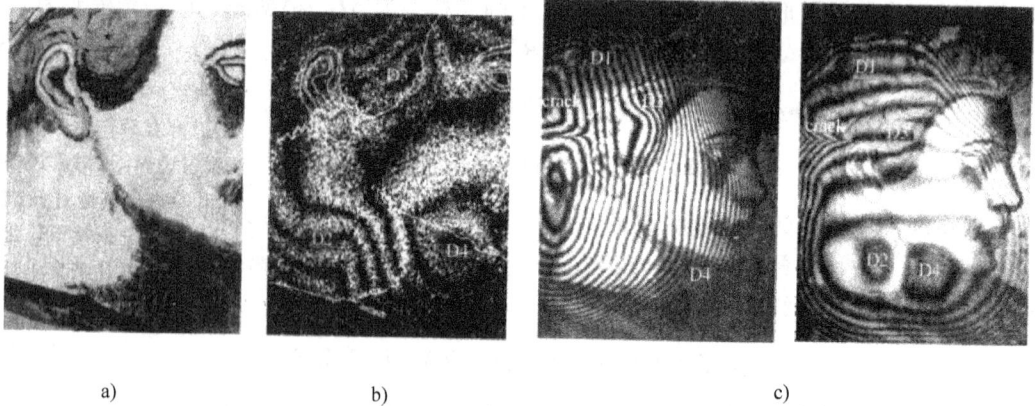

图 6-14　壁画模型的干涉图和双曝光全息干涉图

（Fig. 6-14　Interferogram and Double Exposure Holographic Interferogram of Fresco Model）

a）壁画模型　b）干涉图　c）双曝光全息干涉图

（a）Fresco Model　b）Interferogram　c）Double Exposure Holographic Interferogram）

　　如同光学全息技术中全息干涉术是其主要应用一样，数字全息干涉测量方法也是数字全息的一个主要应用方面。数字全息干涉术是在数字全息基础上发展的，它的功能与普通全息干涉术相同，主要用于物体变形等测量。数字全息干涉术常用最简单的无透镜傅里叶变换光路，除了图 6-12 所示的简单光路布置外，还有常用的两种光路结构，如图 6-15 所示。数字全息干涉术不仅保留了数字全息的优点，还因其直接利用计算机进行数据处理，大大提高了变形测量的精度。

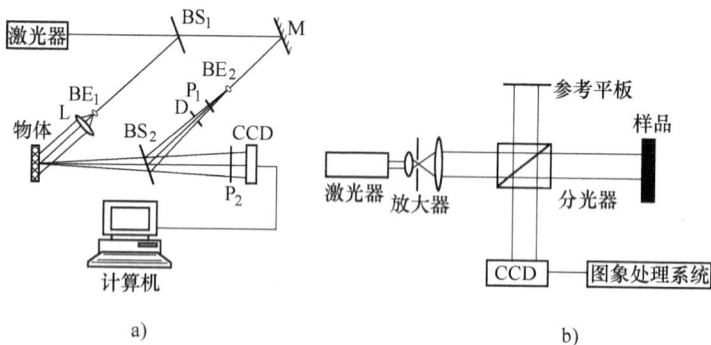

图 6-15　两种数字全息干涉术记录光路

（Fig. 6-15　Two Recording Light Path of Digital Holographic Interferometry）

a）马赫-曾德光路　b）泰曼-格林光路

（a）Mach-Zehnder Light Path　b）Twyman-Green Light Path）

6.9.2　数字全息干涉术的检测原理[6,7]（Testing Principle of Digital Holographic Interferometry）

　　数字全息干涉术的原理：首先用图 6-15 所示的数字全息光路在 CCD 上分别记录待测物体变形前及变形后的全息图，并存储在计算机内；然后用计算机计算用原参考光照射全息图时重建的变形前后物波，对变形前后的物波位相作相减处理即可得到位相差值，也即

$$\Delta\phi(x,y) = \phi_1(x,y) - \phi_2(x,y) \quad \Delta\phi \in [-\pi, \pi] \tag{6-46}$$

其中，ϕ_1、ϕ_2 分别表示变形前后的物波位相，所得位相还需要进行去包裹处理。而位相的等值线图就形成条纹图，并用光强表示。

如同全息干涉术一样，可以由光波传播理论推导数字全息干涉，得到位相差和位移的关系，即

$$d(\cos\theta_1 + \cos\theta_2) = N\lambda = \frac{\Delta\phi}{k} = \frac{\lambda\Delta\phi}{2\pi} \tag{6-47}$$

其中，d 为位移量；k 为波矢量的大小；$N = 1，2，3，\cdots$；θ_1 和 θ_2 分别为观察记录的照明光和参考光与物体变形方向的夹角。对于待测物体的离面变形，在数字全息情况下 $\theta_1 = \theta_2 \approx 0$，则 2π 位相差对应的位移 $d_{2\pi} = \lambda/2$。

若使用氦氖激光，其波长 $\lambda = 0.632\,8\,\mu m$，一个条纹代表的位移量 $d = 0.316\,4\,\mu m$。

对于分数条纹的位相与位移，则有

$$d = \frac{\lambda}{2}\left(n + \frac{\Delta\phi}{2\pi}\right) \tag{6-48}$$

由于计算结果是位相值，因此位移测量值更小，即 1 弧度位相相当于 $0.1\,\mu m$。由此可见，数字全息干涉具有相当高的位移测量精度。

6.9.3 CCD 的分辨率要求[8~10]（Resolution Requirements for CCD）

一般来说，传统全息技术的理论与实验技术也适用于数字全息技术，但与传统记录材料的高分辨率（1 000lp/mm 以上）和大记录面积（100mm × 100mm 以上）相比，目前的数字全息技术在有限距离内只能记录和再现较小物体的低频信息，而且对记录条件有其自身的要求。若要将数字全息技术用于全息干涉计量，用 CCD 代替干板记录干涉图，并由计算机数字再现或 EALCD（electrically addressed liquid crystal display）实现光学再现，则必须考虑记录系统适应 CCD 的分辨率要求。对于传统光学全息，由于银盐干板的分辨率高达 10^3 lp/mm 量级，能记录物光与参考光以较大夹角形成的干涉图。而对于 CCD，它的分辨率一般只有 10^2 lp/mm 量级，物光与参考光的夹角必须很小。设 CCD 像元之间的距离为 $\Delta\xi$，由于分辨一个条纹周期至少要两个像元，因此它能记录的最大空间频率 f_{max} 为

$$f_{max} = \frac{1}{2\Delta\xi} \tag{6-49}$$

设物光与参考光的最大夹角为 θ_{max}，则由光栅方程得

$$2d\sin(\theta/2) = \lambda \tag{6-50}$$

其中，d 为条纹的周期，此处 $d = 2\Delta\xi$，于是有

$$f_{max} = \frac{2}{\lambda}\sin\left(\frac{\theta_{max}}{2}\right) \tag{6-51}$$

因为 θ_{max} 很小，故由式（6-51）可得

$$\theta_{max} = \frac{\lambda}{2\Delta\xi} \tag{6-52}$$

通常，物光与参考光的夹角在几度以内。

光学图像在光学仪器中的传递受两方面的限制：一是孔径光阑拦掉了超过截止频率的高频信息；二是视场光阑限制了视场以外的物空间。由此可以得到通过光学信道的信息量公

式，信息量＝频带宽度×空间宽度。等式右边称为空间带宽积，用 SBP（space-bandwidth product）表示，空间带宽积是空间信号在空间域和频谱域中所占的空间量度。SBP 越大，标志着通过光学系统获得的信息越多。大孔径、大视场的高质量光学系统正是光学工作者追求的目标。

空间带宽积（SBP）不仅可以描述空间信号的信息容量，也可以用于表述成像系统或信息处理系统的信息传递、处理能力。对于一个成像系统，其空间带宽积等于有效视场和由系统截止频率所确定的通带面积的乘积，空间带宽积决定了该系统可分辨像元的数目，即空间物体的自由度 N

$$N = \text{SBP} = (4XY)(4B_xB_y) = 16XYB_xB_y \tag{6-53}$$

式中 $4XY$——函数在空域中的面积；

$4B_xB_y$——函数在频域中的面积。

当函数在空间产生频移或位移时，空间带宽积不发生变化。若空间大小发生变化，带宽与之成反比，但空间带宽积仍保持不变。所以，如果没有其他外界因素的影响，物体的空间带宽积同样具有不变性，本身不发生变化。因此，当物体经系统处理或传递时，要求系统本身的空间带宽积大于物体的空间带宽积。

6.9.4 数字全息干涉术的实验装置[11]（Experiment Setup of Digital Holographic Interferometry）

图 6-16 所示为菲涅尔全息记录原理图，图 6-17 所示为菲涅尔全息记录装置。从图中可以看出，由 He-Ne 激光器发出的光，经针孔滤波和准直扩束后，形成光强均匀分布的平行光，该平行光经过分束器后，被分为两束相互垂直的光束，即参考光和物光。物光经物体漫反射后携带物体信息，再经分束器到达 CCD 靶面，与由平面反射镜反射和分束器反射膜反射回来的参考光发生干涉，形成菲涅尔全息图。该全息图由 CCD 接收，通过图像采集卡进行 A/D 转换，存储在计算机中。

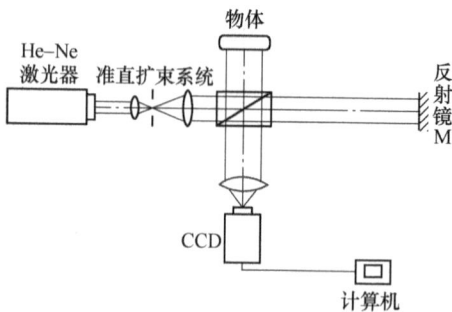

图 6-16 菲涅尔全息记录原理图
(Fig. 6-16 Schematic Diagram Fresnel Holographic Recording)

图 6-17 菲涅尔全息记录装置
(Fig. 6-17 Setup of Fresnel Holographic Recording)

图 6-18 所示为菲涅尔全息再现，图 6-19 所示为菲涅尔全息再现装置。全息再现原物波时，首先把 EALCD 准确复位在 CCD 记录全息图时的位置，在 EALCD 后面放置成像透镜，用 CCD 在透镜的后面接收图像。然后移走实验物体，将数字全息图通过计算机 1 写入 EALCD，用原参考光照射 EALCD，调节 CCD 前后的位置，即可在计算机 2 上观察到原物波的再现像。

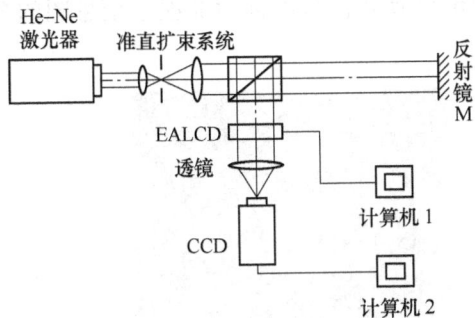

图 6-18　菲涅尔全息再现

（Fig. 6-18　Fresnel Holographic Reconstruction）

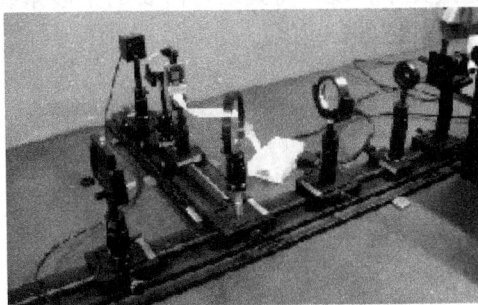

图 6-19　菲涅尔全息再现装置

（Fig. 6-19　Setup of Fresnel Holographic Reconstruction）

全息干涉再现时，实验过程同上所述，将 EALCD 准确复位后，应用 MATLAB 软件编程将位移前后两幅全息图叠加，并将叠加后的图像写入 EALCD 中。移走实验物体，用原参考光照射 EALCD，调节 CCD 和透镜的前后位置，在计算机 2 上观察到全息干涉条纹。

本实验采用图 6-17 所示的实验光路，选用一角硬币作为实验物体，通过调节实验物体右边的微调旋钮，实现物体微小位移的测量。如图 6-17 所示，CCD 摄像机接收到的信息，通过另一端的 USB 口与计算机相连，把接收到的图像传到计算机。当用平行光照射被测物体表面时，被测物体表面反射和散射的光携带物体的表面信息，与参考光束发生干涉，形成菲涅尔全息图。由 CCD 记录，通过图像采集卡，经过 A/D 转换，把变形前后的菲涅耳全息图存储在计算机中。

全息再现时，将存储在计算机中的一角硬币的菲涅尔全息图写入 EALCD 中，将 EALCD 准确复位在 CCD 记录全息图时的位置，在 EALCD 后面放置成像透镜，用原参考光束照射 EALCD，调节 CCD 的位置，即可记录到被测物体一角硬币位移前后的再现像，如图 6-20 和图 6-21 所示。

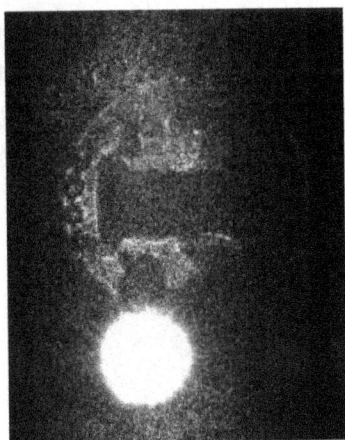

图 6-20　位移前光学再现像

（Fig. 6-20　Optical Reconstruction
without Displacement）

图 6-21　位移后光学再现像

（Fig. 6-21　Optical Reconstruction
with Displacement）

利用双曝光干涉法，将位移前后两幅在相同条件下记录的菲涅尔全息图进行数字叠加，再通过光学再现，得到最终需要的干涉条纹，如图 6-22 所示。位移前后菲涅尔全息图的叠加图，如图 6-23 所示。

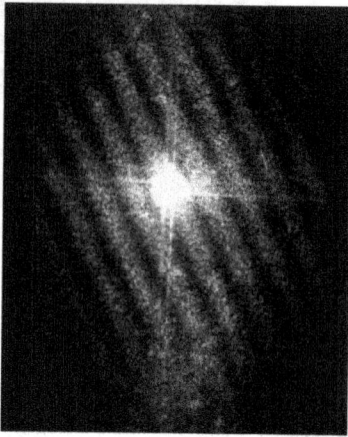

图 6-22　全息干涉条纹
(Fig. 6-22　Holographic Interference Fringes)

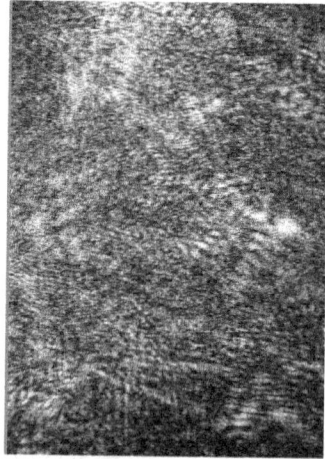

图 6-23　位移前后菲涅尔全息图的叠加图
(Fig. 6-23　Superimposed Fresnel Holograms of With and Without Displacement)

6.10　全息干涉术的应用（Application of Holographic Interferometry）

1965 年后，随着全息技术的不断发展，全息干涉术在许多领域获得广泛的应用，最典型的应用领域是无损伤检验（nondestructive testing）、流场显示、振动分析和形状比较。用全息干涉术测量物体表面的变形是最有效的方法，通过变形也能计算出被测物体的应力分布。下面是几个典型的应用实例。

旋转物体的振动分析通常要求有像旋转补偿器（image rotation compensator），像旋转补偿器常是一旋转棱镜，其转速是旋转物体速度的一半。如图 6-24 所示[12]，被测物体是轮胎，转速为 300rad/min，产生的旋转像面由全息装置中转速为 150rad/min 的旋转棱镜补偿。补偿后静态的物波在全息干板上与静态的参考波叠加。轮胎是逆时针旋转，用脉冲间隔为 50μs 的双脉冲全息装置记录。旋转轮胎振动的干涉图如图 6-25 所示。

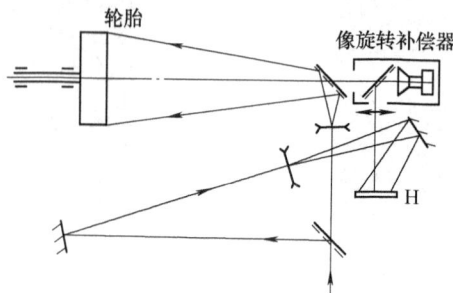

图 6-24　测旋转轮胎振动的全息干涉装置
(Fig. 6-24　Holographic Interferometer of Measuring the Vibration of Rotating Wheel)

166

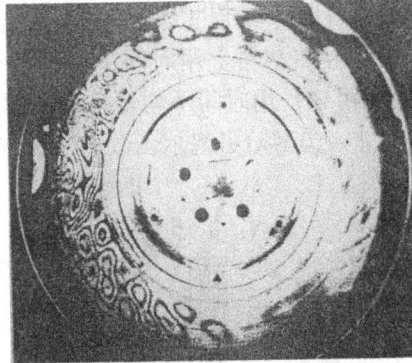

图 6-25　旋转轮胎振动的干涉图

（Fig. 6-25　Interferogram of the Rotating Tyre Vibration）

图 6-26 所示为用 BSO 晶体的全息记录和显示装置。物波和参考波叠加并记录在 BSO 晶体（硅酸铋晶体）上，晶体后的反射镜 M 又适当地把参考波反射回来，因此导致物波的重现。反射镜的位置必须满足布拉格条件（Bragg condition）。通过分束器 BS 能看到重现的位相共轭的物体。因为重现波不仅被反射回来，而且位相共轭，所以补偿了重现物波中的畸变[9]。

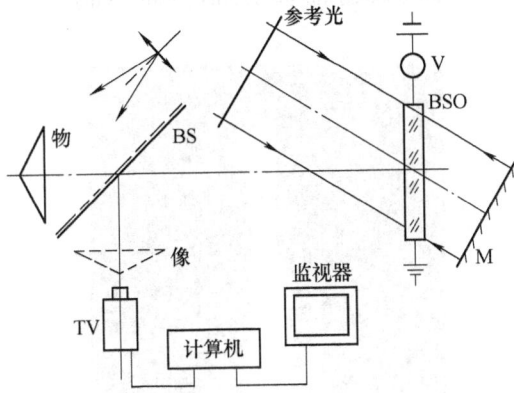

图 6-26　用 BSO 晶体的全息记录和显示装置

（Fig. 6-26　Layout of Holographic Recording and Display with BSO Crystal）

实时全息干涉术首先在物体变形前进行第一次曝光，把未变形的物波存储在 BSO 晶体中。由于反射镜 M，参考波又反射回来，使物波重现。重现的未变形的物波和变形的物波相干形成干涉条纹，干涉条纹的频率和分布表示了变形的大小和区域。图 6-27 所示为金属板变形全息干涉图[13]。由图可以看出，薄板受力中心不在中部，整个板的变形也不是均匀的。

图 6-28 所示为用光导热塑料作记录介质的全息干涉装置。被研究的物体是音叉。通过透镜 L₁ 把振动物体成像在光导热塑料胶片上。为了显示杨氏

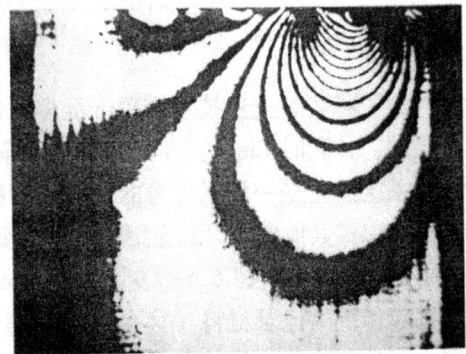

图 6-27　金属板变形全息干涉图

（Fig. 6-27　Holographic Interferogram of Metal Plate Deformation）

条纹，用窄的激光束照明光导热塑料胶片。通过透镜 L_2 和 L_3 把条纹成像在电视摄像机中，再通过计算机进行自动分析。在光导热塑料上用时间平均法获得的振动音叉杨氏条纹如图 6-29 所示，周期时间为 50s。由图可知，用时间平均全息干涉术获得的杨氏条纹，其强度分布不再遵守余弦平方定律，而遵守一类零阶贝塞尔函数的二次方。

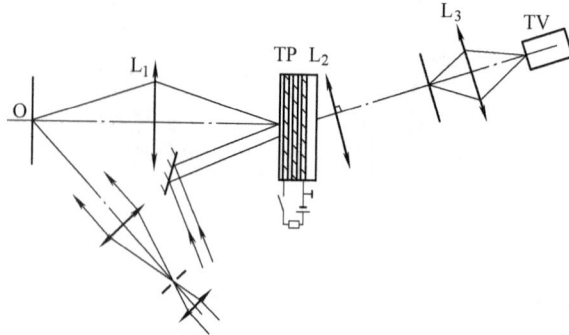

图 6-28　用光导热塑料作记录介质的全息干涉装置

（Fig. 6-28　Holographic Interferometry Layout of Recording Medium
with Photoconductor Thermoplastic Film）

图 6-29　用时间平均法获得的振动音叉杨氏条纹

（Fig. 6-29　Young Fringes of Tuning Fork Vibration Obtained with Time-average Method）

为了将实时全息技术应用于更多的领域，将全息系统智能化、小型化、多功能化是十分必要的。比利时 Liege 大学的研究人员研制了一套使用光折变晶体的可移动式实时全息干涉计量系统。它是一种强有力的全场光学检测装置，它可以在微米至亚微米的范围无接触地测量位移以及其他多方面的应用，包括应变、应力、流场、无损检测、共振模式可视化和测量。使用的记录材料是铋族光折变晶体（photorefractive crystals，PRC）（$Bi_{12}SiO_{20}$，$Bi_{12}GeO_{20}$）。虽然比起传统的记录材料（卤化银、热塑片），其灵敏度差了几乎 1000 倍。不过它能自动处理，可反复使用。将其用于全息照相机，与散斑干涉仪一样，不需要繁杂的操作和处理。先前，他们曾开发了一种案板式原型装置，也是便携式的组装，包括激光器、所有光学件、光折变晶体和观察用的 CCD 摄像机。激光器是便携式的、空气冷却的、连续波的、二极管激励的固体 Nd：YAG 激光器，输出功率为 490mW，波长为 532nm，以这样的功率可观察 50cm×50cm 的物体。这个原型装置有一个麻烦的问题，就是它必须连同激光器一起安置在一个桌面上，为了解决这个问题，将激光器从仪器中取出，通过光纤将激光引入。为此，用一根单模光纤，以 80% 的传输效率将功率 5W 的激光束输入到全息测试装置，它适用于当前市场的各类常用激光器，如相干公司的 CERDI 型激光器。另一个改进是参考光束的形成元件，采用了特殊的光学设计，大大减小了它们（包括一些进口元件）的尺寸。终端全息头是一个长 25cm、直径为 8cm、质量为 1kg 的圆筒，如图 6-30 所示，和以前的原型装置具有同样的功能和质量，激光头包括一个移动架、一根光学耦合光纤（coupled fiber）、一个用于振动测量的声光调制器（acoustooptic modulator）以及所有必要的电子控制设备（如压电位移器（piezo-electric translator）、开关、CCD 及电源）[16]。

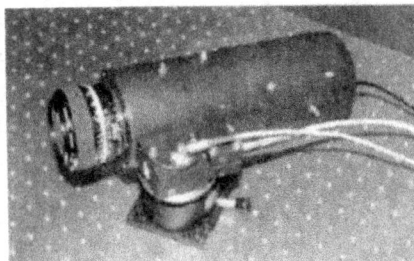

图 6-30　便携式全息相机
（Fig. 6-30　Portable Holographic Camera）

　　将全息干涉计量系统、数码相机、计算机与显示屏相组合，可以实现一种非常直观的振动检测。如美国 Goshen College 物理系所研制的实时全息干涉计量仪（real-time holographic interferometer），这是获得美国国家基金会（NSF）赞助的一个项目，其结构如图 6-31 所示。倍频 YAG 激光器的连续激光通过分束镜被分为两束。反射光束经过扩束镜照明待研究物体，另一部分耦合进光纤，光纤的另一端通过一面再组合镜（recombination mirror）照射在相机 CCD 接收器上；激光从物体上散射的光被照相机透镜采集后通过再组合镜也照射在相机 CCD 接收器上，两光束干涉的光场输入到计算机中，并由计算机软件程序进行处理，在监视器上实时显示二维的干涉图样。目前，类似的装置不仅被用作研究分析，而且已被许多高校采用，作为实验或者演示的教学仪器[14]。

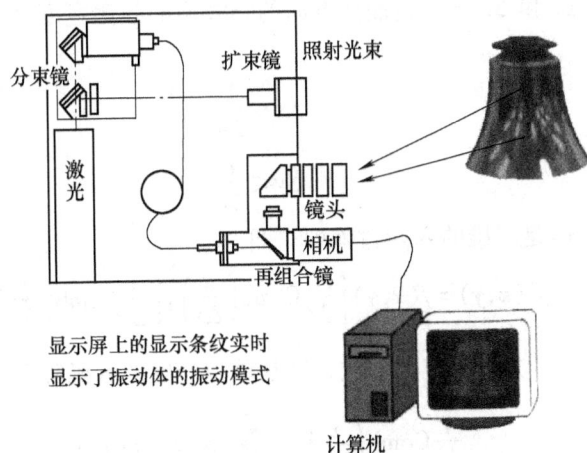

图 6-31　实时全息干涉计量仪
（Fig. 6-31　Metrical Instrument with Real-time Holographic Interferometry）

6.11 计算全息图检验非球面（Aspheric Surface Testing by Computer-generated Hologram）

6.11.1 计算全息图原理（Principle of Computer-generated Hologram）

光学工艺检验的最新发展是采用全息干涉术，如用实时全息干涉术测两个光学工艺阶段上被测件所产生的变化，或者给出对理想表面的偏差。为了检验光学元件表面的面形误差（surface shape error），必须有一标准样板，经曝光后作为原始物波记录在全息图上，此即是全息样板（holographic sample plate）。

由于标准非球面样板很难制作，故出现用计算机制作全息图代替标准样板产生全息图的方法，这就是计算机全息图，简称CGH。其基本原理是：根据已知的标准样板的面形函数，通过计算机计算和图形输出来制作全息图。为制作计算机全息图，首先要确定光学样板的解析表达式，再根据抽样定理，计算机用计算结果控制绘图仪，在纸上或塑料膜上绘出编码的标准波面在全息图平面上的振幅透射比，经过适当的缩放，就得到所需的全息样板。当用参考光束照明全息图时，在适当的位置上，全息样板把入射的参考光束变换成原光学样板的再现像。

6.11.2 计算全息图的制作[14,15]（Fabrication of Computer-generated Hologram）

计算全息图的制作分五个步骤：抽样、计算、编码、绘制和照相缩小、再现。

1. 抽样（sampling）

计算机不能处理连续的解析函数，只能处理离散的函数（discrete function），因此必须对已知的解析函数进行抽样。抽样包括对物光波抽样和对全息图抽样。

设物体是二维的，其复振幅是 $f(x,y) = a_0(x,y) e^{[-i\phi(x,y)]}$。$\Delta x$ 和 Δy 分别是 x 轴和 y 轴方向的抽样间隔，Δu 和 Δv 分别是抽样方向的物波面的频谱宽度（spectrum width），根据抽样理论，必须满足

$$\Delta x \leqslant \frac{1}{\Delta u} \tag{6-54}$$

$$\Delta y \leqslant \frac{1}{\Delta v} \tag{6-55}$$

抽样函数 $f_s(x,y)$ 是二维的 δ 函数阵列，即

$$f_s(x,y) = f(x,y) \left[\frac{1}{\Delta x} \text{Comb}\left(\frac{x}{\Delta x}\right) \right] \left[\frac{1}{\Delta y} \text{Comb}\left(\frac{y}{\Delta y}\right) \right] \tag{6-56}$$

式中　$\text{Comb}\left(\dfrac{x}{\Delta x}\right)$——$x$ 方向的梳状函数，即是单位长度的 δ 函数序列，表示为

$$\frac{1}{\Delta x} \text{Comb}\left(\frac{x}{\Delta x}\right) = \sum_{m=-\infty}^{\infty} \delta(x - m\Delta x)$$

$\text{Comb}\left(\dfrac{y}{\Delta y}\right)$——$y$ 方向的梳状函数，表示为

$$\frac{1}{\Delta y} \text{Comb}\left(\frac{y}{\Delta y}\right) = \sum_{m=-\infty}^{\infty} \delta(y - m\Delta y)$$

若物体的尺寸是 $x_0 \times y_0$，则总的抽样点数为

$$M \times N = \frac{x_0}{\Delta x} \frac{y_0}{\Delta y} = x_0 y_0 \Delta u \Delta \nu \qquad (6\text{-}57)$$

2. 计算

计算物波在全息图上的分布，对于傅里叶变换全息图，必须把式(5-23)的连续傅里叶变换变成离散傅里叶变换。设 j 和 k 为物面 x 和 y 方向的抽样序数，m 和 n 为频谱面 u 与 ν 方向的抽样序数，则物面的复振幅分布可以表示为

$$f(x,y) = f(j\Delta x, k\Delta y) = f(j,k)$$

全息图上的频谱分布可以表示为

$$F(u,\nu) = F(m\Delta u, n\Delta \nu) = F(m,n)$$

即物函数和其频谱函数都可以表示成抽样序数的函数，从而，离散的傅里叶变换为

$$F(m,n) = \sum_j \sum_k f(j,k) \exp\left[-2\pi\mathrm{i}\left(\frac{jm}{M} + \frac{kn}{N}\right)\right] \qquad (6\text{-}58)$$

计算离散的傅里叶变换时，通常采用快速傅里叶变换（FFT）算法，可使计算速度大大地提高。

3. 编码（coding）

编码是按给定的再现照明光波，人为的实现在全息图上各抽样点计算出的复振幅。

1965 年，罗曼（A. WLohmann）提出迂回位相法，其基本原理是：全息图具有和物面相同的抽样点数 mn，每一抽样点有一个振幅值 $a_0(m,n)$ 和一个位相值 $\phi(m,n)$，若在每一抽样点处开一个矩形孔，令孔的宽度 w 是一个常量，使孔的高度 h_{mn} 与抽样点的规化振幅成正比，孔的中心到采样点的距离 l_{mn} 与位相成正比，从而表示了各抽样点的复振幅，如图 6-32 所示。

这种编码的方法只是透射光和遮拦光，或者可以说是黑与白的表示方法，没有灰阶，因此制成的全息图称为二元全息图（binary hologram）。

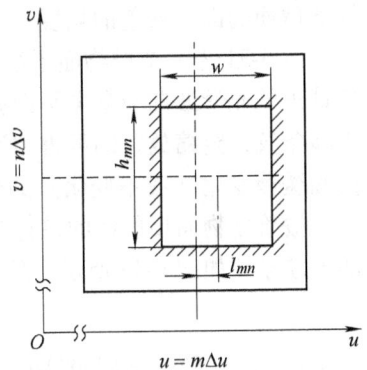

图 6-32　抽样点复振幅的编码
（Fig. 6-32　Complex Amplitude Coding of Sampling Points）

4. 全息图绘制

全息图各抽样点编码后，可通过计算机控制绘图仪器，画出编码形式的全息图，画在纸上的全息图一般较大，可以用精密相机缩小到所需要的尺寸，并复制在透明胶片（transparent film）上，再经照相机缩放全息图。

5. 全息图再现

全息图再现时，用平行光照明，若平行光垂直照明全息图，则重现像中心是一个亮点，两边是正负一级衍射像。若倾斜照明，则原始像位于像面中心，直射光形成一个亮点。当倾斜照明时应注意，使光波在入射坐标方向的空间周期与抽样点的间隔相等。

6.11.3　测试原理（Testing Principle）

计算全息图的最重要的应用是测试光学元件的面形误差，特别是非球面的面形误差。非

球面的应用具有广阔的前景，但由于其加工困难和检测精度低限制了其使用。计算全息图为非球面的检测提供了新的测试方法。

应用计算全息图测试非球面的光学系统如图 6-33 所示，其基本结构是改型的泰曼-格林干涉仪。准直的 He-Ne 激光经分束器 B_1 分成参考光束与测试光束。参考光束经反射 M_1、M_2、M_3 和分束器 B_2 垂直入射到全息图 H 上；测试光束经分束器 B_1、B_2、物镜 O 和光阑 D，形成一个发散的球面波。使被检非球面镜的顶点曲率中心与会聚透镜的焦点在光阑中心重合，形成自准光路（auto-collimating light path）。计算全息图 H 精确地定位在被检非球面的像平面上，通过透镜 L 和光阑 F 滤掉计算全息图再现

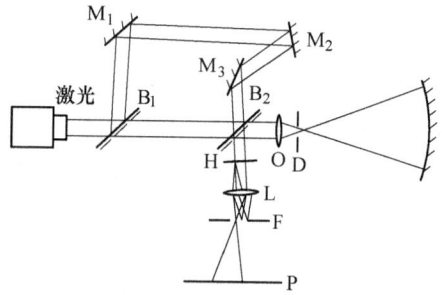

图 6-33　应用计算全息图测试非球面的光学系统
（Fig. 6-33　Optical System of Testing Aspheric Surfaces with Computer-generated Hologram）

的零级和高级衍射，只允许 1 级衍射波（样板波面）和测试光路的零级波面通过。样板波面和实际波面在平面 P 叠加，形成干涉条纹。

因两支光路能够通过计算全息图 H，故可以抵消全息图底板厚度变化所引起的位相误差。若被检非球面有偏差，则在干涉平面 P 上得到弯曲的条纹，其与直条纹的偏差即为被检非球面的面形误差的量度。

图 6-34 为一个抛物面干涉条纹型全息图。干涉条纹型全息图原理比较简单，利用计算机算出的光学波前与参考平面波在全息图上形成的干涉条纹位置，用绘图仪一条一条地画出干涉条纹，经缩放，即可得到计算机全息图。干涉条纹型全息图适合于波前形状比较规则、振幅缓慢变化（或不变化）的全息图。

被检抛物面反射镜的口径为 190mm，顶点半径是 1 940mm。用图 6-33 的装置检验获得的干涉条纹如图 6-35 所示。从干涉条纹可以判读出，波面差是 0.3μm。

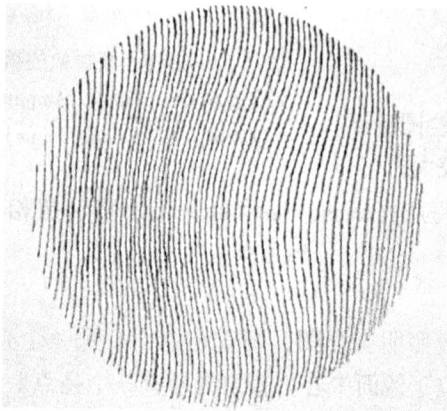

图 6-34　计算全息图
（Fig. 6-34　Computer-generated Hologram）

图 6-35　一个抛物面的检验结果
（Fig. 6-35　Testing Result of A Paraboloid）

本章习题（Exercises）

6-1 什么叫全息干涉术？为什么用全息干涉术测物体面形不受表面形状和粗糙度的限制？

6-2 什么叫实时全息干涉术？什么叫双曝光全息干涉术？各有何优缺点？

6-3 写出用实时全息干涉术测物体变形的步骤。哪些记录介质适于实时全息干涉术？

6-4 写出用双曝光全息干涉术测物体变形的步骤。为什么用双曝光全息干涉术记录的全息图不必精确复位？

6-5 什么叫计算机产生全息图 CGH？用 CGH 的干涉仪测非球面的原理是什么？

6-6 试述数字全息干涉术的原理。

6-7 如何使激光束均匀、准直和扩束？画出光路图并述说各元件的作用和要求。

6-8 全息等高线法测面形的方法是什么？

本章术语（Terminologies）

物体变形	deformation of an object
位移	displacement
旋转	rotation
等高线	contour map
应力	stress
弯曲	bending
振动	vibration
全息干涉术	holographic interferometry
实时全息干涉术	real-time holographic interferometry
双曝光全息干涉术	double exposure holographic interferometry
时间平均全息干涉术	time-average holographic interferometry
复位	home position
相干时间	coherent time
色散	dispersion
信息容量	information volume
空间相干性	spacial coherence
时间相干性	temporal coherence
同相	in phase
反相	out of phase
时间滤波	time filtering
全息干涉图	holographic interferogram
衰减片	attenuator
就地显影	in-situ development
光楔	optical wedge
标量	scalar
双曲面	hyperboloid
准直透镜	collimating lens

椭圆面	ellipsoid
定位面	localization plane
空间带宽积	space-bandwidth product
简谐振动	simple harmonic oscillation
零阶贝塞尔函数	zero-order Bessel function
频闪照明全息干涉术	stroboscopic illumination holographic interferometry
脉冲宽度	pulse width
位相差	phase difference
全息等高线	holographic contour map
双光源照明法	double light sources illumination method
双波长法	double wavelength method
双折射率法	double refractive index method
干涉条纹	interference fringe
三维变形	three-dimensional deformation
数字全息干涉术	digital holographic interferometry
远心光路	telecentric light path
平面参考波	plane reference wave
双折射率	double refractive index
位移测量	displacement measurement
无损检测	nondestructive testing
像旋转补偿器	image rotation compensator
布拉格条件	Bragg condition
单频激光器	single frequency laser
光导热塑料	photoconductor thermoplastic film
光折变晶体	photorefractive crystal
耦合光纤	coupled fiber
声光调制器	acoustooptic modulator
压电位移器	piezoelectric translator
非球面	aspheric surface
全息样板	holographic sample plate
抽样	sampling
离散的函数	discrete function
频谱宽度	spectrum width
二元全息图	binary hologram
面形误差	surface shape error
自准光路	auto-collimating light path
便携式全息相机	portable holographic camera
计算全息图	computer-generated hologram

参考文献（References）

[1] Yu. I. Ostrovsky. Interferometry by Holography [M]. Berlin：Springer ~ Verlag, 1980.

［2］史密特．全息学原理［M］．中国科学院物理所，译．北京：科学出版社，1973.

［3］H. J. Tiziani. Real-time metrology with BSO crystals［J］. Optca Acta, 1982, 29（4）：463-470.

［4］杨国光．近代干涉测试技术［M］．北京：机械工业出版社，1983.

［5］王之江，顾培森．现代光学应用技术手册：上册［M］．北京：机械工业出版社，2010.

［6］金观昌．计算机辅助光学测量［M］．北京：清华大学出版社，2007.

［7］Guo Jun, Yang Kun, Wang Wensheng. The Fast Automatic Interpretation of Digital Holographic Interference Fringes［J］. SPIE, 2011（8191）：10-59.

［8］郭俊，霍富荣，周岩，等．利用 EALCD 的数字全息干涉［J］．红外与激光工程，2011，40（11）：2223-2228.

［9］Guo Jun, Zhang Wanyi, Dong Hui, et al. Application of Digital Holographic Inte ferometry Based on EALCD for Measurement of Displacement［J］. SPIE, 2010（7544）：75442I-1.

［10］范真节，逄浩君，王文生．CCD 和 EALCD 在全息位移测量中的应用［J］．激光与光电子学进展，2010，47（6）：060902-1-5.

［11］杨坤，刘喆，王文生．数字像面全息双曝光法测量物体位移的研究［J］．长春理工大学学报，2009（1）：25-27.

［12］H. J. Tiziani. Real-time Measurements in Optical Metrology Laser 81［M］. Berlin：Springer ~ Verlag, 1982.

［13］A. Marrakchi. Application of Phase Conjugation in $Bi_{12}SiO_{20}$ Crystal to mode Pattern Visaalisation of diffuse Vibrating Structure［J］. Opt. Commucation, 1980（34）：15-18.

［14］于美文．光学全息及信息处理［M］．北京：国防工业出版社，1988.

［15］赵宝庆，高清峰．用计算机全息图检验非球面面形［J］．光学机械，1980（1）：33-36.

［16］熊秉衡，李俊昌．全息干涉计量——原理和方法［M］．北京：科学出版社，2009.

第7章 全信息测量技术
（Chapter 7 All Information Measurement Technology）

7.1 自动处理全息图（Automatic Processing Hologram）

7.1.1 概述（Summary）

科学技术和工业技术的迅速发展已使普通的计量技术不能满足新的测试要求。这种新的测试要求是高精度（high accuracy），非接触（non-contact），实时自动和全信息测量。

干涉术利用波长作为新的量度单位，大大地提高了测试精度，也能满足非接触的要求。但是，普通干涉术只能对光滑的规则表面（如球面、平面、二次曲面）进行研究，不能测定有任意形状的表面，或者表面粗糙的物体。全息干涉术就解决了这个问题，它大大地扩大了测试范围，可以测任意介质、任意形状、任意表面状态的目标，并且有三维测量的性质。应用全息干涉术可以研究应力、压力、位移、变形、振动、探伤以及温度场、空气动力学等方面的问题。全息干涉术是建立在定量地计量干涉条纹图形基础之上的。然而，拍摄在感光胶片（photographic film）上的全息干涉图是二维的平面图，由此可以计算变形的大小。物体变形的全信息包括变形大小、变形的方向和变形的形状。这样，用普通的全息干涉术来研究物体变形将损失掉两个重要信息，即方向和形状，而且对于复杂的变形容易产生计算的错误。全信息测量问题只能通过自动处理全息图解决。

7.1.2 自动处理全息图的意义[1]（The Significance of Automatic Processing Hologram）

全息图自动处理是由电视微机系统（TV-computer system）自动记录干涉图，扫描和采集图像信息，实现 A/D 转换（A/D convertor），再自动处理数字化的信息，实现 D/A 转换，把测试结果显示在监视器（monitor）上或由打印机（printer）打印出来。这种处理技术可以获得所需要的任何信息，实现全信息测量。

图7-1 所示为由自动处理全息图得到的压力鼓变形等高线图。它是当气压加到 2bar（1bar $=10^5$Pa）时测试鼓表面变化的二维图形，它与用照相机拍摄下来经过显影（developing）、定影（fixing）等化学处理后的全息干涉图照片无异，仅是亮条纹用线表示，但不影响条纹的位置和计算结果。

如果仅从二维平面图分析，那么由中心到边缘有5.5个干涉条纹。由于不知道变形的形状，很容易错误地计算出最大变形量为 $\frac{\lambda}{2} \times 5.5$（光源为氩离子激光器，$\lambda = 0.514 \mu m$）。但由自动处理全息图得到的压力鼓变形三维立体图（图7-2）可清楚地看到，物体在整个表面上的变化不是简单的凸凹。它由中心往外变形逐渐增大，至中部约经三个条纹（由自动处理全息图得 2.85 个条纹）后表面变形减少，所以最大的变形量为 $\frac{\lambda}{2} \times 2.85$，最大的变形部

位在距圆心 $2.85R$（$R = 50\text{mm}$）处的圆环区，最小的变形区在中心和边缘，其变形量为零。变形的方向向上，变形的形状是比较复杂的，类似正弦曲线。

图 7-1 由自动处理全息图得到的压力鼓变形等高线图

（Fig. 7-1 Contour Map of Pressure Drum Deformation by the Automatic Processing Hologram）

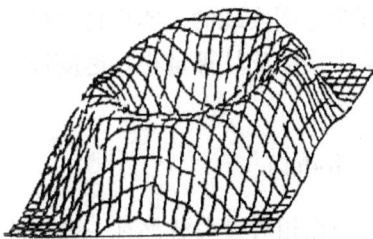

图 7-2 由自动处理全息图得到的压力鼓变形三维立体图

（Fig. 7-2 3-D Plot of Pressure Drum Deformation by Automatic Processing Hologram）

图 7-3 所示为由自动处理全息图得到的压力鼓中间行、列（第十行、第十列）变形曲

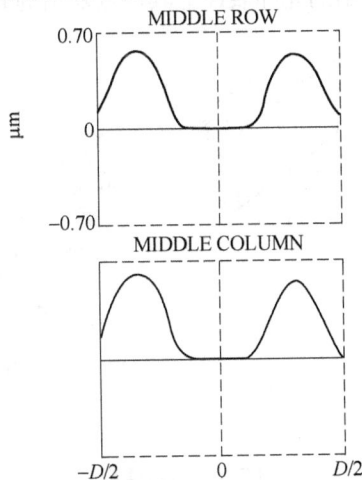

图 7-3 由自动处理全息图获得到的压力鼓中间行、列变形曲线

（Fig. 7-3 Deformation Curve of Middle Row and Column of Pressure Drum by Automatic Processing Hologram）

线。由此图可清楚地看到在该部位各处变形的全信息，也证实了由三维图分析的表面形状和最大、最小变形区的位置。根据该行、列的变形曲线可以更精确地分析在该气压下压力对压

力鼓各点变形的影响。

从上例可以看出,由自动处理全息图可以获得在应力场、温度场和压力场等作用下被测目标变形的全信息;反之,通过变形全信息也可以研究应力场、温度场和压力场等分布。另外,为了把全息干涉术应用到实践中,必须在尽可能短的时间内迅速地处理全息图。这种高速度的要求导致全息干涉图的扫描、记录和处理必须自动,因此自动处理全息图具有很大的意义。它不但能获得被测物体变形的全信息,而且节省了大量时间,不必再拍摄干涉条纹及显影、定影等化学处理过程。这样,自动计算全息图有可能使全息干涉术应用到工业中去。

应该指出,这种利用自动处理全息图获得全信息测量的原理和方法不仅适用于全息干涉术,而且可以应用于任何干涉术图像的探测和处理。

7.2　实时全息干涉术的全信息测量（All Information Measurement of Real-time Holographic Interferometry）

全信息测量是通过自动处理全息图实现的。实现自动处理全息图有两种方法:三个干涉图法和四个干涉图法。由于三个干涉图法计算量小,速度快,更适于实时全息干涉术,所以这里主要论述三个干涉图法。

7.2.1　物理模型（Physical Model）

在拍摄全息图时,物波的每一点相对参考波都有一确定的、未知的位相,这个位相正比于物体变形后表面上该点的位移。图7-4所示为物理模型。光源 O 照明物体,光被物体表面上一点 P 散射后传播到全息图 H 上,在全息图上进行观测。假定物体表面由大量的散射体组成,当表面任意一点 P 经位移 L 到达新的位置 P' 时,由点 P 发出的光和点 P' 发出的光产生干涉,形成全息干涉条纹。 P 点发出的光和表面上其他点发出的光不会干涉（不考虑散斑）[2]。

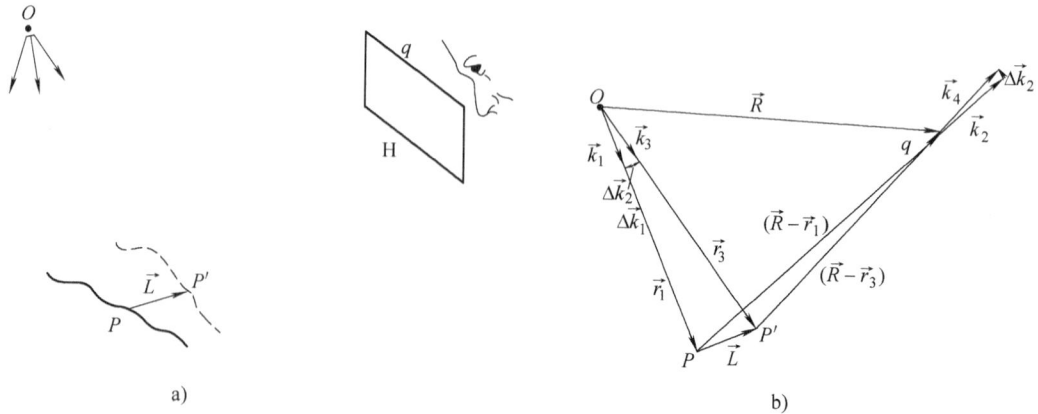

图 7-4　物理模型

（Fig. 7-4　Physical Model）

a）系统原理图　b）矢量的位移和方向

（a）Schematic Sketch of System　b）Displacement and Orientation of Vector）

全息图 H 的作用是重现物体在初始状态和在位移后状态所散射的光场。如果全息图已记录物体表面位移前后的信息，两次记录之间物点 P 的位移为 L，当在 q 处观察 P 点时，观察者会发现，P 点的位移会导致位相的移动。设 P 点位移到 P' 时位相移为 ϕ，那么 ϕ 的大小与位移 L 有关。

7.2.2　位移与位相移的基本关系式（Basic Relationship between Displacement and Phase-shifting）

为了确定线位移 L 与位相移 ϕ 之间的关系，设图 7-4b 中的矢量 $\vec{R}$ 和 $\vec{r}$ 位于由 O、P 和 q 所确定的平面内，$\vec{k_1}$ 和 $\vec{k_2}$ 分别是位移前 P 点光的照明方向的单位矢量和观察方向的单位矢量，$\vec{k_3}$ 和 $\vec{k_4}$ 分别是位移后 P' 点光的照明方向的单位矢量和观察方向的单位矢量。

到达观察点 q 处两光线的位相为

$$\phi_1 = \frac{2\pi}{\lambda}\vec{k_1} \cdot \vec{r_1} + \frac{2\pi}{\lambda}\vec{k_2} \cdot (\vec{R} - \vec{r_1}) + \phi_r \tag{7-1}$$

$$\phi_2 = \frac{2\pi}{\lambda}\vec{k_3} \cdot \vec{r_3} + \frac{2\pi}{\lambda}\vec{k_4} \cdot (\vec{R} - \vec{r_3}) + \phi_r \tag{7-2}$$

式中　ϕ_r——光线在点源 O 处具有的初位相；
　　　ϕ_1——位移前被 P 点散射的光在 q 处的位相；
　　　ϕ_2——位移后被 P' 点散射的光在 q 处的位相。

q 处的位相差为

$$\phi = \phi_2 - \phi_1 \tag{7-3}$$

由图 7-4b 可知

$$\vec{k_3} = \vec{k_1} + \Delta\vec{k_1} \tag{7-4}$$

$$\vec{k_4} = \vec{k_2} + \Delta\vec{k_2} \tag{7-5}$$

由此得出，物点 P 位移后，在观察点 q 处的位相变化为

$$\begin{aligned}\phi &= \phi_2 - \phi_1\\ &= \frac{2\pi}{\lambda}[(\vec{k_1}+\Delta\vec{k_1})\cdot\vec{k_3}+(\vec{k_2}+\Delta\vec{k_2})\cdot(\vec{R}-\vec{r_3})-\vec{k_1}\cdot\vec{r_1}-\vec{k_2}(\vec{R}-\vec{r_1})]\\ &= \frac{2\pi}{\lambda}[(\vec{k_2}-\vec{k_1})\cdot(\vec{r_1}-\vec{r_3})+\Delta\vec{k_1}\cdot\vec{r_3}+\Delta\vec{k_2}(\vec{R}-\vec{r_3})]\end{aligned} \tag{7-6}$$

在实际系统中，$\vec{r_1}$ 和 $\vec{r_3}$ 远大于 $\vec{L}=\vec{r_3}-\vec{r_1}$，因此，可以认为 $\Delta\vec{k_1}\perp\vec{r_3}$，$\Delta\vec{k_2}\perp(\vec{R}-\vec{r_3})$。这样，式(7-6)中的第二项、第三项为零，即

$$\phi = \frac{2\pi}{\lambda}(\vec{k_1}-\vec{k_2})\cdot\vec{L} \tag{7-7}$$

式(7-7)的位相关系式适用于任一物点。如果用 (x,y) 表示任一点 P 的坐标，那么位相关系的普通式可以写为

$$\phi(x,y) = \frac{2\pi}{\lambda}[\vec{k_1}(x,y)-\vec{k_2}(x,y)]\cdot\vec{L}(x,y) \tag{7-8}$$

7.2.3　三个干涉图法原理[3~5]（Principle of Three-step Interference Pattern）

由式(7-8)可知，如果位相 $\phi(x,y)$ 已知，$\vec{k_1}$ 和 $\vec{k_2}$ 由全息装置的几何结构确定，那么可以

计算出位移矢量 $\vec{L}(x,y)$。

设原物光波和原参考光波的振幅分布分别为 $A_0(x,y) = a_0(x,y)\mathrm{e}^{-\mathrm{i}\phi(x,y)}$，$A_r(x,y) = a_r(x,y)\mathrm{e}^{-\mathrm{i}\phi_r(x,y)}$，由式(5-20)可知，在全息干板上产生的振幅透过率正比于 $(a_0^2 + a_r^2 + A_0A_r^* + A_0^*A_r)$。全息干板经显影、定影、复位（home position）后，再用参考波和变形物波照射全息干板。设变形物波为 $A_1 = a_0\mathrm{e}^{-\mathrm{i}\phi_1(x,y)}$，照明参考波为 $A_{r1} = a_r\mathrm{e}^{-\mathrm{i}[\phi_r(x,y)+\Delta\phi(x,y)]}$，即两波振幅没变，仅位相有变化，那么透过全息干板的光场复振幅分布为

$$A(x,y) = (A_1 + A_{r1})(a_0^2 + a_r^2 + A_0A_r^* + A_0^*A_r)$$
$$= A_1(a_0^2 + a_r^2) + A_1A_0A_r^* + A_1A_0^*A_r + \underline{A_{r1}(a_0^2 + a_r^2)} + \underline{A_{r1}A_0A_r^*} + A_{r1}A_0^*A_r \qquad (7\text{-}9)$$

其中，第一项是变形物波，第五项是原物波，两波干涉形成干涉条纹，条纹的强度分布为

$$I = [A_1(a_0^2 + a_r^2) + A_0A_{r1}A_r^*] \cdot [A_1(a_0^2 + a_r^2) + A_0A_{r1}A_r^*]$$
$$= a_0^2(a_0^2 + a_r^2)^2 + a_0^2a_r^4 + 2a_0^2a_r^2(a_0^2 + a_r^2)\mathrm{e}^{-\mathrm{i}[(\phi_0 - \phi_1) + \Delta\phi]} \qquad (7\text{-}10)$$

式(7-10)可以简化为

$$I(x,y) = a(x,y) + b(x,y)\cos[\phi(x,y) + \Delta\phi] \qquad (7\text{-}11)$$

式中　$a(x,y) = a_0^2(a_0^2 + a_r^2)^2 + a_0^2a_r^4$；

$\qquad b(x,y) = 2a_0^2a_r^2(a_0^2 + a_r^2)$；

$\qquad \phi(x,y) = \phi_0 - \phi_1$。

式(7-11)中的 $\phi(x,y)$ 是由于变形而形成的干涉位相，也就是所要求的位相差。因为 $I(x,y)$ 可以测出，所以式(7-11)包含三个未知量：$\phi(x,y)$，$a(x,y)$ 和 $b(x,y)$。为了解决这个问题，可以利用三个干涉图法，即在参考光路中使位相变化三次，从而得到三个光强分布公式，设引入的附加相移 $\Delta\phi$ 为 $-\beta$、0、$+\beta$，则三个公式为

$$I_1(x,y) = a(x,y) + b(x,y)\cos[\phi(x,y) - \beta] \qquad (7\text{-}12)$$
$$I_2(x,y) = a(x,y) + b(x,y)\cos[\phi(x,y)] \qquad (7\text{-}13)$$
$$I_3(x,y) = a(x,y) + b(x,y)\cos[\phi(x,y) + \beta] \qquad (7\text{-}14)$$

这样，由已知的位相 β 扫描三个不同的干涉图，对每一采样点，联解这三个方程式，得

$$\frac{I_3(x,y) - I_1(x,y)}{I_3(x,y) - 2I_2(x,y) + I_1(x,y)} = \tan\phi(x,y)\cot\frac{\beta}{2} \qquad (7\text{-}15)$$

如果选择 $\beta = 90°$，则 $\cot\dfrac{\beta}{2} = 1$，由此可得

$$\phi(x,y) = \arctan\frac{I_3(x,y) - I_1(x,y)}{I_3(x,y) - 2I_2(x,y) + I_1(x,y)} \qquad (7\text{-}16)$$

由式(7-16)可以看出，位相 $\phi(x,y)$ 仅取决于三次重现全息图的强度分布。$a(x,y)$ 和 $b(x,y)$ 已不再包含在公式内，所以干涉仪的非均匀照明不影响测量。I_1、I_2 和 I_3 的强度分布可以测得，这样，利用式(7-7)和式(7-16)可以计算出变形矢量 $\vec{L}(x,y)$。如果把这两个公式应用到所有要计算的点，那么可以得到所有各点的位移矢量，通过处理 $\vec{L}(x,y)$，可以得到所需要的信息或图形，从而实现全息图的自动处理。

7.2.4　四个干涉图法原理[6]（Principle of Four-step Interference Pattern）

由于三个干涉图法少一次干涉图的扫描、记录和处理，所以比四个干涉图法速度快，这

对实时全息干涉术是十分重要的。但是，三个干涉图法必须有已知的、固定的相移量，如90°。这样必须严格地调校位相控制器（phase controller），使参考光路中玻璃平板的偏转对应的相移为90°，否则将引起较大的测量误差。四个干涉图法避免了这一缺点，其相移可以固定为任意值，也不需要知道。因此，用四个干涉图法来实现自动处理全息图不必调校位相控制器。

根据光强分布式(7-11)，如果在参考光路中使位相改变三次，结合相移前记录的干涉图，那么可获得四个光强分布公式。设每次相移为 β，则有

$$I_1(x,y) = a(x,y) + b(x,y)\cos\phi(x,y) \tag{7-17}$$

$$I_2(x,y) = a(x,y) + b(x,y)\cos[\phi(x,y) + \beta] \tag{7-18}$$

$$I_3(x,y) = a(x,y) + b(x,y)\cos[\phi(x,y) + 2\beta] \tag{7-19}$$

$$I_4(x,y) = a(x,y) + b(x,y)\cos[\phi(x,y) + 3\beta] \tag{7-20}$$

因 $I_r(x,y)$（$i = 1$，2，3，4）可以测出，所以有四个未知量：$a(x,y)$，$b(x,y)$，$\phi(x,y)$ 和 $\beta(x,y)$。解此方程组有

$$\cos\beta = \frac{I_1(x,y) - I_2(x,y) + I_3(x,y) - I_4(x,y)}{2[I_2(x,y) - I_3(x,y)]} \tag{7-21}$$

$$\phi(x,y) = \arctan \frac{I_1 - 2I_2 + I_3 + (I_1 - I_3)\cos\beta + 2(I_2 - I_1)\cos^2\beta}{\sqrt{1 - \cos^2\beta}[I_1 - I_3 + 2(I_2 - I_1)\cos\beta]} \tag{7-22}$$

$$b(x,y) = \frac{I_2 - I_1}{\cos(\phi + \beta) - \cos\phi} \tag{7-23}$$

$$a(x,y) = I_1 - b(x,y)\cos\phi \tag{7-24}$$

一般来说，$a(x,y)$ 和 $b(x,y)$ 是不需要求解的，所需要的是求每个点对应的 $\phi(x,y)$ 和 β。最好的方法是，首先按式(7-21)沿扫描线计算所有点的 $\cos\beta$，检验这个值是否为常数。如果该值近似为常数，那么再求解式(7-22)。否则，对于所计算的 $\cos\beta$ 值取其平均值，然后再确定出式(7-22)所决定的干涉位相。在式(7-22)中，如果用强度 I_2、I_3 和 I_4 代替 I_1、I_2 和 I_3，那么可获得同样的结果。

通过式(7-7)和式(7-22)可以计算出物体的变形矢量 $\vec{L}(x,y)$。如果把这两个公式应用到所有需计算的点，那么可求得所有各点的位移矢量。通过处理 $\vec{L}(x,y)$，可得到所需要的三维变形信息或形貌图。

因有 2π 位相跃迁（phase jumping），所以由式(7-22)所得的干涉位相不是唯一的。为了把非连续的位相模数 2π 转变成连续的位相分布，必须首先确定每一点是否产生非连续性。若某点的位相和其前面几个点的位相间差的绝对值大于 $0.5 \times 2\pi$，则存在非连续性。如果已确定出非连续性，那么必须计算前面最后几个点的斜率。如果是正的，要加上 2π；如果是负的，要减去 2π。

7.2.5 移相器（Phase Shifter）

自动处理全息图的位相移 β 是在平行的参考光路中借助一平行平板玻璃来实现的。用一计算机控制的压电位移器 PZT（piezoelectric translator）使平行平板玻璃转动一定角度，相应的位相移为 $\pm 90°$。在测量前必须校正压电位移器，使位相移为90°。

实时全息干涉术首先要拍摄一个零全息图,即第一次曝光,把没有变形的物体波前记录下来。物体变形后,变形的波前实时地重叠在重现的被记录下来的未变形的波前之上,两波前干涉。由于物体的变形,两波前是不同的,所以干涉的结果形成干涉条纹。干涉条纹描述了等变形线。参考光路中的位相移动是在实时记录变形的某一时刻进行的。

根据变形场的变化速率,可以再拍摄一个零全息图,确定下一时刻的位相移动,以及干涉图的数据采集和处理。其基本原则是:两时刻之间由于变形产生的干涉条纹不应过密,否则对比度下降,影响自动处理全息的计算结果。干涉条纹数目多少为宜,必须根据实际干涉场的干涉条纹对比度而定。

7.2.6 数据的采集和处理 (Data Collecting and Processing)

由于实时全息术记录各个时刻变形场的状态,所以在参考光路中的三次相移以及三个干涉图的数据采集、记录和处理要十分迅速,否则对于连续变形的物体不能正确地测定物体在某一时刻的变形状态。因为三个干涉图法比四个干涉图法少一次相移,以及少一次干涉条纹的数据采集和处理,所以三个干涉图法的速度比四个干涉图法快得多。

最适于实时全息干涉术的全息记录介质是硅酸铋晶体 ($Bi_{12}SiO_{20}$),简称 BSO 晶体。因为 BSO 晶体可以实现自动显影,省掉了全息干板的显影、定影等化学处理和复位过程,所以 BSO 晶体对实时记录具有特殊重要意义[7]。

干涉图像的捕获、数据的采集和处理是用电视-微机系统实现的。在 BSO 晶体平面附近形成的像面全息图(采用像面全息图是为了减少照明时间)被电视摄相机接收下来,由电视分析器沿直线提取全息图的模拟信号,实现 A/D 转化,信号的强度分成 256 个灰阶。这样,按光强分布的全息图顺序被处理成数字,记录并存储在计算机内。对于三个具有不同参考波位相的重现全息干涉图,这个过程重复地进行三次,对每一要计算的物点得到三个公式。通过计算机的处理,最后计算出沿着扫描线的干涉位相 $\phi(x,y)$ 和变形矢量 $\vec{L}(x,y)$。按一定方式进行处理,可得到各种信息场。

为了计算全息图,首先要对研究的区域进行边界限制。现在已编辑有椭圆、圆和任意多边形的边界限制程序,可用于研究任意部位,任一形状的变形场。

7.3 双曝光全息干涉术的全信息测量 (All Information Measurement of Double-exposure Holographic Interferometry)

7.3.1 测量原理 (Measurement Principle)

在全息干涉测量时,如果只需要对固定的时间间隔前后的表面相对位置做永久性的记录,那么可以用双曝光全息干涉术。如果把三个干涉图法或四个干涉图法应用到双曝光全息干涉术中,那么可以实现双曝光全息干涉术的全息图的自动计算,从而实现利用双曝光全息干涉术的全信息测量。

普通的双曝光全息干涉术只需要一支参考光路。为了实现双曝光全息干涉术全息图的自动计算,要求全息装置有两支参考光路。这是因为当进行相移时,若仅有一支参考光路,则

重现的两物波都引入相同的相移，其干涉位相相对未变。因此，两物波之间没有引入附加位相，即

$$[\phi_1(x,y)+\beta]-[\phi_2(x,y)+\beta]=\phi_1(x,y)-\phi_2(x,y) \tag{7-25}$$

第一次曝光记录物体表面的初始状态，用一支参考光路；第二次曝光记录物体发生应变后的状态，用另一支参考光路。两次曝光分别在全息记录介质（如 BSO 晶体）表面形成全息图。当用两束参考光照明全息图时，再现的变形前后两物波干涉，形成干涉条纹。

为了实现全息干涉图的自动处理，必须在一支参考光路（即记录物体发生应变后状态的第二次曝光时所用的参考光路）中放一相移器。在用两束参考光同时照明全息图时，物体变形前后的两物波重现。如果使两束参考光的相互位相改变三次，就可得到三个全息干涉图。三个干涉图通过电视摄像机和电视监视器被连续地扫描、数字化。通过计算机求出干涉位相 $\phi(x,y)$ 和变形矢量 $\vec{L}(x,y)$。通过适当的方式处理，则可以得到所需要的全信息，从而实现双曝光全息干涉术的干涉图的自动处理。

7.3.2　基本公式（Basic Formula）

设第一次曝光时参考光 A_{r1} 和物体初始状态的物光波 A_{o1} 在 BSO 晶体表面上的强度分布为

$$I_1(x,y)=I_{o1}+I_{r1}+A_{o1}A_{r1}^*+A_{o1}^*A_{r1} \tag{7-26}$$

第二次曝光时参考光 A_{r2} 和物体应变后的物光波 A_{o2} 在 BSO 晶体表面的强度分布为

$$I_2(x,y)=I_{o2}+I_{r2}+A_{o2}A_{r2}^*+A_{o2}^*A_{r2} \tag{7-27}$$

那么两次曝光在全息记录介质表面上的强度总分布为

$$I(x,y)=I_1(x,y)+I_2(x,y) \tag{7-28}$$

当用两束参考光 A_{r1} 和 A_{r2} 同时照明全息图时，产生八个重现波。其中四个是共轭重现波：$A_{o1}^*A_{r1}A_{r1}$，$A_{o2}^*A_{r1}A_{r2}$，$A_{o1}^*A_{r1}A_{r2}$ 和 $A_{o2}^*A_{r2}A_{r2}$；两个是不希望有交叉的重现波：$A_{o1}A_{r1}^*A_{r2}$ 和 $A_{o2}A_{r1}A_{r2}^*$；另外两个重现波正是所需要的原始物波：$A_{o1}A_{r1}^*A_{r1}$ 和 $A_{o2}A_{r2}^*A_{r2}$，这两个波相干产生干涉条纹。干涉条纹描述了物体表面的变形状态。

设干涉条纹的强度分布为

$$I(x,y)=a(x,y)+b(x,y)\cos[\phi(x,y)+\theta] \tag{7-29}$$

式中　$\phi(x,y)$——变形前后两物波的干涉位相差；

θ——重现时两参考光的相对位相移。

如果在重现时两参考光之间的相对位相移分别为 θ_1、θ_2 和 θ_3，则有

$$I_1(x,y)=a(x,y)+b(x,y)\cos[\phi(x,y)+\theta_1] \tag{7-30}$$

$$I_2(x,y)=a(x,y)+b(x,y)\cos[\phi(x,y)+\theta_2] \tag{7-31}$$

$$I_3(x,y)=a(x,y)+b(x,y)\cos[\phi(x,y)+\theta_3] \tag{7-32}$$

其中，$a(x,y)$、$b(x,y)$ 和 $\phi(x,y)$ 是未知量，θ 可人为地确定。如果为了测试时避免调校值 θ 的大小，即 θ 为任一常数，那么欲求出 $\phi(x,y)$，必须有四个方程，即参考波间相对位相变化四次，形成四个干涉图，也就是采用四个干涉图法。这里仍采用三个干涉图法，解上面三个方程式(7-30)～式(7-32)，得

$$\tan\phi(x,y)=\frac{(I_3-I_2)\cos\theta_1+(I_1-I_3)\cos\theta_2+(I_2-I_1)\cos\theta_3}{(I_3-I_2)\sin\theta_1+(I_1-I_3)\sin\theta_2+(I_2-I_1)\sin\theta_3} \tag{7-33}$$

设 $\theta_1 = -90°$，$\theta_2 = 0°$，$\theta_3 = 90°$，则式（7-33）可简化为

$$\tan\phi(x,y) = \frac{I_3 - I_1}{I_3 - 2I_2 + I_1} \tag{7-34}$$

$$\phi(x,y) = \arctan\frac{I_3 - I_1}{I_3 - 2I_2 + I_1} \tag{7-35}$$

位相 $\phi(x,y)$ 与物体表面位移矢量 $\vec{L}(x,y)$ 的关系为

$$\phi(x,y) = \frac{2\pi}{\lambda}(\vec{k_1} - \vec{k_2}) \cdot \vec{L}(x,y) \tag{7-36}$$

如前所述，$\vec{k_1}$ 和 $\vec{k_2}$ 分别是照明方向和观察方向的单位矢量，当光学系统确定后，$\vec{k_1}$ 和 $\vec{k_2}$ 也就确定了。

7.3.3 对两个参考光源的要求（Requirements for Two Reference Light Sources）

全信息测量的双曝光全息干涉术用两支参考光路，产生八个重现像，各个重现波的方向取决于光学系统的结构。为了避免重现波的重叠干扰，两参考光束必须选择在物体的同侧，而且两参考光源的间隔要大于物体在对应方向的角尺寸。然而，若两参考光源间隔过大，将导致对复位误差十分灵敏。因此，在一定的条件下，如果没损失干涉位相的测量精度，将允许重现波有一定的交叉重叠。这样可使两参考光源重合在一起，而参考光束有一定的交叉重叠。

具有两个参考光路的全息干涉术装置如图7-5所示。图7-5a所示为两参考光源分离，则两交差重现波分离在两侧，两重现物波产生的干涉条纹对比度很好。图7-5b所示为两参考光源重合，由于两交叉重现波与原物波重叠，干涉条纹的对比度大大地下降。如果根据这样低对比度的条纹进行自动处理，那么将引入随机误差，大大地降低位相测量的精度[8]。

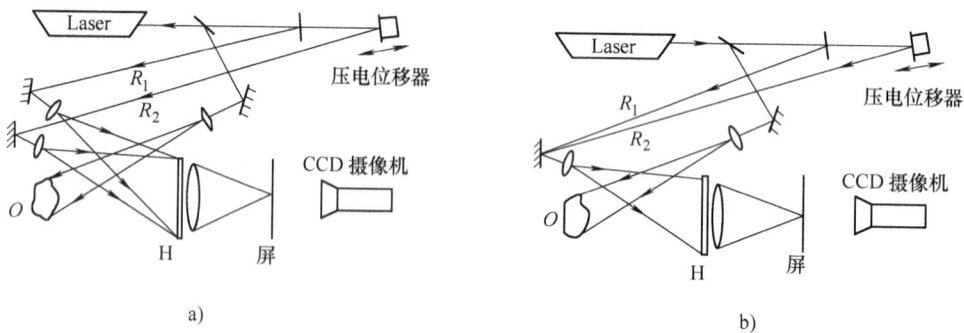

图 7-5　双参考光路全息干涉术装置
(Fig. 7-5　Layout of Holographic Interferometry with Double Reference Optical Path)
a）两参考光源分离　b）两参考光源重合
（a）Two Separated Reference Light Sources　b）Two Coincided Reference Light Sources）

另一方面，只要交叉重现像 $A_{o1}A_{r1}^*A_{r2}$ 和 $A_{o2}A_{r1}A_{r2}^*$ 大于散斑尺寸，那么重现像的散斑图是不相关的，它们的重叠不产生任何宏观干涉。两参考光源间所需要的最小角尺寸由成像透镜的圆孔衍射分辨极限决定。两参考光源必须在透镜口径内产生至少一个干涉条纹。两参考光源重合装置的失调灵敏度约为10°，而两参考光源分离装置的失调灵敏度约为0.01°。

7.4　全信息测量的光学系统（Optical System of All Information Measurement）

自动处理全息图的光学系统与普通全息干涉术的光学系统基本相同，因此，这里仅研究全息干涉术的基本装置及其应用范围。

7.4.1　基本结构形式（Basic Structure Type）

用于全息干涉术的最典型的结构是利思（Leith）和厄帕特尼斯（Upatniks）提出的古典分束，其结构形式如图 7-6 所示。图 7-6a 所示为非严格时间相干的激光辐射的全息装置，参考光和物光的光程差较大；图 7-6b 所示为严格时间相干的激光辐射的全息装置，两束光的光程差基本相等；图 7-6c 所示为测位相物体的全息装置；图 7-6d 所示为全息装置框图。其原理是，从激光器 1 发出的激光光束被准直系统 2 准直、扩束和空间滤波后，经分束镜 3 形成参考光束和照明物体 4 的物光束。参考光束直接照射到全息干板 5 上，物光束被物表面散射后也传播到全息干板 5 上。两光束在全息干板上相干形成全息图。全息干涉装置中一个实际上必不可少的元件是快门 6，它确定了全息图的曝光时间，并以某种方式与被研究物体的状态同步。当研究压力（机械的或热的等）或应力产生的变形场时，快门工作两次，通常是在施加被研究的压力或应力的前和后工作。在研究迅速变化的过程中，脉冲激光的 θ 调制就是快门。当用在自由工作状态时，被研究的过程要与触发泵闪光灯的脉冲同步。

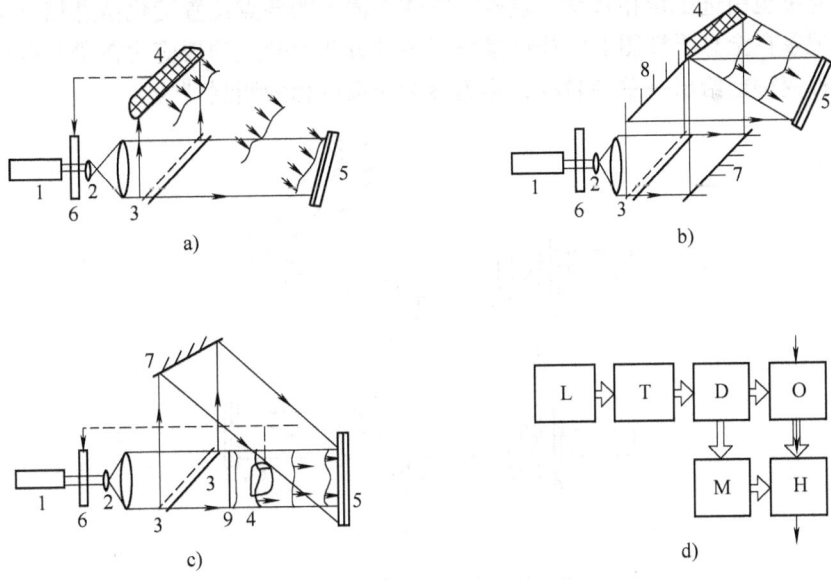

图 7-6　全息装置的基本结构形式

(Fig. 7-6　Basic Structure of Holographic Setup)

1—激光器　2—准直系统　3—分束镜　4—物体

5—全息干板　6—快门　7、8—反射镜　9—毛玻璃

1—Laser　2—Collimating System　3—Beam Splitter　4—Object

5—Holographic Plate　6—Shutter　7、8—Mirror　9—Ground Glass

在图 7-6a 所示装置中，物光束和参考光束的光程不相等，只用于相干长度在 20cm 以内的目标。如果相干长度不够，那么参考光路必须改变，如图 7-6b 所示，其参考光束与图 7-6a 有同样的意义。7 和 8 是反射镜，使参考光和物光的光程差大约相等。图 7-6a 和图 7-6b 所示的装置被用于研究散射光的物体。

研究物体位相的最简单的装置如图 7-6c 所示。通常用毛玻璃 9（散射器）或类似的器件照明位相物体 4。

描绘全息干涉实验的每一元件作用特征的框图如图 7-6d 所示。其中，L 是激光器，T 是激光光束变换器（准直器、调节器），D 是分束器，O 是被研究的物体，H 是全息图。在许多情况下，器件 M（聚焦元件、位相或振幅调制器、滤波器和偏振器等）被用作进一步变换参考光束。图中宽箭头表示光传播的方向，窄箭头表示被研究物体的信息变换路线。

根据实际被测目标的具体特征，全息干涉装置的实际光路可能是各种各样的，但其结构基本上都是图 7-6 的变种。

7.4.2　参考光束位相的调制[9]　（Phase Modulation of Reference Beam）

局部参考光束的方法在许多情况下都被应用。例如，当需要限制或补偿物体较大的位相畸变（phase distortion），以便从其背景上找出相当小的变化时，或者由结构考虑必须这样确定时，就要采用局部参考光束的方法。在这种情况下，全息装置不同于前面所描述的原理。参考光束要同时受物体的位相调制。图 7-7 所示为局部参考光束的装置。在此，参考光束聚焦在物体的一个区域。对于具有散射表面的物体，参考光束被散射（图 7-7a）。当物体 4 位移时，参考光束也引进了位相移动。这样，物体表面上的各点位置变化信息相对于参考光束的聚焦点被记录在全息干涉图上。局部参考光束的方法十分成功地应用在研究振动方面。这种方法的各种变种已给出一总的名称，称为参考光束位相的调制[10]。

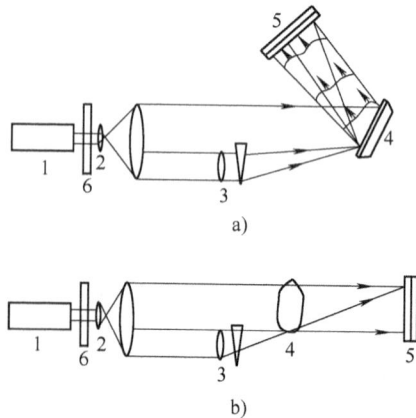

图 7-7　局部参考光束的装置

(Fig. 7-7　Setup of The Local Reference Beam)

a）散射光物体　b）位相物体

（a）Light-scattering Object　b）Phase Object)

1—激光器　2—准直系统　3—聚光镜　4—物体　5—全息干板　6—快门

1—Laser　2—Collimating System　3—Condenser　4—Object　5—Holographic Plate　6—Shutter

如果必须排除振动、气流等对被研究透明介质的全息图的影响，那么可用图 7-7b 所示的装置。参考光束用长焦距的透镜聚焦，以便使焦平面与物体的中心平面重合，在元件 3 中的透镜焦距远远大于物体的纵向尺寸，只有这样放置才能使参考光束和物光束都照射在全息干板上，至少中心部分重叠在一起。干涉条纹的计算也是相对这个区域进行的（最常研究的是物体中心区域）。例如，当在这种介质中研究声波时，可以限制介质受热和对应的折射率变化对干涉条纹的影响；当研究空气动力过程时，这种方法有可能减小由于被研究的容器观察窗变形而引起的畸变。

7.4.3　频率漂移（Frequency Shifting）

不同形式的结构对曝光期间常出现的激光频率位移现象显示不同的灵敏度，这将影响测试精度。在用脉冲激光（pulse laser）的双曝光全息干涉术时，尤其可能产生这种影响。在第一次脉冲过后，受激元素工作温度的增加是辐射波长变动的明显原因。为了研究这种现象，波前分束的最简单装置如图 7-8a 所示。在点 S 处有一等效光源 1，通常它是发散透镜的焦点。激光光束经发散透镜后变换成发散光束，照明物体 2 和反射镜 3。被物体散射的物光束和被反射镜反射的参考光束在全息干板 4 的平面上进行干涉，形成全息图。光源在反射镜 3 的虚像位于 S' 处，它距全息图的距离为 p，物体距全息图的距离为 q。以此光学系统为例，研究如何防止频率漂移对测试精度的影响。

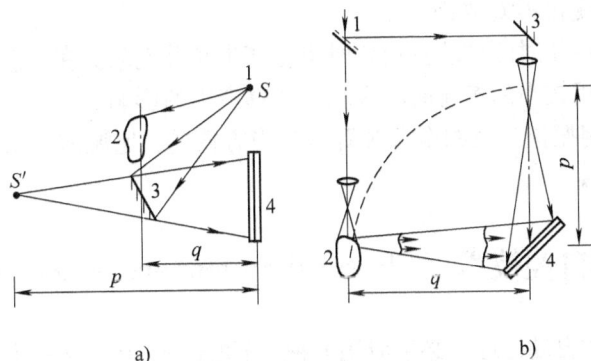

图 7-8　频率漂移对测试精度影响
（Fig. 7-8　Effect of Frequency Shift on Test Accuracy）
a）波前分束装置　b）马赫-曾德尔干涉仪
（a）Layout of Wavefront Splitting　b）Mach-Zehnder Interferometer）
1—光源　2—物体　3—反射镜　4—全息干板
1—Light Source　2—Object　3—Mirror　4—Holographic Plate

1. 干涉因子（Interference Factor）

记录在全息图上的微观干涉结构的条纹位置，由两个同时作用的干涉因子和全息因子决定。干涉因子是参考光束和物光束的光程差。如果装置的所有元件都是刚性固定的，而且波长也不改变，那么在两次曝光中光程差是不变的。但是，当物光束和参考光束的光程不相等时，则波长的变化会引起显微干涉图的条纹漂移。在许多情况下，从全息图上观察的干涉图可以解释成莫尔条纹，它是由于在第一次和第二次曝光时被记录的两微观结构重叠而产生的。

因此，十分清楚，如果在第二次曝光时波长的变化引起了微观结构的位移，那么重现时

187

观察的条纹图像将位移。为了防止波长变化产生的这种影响，两光束得到光程长必须尽可能相等，即

$$p \approx 2q \qquad (7\text{-}37)$$

2. 全息因子（Holographic Factor）

全息因子是波长漂移（wavelength shift）对两波前的曲率半径的影响。如果一个全息图用一波长记录，用另一波长重现，那么重现像的大小及轴向位置将改变。因此，在曝光期间波长的漂移会导致两重现像的微小位移。换句话说，即在重现像中出现寄生条纹（parasitic fringes）。如果对波长的变化不加以控制，那么在测量位移时会引起明显的误差。

如果从物体不同点发出的部分波的曲率和参考波的曲率相同，那么波长的漂移将不产生寄生的条纹，即

$$\frac{1}{q} \approx \frac{1}{p} \qquad (7\text{-}38)$$

由式（7-37）和式（7-38）可知，在曝光期间波长变化的影响不可能在波前分束的装置中消除，因为不可能同时满足式（7-37）和式（7-38）。

图7-8b所示为马赫-曾德尔干涉仪，它能同时满足这两个条件，因为干涉仪两支光路的相等性使干涉因子的影响减至最小。通过在参考光束中放一透镜，透镜的焦点距全息图中心的距离等于从物体中心到全息图中心的距离，使全息因子的影响减至最小，从而使分振幅装置对曝光期间波长的变化不太敏感。

同样，当激光光源相对测试装置位移时也将产生频移现象。在全息装置中最常用的光源是激光，因此应尽量用较小的曝光时间来减小频移产生的影响。

一般情况下，应用振幅分束的全息装置是相当方便的，比波前分束的全息装置引起的麻烦少。

7.5 电学系统与自控技术（Electrical System and Auto-control Technology）

为了实现全息图的自动处理，必须应用电视-微机系统，图7-9所示为全信息测量的电学系统，它既适用于实时全息干涉术，也适用于双曝光全息干涉术。其主要部件有计算机控制的快门、CCD摄像机、电视监视器、计算机控制的压电位移器、计算机、显示器和打印机。

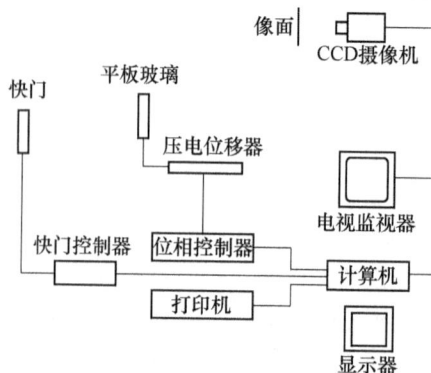

图7-9 全信息测量的电学系统

（Fig.7-9 Electrical System of All Information Measurement）

7.5.1　快门（Shutter）

快门可以通过程序由计算机控制，为此把快门接到快门控制器上，再把快门控制器与计算机接通。快门要有两个功能：自动曝光（automatic exposure）和手动曝光（manual exposure）。自动曝光需要的曝光时间可以在键盘上直接给出。

曝光时间是曝光量的一个重要参数。曝光时间的长短直接影响衍射效率，影响全息干涉图的质量。曝光过度（over exposure）或曝光不足（under exposure）都不能得到最佳的衍射效率（diffraction efficiency），反映到干涉图上就是对比度（contrast）下降。如果对比度过低，那么位相测量的精度将下降，从而导致在自动处理全息图时产生错误的结果，也就是使计算机重现的全息干涉图产生畸变。这一点在利用自动处理全息图方法时应考虑到。

一般情况下，曝光时间由实验确定，它与光源的功率、被测物体的表面状态及光路安排有关。

快门的另一功能是控制三次相移时的三次曝光时间。对于双曝光全息干涉术，就是通过两支参考光束照明全息记录介质，使全息干涉图出现三次；对于实时全息干涉术，就是通过物光束和参考光束照明全息记录介质，使全息干涉图出现三次。对每次曝光时间应进行适当地选择。如果应用 BSO 晶体作记录介质，那么曝光时间（或全息重现时间）过长会导致在全息重现时干涉条纹自动地逐渐消失，或者说对比度随曝光时间的增加迅速地下降至零，这就大大地影响了测试精度。因此，三次位相移时三次全息重现时间必须尽量短，只要电视微机系统能采集干涉图即可。一般情况下，每次全息重现时间不到 1s。曝光时，通过计算机的程序控制来捕获干涉图，把干涉图固定在电视监视器上。干涉图捕获后，快门立即封闭，计算机开始自动扫描和记录全息干涉图，实现 A/D 转换。快门封闭的时间应满足对干涉图扫描和数据采集所需要的最大时间。通常，最多的采样点为 32 × 32，即扫描 32 列，每列取 32 个采样点。然后快门再开启，再封闭，如此循环三次。三次相移及干涉图扫描记录的时间总共不超过 10s。快门开启和封闭的时间可以在程序中事先给出，以便整个测试过程自动进行。

7.5.2　CCD 摄像机（CCD Camera）

CCD 摄像机是目标接收器。它的作用是把全息记录介质上重现的全息干涉图拍摄下来，成像在电视监视器上，与电视监视器一起实现光电和电光信号的两次转换。

为了在电视监视器上出现比例适当的图像，必须选择适当放大倍率的物镜，一般 CCD 摄像机备有几个镜头，以供选择使用。由于 CCD 摄像机的分辨率小于人眼的分辨率，因此在使用 CCD 摄像机时，应采取适当的措施来提高干涉条纹的对比度。

干涉条纹的扫描、记录和处理是通过程序在电视监视器上进行的。为此必须把电视监视器通过接口 FGB（frame grabber board）图像采集卡与计算机连在一起，以存储数字化的信号。

为了用计算机进行处理，图像必须首先转变成计算机能接收的数字化图像，即实现A/D转换。图像数字化的原理是：把图像分成许多小格，在每个小格内取亮度（brightness）值的一个样本作为该小格内图像的代表，每个样本称为像素或像元。通常一幅图像在所要计算的区域内，在水平方向和垂直方向取相同的采样点 N，称为 NN 图像。为了计算机处理方便，选择 $N = 2^n$（n 为整数）。图像的亮度分为许多层次，称为灰阶（gray level），一般灰阶数用 2^m 表示。这样，采样点 N 离散化为 2^n 个采样点，灰阶也离散化为 2^m 个灰阶，这种图像称为离散化的数字图像（discrete digital image）。

数字图像的传送或处理是从图像左上角开始，沿着图像的列或行将每个采样点取出、传送或处理，这个过程称为扫描。

CCD 微机系统的以上过程称为 A/D 转换。将测试的所有数据存在该文件中，作为测试文件保存在软盘中。

7.5.3　压电位移器（Piezoelectric Translator）

在参考光路中，参考光位相移的压电位移器是通过位相控制器（phase controller）与计算机连接的。当压电位移器的触头位移时，使参考光束中的平行平板玻璃绕某一转轴偏转一微小角度，对应的位相变化为某一已知的固定值。由三个干涉图法可知，为简化计算，这个固定值取90°。因此，在测试之前必须拍摄一全息干涉图，对位相控制器进行调校，使位相变化恰为90°。怎样判断调校是否正确，或如何确定相移等于90°呢？通常可以在亮纹或暗纹的中部选一参考点，观察在三次相移时条纹的亮暗变化。如果在观察点条纹由最亮变为最暗或者由最暗变为最亮，那么位相变化为180°，即位相由 −90°经 0°变为90°。这样初步判断之后，必须再通过自动处理全息图来检验。如果由自动处理全息图获得的二维等高线图与从电视监视器上捕获的干涉图不一样，或者说条纹有畸变，那么表明位相控制器没有调好，必须重新调校。位相控制器上显示的不是角度值，而是数字，因此数字的大小只能由实验逐步确定。利用自动处理全息图的三维立体图也可以判定调校正确与否。如果三维图上有非连续平滑的峰或谷，则表明调校不正确，需要进一步调校位相控制器的数字。

如果采用四个干涉图法，三次相移可以是任意固定值，因此不必调校位相控制器，简化了测试过程，但是增加了测试时间。

7.6　表面变形的全信息测量（All Information Measurement of Deformed Surface）

把自动处理全息图的方法与近代测试手段（如激光光源，摄像机，计算机等）结合起来，使全信息测量的全息干涉术获得广泛的应用。在国防、工业和科研等方面，全信息测量已进入实用阶段。应用全信息测量技术可以研究应力、变形、位移、振动、形状、尺寸及内伤探测等。本书作为学习的工具，仅举例说明。

7.6.1　测试原理（Test Principle）

表面变形的全信息测量既可以用实时全息干涉术，也可以用双曝光全息干涉术。如果只需要对变形前后物体表面的相对位置做永久性记录，那么可采用双曝光全息干涉术。但是，这种变形必须在全息干涉图可以计算的范围内。否则，如果变形过大，则会导致干涉条纹过密，或者根本看不到干涉条纹，无法进行计算。在这种情况下，必须采用实时全息干涉术。当条纹过密时，再拍摄新的零全息图，重新进行测量。最后把各个零全息图得到的变形量累加，求得总变形量。

　　表面变形主要由应力、压力和温度等引起，变形的特征主要是倾斜、弯曲和扭转。根据式(7-7)和式(7-16)计算每一采样点的位相 $\phi(x,y)$ 和位移矢量 $\vec{L}(x,y)$。为此，必须通过电视-微机系统在电视监视器上进行扫描、记录和数字化，获得每一采样点的灰度值，即每一采样点的光强度值。把同一采样点的三个不同干涉位相的三个强度值 $I_1(x,y)$、$I_2(x,y)$、$I_3(x,y)$ 代入式(7-7)和式(7-16)，就可以求出该点的位相和位移矢量。同理可求出所有采样点的位移矢量。通过计算机适当地处理，可以获得所需的二维等高线图、三维立体图及表面任一行、列、对角线的一维变形曲线，从而获得变形表面的全信息，即表面任一部位变形的大小、方向和形状。

7.6.2　典型系统（Typical System）

　　自动处理全息图的双曝光全息原理图如图 7-10 所示[11]。氩离子激光器 1 发出的光经过计算机控制的快门 2 和分束器 3 后形成两束光，一束为参考光束，另一束为物光束。物光束经光强调制器 4、反射镜和扩束器 5 形成发散光束。由于激光的能量分布是高斯分布，为了均匀地照明被测物体表面，两支光路都有小孔光阑进行滤波。小孔光阑分别在扩束系统中。利用物光束中的光强调制器，可以使物光束的光强与参考光束的光强匹配。为了减少照明时间，采用像面全息图，物镜把被测物体 6 成像在 BSO 晶体 9 表面附近。在物光束中及 BSO 晶体后放入两偏振片（polarizer）7 来提高干涉条纹的对比度。通过分束镜 11 再把参考光束分成两束，其中一束射入平行平板玻璃 12。通过计算机控制，使压电位移器的触头移动，从而使平行平板玻璃绕某一固定轴旋转一个小角度，对应的位相移为 90°。图 7-11 所示为自动处理全息图的双曝光全息装置。

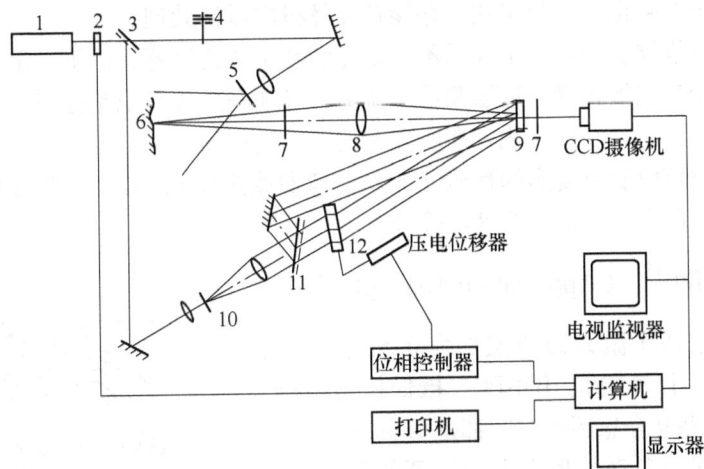

图 7-10　自动处理全息图的双曝光全息原理图
（Fig. 7-10　Schematic Sketch of Double Exposure Automatic Processing Hologram）

1—氩离子激光器　2—快门　3—分束器　4—光强调制器　5—扩束器　6—被测物体　7—偏振片
8—成像物镜　9—BSO 晶体　10—准直镜　11—分束镜　12—平行平板玻璃

1—Ar Ion Laser　2—Shutter　3—Beam Splitter　4—Attenuator　5—Expender　6—Measured Object
7—Polarizer　8—Imaging Lens　9—BSO Crystal　10—Collimator　11—Beam Splitter　12—Plane Parallel Plate

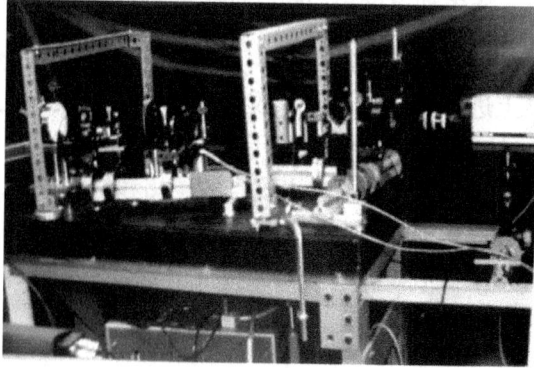

图 7-11　自动处理全息图的双曝光全息装置

（Fig. 7-11　Double-exposure Holographic Setup of Automatic Processing Hologram）

在全息干涉术中要考虑到消偏振效应（depolarization effect），它大大地降低了在重现全息图中干涉条纹的对比度。一般在非镜面物体上漫反射时，物光束消偏振约 50%，所以，实验装置中的两个偏振片 7 对改善条纹的对比度有特殊意义。

为了提高 BSO 晶体的灵敏度，晶体上应加 5kV/cm 的横向电场和 15bar 的气压。这个数值是由实验获得的。

为了增加被测表面的漫反射能力，减少照明时间，应在薄板的表面上均匀地喷涂一层薄薄的白粉。

当用两束参考光同时照明晶体时，由重现的变形前后的两物波相干产生干涉条纹。通过参考光路的三次相移产生的三个干涉图由 CCD 摄像机连续地记录下来，成像在电视监视器上，再被迅速地扫描、记录、数字化，存储在计算机内以待处理。

成像在电视监视器上的全息干涉图不一定充满整个电视屏幕，也不一定需要研究整个被测表面，所以在干涉图被扫描、记录和数字化前，必须利用边界限制程序来确定所要研究的区域。条纹的扫描、记录和数字化是在所限制的区域进行的。

根据被测信息可以研究变形的性质（倾斜、弯曲或扭转）、大小、方向和形状；或者根据变形的全信息来研究应力场、温度场等分布。

7.6.3　应用举例[12]（Application Examples）

测试使用的氩离子激光器的波长为 0.514μm，使用功率为 300mW，计算机是 IBM-PC，摄像机是 Song，PVM-91CE。两次曝光全息图的时间都是 0.6min。

按三个干涉图法自动处理全息图得到的薄板受力后表面变形的等高线图如图 7-12 所示，由此图根据干涉条纹数可得到最大的变形量为 4.50μm。由图还可以看出，同心圆环的中心不在中部，因此最大的变形位置不在中部。因为干涉条纹是曲线，所以可以判定薄板受力后的变形是弯曲的。图 7-12 所示的等高线图与用照相机从电视监视器上拍摄下来的全息干涉图无异，

图 7-12　薄板受力后表面弯曲的等高线图
（Fig. 7-12　Contour Map of
Thin Plate Bending under Stress）

因此，有了自动处理全息图就不必再拍摄全息干涉图，也避免了打印、显影、定影等处理过程。

从图 7-12 不能确定表面变形的形状和方向，这正是普通全息干涉术的不足。由自动处理全息图可以获得假三维立体图（pseudo-three dimensional map），从而可以确定薄板变形的方向和形状。

由自动处理全息图得到的薄板表面变形的假三维立体图如图 7-13 所示。由此图可以确定，变形的方向向上，形状是凸形曲面，表面各处变形连续平滑。

图 7-14 和图 7-15 所示分别为薄板受力表面倾斜的等高线图及其三维立体图。由图可以看出，薄板受应力后的变形主要是倾斜。最大的倾斜量为 6.1 个条纹，约为 1.57μm。薄板倾斜的方向向上。图中干涉条纹略有弯曲，这表明薄板除产生倾斜外，还略有弯曲变形。在中部的弯曲量约为 1 个干涉条纹，约为 0.27μm。

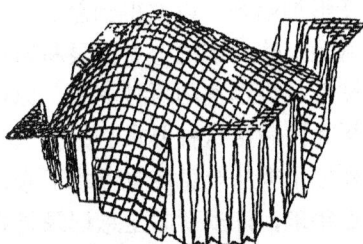

图 7-13　薄板受力表面弯曲的三维立体图
(Fig. 7-13　3-D Plot of Thin Plate Bending under Stress)

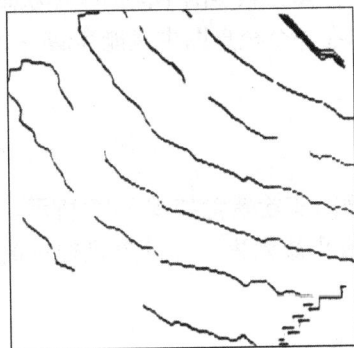

图 7-14　薄板受力表面倾斜的等高线图
(Fig. 7-14　Contour Map of Thin Plate Tilting under Stress)

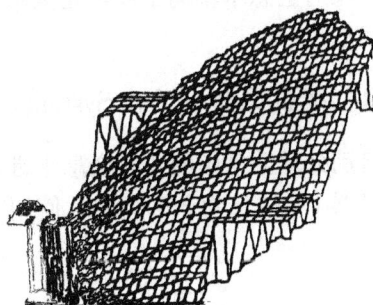

图 7-15　薄板受力表面倾斜的三维立体图
(Fig. 7-15　3-D Plot of Thin Plate Tilting under Stress)

7.7　胶体硬化时厚度变化的全信息测量[12]（All Information Measurement of Thickness Changing under Adhesive Shrinking）

7.7.1　基本原理（Basic Principle）

在近代的工业生产中，胶粘技术广泛地应用到许多领域，以便使零件彼此连接在一起。对于很精密的连接，不能忽略胶层在硬化时的厚度变化，因为由此可以引起尺寸变化并产生应力，从而导致不可忽略的元件变形或元件完全破坏。因此测定胶体收缩在工业中有很大的意义。

由于必须在胶体硬化时测量胶层的厚度变化（或简称胶体收缩），即测量必须在液体下进行，所以这种测量只能用无接触的长度测量方法。这个要求导致实时全息干涉术成为最合适的测量方法。实验表明，在硬化时的总变形量远远大于一个全息图的测量范围，因为条纹的密度过大，所以整个厚度变化过程不能用一个零全息图进行比较，必须把许多零全息图一个接一个地排列起来，即当干涉条纹的密度刚要过大之前，计算出全息图，并把瞬时状态作为新的零全息图记录下来。这里所论述的是相对测量方法。在此，要将无间隙的连续系列的相对变形加起来，以便得到总的变形，进而可以记录和计算任何时刻的瞬时厚度变化。

满足上述要求的全息记录材料应能允许在实验装置上进行显影，以及自动处理后记录的全息图能相当迅速的再被消去，以便使一个无间隙的连续系列的全息图成为可能。普通的全息干板无法满足这种要求，因为当一个零全息图被记录在一个普通的全息干板上时，为了显影必须把干板从全息装置上拿下来，然后再以小于 $\lambda/2$ 的精度复位。

近年来，许多新的全息记录材料被应用于实时全息术，这种材料可以就地显影（in-situ development），不需要复位调校工作。这种新的全息记录材料有光导热塑料（photoconductor thermoplastic film）和硅酸铋晶体（BSO crystal）。前者的显影是通过提高塑料胶片周围的空气温度实现的，定影是通过接着降低空气温度实现的；后者则可以实现全息图自动显影。

由上所述，为了测量二元胶体的收缩，最佳方案是应用 BSO 晶体和基于三个干涉图法的自动计算全息图的实时全息装置。

实时全息干涉技术可以在一个零全息图上研究某一物体任意多的不同的变形状态。在这方面，实时全息术不同于双曝光全息术，双曝光全息术在一个全息图中只能存储一个确定的变形状态。

7.7.2　测试系统（Test System）

自动处理全息图的实时全息干涉术测二元胶体收缩的实验装置如图 7-16 所示。由氩离子激光器 1（波长为 $0.514\mu m$，使用功率为 300mW）发出激光束，经计算机控制的曝光快

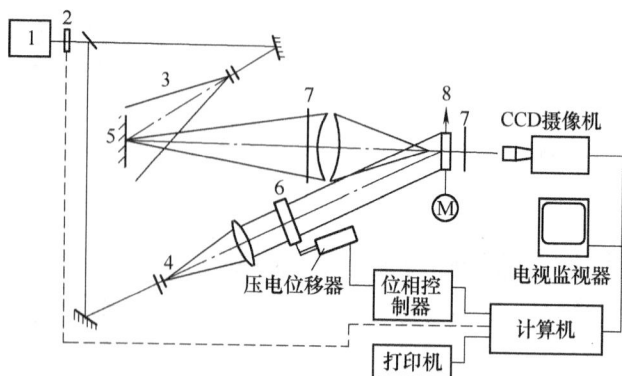

图 7-16　计算机控制的实时全息装置

(Fig. 7-16　Layout of Computer-controlled Real-time Holography)

1—氩离子激光器　2—快门　3—扩束镜　4—准直系统
5—被测物体　6—平行平板玻璃　7—偏振片　8—硅酸铋晶体
1—Ar Ion Laser　2—Shutter　3—Expender　4—Collimating System
5—Measured Object　6—Plane Parallel Plate　7—Polarizer　8—BSO Crystal

门 2 和分束器分为照明被测物体的物光束和参考光束。物光束经扩束镜 3 形成照明被测物体 5 的发散光束，被测物体是二元胶体。参考光束经准直系统 4 形成扩展的平行光束。由于激光光束的能量是高斯分布，所以为使照明均匀，系统 3 和 4 必须用针孔光阑进行空间滤波。参考光束经平行平板玻璃 6，由计算机控制压电位移器和位相控制器使平行平板玻璃 6 微转，从而使参考光束平移。由于线偏振光经物体散射后消偏振约 50%，为了提高干涉条纹的对比度，系统采用了偏振片 7。为了实时记录全息图，采用硅酸铋晶体 8 作为记录介质。

整个装置由计算机 IBM-PC 控制。从零全息图曝光到全息干涉图重现时，参考光束的三次相移，以及对应三次位相的三个干涉图的扫描、记录和数字化等过程，由计算机控制自动进行。

因此，由于采用 BSO 晶体及测试过程的计算机自动控制，图像处理速度很快。这是普通全息术无法比拟的，也是无法完成的任务。处理速度对实时全息干涉术十分重要，这能减少被测物体信息的损失。

该装置的工作原理是：物光束和参考光束相干，在硅酸铋晶体 8 上记录了被测胶体的初始状态信息，当全息重现时，由计算机控制的位相控制器通过压电位移器的触头，使平行平板玻璃 6 绕某一转轴转动三次，对应的参考光束的位相变化分别为 $-90°$、$0°$、$90°$。三次位相移的三次曝光使在 BSO 晶体上存储的物体初始状态的物波重现三次，重现的物波与变形物体的物波实时相干，产生干涉条纹。三个干涉图由 CCD 摄像机连续地成像在电视监视器上，并在电视监视器的屏幕上连续地扫描、记录、数字化，存储在 PC-VISIO 的计算机硬件中。

为了提高计算机的处理速度和计算机内占据的内存空间，程序中涉及的最大采样点为 32×32，这对一般测试精度要求足已够用。因为胶体在硬化初期收缩的速度较快，处理速度也必须较快，所以测试开始后的几个干涉图的采样点应尽可能少些，取 15×15，而后取 20×20、25×25、32×32，这要根据胶体的收缩速度而定。

将被测物体每个状态的处理数据作为文件存储起来。因为测试过程较长，约 4h，所以记录各状态的文件应按数据顺序编号，以便在整个测试过程结束后，逐个调用文件，由绘图程序得到被测物体的每个状态的全信息。

由于散斑等影响，干涉条纹的强度分布不是理想的正弦曲线。这种随机的散斑分布（random speckle distribution）能降低局部对比度，以致影响自动计算。利用数字滤波（digital filtering）的方法，可以大大地减少这种影响。

7.7.3　测试结果（Test Result）

测量是在一个楔形的胶层上进行的。初始胶层厚度为 0.15mm（最大的楔度），胶液为 X_{20}，硬化液与结合液的配方比为 1：5。为了减少附着力及由此引起的圆形边缘上的变形，用聚四氟乙烯制成测胶容器。因为全息术要求有漫反射的被测物体表面，所以必须把一层薄薄的乳白色的漆均匀地喷涂在相当透明的胶体液面上。采用楔形的胶层不是为了边缘效应，而是为了得到稍微弯曲的平行的干涉条纹。胶体收缩时，胶层绕着楔的薄边发生倾斜，并附加微弱的表面弯曲。

一个测试系统中五个连续的自动处理全息图[13] 如图 7-17 所示。每个系列由 35 个全息图组成。图 7-17a 所示为借助三个干涉图法计算的描绘出变形方向的胶面假三维立体图，图

7-17b 所示为根据变形所计算的等高线，图 7-17c 所示为中间一行的变形截面曲线，图 7-17d 所示为从电视监视器上拍摄下来的重现的实时全息干涉图。从全息图 A 到全息图 E 最大的相对变形分别为 1.5μm、1.15μm、1.15μm、1.0μm 和 1.35μm，相应的硬化时间 t = 102min、110min、116min、124min 和 131min。

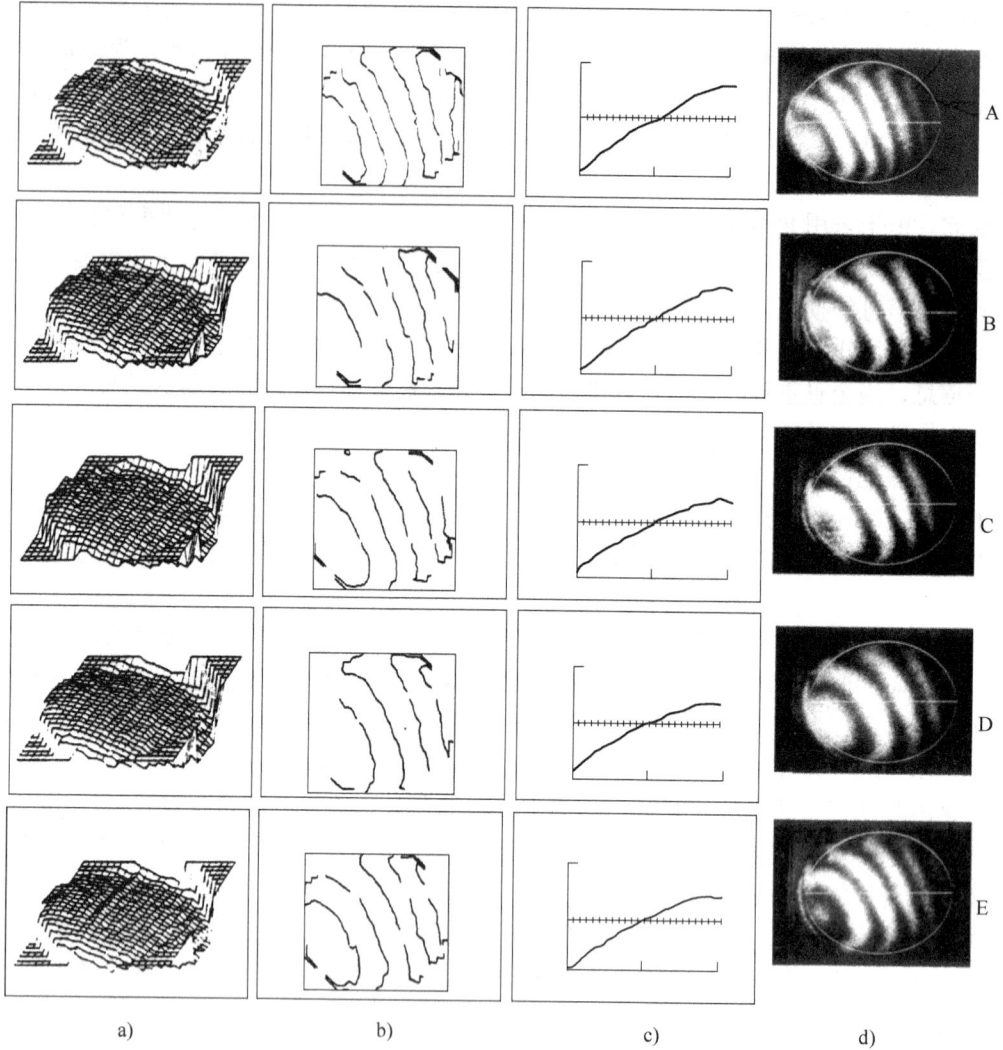

图 7-17　自动处理全息图的实时全息术测胶层的部分系列

(Fig. 7-17　Part Series of Adhesive Shrinking Measurement by Real-time Holography with Automatic Processing Hologram)

在胶层硬化过程中，用实时全息干涉术测量的 35 个全息图相对变形叠加后的曲线如图 7-18 所示，其时间从 t_1 = 39min 到 t_2 = 250min，初始楔形胶层的厚度为 0.15mm。

在胶层硬化初期，两次测量的时间差为 1.5min，即拍摄两个零全息图的时间差为 1.5min。在这个时间内，必须用计算机把 BSO 晶体中存储起来的重现的全息干涉图自动计算出来。对于这种胶体，经过大约 250min 后，重现的全息干涉图经过长时间（约 18min）的观察，不再产生任何干涉条纹，即在此期间胶层不再变形和收缩。由厚度变化曲线可以看出，曲线已变成平直，与时间坐标轴平行。

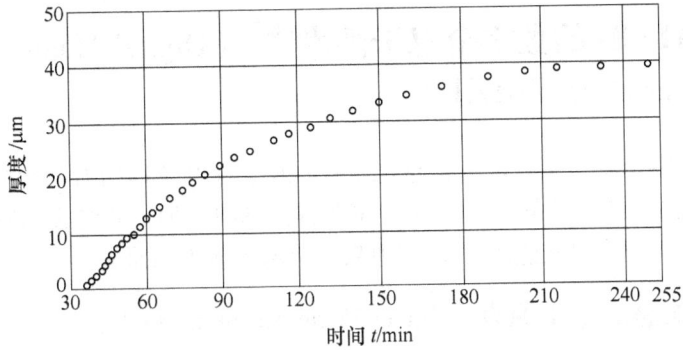

图 7-18 硬化时二元胶体胶层的厚度变化曲线

(Fig. 7-18 Layer Thickness Changing Curve of Adhesive Hardening)

对于所研究的初始厚度为 0.15mm 的胶层，经过大约 250min 后，最大的厚度变化为 40μm，即胶层收缩了大约 26%，这是较大的量级。所以对于灵敏的精密连接，不能忽略胶层收缩问题。图 7-18 所描述的胶层厚度变化的重现的实时全息干涉图如图 7-19 所示。

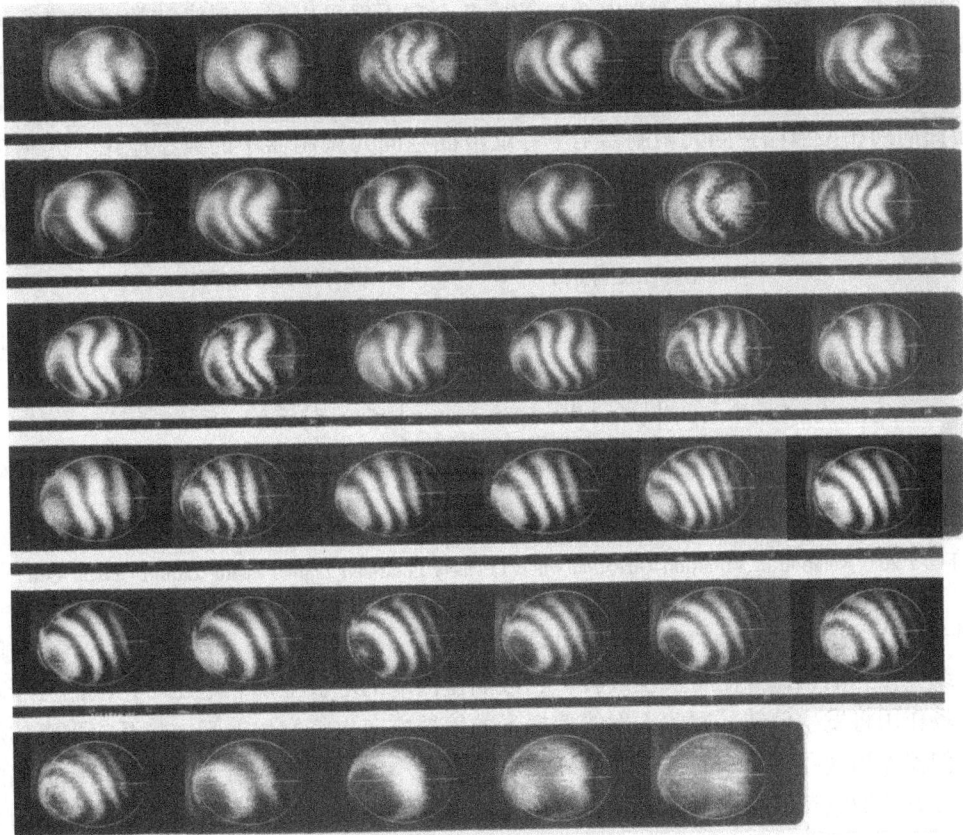

图 7-19 测二元胶体收缩的实时全息干涉图系列

(Fig. 7-19 Series of Binary Adhesive Shrinking Real-time Hologram)

7.8 基于 EALCD 的数字全息干涉术[14]（Digital Holographic Interferometry Based on EALCD）

基于双曝光数字全息干涉术，在全息记录过程中，采用 CCD 记录物体变形前后的全息图并存储于计算机中。在全息再现过程中，将两幅全息图叠加，并将叠加后的全息图写入电寻址液晶（EALCD）进行光全息再现，实现数字全息干涉术的研究。

7.8.1 电寻址液晶的基本原理（Basic Principle of EALCD）

液晶显示器件的应用比较广泛，如数字手表、计算器和数字仪器的显示器等。它具有高对比度、低功耗及可用于特种显示等优点。而在实时光信息处理中应用的电寻址液晶空间光调制器（spacial light modulator）在结构和性能上都有较高的要求。它需要能方便、快捷地写入计算机发出的模拟或者数字信号，甚至需要直接接收实时记录器件（如 CCD 等）发出的数字信号，因此，必须具有接口灵活性和可编程性[13]。

基于液晶显示技术的液晶空间光调制器具有众多优点，如高速响应、高空间分辨率、小体积、低成本、低功耗以及易于光电接口等特点，它不仅可以对入射光波的振幅进行调制，而且可对光波的位相进行精确调制，并且已经广泛地应用于光信息处理的各个领域。比较典型的技术应用，如衍射光学、数字全息等。

扭曲向列相型液晶空间光调制器是电寻址液晶空间光调制器中的典型应用。其结构中，液晶盒两端的玻璃基片上的电极之间有一定夹角，该夹角就是扭曲角。正是该扭曲角的存在使得在两基片间的液晶分子长轴连续的变化，如图 7-20 所示。

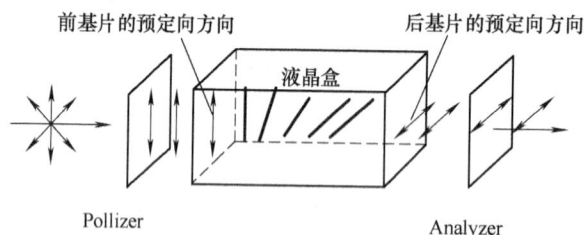

图 7-20　线偏振光通过液晶盒时振动方向的旋转情况

（Fig. 7-20　Rotation of Vibration Direction when Linearly Polarized Light Passing Liquid Crystal Cell）

当一束线偏振光（linear polarized light）垂直入射到液晶盒时，由于液晶分子之间的扭曲角，线偏振光的偏振方向将发生旋转。当液晶盒两端的电极上加载电压时，液晶分子轴受所加电场作用将发生偏转，因此入射线偏振光的偏振方向也将发生偏转。将互相垂直的起偏器和检偏器加到液晶盒两端时，可通过外加电场的大小来实现对入射光波的位相或振幅的调制。当没有外加电场时，出射光光强为最大值；当在液晶盒上加载电压时，液晶分子的电控双折射效应（birefringence effect）将使其倾斜，透过液晶的出射光光强变弱；当外加电压达到一定值时，足够的电场强度使几乎所有的液晶分子都偏转90°，此时，出射光光强为零。因此，出射光光强可通过改变液晶盒的驱动电压大小来调节。

在实际情况中，图 7-20 所示结构一般不能实现纯位相调制（phase-only modulation）或纯振幅调制（amplitude-only modulation）。只有加入适当的位相延迟器件或偏振器件等才能实现纯位相或者纯振幅调制。

7.8.2 数字全息光路的设计（Light Path Design for Digital Holography）

根据数字全息术的特点以及实验仪器（如 CCD、EALCD、实验物体等）的实际情况设计了两种实验光路。

1. 实验光路 I

图 7-21 所示为数字全息实验光路 I，该光路采用∇形结构。其中，使用两个扩束系统分别对物光和参考光进行扩束。由于实验所采用的不同物体表面反射率不同，并且有些物体的表面反射率偏低，导致参考光光强大大超过物光光强，因此，扩束前在参考光束中加入小口径、大梯度的渐变衰减片进行衰减，以便于参考光和物光的光强相匹配，提高全息图中干涉条纹的对比度。由于该光路使用两个扩束系统，尽管针孔直径只有 15μm，但对于波长量级的光而言，两只针孔的形状存在着很大差异。因此，两支光路空间滤波的效果也不同，导致两支光路的空间相干性不同。

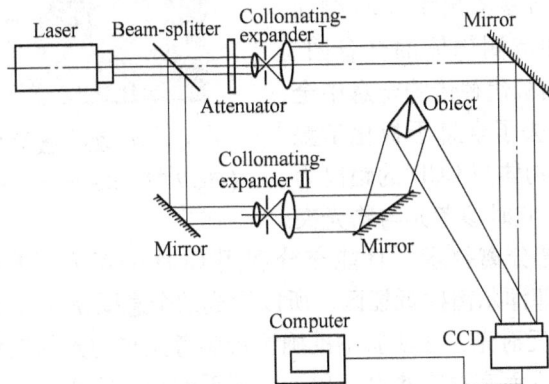

图 7-21 数字全息实验光路 I

（Fig. 7-21 Light Path of Digital Holographic Experiment I）

2. 实验光路 II

图 7-22 所示为数字全息实验光路 II，该光路参考光和物光干涉部分仍然采用∇形结构。

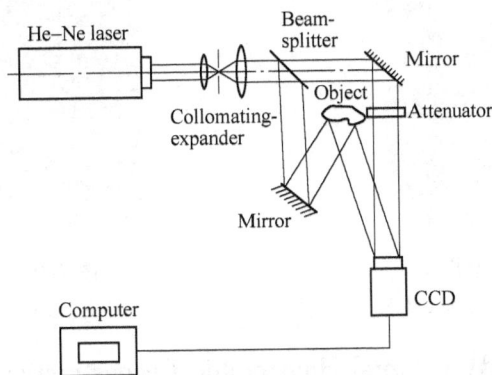

图 7-22 数字全息实验光路 II

（Fig. 7-22 Light Path of Digital Holographic Experiment II）

但与实验光路 I 不同的是该光路只使用一个扩束系统,其中只使用了一个空间滤波器,以确保参考光束和物光束的空间相干度相同。另外,一个扩束系统还可以节省实验设备、简化光路调校过程。该光路在参考光与物光光路部分没有遮挡,可以方便地调整参物光夹角。调整参物光夹角不要过大,以便保证全息图中的干涉条纹不会过密而使 CCD 不能分辨;同时,控制参物光夹角不要过小,以确保全息再现中再现像与零级衍射分离。

7.8.3 数字全息的记录过程[15,16] (Recording Process of Digital Holography)

实验光路 II (图7-22)的实验装置如图7-23所示。首先,使用功率为5mW、波长为632.8nm 的 He-Ne 激光器作为光源,通过空间滤波器和准直透镜组成的扩束系统将激光光束扩束为直径为20mm的平行光束;然后通过分束器将平行光分成两束,一束作为参考光经反射镜反射后直接到达 CCD 靶面;另一束作为物光照明实验物体,使其漫反射光(即物光)进入 CCD,与参考光在 CCD 靶面相干产生干涉条纹,即待测物体的全息图。在实验中,采用 CCD 相机代替传统全息中全息干板记录全息图,省去了全息干板化学湿处理的过程。同时,在物体与 CCD 的距离为45cm 时,记录全息图,此时参考光与物光夹

图7-23 数字全息记录装置图
(Fig. 7-23 Recording Setup of Digital Holography)

角大约为10°,满足频谱分离要求,且能充分利用 CCD 分辨率(1 英寸 CCD 像素尺寸为3.5μm)。因 CCD 位于菲涅尔衍射近场区,所以形成的全息图是菲涅尔全息图。由于菲涅尔全息记录的是物体的漫反射光,在实验中准确调校参考光与物光的夹角以满足频谱分离等条件,相比像面全息干涉术而言更有难度。以 1 角硬币作为实验物体,将其固定在微位移平台上,进行微小位移的全息实验研究。在记录完第一幅全息图(图7-24)后,通过位移工作台将硬币进行侧向移动,再进行第二幅全息图(图7-25)的记录。

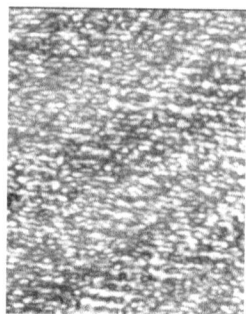

图7-24 全息图 I
(Fig. 7-24 Hologram I)

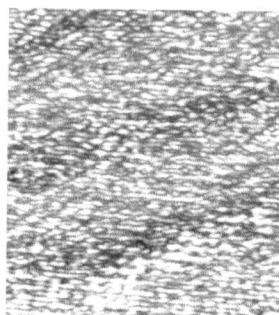

图7-25 全息图 II
(Fig. 7-25 Hologram II)

7.8.4 数字全息的再现 (Digital Holographic Reconstruction)

将已经记录物体不同状态的两幅全息图通过数字图像处理,适当地调整两幅全息图的灰

度值，使两幅全息图的灰度值整体削减，并将两幅全息图叠加，保证叠加的灰度值尽量不超过灰度的阈值范围，如图 7-26 所示。

数字全息再现原理如图 7-27 所示，数字全息再现装置如图 7-28 所示，用 EALCD 代替传统全息中的全息干板，作为全息图的载体，复位到 CCD 记录全息图的位置。最后，将傅里叶变换透镜和 CCD 结合来记录再现的原物波（即 1 角硬币的再现像），如图 7-29 和图 7-30 所示，并记录位移前后两物波叠加产生的干涉图（即全息干涉图），如图 7-31 所示。

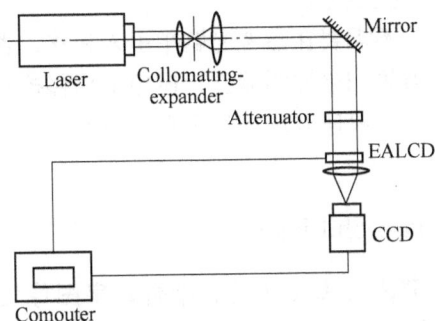

图 7-26　叠加后的全息图
（Fig. 7-26　Holograms after Superposition）

图 7-27　数字全息再现原理
（Fig. 7-27　Layout of Digital
Holographic Reconstruction）

图 7-28　数字全息再现装置
（Fig. 7-28　Setup of Digital Holographic
Reconstruction）

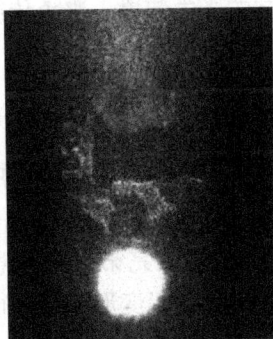

图 7-29　全息图 I 再现像
（Fig. 7-29　Reconstructed Image
of Hologram I）

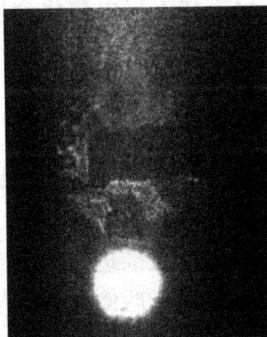

图 7-30　全息图 II 再现像
（Fig. 7-30　Reconstructed Image
of Hologram II）

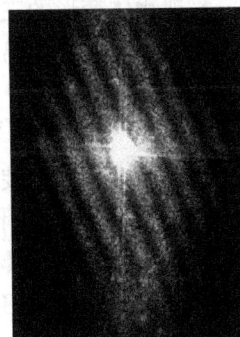

图 7-31　全息干涉图
（Fig. 7-31　Holographic
Interferogram）

由于 CCD、EALCD 的分辨率相对传统全息干板而言很低，将两者分别作为记录和承载全息图介质进行光学实验时，这对实验器件的选择及光路的调校提出了更高的要求。在扩束系统中，必须使用针孔进行空间滤波，以获得较大的相干照明直径，来满足空间相干性的要求；调整物光、参考光的光程，使两光程相等，以满足时间相干性的要求；要使激光器、EALCD、CCD 及傅里叶透镜满足空间带宽积的要求。通过使用衰减片调整参考光光强，使其和物光的光强严格匹配，以满足对比度要求；准确确定和调校参考光和物光夹角，既满足频谱分离条件，又满足最小记录距离条件，同时充分利用 CCD 分辨率。实验中，只有满足上述条件，才能记录到具有高对比度的全息图，将叠加的全息图写入 EALCD 后，充分利用 EALCD 的显像性能好、衍射效率高、响应频率高的特点，实时记录具有高对比度条纹的全息干涉图。

7.9 四步数字相移全息干涉术三维变形测量[17,18]（3D Deformation Measurement Based on Four-step Digital Phase Shifting）

目前实现相移的方法很多，常用的有压电陶瓷相移法、液晶相移法、偏振相移法和计算全息相移法。这些方法都需要依靠相移器件在参考光中多次引入相移。受相移器件精度的影响，很难精确地控制每步的相移量，导致波前恢复产生误差。

数字相移术是应用计算机编程直接实现相移的，不需要在参考光路中引入相移，省去了光学相移方法中的价格昂贵、操作复杂的压电位移器等相移控制器件，避免了相移控制器带来的相移误差。最后基于四步相移法原理，应用该方法快速实现相移全息干涉术，并成功得到了物体变形产生的三维相位图。

7.9.1 数字相移原理（Principle of Digital Phase Shifting）

数字相移术是应用数字图像处理软件，如 MATLAB、C++ 等，结合数字图像处理技术，通过对全息干涉图中干涉条纹的精确定位，并使其定量、定向移动，获得和使用相移器同样的相移效果。结合四步相移法原理，精确控制每步干涉条纹移动的大小，使其移动等同于四步相移法中引入相移量 β 的效果。如此移动三次，获得四步相移法需要的四个干涉图。结合图像处理方法，应用四步相移法原理和位相去包裹方法，可求得物体变形引起的三维位相差，实现物体变形的三维测试。该方法不仅可简化全息干涉测试的光学装置，避免传统相移器件相移精度低、容易造成相移误差的缺点，而且操作简单，测试精度高。

7.9.2 四步数字相移法的实现（Realization of Four-step Digital Phase Shifting）

应用图 7-23 所示的装置进行全息图的记录，采用双曝光全息干涉术对物体的微小变形进行测量。以一块铁质薄板作为实验物体，将其固定在变形工作台上。工作台中心是直径为 3cm 的圆孔，薄板后侧有一螺杆，可向圆孔方向推进，如图 7-32 所示。在记录完第一幅全息图（图 7-33）后，通过变形工作台的螺杆使薄板后侧受力，使薄板发生微小突起变形，再进行第二幅全息图（图 7-34）的记录。通过数字图像处理，将两幅全息图叠加，如图 7-35 所示。

图 7-32 实验物体
（Fig. 7-32 Tested Object）

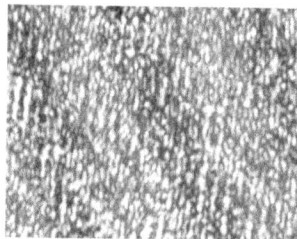

图 7-33 全息图 Ⅰ
（Fig. 7-33 Hologram Ⅰ）

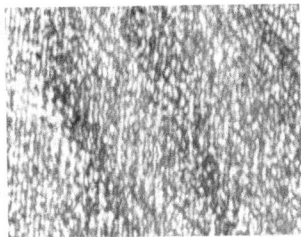

图 7-34 全息图 II

（Fig. 7-34 Hologram II）

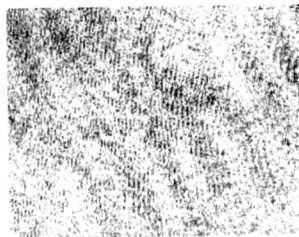

图 7-35 叠加后的全息图

（Fig. 7-35 Hologram after Superposition）

将叠加的全息图写入 EALCD，再进行数字全息再现（图 7-27），并复位到 CCD 记录全息图的位置。由于 EALCD 具有响应频率高、图像读写方便的特性，在写入全息图后可以实时显示，实现全息再现过程的实时化；并且由于 EALCD 的像素单元小和填充因子高，使其具有高衍射效率，可对参考光进行准确调制。最后，通过傅里叶变换透镜和 CCD 结合来记录变形前后两物波叠加产生的干涉图，即全息干涉图，如图 7-36 所示。干涉图中圆环条纹即反映铁质薄片产生了凸起形状的微小变形。

图 7-36 全息干涉图

（Fig. 7-36 Holographic Interferogram）

为使物体变形产生的全息干涉图（图 7-36）便于处理，需对该干涉图进行一系列的图像增强，以提高干涉条纹的对比度。首先，应用 Butterworth 低通滤波器对其进行低通滤波，消除 CCD 记录过程中杂光等带来的高频噪声，并使图像中灰度均匀。然后，应用局部灰度拉伸来提高干涉条纹的对比度。最后，利用 Laplace 锐化进行图像增强后可得干涉图，如图 7-37a 所示。

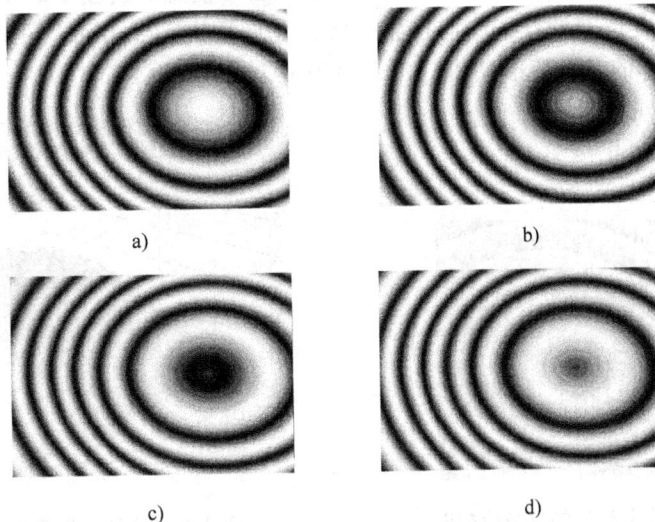

a) b) c) d)

图 7-37 四步相移法获得的干涉图

（Fig. 7-37 Interferogram of 4-step Phase Shifting）

a) 干涉图 I b) 干涉图 II c) 干涉图 III d) 干涉图 IV

（a) Interferogram I b) Interferogram II c) Interferogram III d) Interferogram IV）

在该全息干涉图中，由于干涉条纹之间的位相跃迁是 2π，如果在参考光中每次引入 $\frac{\pi}{2}$ 的相移，引入四次后，恰好获得与图 7-37a 相同的干涉图。通过对干涉条纹的精确定位，以图 7-37a 中心亮斑的几何中心为物体的变形中心，确定相邻条纹的间距 δ。应用 MATLAB，使干涉条纹向中心方向位移 $\frac{\delta}{4}$，恰好相当于记录该干涉图的参考光中引入了 $\frac{\pi}{2}$ 的相移，如图 7-37b 所示。依此方法继续移动两次，分别获得其余两幅干涉图（图 7-37c、d），即 7.2.4 节中式 (7-17) ~ 式 (7-20) 所表示的 I_i（$i=1$，2，3，4）。通过式 (7-21) 和式 (7-22) 可求得由于变形产生的位相差 $\phi(x,y)$，如图 7-38 所示。从式 (7-22) 可知，正切函数的周期性使 ϕ 被截断在反正切函数的主值区间 $\left[-\frac{\pi}{2}, \frac{\pi}{2}\right]$ 内。根据正弦和余弦函数的正负，可以扩展 ϕ 的区间范围，即

$$\psi = \begin{cases} \phi - \pi & \sin\phi < 0, \cos\phi < 0 \\ \phi & \sin\phi < 0, \cos\phi > 0 \\ \phi & \sin\phi > 0, \cos\phi > 0 \\ \pi - \phi & \sin\phi > 0, \cos\phi < 0 \end{cases} \tag{7-39}$$

ψ 是相位 ϕ 的扩展，扩展后的位相分布在 $[-\pi, \pi]$ 内。但物体的位相变化往往超出 $[-\pi, \pi]$，需对叠加的位相去包裹。应用最小二乘法对图 7-37 进行位相去包裹处理，可获得物体变形产生的真实位相差图，如图 7-39 所示。

在拍摄全息图时，物波的每一点相对参考波都有一确定的、未知的位相，且这个位相正比于物体变形后表面上该点的位移。由式 (7-28) 可知，对于物波上的每一点而言，$[\vec{k_1}(x,y) - \vec{k_2}(x,y)]$ 实际是一常量，通过该常量可反映物体每点由于变形或位移 $\vec{L}(x,y)$ 产生的位相差 ϕ，且 ϕ 可反映物体位移或变形的方向、大小等三维信息。由图 7-39 可知，所求得的三维变形中心与图 7-38 反映的变形中心位置一致，变形垂直于受力面，方向向上。应用该方法可直接计算出物体的最大变形量 $\Delta\xi_{max} = 1.962\mu m$。

图 7-38　物体变形产生的包裹位相图

（Fig. 7-38　Wrapped Phase of Object Deformation）

相移全息干涉术测试物体微小形变
最多条纹数量6.2　物体最大变形量1.962μm

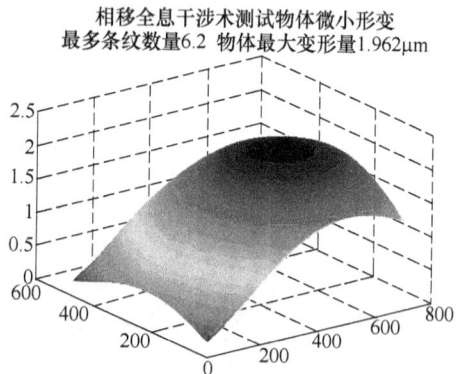

图 7-39　物体变形产生的位相图

（Fig. 7-39　Unwrapped Phase of Object Deformation）

利用数字位相移动，避免了传统相移术中压电位移器等复杂的相移控制器件，简化了实验过程，降低了实验条件，提高了实验效率。基于四步相移法原理，可快速实现物体微小变

形引起的三维位相的测量。实验研究表明，该方法不仅不需要传统相移术中价格昂贵、操作复杂的相移器，而且能快速求得物体变形或位移引起的三维位相图，避免受相移器精度影响引起的波前恢复误差。应用本书提出的数字相移方法，极大地提高了相移全息干涉术的测试效率，并可获得高精度的测试结果。

本章习题（Exercises）

7-1　在自动计算全息图时，三步相移法和四步相移法各有何优缺点？

7-2　位相移和光程差有何关系？位相移和位移矢量有何关系？

7-3　写出三步相移法自动计算全息图的算法的基本公式。

7-4　为什么自动计算全息图时，实时全息干涉术需一支参考光束，而双曝光需两支参考光束？

7-5　三步法 PZT 位相移的原理是什么？画出示意图。

7-6　三步法数字位相移的原理是什么？

7-7　试述实时全息干涉术的原理，并给出主要的测试公式。试画出自动计算全息图的实时全息干涉术的光路图，并说明主要元件的作用。

7-8　在全息干涉术中，

1）电寻址液晶 EALCD 的作用是什么？

2）如何使激光器、电寻址液晶 EALCD、傅里叶变换镜头和 CCD 相机的参数匹配？

7-9　在全息干涉术中，

1）如何满足时间相干度条件？

2）如何满足空间相干度条件？

3）如何满足对比度条件？

4）如何满足偏振度条件？

7-10　A/D 转化后，为什么可通过数字滤波提高干涉条纹的对比度？

本章术语（Terminologies）

三维测量	three-dimensional measurement
移相器	phase shifter
高精度	high accuracy
非接触测试	non-contact testing
感光胶片	photographic film
自动处理全息图	automatic processing hologram
等高线图	contour map
频率漂移	frequency drift
电视摄像机	TV camera
TV-微机系统	TV-computer system
A/D 转换	A/D convertor
监视器	monitor
打印机	printer
定影	fixing
压电位移器	piezoelectric translator（PZT）

位相控制器	phase controller
位相跃迁	phase jumping
偏振片	polarizer
位相畸变	phase distortion
双曝光全息装置	double-exposure holographic setup
实时全息装置	real-time holographic setup
电寻址液晶	electrically addressed liquid crystal display
脉冲激光	pulse laser
波长漂移	wavelength shifting
寄生条纹	parasitic fringes
自动曝光	automatic exposure
手动曝光	manual exposure
曝光过度	over exposure
曝光不足	under exposure
图像采集卡	frame grabber board（FGB)
灰阶	gray level
离散化的数字图像	discrete digital image
消偏振效应	depolarization effect
假三维立体图	pseudo three-dimensional map
就地显影	in-situ development
光导热塑料	photoconductor thermoplastic film
硅酸铋晶体	BSO crystal
随机散斑分布	random speckle distribution
数字滤波	digital filtering
空间光调制器	spacial light modulator
线偏振光	linearly polarized light
双折射效应	birefringence effect
纯位相调制	phase-only modulation
纯振幅调制	amplitude-only modulation
四步数字相移	four-step digital phase shifting
相移干涉术	phase-shifting interferometry
低通滤波器	low pass filter

参考文献（References）

[1] Wang Wensheng. Measuring all Information of a Deformed Object with Automatic Hologram Calculation [J]. SPIE, 1988 (965): 109-112.

[2] M. Vest. Holographic Interferometry [M]. New York: John Willey & Sons, 1979.

[3] 王文生. 应用三个干涉图法测物体变形全信息 [J]. 仪器仪表学报, 1990 (3): 263-267.

[4] B. Dorband. Die 3-Interferogramm Methode zur automatischen Streifenauswertung in rechnergesteuerten digitalen Zweistrahlinterferometern [J]. Qptik, 1982, 60 (2): 164-174.

[5] P. Hariharan, B. F. Oreb, N. Brown. Real-time holographic interferometry: a microcomputer system for the

measurement. Of vector displacements ［J］. Applied Optics, 1983, 22 (6)：876-880.

［6］ Fan Zhenjie, Guo Jun, Wang Wensheng. Three Dimensional Deformation Measurements IEEE With Digital Holography ［J］. IEEE ICMA, 2009 (6)：2850-2853.

［7］ H. Tiziani. Real-time metrology with BSO crystals ［J］. Optca Acta, 1982, 29 (4)：463-470.

［8］ R. Dandliker, R. Thalmamm, J. F. Willemin. Fringe interpolation by two-Reference-beam Holographic interferometry reducing Sensitivity to hologram misalignment ［J］. Optics Communivations, 1982, 42 (5)：301-306.

［9］ J. E. Sollid, J. B. Swint. A Determination of the Optimum Beam Ration to Produce Maximum Contrast Photographic Reconstructions from Double-Exposure Holographic Interferograms ［J］. Applied Optics, 1970, 9 (12)：2717-2719.

［10］ Yu. I. Ostrovsky, M. M. Butusov, G. V. Ostrovskaya. Interferometry by Holography ［J］. Springer-Verlag Berlin Heidelberg New York, 1980：117-118.

［11］ 王文生. 自动计算全息图的双曝光全系干涉术-物体受力后表面全信息的测量 ［J］. 光学技术, 1988 (2)：2-4.

［12］ 王文生. 应用自动计算全息图的实时全息术测薄板变形 ［J］. 长春光学精密机械学院学报, 1988, 11 (1)：12-16.

［13］ 王文生. 用实时全息术测量胶体在硬化过程中的厚度变化 ［J］. 光学学报, 1987, 7 (11)：1029-1035.

［14］ Guo Jun, Wang Wensheng. Application of Digital Holographic Interferometry Based on EALCD for Measurement of Displacement ［J］. 2010 Sixth International Symposium on Preciscion Engineering, 2010 (7544)：75442I-1 ~ 75442I-7.

［15］ 郭俊, 王文生. 数字全息干涉术在物体微小变形测量中的应用 ［J］. 仪器仪表学报, 2011, 32 (6) (增刊)：66-70.

［16］ 郭俊, 王文生. 基于 Hough 变换的数字全息干涉条纹检测 ［J］. 光子学报, 2011, 40 (1)：116-120.

［17］ Guo Jun, Wang wensheng. The Fast Automatic Interpretation of Digital Holographic Interference Fringes ［J］. SPIE, 2011 (8191)：10-59.

［18］ 郭俊, 王文生. 四步数字相移全息干涉术三维变形测量 ［J］. 仪器仪表学报, 2012, 32 (12)：2808-2813.

第 8 章　散斑干涉术
（Chapter 8　Speckle Interferometry）

散斑计量术（speckle metrology technique）是散斑的成像应用还是非成像应用，是一个值得争论的问题。一方面，在大多数的散斑干涉（speckle interference）测量系统中都包含一个成像系统，用来收集信息；另一方面，人们真正感兴趣的并不是物体的像，而是关于物体的机械性质的信息，如物体的运动、振动模式或表面粗糙度（surface roughness）等，这些信息才是人们想要的。目前，散斑计量术已是一个成熟的技术，虽然散斑是一种讨厌的噪声，但在计量术领域中，它却变得很有用处[1]。

散斑计量术是在现代高科技成果，包括激光技术、视频技术、电子技术、信息和图像处理技术、计算机技术、全息干涉和散斑干涉技术、精密仪器（precision instrument）及自动控制技术的基础上发展起来的一种现代光测方法，它具有全场（full field）、非接触（non-contact）、高精度（high accuracy）和高灵敏度（high sensitivity）、不避光、不照相、不需要特殊防振、快速实时并可在线检测（on- line testing）等优点。

散斑计量术的用途很广，可用于检测各种工程机械及设备的变形、振动、冲击、粗糙度（roughness）、刚度（stiffness）和强度（strength）等特性，还可用在土木结构、水利设施的变形测量。它不但可以作为模型设计、分析、样机实验的先进工具，而且可以作为产品检验和生产过程控制的一种有利工具。因此，该技术在机械、土木、水利、电器、航空航天、兵器工业及生物医学等领域的检测中具有非常重要的地位[2]。

8.1　散斑计量学的发展历程（Development Course of Speckle Metrology）

早在 1914 年，散斑现象就被人们发现，但一直未予以重视。到了 1960 年，随着第一台激光器的诞生，全息干涉技术得到了发展。但由于散斑的存在，影响了全息图质量，散斑开始作为一种噪声被研究，科学家们进行了大量的工作试图消除散斑效应对全息图质量的影响。直到 1968 年，Archbold 等人首次将散斑技术应用在测量中。散斑干涉的基本原理是在 1970 年由 Leendertz 建立的，他提出了散斑相关干涉术（speckle correlation interferometry）。在这一方法中，物体由两束相干光照明，将物体变形前后拍摄的两幅散斑图照片加以对比，即可得到表面位移的信息。1971 年，Buttes 和 Leendertz 首先应用光电子器件（摄像机）代替全息干板记录散斑场的光强信息并存储在磁带上，由电视摄像机输入物体变形后的散斑图，通过电子处理的方法不断与磁带中变形前的散斑图进行比较处理，从而在监视器上观察到散斑干涉条纹。这种方法就称为电子散斑干涉法（electronic speckle pattern Interferometry（ESPI））。同年，Macovski 也发表了类似的文章。1974 年，Pedersen 等把硅靶摄像管作为光电探测头应用在 ESPI 中，提高了 ESPI 系统对光的敏感度。1976 年，Lokberg 等把全息干涉术中的参考光位相调制技术引入电子散斑，使之能测量振动的位相分布。1977 年，Wykes 讨论了电子散斑干涉法中的消相关效应，并提出了相应的改进措施。1978 年，Jones 等利用双波长电子散斑干涉法测量了物体的轮廓。1981 年，Jones 等系统地对电子散斑干涉中各种参数的选取和优化作了详细分析。这样，几乎用了十年的时间，人们完成了对电子散斑技术的基本原理及其性质的研究，提出了改善 ESPI 条纹质量的系统参数选取方法，为以后的研究和应用打下了基础，并研制了商品化的 ESPI 干涉仪。随后，Lokberg 把脉冲激光用于电子散斑。1987 年，Wykes 等使用小功率激光器和半导体激光器实现了电子散斑干涉，从而使系统更加紧凑、实用。

进入 20 世纪 80 年代，电子技术、计算机技术和激光技术的发展促进了散斑计量技术的发展，高速存储器加快了数字图像的存取速度，计算机的高速运算能力使图像处理的复杂运算成为可能。把这些技术应用在电子散斑干涉中，就出现了数字电子散斑干涉术（digital electronic speckle pattern interferometry，DSPI）[3]。它通过把物体变形前后的散斑图量化为数字图像，存储在计算机中，由计算机用数字的方法对它进行运算，从而在监视器上再现干涉条纹图。数字散斑干涉减小了电子散斑的噪声，大大提高了干涉条纹的清晰度。1980 年，Nakadate 首次实现并得到 512×512 列阵的数字散斑干涉条纹，但直到 1984 年才由 Creath 正式提出并作为一种新技术加以推广，数字图像列阵也逐步发展到今天的 512×512 或 1024×1024，灰度等级发展到 256，而且以计算机和图像板取代了原始的大型数字图像处理系统。目前，该技术逐步代替了用电子处理方法的电子散斑干涉法，但在习惯上，人们往往将用电子处理方法实现的电子散斑干涉法（ESPI）和用数字处理方法实现的数字散斑干涉法（DS-PI）统称为电子散斑干涉法（ESPI）。

为了进一步提高 ESPI 的抗振性能，Y. Y. Hung 于 1973 年提出了剪切散斑照相术（shearing speckle photography），1985 年又提出了将错位技术引入电子散斑的设想，提出了电子错位术（electronic shearography，简称 ES）的概念。在国内，1989 年天津大学首次研制成功了电子错位散斑（或称电子剪切散斑）干涉系统，随后又开发了 DSSPI 系统。1992 年，中国科学技术大学将半导体激光器成功地应用于电子散斑干涉中，并由可切换的双频光栅实现了错位，1993 年，西安交通大学研制了光纤电子散斑技术干涉系统。

为了适用于各种工程环境测量的需要，一些仪器化、商品化的电子散斑干涉仪也相继问世，1980 年，英国的 Vinten 公司首次推出一种电子散斑干涉仪。1968 年，英国 Ealing 光电技术公司推出了商品化的 ESPI 干涉仪 VIDISPEC。1988 年，美国激光技术公司首次推出电子错位散斑干涉仪 ES-9100。1990 年，美国的 Newport 公司推出 HC-4000 型的 ESPI 干涉仪。1992 年，瑞士的 Vibro-meter 公司也推出了 RETRA 100 型电子散斑干涉仪。1992 年，美国激光技术公司又推出了新型的电子错位系统 ES-9200、ES-9400、ES-9120、ES-9500 及 SC-4000 便携式电子错位散斑干涉仪。国内，1989 年天津大学首次研制成功 ESS 电子错位散斑系统。1990 年，中国大恒公司光电室与西德 Jurid 公司合作开发了 Daheng-Jurid 电子散斑仪，西安交通大学也有已通过鉴定的 TVH-30 电子散斑计量系统。1992 年，中国科技大学研制的新型光学头部，采用了先进的半导体激光器作光源，还加有可切换的双频光栅实现错位，使 ESPI 更好地仪器化。另外，北京光电子技术公司也在生产电子散斑仪，并向工业应用领域推出。

电子散斑干涉法自问世以来即得到广泛的应用，而且这种趋势与日俱增。首先电子散斑干涉法被广泛地用于振动测量和模态分析，其次它被用于物体轮廓的测量。电子散斑技术还可用于高温物体的位移测量和热变形测量（thermal deformation testing）。另外，电子散斑在无损检测方面也取得了很多成功的应用。研究的新型漫射参考光光路，实现了对于相位物体的检测。1990 年，Gulker 把 ESPI 用于建筑物现场测试，而 Ganesan 早在 1989 年就把 ESPI 用于泊松比的实时测量。ESPI 用于动态问题的研究也已有报导。从 20 世纪 70 年代到 90 年代二十年的时间里人们不断地把 ESPI 技术用于各种工程测试中。电子错位散斑技术虽然在 80 年代末期才兴起，至今不过几十年的时间，但也取得了许多可喜的研究成果和应用[4]。

8.2 散斑及其特性（Speckle and Its Characteristics）

散斑是相干光学中的一个现象，它是由粗糙表面散射（透射或反射）的光波叠加产生的。在全息术和图像处理中，散斑是极其有害的，它影响成像系统的分辨能力，应设法消除或减少散斑的影响。但是，由于散斑具有特殊的性能，因此它在非接触光学测试技术中得到了广泛的应用。例如，用散斑照相术（speckle photography）和散斑干涉术（speckle interferometry）测变形、位移、倾斜和振动，以及根据散斑位移间的关系测量物体位移的速度，根据散斑的对比度测量表面的粗糙度等。

8.2.1 散斑现象（Phenomenon of Speckle）

当光照射在粗糙表面上时，表面上每一点都有散射光，这些散射光是相干光，仅仅是其振幅与位相不同，而且随机分布。这些散射光叠加后，形成对比度较好的颗粒状结构，这就是所谓的散斑，如图 8-1 所示。

为了产生激光散斑，粗糙表面的微观结构应等于或大于所应用激光的波长。在这样表面上反射、散射或衍射的光，沿着光束传播的方向，形成散斑。这种粗糙的表面也可以看作是随机排列的光栅。

根据光源的相干性，若用激光作为光源，则能在很长的距离内观察到散斑；若用白光作为光源，则只能在很短的距离内看到散斑。由于激光具有良好的相干性，因此几乎所有的散斑应用都用激光作为光源[5]。

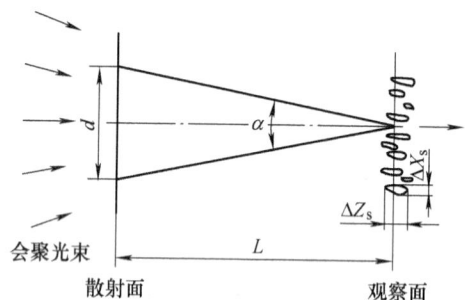

图 8-1 散斑现象

(Fig. 8-1 Phenomenon of Speckle)

产生散斑的装置有许多，比较典型的实验装置有泰曼-格林干涉仪，如图 8-2 所示。单色相干光源（如 He-Ne 激光器）的光经过扩束器后，被扩束器将直径大约为 0.8mm 的光束扩展到直径约为 25 ~ 50mm 的光束。扩束后的激光光束被分束器分成两部分：物光束和参考光束。参考光束经反射镜反射后再次经过分束器入射到 CCD，物光束经过一成像透镜照射到物体表面，经物体散射后再次经过透镜、分束器到达 CCD。参考光束和物光束在 CCD 感光面附近相遇并发生干涉，把 CCD 采集到的干涉图样称为散斑干涉图（speckle interference pattern）。图 8-3 所示为激光散斑实验装置。由于参考光和物光是同一束光被分束器分成的两个部分，即振幅分束，经反射后再经分束器合成，最后被 CCD 所接收，因此这两个光波叠加后其相对误差都可被忽略。

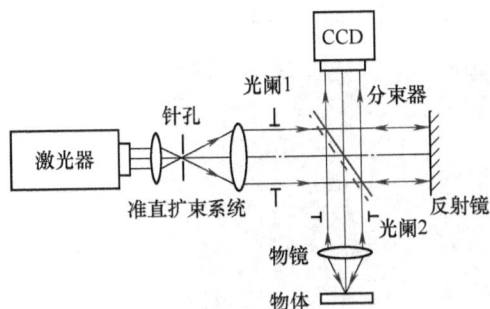

图 8-2　泰曼-格林干涉仪

(Fig. 8-2　Twyman-Green Interferometer)

图 8-3　激光散斑实验装置

(Fig. 8-3　Experiment Setup of Laser Speckle)

8.2.2　散斑特性[6]（Speckle Characteristics）

1. 散斑大小（Speckle Size）

散斑的大小与观察平面的位置有关。如果在近场观察，那么在垂直于光轴方向的平均散斑直径为

$$\Delta X_s \approx \frac{\lambda}{\alpha} = \lambda \frac{L}{d} \tag{8-1}$$

在光轴方向的平均散斑直径为

$$\Delta Z_s \approx \frac{\lambda}{\alpha^2} = \lambda \left(\frac{L}{d}\right)^2 \tag{8-2}$$

式中　λ——光波波长；

　　　α——被照明的散射表面对观察点的张角（subtended angle）；

　　　d——被照明的散射表面的直径；

　　　L——散射面到观察面的距离。

由此可知，散斑的大小随观察距离的增加而增大，散斑的纵向尺寸要比横向尺寸大得多。

如果在远场观察，即在透镜的后焦平面上观察散斑图，那么平均散斑直径为

$$\Delta X_s \approx \frac{\lambda}{\alpha} = \lambda \frac{f'}{D} \tag{8-3}$$

式中　f'——透镜的焦距；

　　　D——透镜的口径。

当观察面不位于透镜的焦平面上时，则必须考虑到透镜的放大倍率，散斑的平均直径为

$$\Delta X_s \approx \frac{\lambda}{\alpha} = \lambda \frac{z'}{D} \tag{8-4}$$

式中　z'——像距。

散斑的大小不仅与观察平面的位置有关，还与照明光波的波长有关。由式(8-4)即可看出，散斑的大小随波长的增加而增大。

为了进一步验证散斑的尺寸和照明光波波长的关系，分别采用氩离子激光器、半导体激

光器和 He-Ne 激光器作为光源，一元钱硬币作为被测物体，观测距离为 78.5cm，照射直径为 1.5cm，观察夫朗和费衍射面散斑，由式(8-1)计算后可知垂直于光轴方向的平均散斑直径的大小。不同波长的激光照射到物体表面所产生的散斑图样如图 8-4 所示。

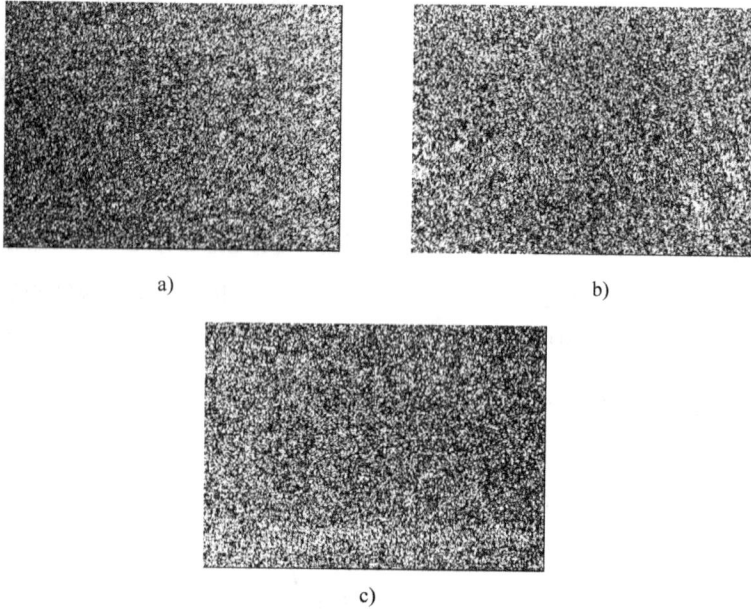

a)

b)

c)

图 8-4 不同波长激光器对散斑尺寸的影响

(Fig. 8-4 Influence of Different Light Wavelength on Speckle Size)

a) 由氩离子激光器产生的散斑（散斑尺寸 26.728×10^{-3}mm）

b) 由半导体激光器产生的散斑（散斑尺寸 27.664×10^{-3}mm）

c) 由 He-Ne 激光器产生的散斑（散斑尺寸 32.9056×10^{-3}mm）

[a) Speckle Produced by Argon Ion Laser（Speckle Size 26.728×10^{-3}mm）

b) Speckle Produced by Semiconductor Laser（Speckle Size 27.664×10^{-3}mm）

c) Speckle Produced by He-Ne Laser（Speckle Size 32.9056×10^{-3}mm）]

图 8-5 所示为波长与散斑直径的关系图。通过图 8-4 和图 8-5 可以清晰地看到，对于同一个物体来说，波长越长所产生的散斑直径就越大，而且散斑的大小及对比度和激光光源的相干度也有着密切的联系，激光的相干性越高得到的散斑图样也越好。当然，波长和光源的相干度并不是影响散斑尺寸大小的唯一因素。

2. 散斑的对比度（Speckle Contrast）

应用散斑测试方法的可能性取决于被测件表面的最小粗糙度，它决定是否能产生可判读的散斑图。光学平面反射不产生任何散斑，而量规却能形成可见的一定对比度的散斑。

散斑对比度 P 与散射面的方均粗糙度 R 之间的关系曲线如图 8-6 所示，其中曲线 1 表示在成像光学系统的像面上的散斑对比度，曲线 2 是在自由空间直接传播的

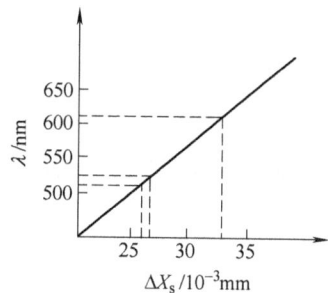

图 8-5 波长与散斑直径的关系图

(Fig. 8-5 Relationship between Light Wavelength and Speckle Diameter)

某一距离上的散斑对比度。

散射面的均方粗糙度（root mean square roughness）为

$$R = \sqrt{\frac{1}{N}\sum_{i=1}^{N}(h_i - <h>)^2} \quad (8\text{-}5)$$

式中　h_i——散射面各采样点的高度；

$<h>$——散射面的平均高度。

在观察平面上，散斑强度的规化标准偏差（normalized standard error）称为平均散斑对比度，可表示为

$$P = \frac{1}{<I>}\sqrt{\frac{1}{N}\sum_{n=1}^{N}(I_n - <I>)^2} \quad (8\text{-}6)$$

式中　I_n——各采样点的散斑强度（speckle intensity）；

$<I>$——平均散斑强度。

对于 He-Ne 激光器（$\lambda = 632.8\text{nm}$），当 $R \geq \frac{\lambda}{3}$ 时，散斑对比度接近于极大值（$P = 1$），并保持为常数。

这里，以 He-Ne 激光器为例，分别对砂纸、一元钱硬币、一角钱硬币以及铝片进行测试，其散斑图样如图 8-7 所示。

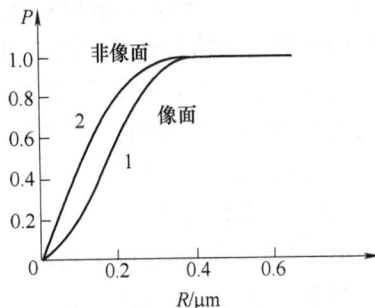

图 8-6　散斑对比度与物体粗糙度关系曲线

（Fig. 8-6　Relationship between Speckle Contrast and Roughness of Object Surface）

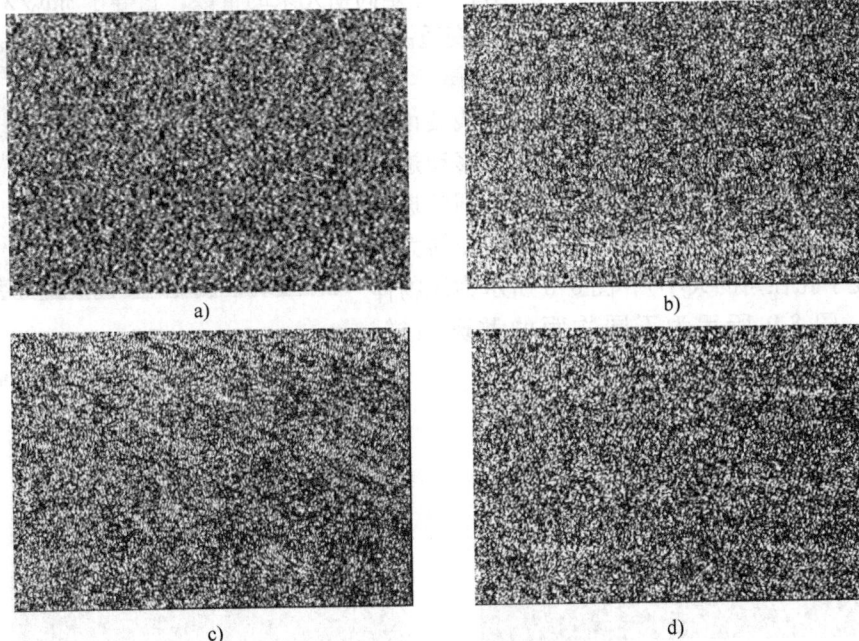

图 8-7　不同粗糙度的物体产生的散斑图样

（Fig. 8-7　Speckle Patterns of Object Surfaces with Different Roughness）

a）物体为砂纸　b）物体为一元钱硬币　c）物体为一角钱硬币　d）物体为铝片

（a）Speckle Produced by A Sand Paper　b）Speckle Produced by One Yuan Coin

c）Speckle Produced by A Dime Coin　d）Speckle Produced by An Aluminum Sheet）

由图 8-7 可知，铝片的散斑对比度比较弱，而砂纸的散斑对比度最强。

实验中所得到的是光学图像。由于强度和灰度在 CCD 的响应范围内满足线性关系，因此可由灰度级来计算散斑图样的对比度。物体表面粗糙度对散斑图样的影响是很明显的，物体表面越粗糙所产生的散斑就越明显，表面越光滑，散射光的相位变化越缓慢，散斑对比度降低，但当物体表面粗糙度达到一定大小时，散斑对比度变化也趋于恒定。

3. 散斑的运动规律（The Motion Law of Speckle）

如果被激光照明的粗糙表面发生位移或变形，则在观测平面上的散斑图也要产生相应的变化。对于一个三维物体的位移，只能在垂直于光轴的平面内观测散斑相同形式的一维位移。散斑位移分三种情况：第一，只有散斑场的横向位移，不改变每一散斑的尺寸；第二，只有散斑的尺寸变化，整个散斑场没有任何明显的位移；第三，散斑场位移，同时散斑尺寸逐渐变化。在实际应用中，由于很难严格地满足区别这些情况的限制条件，因此常遇到的是第三种情况。

散斑位移和物体位移的关系是

$$x_s = x_0 \left(1 + \frac{L}{z} \right) \qquad (8\text{-}7)$$

式中　x_s——散斑位移量；

　　　x_0——物体位移量；

　　　L——物体到观察面的距离；

　　　z——物体到光源或激光分束器的距离。

式(8-7)仅适用于 $L \gg z$ 和 $z/z_0 \gg 1$ 的情况（z_0 是高斯光束的常数，它等于 $\pi \omega_0^2 / \lambda$）。当然，除了直接改变物体的状态以外，还可通过改变透镜的位置以及光阑的孔径大小来研究散斑的运动规律。

这里以 He-Ne 激光器作为光源，一元钱硬币作为被测物体，分别比较原物体散斑图样、移动透镜位置和调整光阑大小后的散斑图样（这里调整透镜的位置相当于物距发生变化，改变光阑孔径的大小相当于改变了孔径角的大小），图 8-8 所示为原物体散斑图样，图 8-9 所示为不同物距的散斑图样，图 8-10 所示为不同孔径的散斑图样。

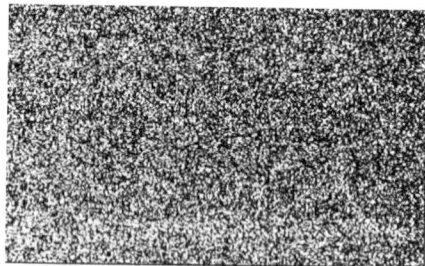

图 8-8　原物体散斑图样

（Fig. 8-8　Original Speckle Pattern）

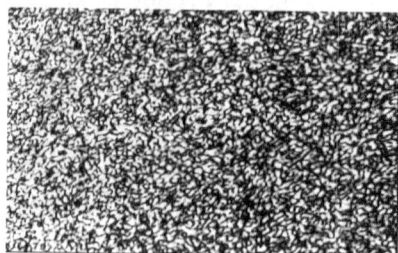

a)

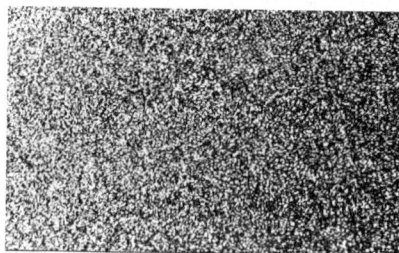

b)

图 8-9　不同物距的散斑图样

（Fig. 8-9　Speckle Pattern at Different Distances）

a）物距为 13cm　b）物距为 14.3cm

（a）Speckle Pattern with Object Distance 13cm　b）Speckle Pattern with Object Distance 14.3cm）

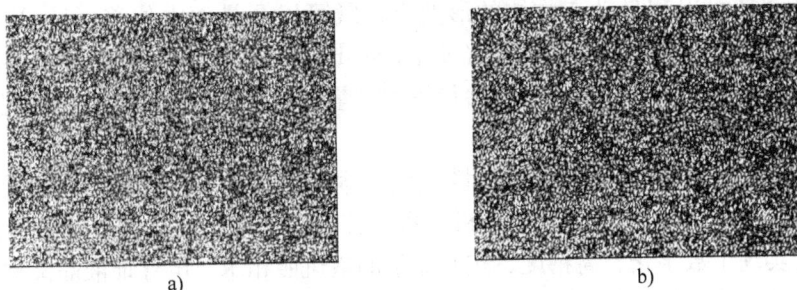

图 8-10　不同孔径的散斑图样

Fig. 8-10　Speckle Pattern at Different Apertures

a）光阑孔径为 14.04mm　b）光阑孔径为 15.46mm

（a）Speckle Pattern with Aperture Stop Size 14.04mm　b）Speckle Pattern with Aperture Stop Size 15.46mm)

由图 8-9 和图 8-10 可知，在物体前加透镜或加小孔时，散斑的对比度以及散斑的大小都会随着物距或光阑孔径的变化而变化，这是由于改变物距或者改变光阑的大小就相当于改变了孔径角的大小。当物距呈增大趋势时，像方孔径角逐渐减小；当光阑逐渐增大时，像方孔径角也呈增大趋势。当用透镜把物体成像在 CCD 上，增大物镜横向放大倍率时，随着物方孔径角的增大，像方孔径角逐渐减小，CCD 所接收的散斑的直径也越大，而且散斑呈均匀化分布。

当入射光束的方向发生改变时，对自由空间中的夫朗和费散斑的影响较为简单，可归结为平面散斑图样在空间的平移或平移加上形变。对于菲涅耳散斑来说，这个影响比较复杂，光阑的移动等效于像方孔径角的改变，而光阑移动所引入的位相变化，对不同位置的像点其位相变化是不同的，因而各像点间的相对位相差发生了变化，于是散斑图样也发生了变化。

综上所述，当入射光束的方向发生改变时，无论是夫朗和费散斑还是菲涅耳散斑均要发生变化。这种变化的影响可以从两方面来看，一方面，当物体表面发生运动时，整个散斑场也发生运动。若由于某种原因造成入射光束的方向发生改变，则会影响测量结果。另一方面，在某些测量（如全息干涉术）中，散斑是一种有害噪声，会降低测量精度。改变照明光束的入射方向，利用前后两幅散斑图样的重叠使散斑噪声平滑化，从而降低噪声的影响，有利于提高测量精度。

8.3　数字散斑照相术（Digital Speckle Photography）

散斑照相术是测量物体面内形变、位移和振动的一种有效的干涉测试技术。它的原理是：用一束激光照射漫射物体，在同一底片上记录物体位移或是记录形变前后的两个或多个散斑图，再用光学方法从中抽取出表面位移或形变的信息，实现了对工业精密仪器以及各种军用装置中重要部件形变的检测。

传统的散斑照相术需要利用照相干板来记录曝光散斑图，并需要对干板进行湿处理，过程繁琐，不便于测量。近几年来，CCD 以及空间光调制器的应用、数字图像处理技术和计算机技术的迅速发展，都为条纹图像的实时显示创造了条件，同时条纹处理精度更高、更迅速，数字散斑照相术应运而生。结合计算机与数字图像处理等技术，散斑法不仅可以测量静态物体的形变，还可以测量动态物体的形变[7]；既可以测量面内位移（in-plane shifting），也可以用散斑剪切干涉法测量离面位移（off-plane shifting）、变形场及应变场（stress field），另外还可有效地应用于振动、断裂力学参量等的测量中。散斑测量的自动化程度也不断得到提高，并逐步实现了仪器化。

目前，基于 CCD 和空间光调制器的散斑照相术已经出现。利用电寻址液晶（EALCD）和 CCD 取代传统散斑照相术中的记录干板，省去传统方法中干板显影、定影的繁琐的化学湿处理过程，实现了数字化、高精度、实时显示的散斑照相术。电寻址液晶又称空间光调制器，是数字散斑照相系统的核心元件。通过它可将二维图片直接输入到散斑干涉条纹图的拍摄光路中，完成相关记录。在信号源信号的控制下，它能对光波的某个参量进行调制。例如，通过吸收调制振幅，通过折射率调制相位，通过偏振面的旋转调制偏振态等，从而将信号源信号所荷载的信息写进光波之中[8]。

8.3.1 电寻址液晶的基本原理（The Basic Principle of EALCD）

液晶是某些有机分子物质在一定的条件下呈现的一种特殊的物质状态，其结构介于液体、固体之间，称为中间态或中间相。因此，液晶具有双重性质，在一定程度上，既具有液体的流动性，又具有晶体所特有的各向异性。此外，由于液晶分子之间的相互作用力远低于固体分子之间的相互作用力，所以液晶的各向异性在外场下会发生显著的变化，这种变化远比各向异性晶体强烈。当光入射到晶体上时，晶体中的电场发生变化，从而使液晶产生双折射，引起偏振响应和位相响应。电寻址的空间光调制器主要由单个分离的元素或像素结构组成，它的优势在于具有电子系统与光学系统之间的实时接口能力，但由于分立的像素结构，一方面将导致多重衍射图样，另一方面在电极间存在死区，最终影响携带信息的光波能量的有效利用。

基于液晶显示技术的液晶空间光调制器，既可以实现对光波的振幅调制，又可实现对光波的相位调制，而且可获得多级或连续分布的振幅或相位调制；同时，电寻址液晶还具有空间分辨率高、响应速度快、功耗低、体积小、易于光电接口等特点，因此电寻址液晶已经广泛应用于光信息处理领域。电寻址液晶（EALCD）的主要作用是作为图像写入、读出器件；作为空间光调制器，既用在输入面，也用在谱面。

8.3.2 数字散斑照相术测位移[9~11]（Displacement Measurement Based on Digital Speckle Photography）

1. 测量原理（Measure Principle）

若物体位移量大于散斑的横向尺寸，则根据散斑的位移量可以测出物体的位移量。如图 8-11 所示，用激光照明光学粗糙表面，物体由 O 位移到 O_1，对应的散斑图由 O' 位移到 O_1'。设物镜的放大倍率为 β，则散斑位移 $\Delta x'$ 与物体位移 Δx 的关系为

$$\Delta x' = \beta \Delta x \qquad (8\text{-}8)$$

如果在一个高分辨率的记录介质上先后记录

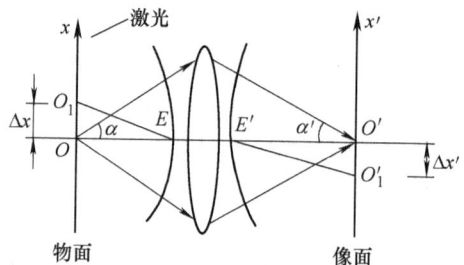

图 8-11 散斑测位移光学系统

（Fig. 8-11 Optical System for Speckle Displacement Measurement）

下物体位移前和位移后的散斑图，那么可以获得一对对相同位移的散斑。比较和判读散斑对的衍射图，可以把两个用相干光照明的点或缝的衍射图区分开。

图 8-12 所示为观测散斑图的光学系统。被记录的散斑图放在物镜前，用平行光照明，在物镜的后焦平面上观察衍射图。

设在底片某小区域几何像的强度分布为 $B'(x', y')$，其脉冲响应是点扩散函数 $\delta(x, y)$。因平移等价于与 δ 函数的卷积，故在该小区域底片上的强度分布为

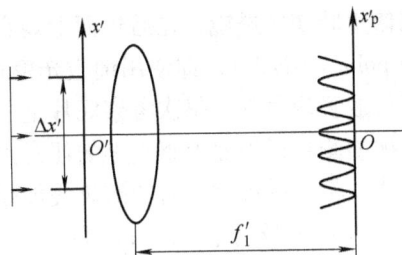

图 8-12　观测散斑图的光学系统
(Fig. 8-12　Optical System of Observing Speckle)

$$B'(x', y') * [\delta(x', y') + \delta(x' - \Delta x', y')] \qquad (8-9)$$

在用平行光照明散斑图的负片后，在透镜的后焦平面上像的振幅分布是式(8-9)的傅里叶变换，即

$$\begin{aligned} A(f_x, f_y) &= \iint \{B'(x', y') * [\delta(x', y') + \delta(x' - \Delta x', y')]\} \cdot e^{-i2\pi(x'f_x + y'f_y)} \, dx' dy' \\ &= F\{B'(x', y')\}(1 + e^{-i2\pi\Delta x'f_x}) \end{aligned} \qquad (8-10)$$

式中　　　f_x——x'_p 轴方向的空间频率，$f_x = \dfrac{x'_p}{\lambda f'_1}$；

f_y——y'_p 轴方向的空间频率，$f_y = -\dfrac{y'_p}{\lambda f'_1}$；

$F\{B'(x', y')\}$——点像的傅里叶变换。

像的强度分布是

$$\left| A(f_x, f_y) \right|^2 = |F\{B'(x', y')\}|^2 \cdot 2\{1 + \cos 2\pi\Delta x'f_x\} \qquad (8-11)$$

式(8-11)表明，频谱 $\left| F\{B'(x', y')\} \right|^2$ 受垂直于位移方向杨氏条纹的调制。条纹的极大值位置可由下式求出，即

$$2\pi\Delta x'f_x = 2m\pi \quad (m = 0, 1, 2, \cdots, m) \qquad (8-12)$$

若 $m = 1$，则可求出条纹的间隔 $\overline{x'_p}$ 与散斑位移量的关系为

$$\Delta x' = \frac{1}{f_x} = \frac{\lambda f'_1}{x'_p} \qquad (8-13)$$

干涉条纹的间隔反比于物体的位移量，即

$$\overline{x'_p} = \frac{\lambda f'_1}{\Delta x'} = \frac{\lambda f'_1}{\beta\Delta x} \qquad (8-14)$$

若在实验中散斑图的采集不经过透镜，直接利用 CCD 采集，则 $\beta = 1$，由式(8-14)可以求出物体的位移量，即

$$\Delta x = \frac{\lambda f'_1}{x'_p} \qquad (8-15)$$

2. 测试方法（Measurement Method）

散斑图底片的处理，通常采用两种方法，一种是全场分析法（full-field analysis），即应

用傅里叶变换透镜，在后焦面上观察散斑图底片的频谱分布；另一种是逐点分析法（point-by-point analysis），即使用细激光束垂直透过两次曝光散斑图底片，在距离散斑图底片 L 处平行放置观察屏，每次考察底片上一个小区域的频谱。两种方法所不同的是逐点分析法可以把被检测目标表面上感兴趣的任意点的位移大小与方向测量出来。采用 EALCD 代替传统的底片，将计算机处理后的散斑叠加图直接载入 EALCD，可获得高对比度的散斑干涉条纹图。

（1）全场分析法（the full-field analysis）

全场分析法装置如图 8-13 所示。双曝光记录的散斑图用准直激光全场照明，然后应用傅里叶变换透镜（Fourier transform lens）获得两散斑图的频谱分布（spectrum distribution），并在频谱平面用 CCD 接收。由于 CCD 是平方律探测器（square law detector），EALCD 不必放在傅里叶变换透镜的前焦平面。这样在频谱平面上可获得两散斑图全场条纹，这一干涉场表征了所在方向散斑位移等高线。从原理上来说，全场分析法可以快速地观察到物体表面的全场变形，并能及时发现局部高应变区域。

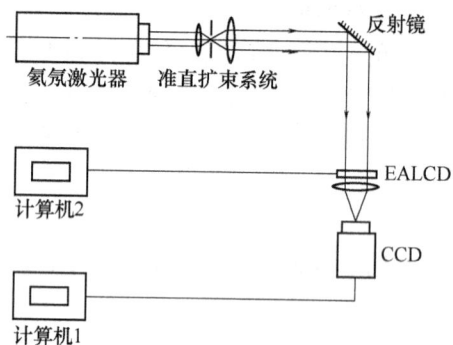

图 8-13　全场分析法装置

(Fig. 8-13　Arrangement of Full-field Analysis)

所得条纹方向垂直于记录时物体平移的方向，条纹的间隔取决于物体的位移量 Δx，即

$$\Delta x = \frac{\lambda f_1'}{x_p'} \tag{8-16}$$

式中　f_1'——傅里叶变换透镜焦距；

　　　$\overline{x_p'}$——所得条纹间隔。

位移量越小，条纹间隔就越宽，在两次曝光记录的散斑图的频谱中出现斑纹调制的杨氏条纹（Yang fringes），由条纹的方向和间隔即可确定漫射体位移的方向和大小。

（2）逐点分析法（point-by-point analysis）

逐点分析法装置如图 8-14 所示，逐点分析法又称杨氏分析法。物体位移或变形前后两组散斑图的叠加，将形成一对对的双孔，用很细的激光束照射这些双孔，则形成了双孔衍射（two pinholes diffraction）。与标准双孔一样，衍射图是一组等间距的平行线，其方向与双孔方向垂直。此时，在距离散斑图底片 L 的屏幕上，将出现杨氏干涉条纹。被测物体上相应点的表面位移 Δx 的方向与杨氏条纹方向垂直，表面位移为

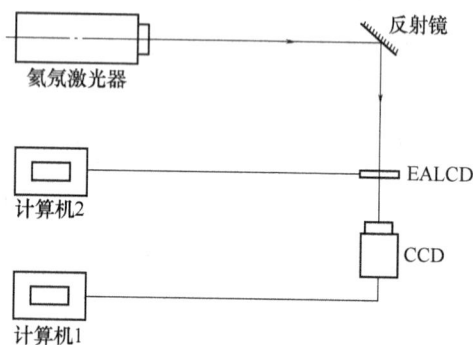

图 8-14　逐点分析法装置

(Fig. 8-14　Setup of Point-by-point Analysis)

$$\Delta x = \frac{\lambda L}{x_p'} \tag{8-17}$$

式中　L——EALCD 至屏幕的距离；

　　　$\overline{x_p'}$——杨氏条纹间距。

3. 实验装置（Experimental Setup）

散斑照相术装置如图 8-15 所示。由于激光光束截面是高斯分布，能量分布不均匀，通过针孔进行空间滤波，同时也提高了空间相干度，减少了相干噪声。将激光器发出的光束通过扩束系统扩大为直径是 20mm 的平行光束，与 CCD 面积匹配，且使能量分布均匀，保证了光源、傅里叶透镜、电寻址液晶和 CCD 满足空间带宽积要求。

对于一个成像系统，其空间带宽积等于有效视场和由系统截止频率所确定的通带面积的乘积。

实验物体为一角硬币，如图 8-16 所示，将其固定于二维位移平台上，物体的位移由平台上的螺旋测微杆控制；硬币表面散射的散斑图由 CCD 记录，被测物体到 CCD 靶面的距离为 60.0cm。

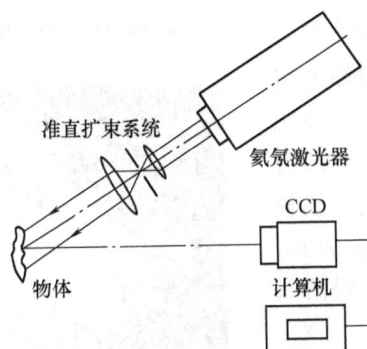

图 8-15　散斑照相术装置

（Fig. 8-15 Arrangement of Speckle Photography）

图 8-16　实验物体

（Fig. 8-16　Experimental Object）

计算机采集的一幅物体位移前的散斑图如图 8-17 所示，物体发生面内位移后的散斑图如图 8-18 所示。将位移前后的两幅散斑图叠加，如图 8-19 所示，再通过计算机载入 EAL-CD，用激光束照明，分别利用全场分析和逐点分析两种方法得到干涉条纹，如图 8-20 和图 8-21 所示。

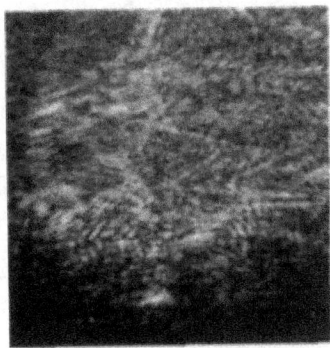

图 8-17　位移前散斑图

（Fig. 8-17　Speckle Pattern without Displacement）

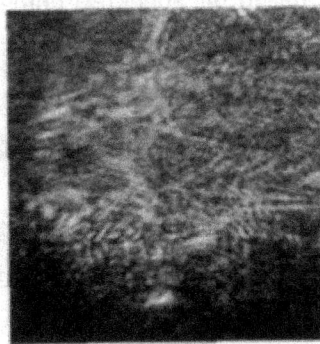

图 8-18　位移后散斑图

（Fig. 8-18　Speckle Pattern with Displacement）

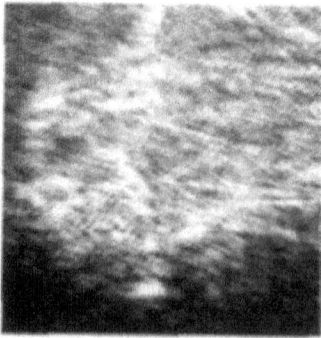

图 8-19　叠加后散斑图

（Fig. 8-19　Speckle Pattern after Superposition）

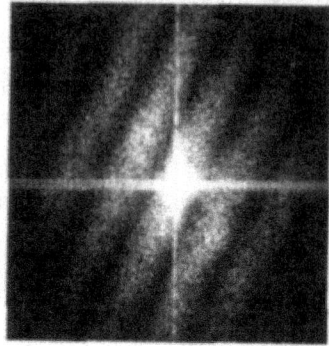

图 8-20　全场分析法得到的干涉条纹

（Fig. 8-20　Interferogram Based on Full-field Analysis）

　　由于记录的条纹图都是光能在记录面上有规律的概率统计，这些像素在空间上是离散的、有序的点；在幅值上是量化的、分层次的（0～255 级）。由于离散的特点，使得条纹图像不连续，并且散斑图的灰度值一般较小，使得图像反差较小、图像较暗，不适合人眼观察，因此可以通过程序对条纹进行处理以减小噪声，提高条纹对比度。

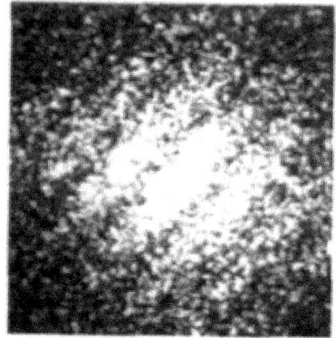

图 8-21　逐点分析法得到的干涉条纹

（Fig. 8-21 Interferogram Based on
Point-by-point Analysis）

　　条纹方向垂直于记录时物体平移的方向，条纹的间隔取决于物体的位移量。应用 EALCD 与 CCD 相结合的数字散斑照相方法对物体的面内位移进行测量，可以获得高清晰度的散斑干涉图。散斑照相术不需要全息干涉术中的参考光即可实现物体表面变形的检测，比全息干涉术更便捷；另一方面没有严格的检测环境要求，从而使散斑照相术在应用中更有优势。

8.3.3　数字散斑照相术测三维变形[12]（Three-dimensional Deformation Testing Based on Speckle Photography）

　　利用 CCD 记录的干涉条纹图是二维图像，为了显示出条纹的三维信息就要应用相位展开，需采用三步相移法或四步相移法。三步相移法必须有已知的固定的相移，并且必须严格地调校位相控制器，使参考光路中玻璃平板的偏转有对应的相移，否则将引起较大的测量误差。而四步相移法避免了这一缺点，其相移可以固定为任意值，因此不需要调校位相控制器。利用数字图像处理实现四步相移法，从而取代了传统光学方法的压电位移器、位相控制器和计算机控制的电子快门，这不但简化了光学系统，而且缩短了图像采集与处理的时间，减少了误差源，测试精度容易达到 $\lambda/10$。

1. 实验装置（Experimental Setup）

　　如图 8-22 所示，He-Ne 激光器的光经过准直扩束系统后，以平行光束照射到分束器上，反射光射到物体表面，经物体散射后再次经过分束器到达 CCD。CCD 记录下含有物体表面位相信息的散斑图，输入到计算机中，并存储起来。物体发生微小变形后，再次用上述方法采集物体变形后的散斑图，存储在计算机上。将两次变形后的散斑图通过计算机数字程序得到叠加图。

全场分析配置图如图 8-23 所示，在 EALCD 后面放上傅里叶变换透镜，将 CCD 放在傅里叶变换透镜的后焦平面上，然后将数字散斑叠加图通过计算机写入 EALCD，用激光照射 EALCD，调节 CCD 的前后位置，即可在像面上得到干涉条纹。由于双曝光时的原始物波和变形后的物波是共光路（coaxial optical path），因此 EALCD 放置位置不同，并不影响实验结果。改变 EALCD 位置，重构的干涉条纹不变化。

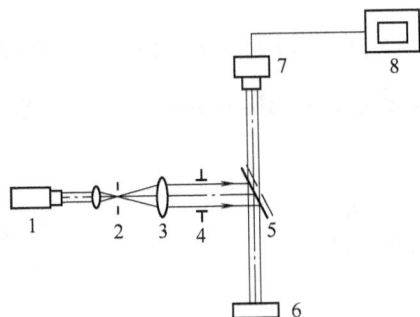

图 8-22　散斑场记录配置图
（Fig. 8-22　Configuration of Speckle Field Recording）
1—激光器　2—针孔　3—准直镜　4—光阑　5—分束镜
6—物体　7—CCD　8—计算机
1—Laser　2—Pinhole　3—Collimator　4—Stop　5—Beam Splitter
6—Object　7—CCD　8—Computer

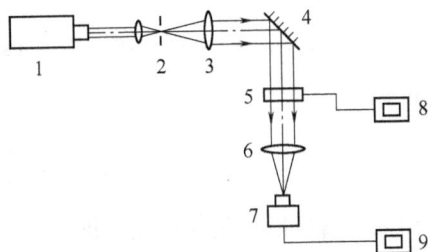

图 8-23　全场分析配置图
（Fig. 8-23　Configuration of Full-field Analysis）
1—激光器　2—针孔　3—准直镜　4—反射镜　5—EALCD
6—透镜　7—CCD　8—计算机 1　9—计算机 2
1—Laser　2—Pinhole　3—Collimator　4—Mirror　5—EALCD
6—Lens　7—CCD　8—Computer 1　9—Computer 2

2. 实验数据及结果（Experimental Data and Results）

如图 8-24 所示，图 8-24a 所示为实际物体，为厚约 0.3cm 的矩形小铁片，铁片表面的散射光由 CCD 记录形成散斑图，记录得到的散斑图如图 8-24b、c 所示。图 8-24b 是不对物体施加外力（即物体没有变形）时的散斑图，图 8-24c 是对物体施加微小外力（即物体有一微小变形）时的散斑图。将图 8-24b 和图 8-24c 通过计算机数字程序叠加，形成的散斑图如图 8-24d 所示。

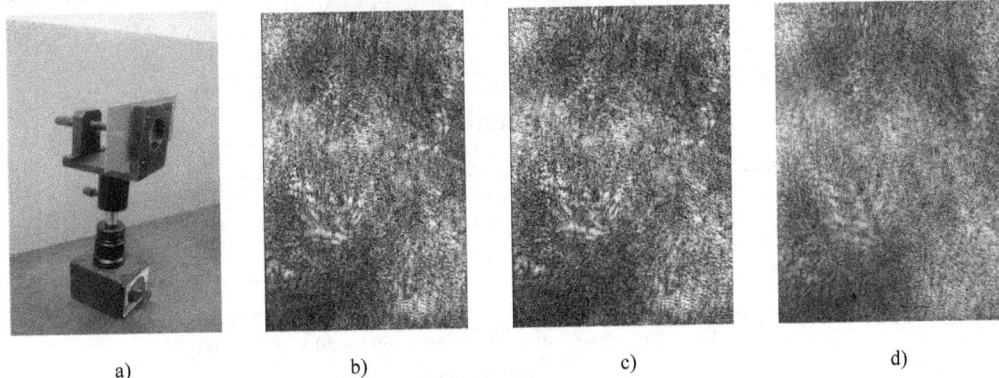

a)　　　　　　b)　　　　　　c)　　　　　　d)

图 8-24　物体和散斑图
（Fig. 8-24　Object and Speckle Patterns）
a）实际物体　b）散斑图Ⅰ　c）散斑图Ⅱ　d）叠加后散斑图
（a）Object　b）Speckle Pattern Ⅰ　c）Speckle Pattern Ⅱ　d）Superimposed Speckle Pattern）

四步相移的基本思想是在参考光路中使位相改变四次，通过反正切变换后得到相位差分布，其相移可以为任意确定值。通过一幅干涉图利用数字技术（即 MATLAB 程序）即可实现四步相移，这不仅简化了测试系统，还减少了记录时间，更适于物体快速变形的测量需求。设每次相移为 $\frac{\pi}{2}$，则四个光强分布公式为

$$I_1(x, y) = A^2 + B^2 + 2AB\cos(\delta - \phi) \tag{8-18}$$

$$I_2(x, y) = A^2 + B^2 + 2AB\cos\left(\delta - \phi - \frac{\pi}{2}\right) = A^2 + B^2 + 2AB\sin(\delta - \phi) \tag{8-19}$$

$$I_3(x, y) = A^2 + B^2 + 2AB\cos(\delta - \phi - \pi) = A^2 + B^2 - 2AB\cos(\delta - \phi) \tag{8-20}$$

$$I_4(x, y) = A^2 + B^2 + 2AB\cos\left(\delta - \phi - \frac{3\pi}{2}\right) = A^2 + B^2 - 2AB\sin(\delta - \phi) \tag{8-21}$$

于是可得

$$\tan(\delta - \phi) = \frac{I_2 - I_4}{I_1 - I_3} = \frac{\sin(\delta - \phi)}{\cos(\delta - \phi)} \tag{8-22}$$

反正切变换后可以得到相位差，即

$$\Delta\phi = \delta - \phi = \arctan\left(\frac{I_2 - I_4}{I_1 - I_3}\right) \tag{8-23}$$

由式(8-23)计算可以得到相位差分布 $\Delta\phi$，但是正切函数的周期性使 $\Delta\phi$ 必被截断在反正切函数的主值区间 $[-\pi/2, \pi/2]$ 内。根据式(8-22)中正弦和余弦函数的正负，可以扩展 $\Delta\phi$ 的区间范围，即相位差 $\Delta\phi$ 扩展后的相位分布在 $[-\pi, \pi]$ 内。

物体的相位变化往往超出 $[-\pi, \pi]$，为了得到原始物体的相位，需要将包裹相位连接成连续光滑的曲面，这一过程称为"相位展开"或"相位解包裹"（phase unwrapping）。一维相位展开过程如图8-25所示，其中纵坐标表示干涉条纹的空间位置，表示干涉条纹的相位分布，横坐标表示干涉条纹的灰度值。

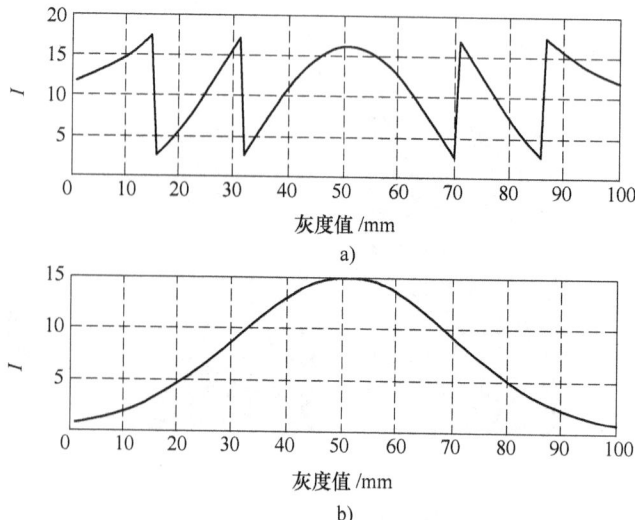

图 8-25　一维相位展开示意图
(Fig. 8-25　One-dimensional phase unwrapping)
a）未展开时相位　b）展开后相位
（a）Wrapped Phase　b）Unwrapped Phase）

　　将叠加后散斑图 8-24d 通过计算机输入到 EALCD 上，利用全场分析法通过 CCD 记录得到干涉条纹，如图 8-26a 所示。将所得到的条纹图经过数字技术（即 MATLAB 程序）处理，则可得到与其对应的三维变形位相图，如图 8-26b 所示。

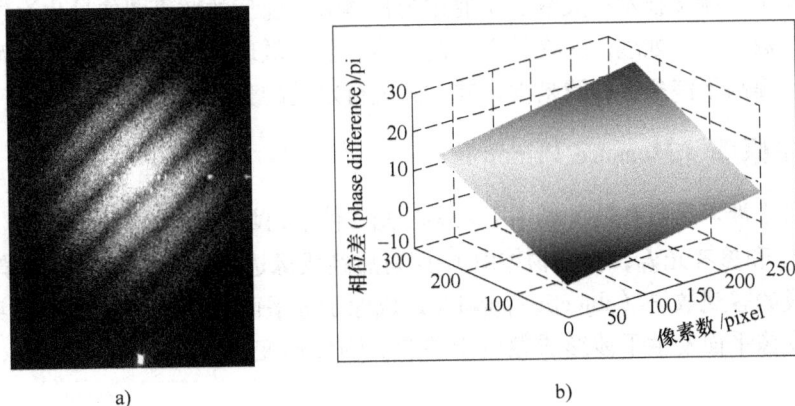

图 8-26　条纹和三维位相图

(Fig. 8-26　Fringes and 3D Phase Plot)

a）条纹图　b）三维位相图

（a）Interference Fringes　b）Three-dimensional Phase Plot）

　　从图 8-26b 可以看出，三维位相图有一定的倾斜角度，这跟直条纹的倾斜有关。光程差 d 与干涉条纹数 N 有如下关系，即

$$d = \frac{1}{2}N\lambda \tag{8-24}$$

其中，λ 为 He-Ne 激光器的波长。光程差 d 与物体变形前后的位移量 l 都是波长量级，所以三维位相图的倾斜角度 θ 的大小可以近似等于 $\tan\theta$ 的大小，即

$$\theta \approx \tan\theta = \frac{d}{l} = \frac{N\lambda}{2l} \tag{8-25}$$

　　已知 $l = 10\mu m$，$\lambda = 0.632\ 8\mu m$，由图 8-26 a 可知，干涉条纹数 $N = 7$，则 $\theta \approx 0.221\ 48 rad$。

　　位相图的大小只是表示在一定范围内的位相变化。利用四步相移法，为了便于图像处理，每次移动的是条纹图的像素数，因此只能表示在一定像素数的范围内相位差大小。物体变形前后的位相差与位移有如下关系，即

$$\Delta\phi = \frac{2\pi}{\lambda}(\vec{k_1} - \vec{k_2}) \cdot \vec{L} \tag{8-26}$$

式中　　$\vec{k_1}$——光照明方向的单位矢量；

　　　　$\vec{k_2}$——观察方向的单位矢量；

　　　　$\vec{L}$——位移矢量。

　　由此可知，位移量与位相差成正比，即三维位相图可以表示出三维变形的形貌。

8.4 数字散斑干涉术测物面形变（Digital Speckle Interferometry for Deformation Measurement）

数字散斑干涉测试技术的关键在于通过把物体形变前后的散斑图像量化为数字图像，通过计算机进行数字图像处理，并在计算机监视器上显示散斑干涉条纹信息，从而减少数字散斑中的噪声，提高干涉条纹的清晰度，并对其进行定量的分析。

8.4.1 测量原理（Measure Principle）

数字散斑干涉术是指在散斑场中引入参考光，使散斑场与参考光发生干涉，一束相干光被分为物光 I_A 和参考光 I_B，被测物体由 I_A 照射后经成像透镜，也可不经过透镜直接将物体散射的光形成的客观散斑（objective speckle）成像于像平面；参考光 I_B 直接入射到像平面，两相干光束在像平面发生干涉形成散斑干涉图。物体形变前像面上任一点 (x,y) 的光强可表示为

$$I_1(x,y) = I_A + I_B + 2\sqrt{I_A I_B}\cos\phi \qquad (8\text{-}27)$$

其中，I_A 和 I_B 分别为物光和参考光强度，ϕ 为随机散斑的位相。

当物体某点 $p(x,y)$ 发生形变 dz 后，将引起 $\Delta\phi$ 的位相改变，即

$$\Delta\phi = \frac{2\pi}{\lambda}dz \qquad (8\text{-}28)$$

则观察平面上像点 (x,y) 的光强为

$$I_2(x,y) = I_A + I_B + 2\sqrt{I_A I_B}\cos(\phi + \Delta\phi) \qquad (8\text{-}29)$$

这些包含位相、光强等形变信息的散斑干涉条纹将被反映在记录介质 CCD 上并记录在计算机内，通过计算机对图像信息进行数字化处理。

1. 物体离面形变测量（Off-plane Deformation Measurement of An Object）

图 8-27 所示为测量离面形变（即纵向形变）原理图，激光光束照射粗糙物体表面，散射光经成像透镜、分束器后成像在 CCD 的感光平面上，另一路参考光束 R 经过分束器后与物光束在 CCD 的感光平面相遇并发生干涉，产生散斑干涉图样。由 CCD 接收散斑干涉图，通过图像采集卡实现 A/D 转换，最后通过计算机实现图像的存储和处理。

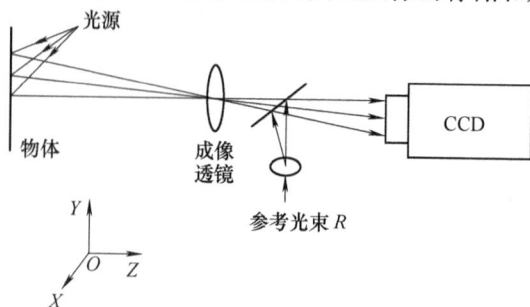

图 8-27 测量离面形变原理图

（Figure 8-27 Principle Diagram of Off-plane Deformation Measurement）

数字散斑干涉术测量离面形变的常用装置如图 8-28 所示，激光光束经准直扩束系统扩束后被分束器分为两束光。一束光作为参考光经反射镜反射后再次经过分束器入射到 CCD 上，另一束光（即物光）经成像透镜照射粗糙物体表面，散射后再次经过透镜、分束器后与参考光发生干涉，用 CCD 记录散斑干涉图。散斑干涉图经 A/D 转换，传输到计算机随机存储并进行数字图像处理，得到包含物体形变信息的相关条纹，由此可计算出物体的形变量。

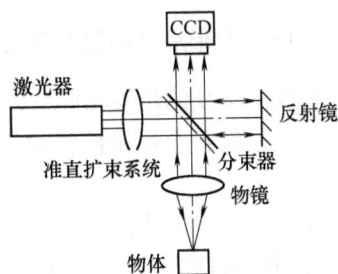

图 8-28　离面形变测量装置

(Fig. 8-28 Measurement Arrangement of Off-plane Deformation)

当物体发生形变 Δx 时，形变前后物光与参考光有 $2\Delta x$ 的光程差，则物光与参考光产生 $\Delta\phi = 2\Delta x 2\pi/\lambda$ 的相位差。因此，当 $\Delta\phi = 2N\pi$ 时，形变前后散斑干涉条纹亮度相同，通过相减模式处理后表现为暗条纹；当 $\Delta\phi = (2N+1)\pi$ 时，形变前后散斑干涉条纹亮度相反，相减处理后表现为亮条纹，这样就得到了包含形变信息的明暗相间的散斑相关条纹，由此计算出粗糙物体表面某个点在 x 方向上的离面形变 Δx 为

$$\Delta x = N\lambda/2 \tag{8-30}$$

式中　N——相对条纹数。

2. 物体面内形变测量（In-plane Deformation Measurement of An Object）

测量物体面内形变（横向形变）原理如图 8-29 所示，与测量离面形变不同的是，它需要两束以相同的入射角 i 位于法线两侧的平行光照明粗糙物体表面，成像透镜将粗糙表面散射的光成像在记录介质上，用任意一束光照明物体表面，均可在记录介质上产生散斑干涉图，产生散斑的平均直径都为 $\dfrac{0.6\lambda}{\sin u'}$，这两个散斑图相互干涉而形成第三个散斑图。

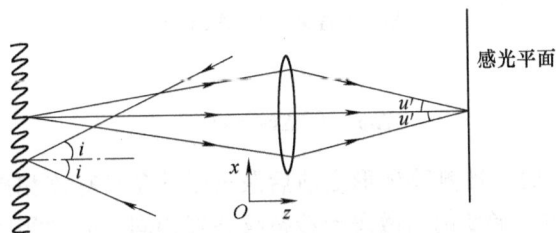

图 8-29　面内形变测量原理图

(Fig. 8-29　Principle Diagram of In-plane Deformation Measurement)

由物理光学可知，两束位于 x—z 平面、入射角为 i 的平行光束相交于物上，在物面上形成平行于 y 轴的干涉条纹，其条纹间隔是 $\dfrac{\lambda}{2\sin i}$。当物面分别沿 y 和 z 轴方向发生形变时，则两束光光程变化相同，散斑图样也不变。相反，如物面沿 x 轴方向发生微小形变 Δx 时，两束光的光程分别增加或减少 $\Delta x\sin i$，当 $2\Delta x\sin i = K\lambda$（$K$ 为整数）时，物面沿 x 轴方向位移了 K 个干涉条纹。若某个区域变形后干涉条纹的亮纹或暗纹的位置与变形前相同，则这个区域变形前与变形后的散斑图重合，这一区域为相关区域。反之，当 $2\Delta x\sin i = \dfrac{\lambda}{2}$、$\dfrac{3\lambda}{2}$、

$\dfrac{5\lambda}{2}$、…时，变形后的暗纹与变形前干涉条纹的亮纹的位置相同，而变形后的亮纹与变形前干涉条纹的暗纹的位置相同，因感光的位置不同，变形后形成的散斑图与变形前的散斑图不同，自然也就看不到颗粒状散斑结构，这一区域为不相关区域。这一点与离面形变的测量相似。

面内形变测量装置如图 8-30 所示，两束相干平面波以相同入射角 θ 在法线两侧经反射镜入射到被测物体表面上。由于被测物体表面是粗糙的，因此物体表面散射的光通过成像透镜成像在 CCD 的感光平面上，形成散斑干涉图。通过计算机实现图像存储和处理，从而计算形变量。

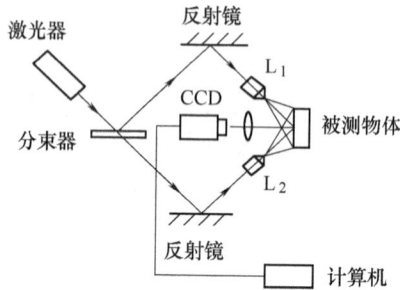

图 8-30　面内形变测量装置图

（Fig. 8-30　Measurement Arrangement of In-plane Deformation）

设物体沿 x 方向位移 Δx，沿 y 方向位移 Δy，沿 z 方向位移 Δz，则光束由于物体形变而产生的光程差变化 $\Delta l_{左}$ 和 $\Delta l_{右}$ 分别为

$$\Delta l_{左} = \Delta z\cos\theta + \Delta x\sin\theta \tag{8-31}$$

$$\Delta l_{右} = \Delta z\cos\theta - \Delta x\sin\theta \tag{8-32}$$

它们的相对位相改变为

$$\Delta\phi = (2\Delta x\sin\theta)\frac{2\pi}{\lambda} \tag{8-33}$$

当 $\Delta\phi = (2N+1)\pi$ 时，被测物体形变前后散斑干涉条纹亮度相反，相减处理后表现为亮条纹；当 $\Delta\phi = 2N\pi$ 时，形变前后散斑干涉条纹亮度相同，通过相减模式处理后表现为暗条纹，因此形变前后的两散斑图相减表现为明暗相间的散斑相关条纹图。物体表面某个点在 x 方向上的形变量可用 Δx 表示，则

$$\Delta x = N\lambda/2\sin\theta \tag{8-34}$$

式中　N——相对条纹数。

8.4.2　测试系统（Test System）

数字散斑干涉术的测试系统有许多种，这里给出三种典型的测试系统，即泰曼-格林系统、马赫-曾德系统及目前常用的一种计算机控制的实时散斑系统。对于散斑干涉图的记录方式有两种，分别是菲涅尔散斑干涉图和像面散斑干涉图。

通常情况下，在进行散斑干涉测量时，实验光路都采用像面散斑记录光路的方式而不采用菲涅尔散斑记录光路的方式，原因在于后一种方式记录的散斑干涉图像受环境影响比较严重，这样光路在传输过程中任何有粗糙度的物体所散射的光都可能影响所记录的散斑图像的质量。另外，实验过程中如果是通过调节二维运动载物平台的螺旋测微杆来实现被测物体的微小形变，那么实验以及各实验装置的微小振动都可能影响散斑图的对比度，不利于实验分析。因此，主要采用像面散斑记录光路的方式来采集数字散斑干涉图。还有一点值得注意的是，实验中因为被测物体的实际形变量受散斑尺寸的限制，所以在记录像面散斑干涉图时，应尽量选择大孔径和短焦距的透镜。

实验装置中主要有：波长为 632.8nm 的 He-Ne 激光器光源；数值孔径 NA = 0.65，焦距为 4.76mm，放大倍率 $\beta = 40^{\times}$ 的显微物镜；直径为 $15\mu m$ 和 $10\mu m$ 的两种针孔；焦距为 300mm，口径为 50mm 的傅里叶透镜；分光比为 4∶6 的分束器。除此之外还有标准平面反射镜、偏振片、衰减片、孔径光阑、图像采集卡、计算机、导轨、实验平台及接收器件 CCD 等。

1. 泰曼-格林型测试系统（Twyman-Green Test System）

图 8-31 所示为泰曼-格林型测试系统，He-Ne 激光器发出的相干光经准直扩束系统后，变为光强均匀分布的平行光。平行光被分束器分成相互垂直的两部分：物光和参考光。参考光经反射镜反射后再次经过分束器入射到 CCD，物光照射到物体表面发生散射，其散射光经过透镜成像在 CCD 上（当记录菲涅尔散斑干涉图时，不需要任何成像系统，如图 8-31a 所示），这时，CCD 记录下物光和参考光在其感光面上发生干涉形成的散斑干涉图。

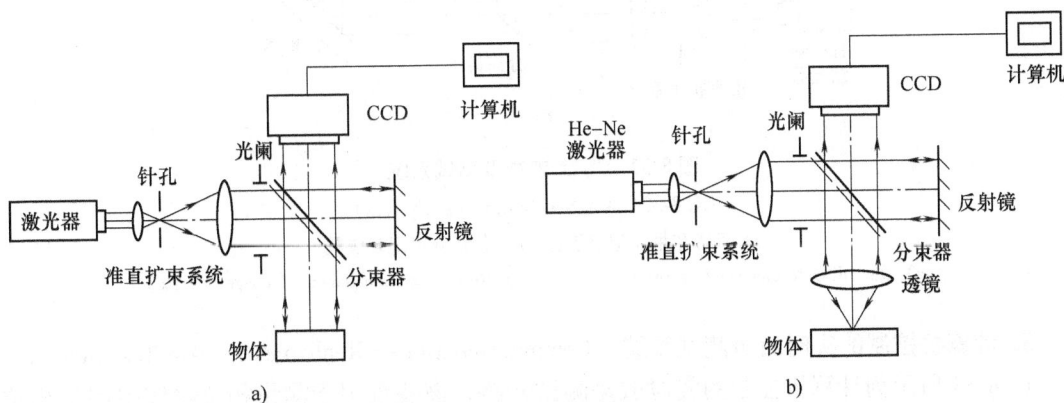

图 8-31 泰曼-格林型测试系统

(Fig. 8-31 Twyman-Green Test System)

a）菲涅耳散斑记录装置 b）像面散斑记录装置

（a）Recording Arrangement of Fresnel Speckle b）Recording Arrangement of Image Speckle）

2. 马赫-曾德型测试系统（Mach-Zehnder Test System）

如图 8-32 所示，马赫-曾德干涉系统的光路是把两块分束镜和反射镜呈矩形放置，激光光束经准直扩束系统后变为光强均匀分布的平行光，再由分束镜 1 分成两束相互垂直的光：物光和参考光，分别经过物体以及反射镜反射后，被分束镜 2 分别透射和反射后相遇并发生干涉，形成散斑干涉图，由 CCD 接收。实验中要注意，尽量使分束镜 1 和物体平行。

a)

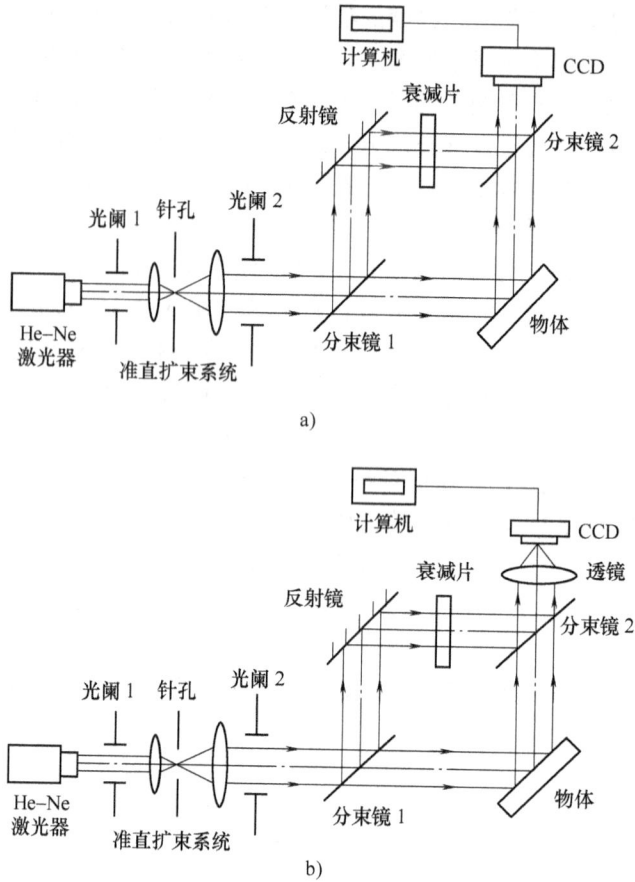

b)

图 8-32　马赫-曾德型测试系统

（Fig. 8-32　Mach-Zehnder Test System）

a）菲涅尔散斑记录装置　b）像面散斑记录装置

（a）Recording Arrangement of Fresnel Speckle　b）Recording Arrangement of Image Speckle）

3. 计算机控制的实时散斑测试系统（Computer-controlled Real-time Speckle Test System）

图 8-33 所示为计算机控制的实时散斑测试光路，该装置用于测量相位物体引起的相位变化，在散斑测试中有着广泛的应用。同泰曼-格林装置一样，He-Ne 激光器发出的光经准直扩束系统扩束后形成均匀的平行光束，再经分束器分成物光和参考光两部分。参考光经反射镜反射后到达 CCD 的感光平面，物光经反射镜反射后照射在物体上，物体发出的散射光到达 CCD 感光平面（当拍摄像面散斑图时要经成像透镜，如图 8-33b 所示），两束光在 CCD 的感光平面相遇并发生干涉现象，形成散斑干涉图，由 CCD 记录。

无论是以上三种实验装置中的哪一种，都将 CCD 记录下的散斑干涉图通过图像采集卡进行 A/D 转化，最后用计算机实现存储和后处理。在测量形变时，分别采集形变前和形变后的散斑干涉图，并把它们进行相减处理，可得到最终的相关条纹。这种相关条纹也可以通过参考光束的三次位相移的三个干涉图法来实现，其中参考光束的三次相移以及对应三次位相的三个干涉图的扫描、记录和数字化过程由计算机自动控制。最终，物体的形变量便可通过后续处理的这些相关条纹计算得出。

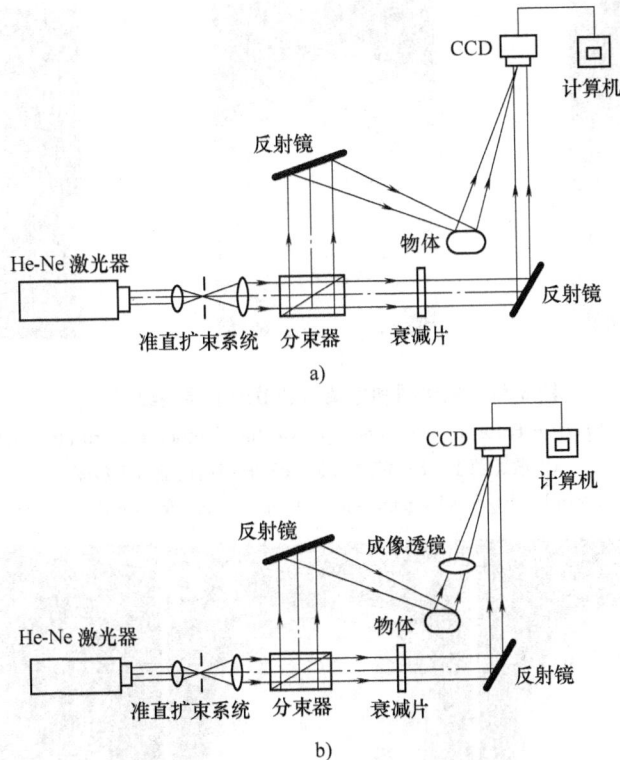

图 8-33　计算机控制的实时散斑测试系统

(Fig. 8-33　Computer-controlled Real-time Speckle Test System)

a）菲涅尔散斑记录装置　b）像面散斑记录装置

（a）Recording Layout of Fresnel Speckle　b）Recording Layout of Image Speckle）

8.4.3　测试实验[13]（Test Experiment）

数字散斑干涉测试在不同种实验装置中得到的相关条纹是不同的，在此仅给出三种装置中像面数字散斑的实验记录结果。

1. 泰曼-格林装置的实验结果（Experimental Results by Twyman-Green Setup）

如图 8-34 所示，待测物体为一角钱硬币，测量参数：物距为 12.9cm，观察距为 34.5cm，CCD 的分辨率为 2048×2950。

2. 马赫-曾德装置的实验结果（Experimental Results by Mach-Zehnder Setup）

如图 8-35 所示，待测物体为一角钱硬币，测量参数：物距为 29cm，观察距为 56cm，分束镜 1 到物体的距离为 25cm，分束镜 1 到反射镜的距离为 18cm，CCD 的分辨率为 2048×2950。

3. 计算机控制的实时散斑实验装置的实验结果（Experimental Results by Computer-controlled Real-time Speckle Setup）

如图 8-36 所示，待测物体为一角钱硬币，测量参数：物距为 31.5cm，观察距为 60.5cm，物光与参考光的夹角为 9.5°，CCD 的分辨率为 2048×2950。

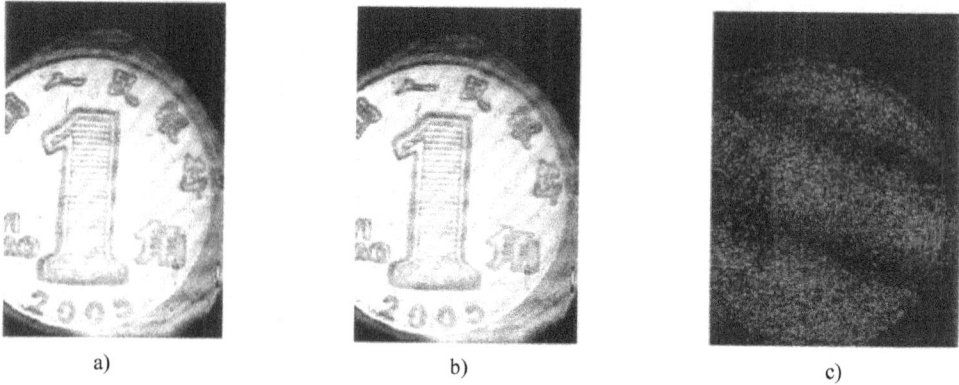

a)   b)   c)

图 8-34 散斑图和相减后的散斑干涉条纹 （一）
（Fig. 8-34 Speckle Pattern （一） and Speckle Interference Pattern after Subtraction）
a）散斑图 I b）散斑图 II c）相减后的散斑干涉图
（a）Speckle Pattern I b）Speckle pattern II c）Speckle Interference Pattern after Subtraction）

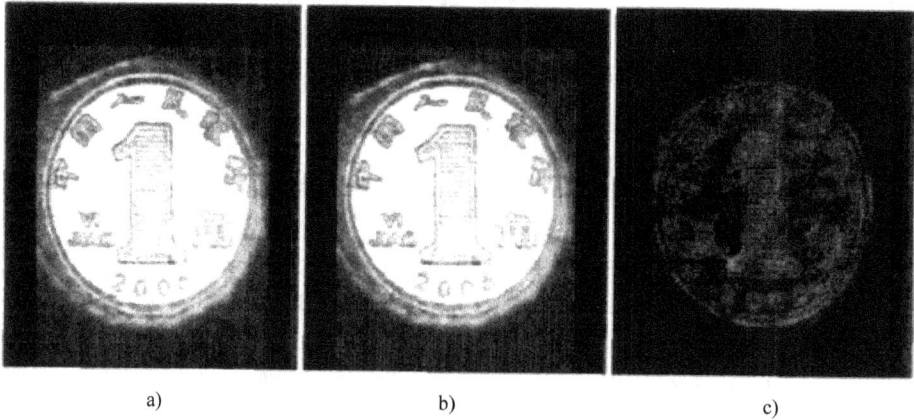

a)   b)   c)

图 8-35 散斑图和相减后的散斑干涉条纹 （二）
（Fig. 8-35 Speckle Pattern （二） and Speckle Interference Pattern after Subtraction）
a）散斑图 I b）散斑图 II c）相减后的散斑干涉图
（a）Speckle Pattern I b）Speckle pattern II c）Speckle Interference Pattern after Subtraction）

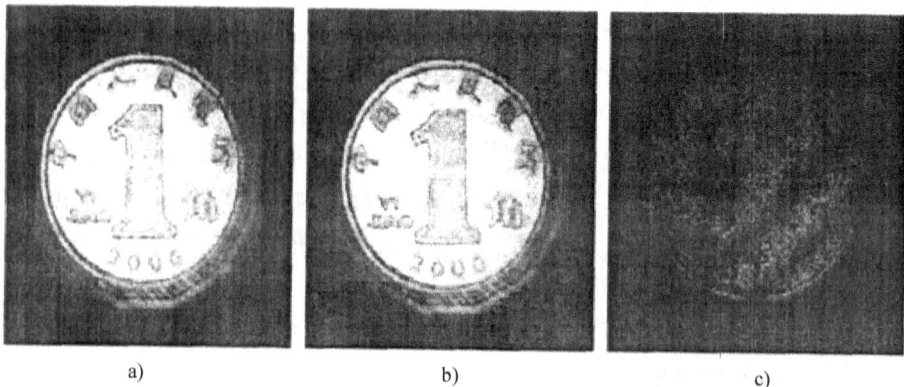

a)   b)   c)

图 8-36 散斑图和相减后的散斑干涉条纹 （三）
（Figure 8-36 Speckle Pattern （三） and Speckle Interference Pattern after Subtraction）
a）散斑图 I b）散斑图 II c）相减后的散斑干涉图
（a）Speckle Pattern I b）Speckle pattern II c）Speckle Interference Pattern after Subtraction）

由式(8-34)可以计算出三种实验装置记录下的像面散斑干涉条纹相应的物体形变量，其中条纹级数由相关条纹图读出。

上述三种实验装置中，泰曼-格林系统的激光光束垂直于被测物体表面照射，这样相对于后两种装置而言，CCD 所接收到的物体就没有变形，可以尽量保持被测物体原有的信息量，并且物光束和参考光束是在同一方向入射，不用考虑 CCD 分辨率的问题。另外，泰曼-格林干涉系统的应用范围比较广泛，常用于平面光学零件面形误差的检验、棱镜角度误差的测量、材料均匀性的测量以及微小角度的精密测量。

马赫-曾德系统相比于另两种装置，除了具有能把物光与参考光分得较开的优点外，另一个优点是能使干涉条纹定位在任意平面，便于干涉图的记录和采集；并且能更好地满足参考光束和物光束这两束光路的相等性，使干涉因子（即参考光束和物光束的光程差）的影响减至最小。此外，马赫-曾德系统相对于泰曼-格林系统，其光束只经过被测介质一次，其光通量的利用率也高出一倍。但是它的主要缺点是抗干扰（振动、温度）的能力差一些。

计算机控制的实时散斑测试系统相对于泰曼-格林系统来说，物光只经过一次分束器，光能损失小一些，光强增强，并且对于面内位移测量比较灵敏，但是在实验调校过程中，比较难把握的是物光和参考光的夹角必须要小，以满足 CCD 的分辨率要求。同时为保证 CCD 能接受到足够的被测物体的信息量，其离物体又不能太远，这一点可以考虑用高分辨率的 CCD 和适当的被测物体来补偿。

8.4.4　三维测试[14,15]（Three-dimensional Test）

在这里，考虑到马赫-曾德系统的两个明显优势，所以采用如图 8-32b 所示的测试装置。实验物体如图 8-37a 所示，其为厚约 0.3cm 的矩形小铁板。从氦氖激光器发出的光经过准直扩束系统之后变为光强均匀分布的平行光，再由分束镜分成两束相互垂直的光束：物光束和参考光束，它们经过物体以及反射镜反射后，又重新汇合并干涉，最后经透镜由 CCD 记录干涉条纹。

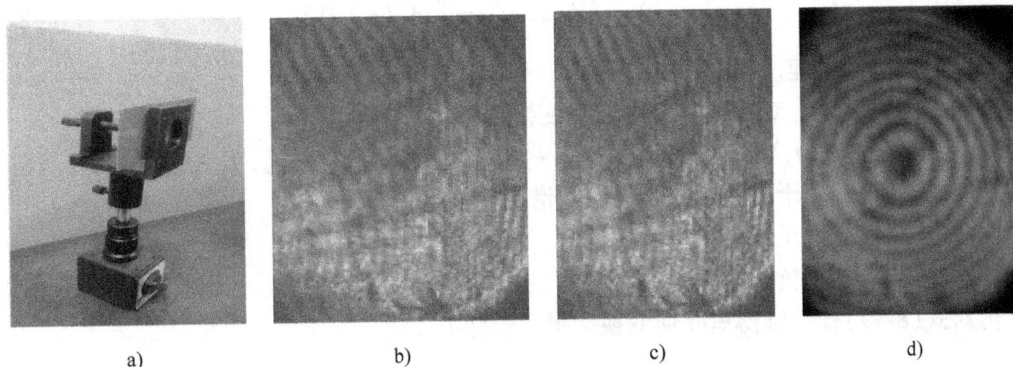

图 8-37　物体及散斑干涉图

(Fig. 8-37　Object and Speckle Interference Patterns)

a) 实验物体　b) 物体变形前的散斑图　c) 物体变形后的散斑图　d) 相减后的散斑干涉图

(a) Tested Object　b) Speckle Pattern before Deformation　c) Speckle Pattern after Deformation

d) Speckle Interference Pattern after Subtraction of b) and c))

在实验中要注意，尽量让分束镜与物体平行。实验时用 CCD 分别接收物体变形前和变形后的散斑图，如图 8-37b 和图 8-37c 所示。再通过 MATLAB 将这两幅图进行相减处理，即得到物体变形的散斑干涉条纹图，如图 8-37d 所示。从图 8-37d 中可看到黑白相间的圆环形条纹，这就是分析位相时所需的散斑干涉条纹。

根据光干涉原理，两个相干波面发生干涉时，其干涉图像的光强分布为

$$i(x, y) = a(x, y) + b(x, y)\cos[\phi_0(x, y)] + n(x, y) \tag{8-35}$$

式中　$a(x,y)$——干涉图的背景光强；

　　　$b(x,y)$——干涉条纹的幅值调制度；

　　　$n(x,y)$——附加噪声；

　　　$\phi_0(x,y)$——物体变形的位相分布函数，$\phi_0(x, y) = \phi_s(x, y) - \phi_R(x, y)$，$\phi_s(x, y)$ 为被测物体波面的相位分布函数，$\phi_R(x, y)$ 为参考光波面的相位分布函数。

式(8-35)中的 $a(x,y)$、$b(x,y)$ 均为未知量，故无法直接从中求解出 $\phi_0(x,y)$，在此采取二维 FFT 的方法，用 CCD 记录一幅干涉图。然后将参考光波在 x、y 方向分别产生倾斜，相当于在 x 方向和 y 方向各引入空间载频 f_x、f_y，则干涉条纹强度分布可以表示为

$$i(x, y) = a(x, y) + b(x, y)\cos[\phi_0(x, y) + 2\pi f_0(x\cos\theta + y\sin\theta)] + n(x, y)$$
$$= a(x, y) + b(x, y)\cos[\phi_0(x,y) + 2\pi f_x x + 2\pi f_y y] + n(x, y) \tag{8-36}$$

其中，f_0 为与干涉条纹垂直方向的空间载频（$f_0 = 1/T$，T 为干涉条纹空间周期）。在一般情况下，$a(x,y)$、$b(x,y)$ 及 $\phi_0(x,y)$ 的变化较引入的条纹空间频率 f_x、f_y 要缓慢得多，如果能求出 $\phi_0(x,y)$，并且选定 $\phi_R(x,y)$ 为一常量，则被测物体波面的波差函数 $w(x, y) = \dfrac{\lambda}{2\pi}\phi_0(x, y)$。为了求出 $\phi_0(x, y)$，将式(8-36)改为复数表达式，即

$$i(x, y) = a(x, y) + c(x, y)\exp(\mathrm{j}2\pi f_x x + \mathrm{j}2\pi f_y y)$$
$$+ c^*(x, y)\exp(-\mathrm{j}2\pi f_x x - \mathrm{j}2\pi f_y y) + n(x, y) \tag{8-37}$$

$$c(x, y) = \frac{1}{2}b(x, y)\exp[\mathrm{j}\phi_0(x, y)] \tag{8-38}$$

其中，＊号表示复共轭。

在干涉图区域内，对式(8-37)作 FFT 变换后得

$$I(f_1, f_2) = A(f_1, f_2) + C(f_1 - f_x, f_2 - f_y) + C^*(f_1 + f_x, f_2 + f_y) \tag{8-39}$$

式中　$A(f_1, f_2)$——干涉图背景光强的频谱；

$C(f_1 - f_x, f_2 - f_y)$——正一级频谱；

$C^*(f_1 + f_x, f_2 + f_y)$——负一级频谱。

再对式(8-39)作二维傅里叶逆变换，得

$$F^{-1}[I(f_1, f_2)] = I(x, y) = \frac{1}{2}b(x, y)\exp[\mathrm{j}\phi_0(x, y)]$$

由此可得位相分布函数

$$\phi_0(x, y) = \arctan\frac{\mathrm{Im}[c(x, y)]}{\mathrm{Re}[c(x, y)]}$$

用二维 FFT 对图 8-37d 分析后，对其背景以及对比度都可以自由控制，采用泽尼多项式作为波面相位表达式，对图 8-37d 中的条纹继续进行分析，有

$$\begin{cases} \phi_1 = coef \cdot x + coef \cdot y \\ \phi_2 = coef \cdot (2x^2 + 2y^2 - 1) \\ \phi_3 = coef \cdot (x^2 - y^2) \\ \phi_4 = coef \cdot 2xy \\ \phi_5 = coef \cdot (3x^3 + 3xy^2 - 2x) \\ \phi_6 = coef \cdot (3x^2y + 3y^3 - 2y) \end{cases}$$

上式即为泽尼多项式,其中 x, y 的取值范围均为 $[-1, 1]$,$coef$ 表示系数。将泽尼多项式的各项代入式(8-35),并通过改变各表达式中的系数 $coef$,得

$$I(x, y) = 0.5 + 0.5\cos[2\pi\phi(x, y)] + n(x, y) \tag{8-40}$$

对图 8-37d 进行以上处理后得到处理后的散斑干涉条纹,如图 8-38a 所示,将图 8-37d 再用二维 FFT 进行位相调制,最后通过 MAT LAB 软件可以得到其三维位相图,如图 8-38b 所示。

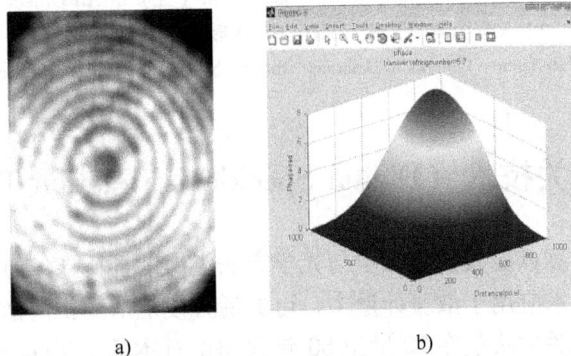

图 8-38 物体三维变形测量(一)

(Fig. 8-38 3D Dimensional Measurement(一) of An Object)

a)处理后的散斑干涉图 b)变形物体的三维位相图

(a)Speckle Interference Pattern after Digital Processing b)3D Phase Plot of A Deformed Object)

由图 8-38 可知,处理后的图 8-38a 中条纹清晰、对比度好。此外,图 8-38a 是物体变形点在物体中心时所得的散斑干涉条纹图,从图中能看出其变形条纹是有规则的圆环形条纹,而且物体受力点在条纹正中心。从条纹中心往外看,越远离物体受力点(即条纹中心),物体受力越小,物体相应的变形越小,条纹越密集,图 8-38a 只是截取了一部分疏密程度比较明显的条纹图。图 8-38b 是其对应的三维位相图,反映了物体的变形,位相图中的最高点是物体形变最大处。该位相图中 x 轴代表像素或距离,z 轴代表位相。

设物体最大变形量为 D,则有

$$D = N\lambda \tag{8-41}$$

实验中用的是氦氖激光器,其波长 $\lambda = 632.8$nm,由图 8-38b 知,物体变形条纹数 $N = 5.7$,代入式(8-41)得到物体的最大变形量 $D = 3.607 \times 10^3$nm。测量误差为 $\lambda/10$。

当受力位置不在物体中心时,变形物体的散斑干涉条纹如图 8-39a 所示。与图 8-38a 相比,此时所看到的不再是圆环形条纹,且条纹呈不规则形状分布,故不是规则的受力变形。变形物体的三维位相分布如图 8-39b 所示,位相图的最高点是物体形变最大处。由图 8-39b

可知，干涉条纹数为 6.2，代入式（8-41）可得物体的最大变形量 $D = 3.923 \times 10^3 \text{nm}$。

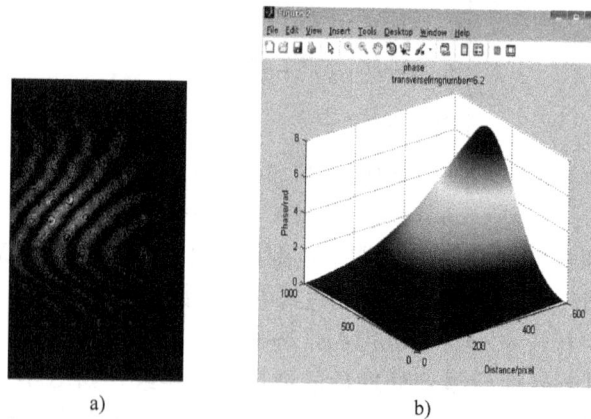

图 8-39　物体三维变形测量（二）
(Fig. 8-39　3D Deformation Measurement（二）of An Object)
a）变形物体的散斑干涉图　b）变形物体的三维位相图
（a) Speckle Interference Patterns of Deformed Object　b) 3D Phase Plot of Deformed Object）

8.5　数字散斑相关技术（Digital Speckle Correlation Technique）

数字散斑照相术的逐点滤波技术除了与光学方法类似的杨氏条纹方法以外，还有相关分析方法。将数字相关技术应用于散斑计量中，可灵活方便地从随机的散斑信号中提取位移和应变信号。数字散斑相关方法是在 20 世纪 80 年代初由日本的 I. Yamaguchi 和美国南卡罗莱大学的 W. H. Peters 和 W. F. Ranson 等人提出的一种散斑位移分析方法。它是对物体变形前后采集的物体表面散斑场做相关处理，以实现物体形变场的测量，避免了传统的逐点和全场分析法利用干涉条纹提取信息的不便，且测量精度和灵敏度不受条纹对比度的限制。与传统的散斑照相测量装置相比，其光路简单、对测量环境要求低，可在工程测试中应用。散斑可以由激光形成，也可以是人工散斑或某些自然纹理等，在测量范围上也可以自由变化，仅与摄像机像素及视场大小有关，对于大变形测量尤其有利，如与天文望远镜相连可测量星体位移，而与显微光学设备（显微镜、电镜）相连可以测量纳米级的位移。由于相关方法是对两幅记录的图像进行直接的相关处理，借助高速视频摄影系统可以实现动态测量[16]。

数字散斑相关技术又可以分为空间域的数字散斑相关技术和频域数字散斑相关技术。频域数字散斑相关测量技术最早由美国纽约州立大学 F. P. Chiang 提出，与空域数字散斑相关技术相比，频域数字散斑相关法可采用二维快速傅里叶变换实现相关运算，避免了空域相关运算中的重复搜索，提高了信息提取速度，并且可以通过优化滤波器对相关点做锐化处理，得到尖锐的相关峰，便于相关点的准确定位。

8.5.1　频域数字散斑相关测量原理（Measuring Principle of Digital Speckle Correlation in Frequency Domain）

利用散斑记录装置得到散斑图，假设物体变形前后的斑点是相关的，选取物体上对应点的两个散斑图中对应子区域，一般子区域比较小，可以认为在子区域内物体的变形是均匀的。设物体变形前散斑图的子区域的光强为 $h_1(x, y) = h(x, y)$，变形后的散斑图对应子区域的光强分布为 $h_2(x, y) = h(x - u, y - v) + n(x, y)$，其中 u、v 分别是 x、y 方向的位移，$n(x,y)$ 是随机噪声。对物体变形前的散斑图子区域 $h_1(x, y)$ 作傅里叶变换并取复共轭得

$$H_1(f_x, f_y) = FT\{h_1(x, y)\} = FT\{h(x, y)\} = |H(f_x, f_y)| \exp[j\phi(f_x, f_y)] \quad (8\text{-}42)$$

取 $H_1(f_x, f_y)$ 的共轭，得

$$H_1^*(f_x, f_y) = |H(f_x, f_y)| \exp[-j\phi(f_x, f_y)]$$

其中，$H_1^*(f_x, f_y)$ 称为复振幅型滤波器（complex amplitude filter）。$|H(f_x, f_y)|$ 和 $\phi(f_x, f_y)$ 分别是这个滤波器的振幅和相位。对于匹配滤波器还可以有以下形式，取 $|H(f_x, f_y)|$ 作滤波器便是振幅型滤波器，取包含相位项的 $\exp[-j\phi(f_x, f_y)]$ 作滤波器便称为相位型滤波器（phase filter），另外还有取 $H_1^*(f_x, f_y)$ 倒数的逆滤波器（inverted filter）。

下面以复振幅型滤波器为例对变形后的散斑图进行滤波处理。现对变形后的散斑子图像 $h_2(x, y)$ 作傅里叶变换，得

$$H_2(f_x, f_y) = FT\{h_2(x, y)\} = FT\{h(x - u, y - v) + n(x, y)\}$$
$$= |H(f_x, f_y)| \exp[j\phi(f_x, f_y) - j2\pi(uf_x + vf_y)] + N(f_x, f_y) \quad (8\text{-}43)$$

由于在图像的频谱中，噪声频谱较弱，可以忽略。用复振幅型滤波器 $H_1^*(f_x, f_y)$ 乘以式 (8-43) 便可实现对变形后的散斑子图像的频谱进行滤波，即

$$F(f_x, f_y) = H_1^* \times H_2(f_x, f_y) = |H(f_x, f_y)|^2 \exp[-j2\pi(uf_x + vf_y)] \quad (8\text{-}44)$$

接着对 $F(f_x, f_y)$ 作傅里叶变换，即从一次频域 (f_x, f_y) 变换到二次频域 (ξ, η)，新合成二次频谱为

$$G(\xi, \eta) = FT\{F(f_x, f_y)\} = FT\{|H(f_x, f_y)|^2 \exp[-j2\pi(uf_x + vf_y)]\}$$
$$= G_1(\xi - u, \eta - v) \quad (8\text{-}45)$$

其中，$G_1(\xi - u, \eta - v)$ 是脉冲扩展函数，在二阶频谱区内有一峰值，即输出散斑场中与样本散斑子区域相匹配处是一亮点，其余部分是卷积模糊的，由该相关亮点的位置便可以确定物体变形量的方向和大小。对散斑图的其他子区域图像进行上述操作，便可得到物体的全部变形量分布。

8.5.2　频域数字散斑相关位移实验及结果分析[17]（Shifting Experiment and Results Analysis of Digital Speckle Correlation in Frequency Domain）

1. 各种滤波器的效果比较（Effect Comparison of Different Filters）

下面利用频域数字散斑相关技术对毛玻璃面内位移进行测量。实验中散斑图的记录装置如图 8-40 所示。实验器材依然是前面所用到的 He-Ne 激光器和 CCD，CCD 像元尺寸为 $3.5\mu m \times 3.5\mu m$。物体选用透射式的毛玻璃，采用客观散斑（objective speckle）记录方法，CCD 与毛玻璃的距离为 35.5cm。采用分析得到的四种匹配滤波器进行频域散斑相关分析，为便于分析，实验中从变形前后的散斑图中选择大小为 128×128 的子区域，图 8-41 和图 8-42 所示分别为位移前及位移后的散斑图。利用上述四种匹配滤波器分别进行实验，其实验结果如图 8-43 所示。

图 8-40　散斑记录装置

（Fig. 8-40　The Setup of Recording Speckle Pattern）

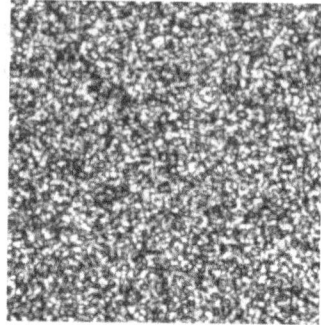

图 8-41　位移前的散斑图

（Fig. 8-41　Speckle Pattern before Displacement）

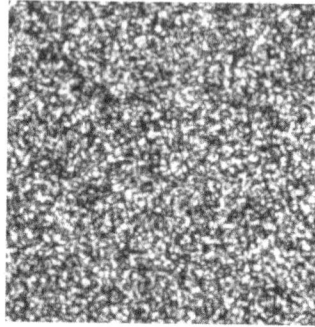

图 8-42　位移后的散斑图

（Fig. 8-42　Speckle Pattern after Displacement）

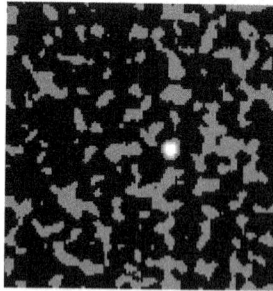

a)

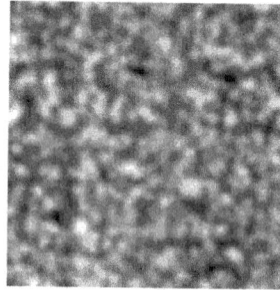

b)

c)

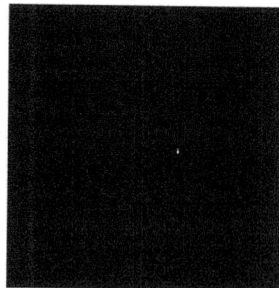

d)

图 8-43　四种匹配滤波器的滤波实验结果

（Fig. 8-43　Filtering Results of Four Matching Filter）

a）复振幅型滤波器　b）振幅型滤波器　c）相位型滤波器　d）逆滤波器

（a）Complex Amplitude Filter　b）Amplitude-filter　c）Phase-filter　d）Inverted Filter）

图 8-43 给出了四种滤波器匹配滤波后的二维效果图，其滤波后的三维效果图如图 8-44 所示。由此可以看出，振幅型滤波器的滤波效果最差，其次是复振幅型滤波器，较好的滤波器是逆滤波器和相位型滤波器，其中逆滤波器的效果最好，相关峰很尖锐，且有良好的信噪比和抑噪能力。

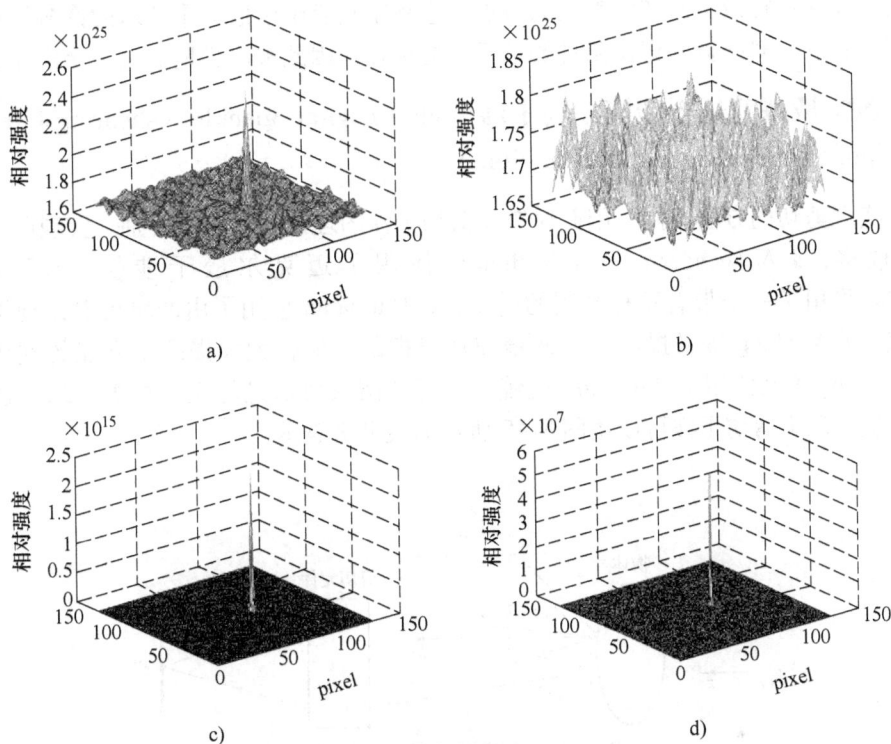

图 8-44 滤波效果三维图

（Fig. 8-44 Three-dimensional Plot of Filtering Effect）

a）复振幅型滤波器 b）振幅型滤波器 c）相位型滤波器 d）逆滤波器

（a）Complex Amplitude Filter b）Amplitude-filter c）Phase-filter d）Inverted Filter）

2. 位移实验结果（Shifting Experiment Results）

实验中通过螺旋测微螺杆对毛玻璃进行面内位移控制，分别对物体施加沿 x、y 方向的位移。利用 CCD 采集到的散斑图，通过上述方法进行测量实验。在用频域数字散斑相关技术进行测量时，选取大小合适的样本散斑子区域是关键。一般情况下，取子区域的边长约为散斑位移的 2 倍得到的效果最佳。因为实验中毛玻璃仅发生面内位移，所以散斑子区域越大，相关峰越尖锐，测量精度越高。但是考虑到测量速度，实验中可选用适当的子区域（如 128×128）进行实验。

由于散斑图经摄像机输入为离散像素上的光强值，而从离散频谱区检出的峰值信号位置也取决于像素值的大小，即也是以像素为单位，而有限的像素值限制了测量精度。为了提高测量精度，必须使位移量的检测进入亚像素内，如对接近信号峰值区域进行拟合，将会大大改善测量精度。上述实验结果未对图像相关点进行插值拟合，仅停留在像素级别，因此该方法的测量精度还可以进一步提高。

8.6 剪切散斑干涉术（Shearing Speckle Interferometry）

剪切电子散斑干涉是在电子散斑干涉基础上发展起来的一种测量新技术，由于参考光、物光具有共光路结构及自身作参考场的特点，它除了具有电子散斑干涉术的许多优点外，还具有全场、直观、对防振和记录条件要求不高的优点，因此被广泛地应用于无损检测领域。

8.6.1 数字散斑剪切干涉模型与干涉原理（Digital Speckle – shearing Interference Model and Interference Principle）

由于实现剪切的方法不同，因此对散斑剪切干涉的理论解释也有差别。实现两个像的剪切方法很多，J. A. Leendertz 和 J. N. Butters 使用了迈克尔逊干涉仪；Y. Y. Hung 和 C. E. Taylor 采用了一个带有双孔光阑的透镜；P. Hariharan 应用了由两块衍射光栅组成的剪切干涉仪；Y. Y. Hung 等又提出了在透镜前加光楔的方法，大大提高了光能的利用率；后来，Y. Y. Hung 等又使用了 Wollaston 棱镜，保证了两束剪切光的光强相等。综合这些实现剪切的方法，散斑剪切干涉可以用图 8-45 所示的模型来表示。

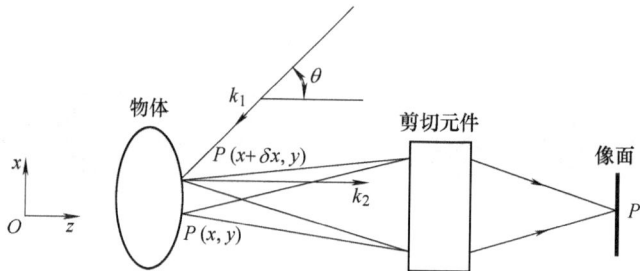

图 8-45　散斑剪切干涉系统模型

（Fig. 8-45　Model of Speckle – shearing Interference System）

物面上两个相邻的点，经图像剪切装置后，在像面上形成一点而产生干涉。假定是在 x 方向剪切，由图像剪切装置产生的物面上的剪切量为 δx，对于整个物体来说，在像面上形成了两个互相错位的像，它们的波前分别为

$$U(x, y) = a(x, y)\exp[\phi(x, y)]$$
$$U(x + \delta x, y) = a(x + \delta x, y)\exp[\phi(x + \delta x, y)]$$

其中，$a(x, y)$、$a(x + \delta x, y)$ 分别表示两个剪切像的光的振幅分布，若假定两个相邻点光强变化不大，可认为 $a(x, y)$ 和 $a(x + \delta x, y)$ 相等；$\phi(x, y)$ 和 $\phi(x + \delta x, y)$ 分别表示两个剪切像的相位分布。这样，在像平面上两个像的叠加结果为

$$U_{\mathrm{T}} = U(x, y) + U(x + \delta x, y)$$

其光强为

$$I = U_{\mathrm{T}}U_{\mathrm{T}}{}^* = 2a^2[1 + \cos\phi_x] \tag{8-46}$$

其中，$\phi_x = \phi(x + \delta x, y) - \phi(x, y)$。

当物体变形后，物体由于变形而引入的位相差为 $\Delta\phi$，光波将形成一个相应的相位变化 $\Delta\phi$，变形后的光强为

$$I' = 2a^2[1 + \cos(\phi_x + \Delta\phi)] \tag{8-47}$$

在数字散斑剪切干涉法中，采用光电子元件（通常为 CCD 摄像机）进行记录并直接输入计算机。变形前后两幅散斑图像相减，其合成的记录光强为式（8-47）与式（8-46）相减，即

$$I_T = |I'(r) - I(r)| = \left| 4a^2 \sin\left(\phi_x + \frac{\Delta\phi}{2}\right) \sin\frac{\Delta\phi}{2} \right| \qquad (8-48)$$

这种相减方法将本底光强或背景光强去除，突出了由于变形引起的相位变化 $\Delta\phi$ 的结果。当 $\Delta\phi = (2n+1)\pi/2 (n = 0, \pm 1, \pm 2, \cdots)$ 时，I_T 为极大值，即为亮条纹。从式（8-48）可以看出，通过计算机可以很快地、直接地获得表示物体位移导数的条纹图。但是由于式（8-48）中存在高频散斑项 $\sin\left(\phi_x + \frac{\Delta\phi}{2}\right)$ 的调制，图像质量较差，因此必须采用滤波以及相位处理的方法进一步处理。根据相移技术的四步算法，将式（8-48）重新写为

$$I(x, y, t) = a(x, y) + b(x, y)\cos[\Delta\phi(x, y) + a_i] \qquad (8-49)$$

式中　$\Delta\phi$——待求的相位；

　　　a_i——t 时刻条纹图位相的增加值。

当 $a_i = \frac{i}{2}\pi (i = 0, 1, 2, 3)$ 时，即相移角度分别为 0、$\pi/2$、π、$3\pi/2$。四幅图的光强分别为

$$\begin{aligned}
I_1(x, y) &= a(x, y) + b(x, y) \cdot \cos\Delta\phi(x, y) \\
I_2(x, y) &= a(x, y) - b(x, y) \cdot \sin\Delta\phi(x, y) \\
I_3(x, y) &= a(x, y) - b(x, y) \cdot \cos\Delta\phi(x, y) \\
I_4(x, y) &= a(x, y) + b(x, y) \cdot \sin\Delta\phi(x, y)
\end{aligned} \qquad (8-50)$$

由此可以推导出相位计算公式为

$$\Delta\phi = \arctan\left[(I_4 - I_2)/(I_1 - I_3)\right] \qquad (8-51)$$

8.6.2　双折射棱镜的剪切机理[18]（Shearing Principle of Birefringent Prism）

剪切元件是实现剪切散斑干涉测量的关键部件。剪切电子散斑干涉术大多使用双折射棱镜（birefringent prism），该棱镜由两个直角棱镜组成。当一束光垂直入射到棱镜表面上时，在后表面形成两束互相分开（错位角为 ϕ）的、振动方向互相垂直的平面偏振光。这两束光互为物光和参考光而干涉，但其振动方向互相垂直，所以需要在棱镜后加一块偏振片使其振动方向相同。

常见的双折射棱镜是 Wollaston 棱镜。Wollaston 棱镜是利用双折射现象，由双折射材料制成的两块光轴互相垂直的直角棱镜粘合而成。其形成错位角的过程如图 8-46 所示。正入射的光束进入棱镜时是不偏离的，垂直于光轴的 o 光线折射率为 n_o，而平行于光轴振动的 e 光线有较小的折射率 n_e。由于第二块直角棱镜的光轴方向与第一块的光轴垂直，光线经过分界面时 e 光线变为 o 光线，o 光线变为 e 光线，所以对 o 光线是进入折射率较低的媒质，偏离切割面的法线；而

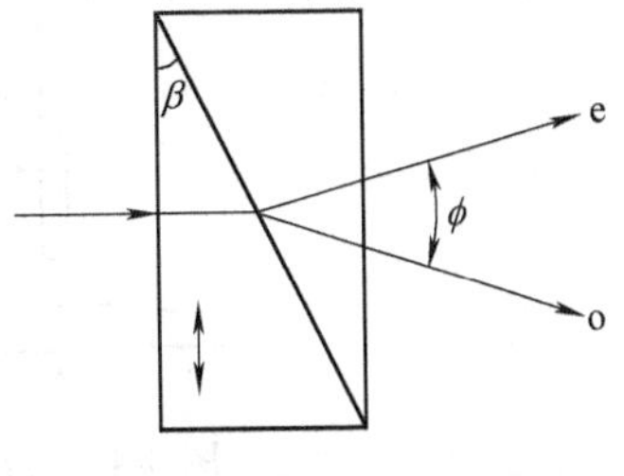

图 8-46　双折射棱镜错位角的形成原理
（Fig. 8-46　Formation Principle of Dislocating Angle of Birefringence Prism）

239

对 e 光线则是进入折射率较高的媒质,偏向切割面的法线。当光线射出第二块直角棱镜时,两束光线偏离法线出射,形成错位角。当顶角 β 不太大时,它们的夹角近似为

$$\phi = 2\arcsin\left[\left(n_o - n_e\right)\tan\beta\right]$$

式中 n_o、n_e——制作双折射棱镜材料(晶体)的 o 光和 e 光折射率。

8.6.3 数字散斑剪切干涉的条纹解释(Fringe Interpretation of Digital Speckle Shearing Interferometry)

由式(8-48)可知,条纹图反映了光波相位变化 $\Delta\phi$,这个相位变化是由物体变形引起的。在图 8-45 中,物体由激光束照明,照明光矢量为 $\vec{k}_1$,观察方向的光矢量为 $\vec{k}_2$,x 方向上的剪切量为 δx。假定剪切量 δx 足够小,照明光源距离被测物足够远,使 $P(x,y)$ 点与 $P(x+\delta x, y)$ 点的光矢量差别可以忽略,均为 $\vec{k}_1$;在垂直于物面方向上成像,且被测物面的尺寸与观察距离相比很小,使观察光矢量 $\vec{k}_2$ 对 $P(x,y)$ 点与 $P(x+\delta x,y)$ 点具有相同的值。则物体变形引入的位相差为

$$\Delta\phi = (\vec{k}_2 - \vec{k}_1)\vec{L}(x+\delta x, y) - (\vec{k}_2 - \vec{k}_1)\vec{L}(x,y) = (\vec{k}_2 - \vec{k}_1)\frac{\partial\vec{L}}{\partial x}\delta x \tag{8-52}$$

其中,$\vec{L}(x,y)$ 和 $\vec{L}(x+\delta x,y)$ 为物面上两剪切点的位移矢量。

由于 $k_1 = \frac{2\pi}{\lambda}(-\sin\theta - \cos\theta)$、$k_2 = \frac{2\pi}{\lambda}$,将其代入式(8-52),得

$$\Delta\phi = \frac{2\pi}{\lambda}\left[\sin\theta\frac{\partial u}{\partial x} + (1+\cos\theta)\frac{\partial w}{\partial x}\right]\delta x \tag{8-53}$$

其中,μ 和 w 分别为物体变形的面内位移分量和离面位移分量。

当照明光垂直照明,观察方向沿着物面的法线方向时,$k_2 = -k_1$,位相差 $\Delta\phi$ 可表示为

$$\Delta\phi = \frac{2\pi}{\lambda}2\frac{\partial w}{\partial x}\delta x = \frac{4\pi}{\lambda}\frac{\partial w}{\partial x}\delta x \tag{8-54}$$

由式(8-53)、式(8-54)可知,通过位相变化 $\Delta\phi$ 可以求出剪切方向上的位移导数。

8.6.4 反射镜偏转相移剪切电子散斑干涉系统[19](Shear Electronic Speckle Interference System Based on Plane Mirror Deflection Phase Shifting)

反射镜偏转相移剪切电子散斑干涉系统如图 8-47 所示。激光器发出的光由反射镜反射

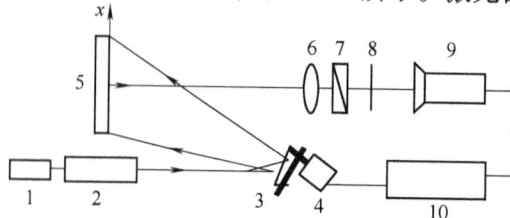

图 8-47 反射镜偏转相移剪切电子散斑干涉系统
(Fig. 8-47 Shearing Electron Speckle Interference System Based on Plane Mirror Deflection Phase Shifting)

1—激光器 2—扩束器 3—反射镜和平板 4—步进电动机 5—被测物体
6—透镜 7—Wollaston 棱镜 8—偏振片 9—CCD 10—计算机

1—Laser 2—Expander 3—Mirror and Plate 4—Step Motor 5—Measured Object
6—Lens 7—Wollaston Prism 8—Polarizer 9—CCD 10—Computer

到被测物体上，反射镜由计算机控制的步进电动机驱动。物体表面上的信息由 CCD 摄像机接收，图像的剪切由 Wollaston 棱镜与偏振片实现。从 Wollaston 棱镜出来的是两束互相错位的物体反射光波，这两束光互为参考光和物光而发生干涉。但其振动方向互相垂直，所以需要在棱镜后加一块偏振片，其偏振轴和从 Wollaston 棱镜输出的两束偏振光成 45°角，从而可使这两束偏振光在偏振片的偏振轴方向上相干涉。它的优点在于光路布置简单，两束相干光波强度基本相等，因而可达到等光强的要求。

利用由计算机控制的步进电动机驱动反射镜偏转系统实现剪切条纹的空间编码，如图 8-47 所示。步进电动机每一步转动的角度为 1.8°，该系统可以将 1.8°进一步细分成 64份，即当计算机输出一个脉冲，步进电动机转动 0.028°，所以可以保证高精度反射镜的精细偏转，从而实现精确相移。

被测试件为周边固定、中心加载的圆盘铝板，厚度为 2mm，可变形中心区域的直径为60mm。中心加载量用千分尺计量，约为 0.01mm。实验中对干涉条纹进行定标，以使每一步相移为 $\pi/2$，四步相移条纹图如图 8-48 所示，对应的包络位相图和解包络位相图如图 8-49 所示，其三维位相显示如图 8-50 所示。

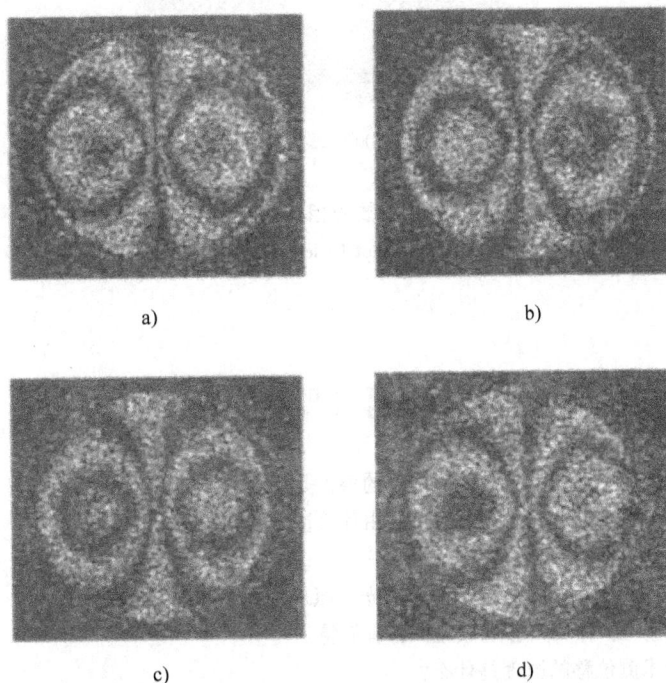

a)　　　　　　　　　　　　b)

c)　　　　　　　　　　　　d)

图 8-48　四步相移条纹图

（Fig. 8-48　Four-step Phase-shifting Fringe Pattern）

a) 位相移为 0　b) 位相移为 $\pi/2$　c) 位相移为 π　d) 位相移为 $3\pi/2$

（a) Phase-shift 0　b) Phase-shift $\pi/2$　c) Phase-shift π　d) Phase-shift $3\pi/2$）

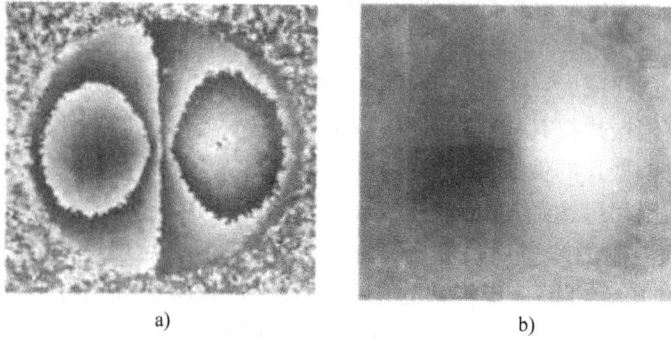

图 8-49　包络位相图和解包络位相图

（Fig. 8-49　Wrapped Phase and Unwrapped Phase Pattern）

a）包络位相图　b）解包络位相图

（a）Wrapped Phase Graph　b）Unwrapped Phase Graph）

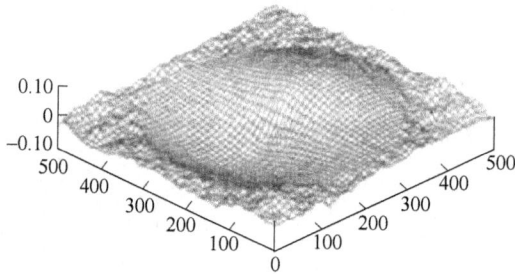

图 8-50　基于离面位移导数的相移三维位相显示（$\times 10^{-3}$）

（Fig. 8-50　Three-dimensional Phase Plot Based on Off-plane Displacement Derivative）

本章习题（Exercises）

8-1　激光散斑是如何产生的？激光散斑产生的条件是什么？

8-2　散斑的大小由什么决定？散斑的对比度由什么决定？

8-3　散斑照相术测位移的原理是什么？

8-4　什么是散斑干涉术？画出散斑干涉术的光学原理图并解释各元件的作用。

8-5　什么叫主观散斑？什么叫客观散斑？各有何特点？

8-6　散斑相关技术测位移的原理是什么？

8-7　光源、傅里叶透镜、电寻址液晶、CCD 如何匹配才可满足空间带宽积的要求，避免信息量的损失？

8-8　什么是剪切散斑？剪切机理是什么？常用的剪切元件有哪些？

本章术语（Terminologies）

表面粗糙度　　　　　　　　　　surface roughness

均方粗糙度	root mean square roughness
刚度	stiffness
强度	strength
精密仪器	precision instrument
非接触	non-contact
高精度	high accuracy
高灵敏度	high sensitivity
在线检测	on-line testing
热变形测量	thermal deformation testing
散斑特性	speckle characteristics
散斑大小	speckle size
张角	subtended angle
散斑的对比度	speckle contrast
规化标准偏差	normalized standard error
散斑强度	speckle intensity
面内位移	in-plane shifting
离面位移	out-of-plane shifting
应变场	stress field
位移测量	displacement measurement
散斑计量术	speckle metrology technique
散斑照相	speckle photography
散斑干涉	speckle interference
散斑干涉图	speckle interference pattern
电寻址液晶	electrically addressed liquid crystal display
主观散斑	subjective speckle
客观散斑	objective speckle
全场分析	full-field analysis
逐点分析	point-by-point analysis
傅里叶变换透镜	Fourier transform lens
频谱分布	spectrum distribution
平方律探测器	square law detector
杨氏条纹	Yang fringes
双孔衍射	two pinholes diffraction
共光路	coaxial optical path
相位解包裹	phase unwrapping
三维测试	three-dimensional test
相位型滤波器	phase-filter
复振幅型滤波器	complex amplitude filter
逆滤波器	inverted filter
双折射棱镜	birefringence prism
剪切散斑	shearing speckle
散斑相关	speckle correlation
散斑干涉术	speckle interferometry

数字散斑照相术	digital speckle photography
频域散斑相关	speckle correlation in frequency domain
电子散斑干涉术	electronic speckle pattern interferometry
数字散斑干涉术	digital speckle pattern interferometry
数字散斑相关方法	digital speckle correlation method
散斑相关干涉术	speckle correlation interferometry
剪切散斑照相术	shearing speckle photography
电子错位术	electronic shearography

参考文献（References）

[1] 古德曼. 光学中的散斑现象 [M]. 曹其智，陈家壁，译. 北京：科学出版社，2009.

[2] 秦玉文，戴嘉彬，陈金龙. 电子散斑方法的进展 [J]. 实验力学，1996，11（4）：410-416.

[3] 董会，郭俊，严飞，等. 电子散斑干涉条纹的数字图像处理 [J]. 测试技术学报，2010，24（4）：140-145.

[4] 万敏. 电子散斑干涉检测技术的研究 [D]. 南京：南京航空航天大学，2008.

[5] 王文生. 干涉测试技术 [M]. 北京：兵器工业出版社，1992.

[6] 李林涛，郭霏，尹娜，等. 激光散斑特性的实验研究 [J]. 长春理工大学学报：自然科学版，2008，31（1）：85-88.

[7] Huo Furong, Guo Jun, Wang Wensheng. Analysis of speckle-pattern interference fringes for transverse or longitudinal displacement [J]. SPIE, 2011, 8194（21）：1-6.

[8] 叶必卿. 液晶空间光调制器特性研究及在全息测量中的应用 [D]. 杭州：浙江大学，2006.

[9] 张鹏飞，郭俊，王文生. 基于EALCD的数字散斑照相术面内位移测量 [J]. 仪器仪表学报，2010，31（8）：1808-1812.

[10] 周岩，郭俊，王文生. 利用数字散斑照相术测量面内位移 [J]. 测试技术学报，2010，24（4）：308-312.

[11] 王勤，黄丽清，王永昌. 利用散斑照相检测微小位移的实时方法 [J]. 光子学报，2003，32（6）：1010–1012. 25（3）：205-207.

[12] 张文静，黄芳，王文生. 基于激光散斑照相术的三维变形测试 [J]. 激光与光电子学进展，2011，48（11）：111202（1-6）.

[13] Pang Haojun, Fan Zhenjie, Wang Wensheng. DSPI for Surface Displacement Measurement [J]. ISTM, 2009（2）：291-294.

[14] 黄芳，张文静，王海燕，等. 基于FFT的散斑干涉术测物体变形 [J]. 激光与红外，2012，42（2）：124-128.

[15] 董会，周岩，郭俊，等. 数字散斑干涉术物体形变测量 [J]. 光子学报，2010（39）（增刊）：19-22.

[16] 吕乃光. 傅里叶光学 [M]. 北京：机械工业出版社，2006.

[17] 周岩. 数字散斑照相术测量物体面内位移 [D]. 长春：长春理工大学，2011.

[18] 郑光昭. 剪切电子散斑干涉术 [J]. 广东工业大学学报，2003，20（1）：23-27.

[19] 陈基勇. 自动控制的偏转反射镜式剪切电子散斑干涉相移系统研究 [J]. 光子学报，2003，32（6）：742-744.

第9章　光学相关测试技术

（Chapter 9　Optical Correlation Test Technology）

9.1　光学信息处理技术（Technology of Optical Information Processing）

9.1.1　概述（Summary）

光学信息处理技术是应用光学、计算机和信息科学相结合而发展起来的一门新的光学技术，是信息科学的一个重要组成部分，也是现代光学的核心。它是用光学的方法实现对输入信息的各种变换或处理，与其他形式的信息处理技术相比，光学信息处理具有高度并行性和大容量的特点。这一学科发展很快，现在已经成为信息科学的一个重要分支，在许多领域进入了实用阶段。

"信息"是通信科学中早就采用的术语，如一个受调制的电信号（电压或电流波）可看作是携带着信息的随时间变化的序列。这个观点也适用于光学，如一幅图像实际上是一种二维空间的光强或光场分布，它可以看作是携带着信息的光强或光场随空间变化的序列，称为光学信息。光学信息可以是一维、二维、三维的空间性的信息。近年来发展起来的"信息光学"的近代光学分支包含了光学传递函数（optical transfer function）、全息术（holography）、光学信息处理等各部分的理论和实践。

光学信息处理是在傅里叶光学（Fourier optics）基础上发展起来的。它研究如何对各种光学信息进行综合性的处理，如各种光学运算（optical operation）（加、减、乘、除、相关、卷积、微分、矩阵相乘、逻辑运算等），光学信息的抽取、编码、存储、增强、去模糊、特征识别以及各种光学变换（如傅里叶变换、小波变换）等。有时光学信息处理也称为光学数据处理，它的发展远景是"光计算"。

实际上，相干光处理系统是一个光学模拟（optical simulation）计算机，它具有二维并行处理的能力、极高的运算速度（光速）以及极大的容量等。这些都是目前数字计算机难以达到的。目前由于某些器件，如实时空间光调制器（real-time spatial light modulator）发展尚未完善，限制了运算速度，光学处理的精度较低，灵活性较差，使它在应用上受到了一定的限制。

光学信息处理有许多种类。按处理的性质可分为线性处理和非线性处理两大类。在线性处理中又分为空间不变和空间可变两类。按所用光的相干性可分为相干、非相干和部分相干处理等类别。

所谓线性处理是指系统对多个输入之和的响应（即输出）等于各单独输入时的响应（输出）之和。一个光学成像系统就是典型的线性系统。

在相干光照明时，光学透镜所具有的傅里叶变换性质也是一种线性的性质。光学透镜将不同的光学图像变换成不同的空间频谱，可以用光电探测元件接收各个部分的空间频谱来进行分析。近代一些采用光电结合的空间频谱分析仪（spectrum analyzer）是根据上面介绍的原理制成的，它可用到遥感图像、医学图像分析等方面。光学图像的加减是光学信息处理中的重要基本运算方法之一，它也是微分运算、逻辑运算的基础。光学图像的相减也可直接用来提取两个不同图像的差异信息，如同一地区在不同时刻的两个"云图"间的差异等。近代已研究了多种多样的光学相加和相减法。

如果一个线性系统的脉冲响应函数随输出点的位置而改变，则该系统称为线性空间可变系统。这时傅里叶频域处理方法就不再适用，必须寻找另外的处理方法。其中一种方法是先对输入图像进行某种坐标变换，然后在傅里叶频域内进行空间不变滤波运算，最后再经过某种坐标变换（有时可省去这一变换）得到输出的图像。

近年来，由于其他学科的渗透，在光学信息处理领域中出现一些新的发展方向。例如，利用光学反馈概念在线性和非线性运算方面取得一些新结果；利用光学双稳态现象有可能在半导体材料上制成一种新型信息处理元件，它有可能成为未来光计算机的运算元件；四波混频及其共轭位相已用来恢复经过位相介质畸变了的图像以及一种新的光学元件（即位相共轭元件）将在多方面得到应用；声表面波器件与集成光学相结合有可能成为光通信中新的处理元件，并在雷达等信号处理中发挥重要作用；此外人们已开始考虑时间（一维）与空间（三维）相结合的四维处理系统。最后应该指出的是，把光学处理的二维、高速、空间带宽积（space bandwidth product）等优点与电子计算机数字处理的灵活性和高精度相结合成光电混合处理系统，这将是一个完善和有实用价值的系统[1]。

9.1.2 光学处理与数字处理的比较（Comparison between Optical Processing and Digital Processing）

光学处理属于并行处理，当用平行光照明时，系统以极高的运算速度（光速）对图像所有数据点同时进行处理。因此，它特别适用于对图像的快速和实时处理。数字图像处理则是通过对图像扫描，产生时间序列的信号，再经抽样变为数字信号由计算机处理。它是串行逐点处理，从原理上讲是慢速处理。尽管计算机运算速度在飞速提高，但在需严格实时控制的场合，这一时间延迟缺点就会暴露出来。

光学处理的主要限制在于缺少灵活性，它不像计算机可以灵活进行各种运算，而且具有可编程、控制、分析和判断的能力。由于光学装置受到光学材料及记录介质的限制，产生光噪声的因素较多，在某些领域其运算精度也不高。但对于许多应用，这一缺点并不构成严重的限制，例如，它输出的是供目视观察的像，而人眼区别灰阶的能力是有限的，过高的精度要求并没有实际意义。数字计算机的运算精度虽然高，但其显著缺点是不能实现处理实时性，而且其分辨率也要受到输入图像的扫描、抽样以及显示输出等环节的限制。

显然，把光学处理和数字处理结合起来，可以取长补短，相辅相成。例如，对一幅输入图像，先用光学系统作二维傅里叶变换，由 CCD 摄取其功率谱信息，然后将该信息输入计算机进行数字运算和处理。可以期望混合系统既具有光学处理器大信息容量和二维并行处理、快速运算的能力，又具有数字计算机运算精度高、灵活性好、便于控制和判断的优点[2]。

9.2　傅里叶变换原理（Principle of Fourier Transform）

9.2.1　傅里叶变换的数学机理（Mathematics Mechanism of Fourier Transform）

一维傅里叶变换形式如下

$$G(f) = \int_{-\infty}^{\infty} g(x) e^{-i2\pi fx} dx \tag{9-1}$$

$$g(x) = \int_{-\infty}^{\infty} G(f) e^{i2\pi fx} df \tag{9-2}$$

$G(f)$ 称为 $g(x)$ 的傅里叶变换或频谱。若 $g(x)$ 表示某空间域的物理量，则 $G(f)$ 是该物理量在频率域（frequency domain）的表示形式。$G(f)$ 作为各种频率成分的权重因子，描述各复指数分量的相对幅值和位相。当 $G(f)$ 是复函数时，可以表示为

$$G(f) = A(f) e^{i\Phi(f)} \tag{9-3}$$

其中，$A(f) = |G(f)|$，是 $g(x)$ 的振幅频谱；$\Phi(f)$ 是 $g(x)$ 的相位频谱。非周期函数的频谱不是离散的，而是频率 f 的连续或分段连续函数。

所有适当加权的各种频率的复指数分量叠加起来就得到原函数 $g(x)$，称为 $G(f)$ 的傅里叶逆变换（inverse Fourier transform）。$g(x)$ 和 $G(f)$ 构成傅里叶变换对[3]。

二维傅里叶变换是一维傅里叶变换的推广，即

$$G(f_x, f_y) = \iint_{-\infty}^{\infty} g(x, y) \exp[-i2\pi(f_x x + f_y y)] dx dy \tag{9-4}$$

$$g(x, y) = \iint_{-\infty}^{\infty} G(f_x, f_y) \exp[i2\pi(f_x x + f_y y)] df_x df_y \tag{9-5}$$

9.2.2　傅里叶变换透镜（Fourier Transform Lens）

在光学图像处理系统中，用于频谱分析的透镜称为傅里叶变换透镜，它是光学信息处理中最常用的元件，也是实时联合变换相关器（real-time joint transform correlator，简称 RJTC）中的关键器件。

会聚透镜的最突出和最有用的性质之一是它固有的二维傅里叶变换的本领。利用光的传播和衍射的基本定律，这种复杂的模拟运算可以用相干光学系统极其简单地完成[4]。假定照明光为单色光，在该条件下，所研究的系统则是相干系统。

傅里叶变换透镜的主要参数是其相对孔径和焦距。傅里叶透镜的相对孔径（relative aperture）决定着其空间带宽积的大小，即影响着其接收信息量的多少；傅里叶变换透镜的焦距决定谱面的大小。实验中，由于在傅里叶变换透镜的后焦平面上用 CCD 接收的是功率谱（power spectrum），并且用平行相干光照明，因此可以把物体放在傅里叶透镜前的任一位置，不要求物体必须位于傅里叶透镜的前焦平面上。实际上，当目标图像输入到电寻址液晶（EALCD）后，经傅里叶变换透镜获得的功率谱中，所需的最高衍射级是一级衍射（first order diffraction），根据衍射理论可以计算出所需透镜口径的大小。

如图 9-1 所示，平行光束垂直入射到电寻址液晶，经电寻址液晶发生衍射。其衍射公式为

$$a\sin\theta = m\lambda\,(m = 0,\ \pm 1,\ \pm 2,\cdots,\ \pm n)$$

(9-6)

式中　a——电寻址液晶像素大小；

　　　θ——衍射角。

所需透镜口径 D 为

$$D \geqslant N + 2d\tan\theta \qquad (9-7)$$

式中　N——空间光调制器的结构尺寸；

　　　d——电寻址液晶与透镜间的距离。

由式(9-6)可以计算出衍射角 θ，再由 θ 角的大小根据式(9-7)计算出接收 0 级谱和 ±1 级谱所需透镜口径 D 的大小。

由于 θ 角很小，则有 $\theta = \sin\theta = \tan\theta$，为减小傅里叶变换透镜的口径，可将透镜靠近电寻址液晶，即使 d 值减小。

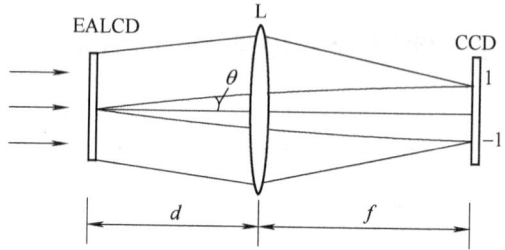

图 9-1　目标图像在 CCD 面上形成的 ±1 级谱

(Fig. 9-1　±1 Order Power Spectrum of Target Image on CCD)

9.3　范德尔-卢格特（Vander-lugt）相关器（Vander-lugt Correlator）

相关器主要可分为两类，即范德尔-卢格特相关器和联合变换相关器。范德尔-卢格特相关器基于经典的 4f 系统，又称为匹配滤波相关器（matched filtering correlator）。匹配滤波相关器的主要特征是在第一级傅里叶变换频谱面上放置一个匹配滤波器（matched filter），该匹配滤波器是待识别的目标图像的共轭谱。输入目标图像经第一个傅里叶变换透镜后，获得目标图像的频谱，与匹配滤波器的共轭频谱相乘，即经匹配滤波器滤波后，消去全部位相因子，获得平行光束，平行光束的方向取决于目标的位置。经傅里叶变换透镜的第二次傅里叶变换，获得相关输出。图 9-2 所示为典型的 4f 系统结构原理图。

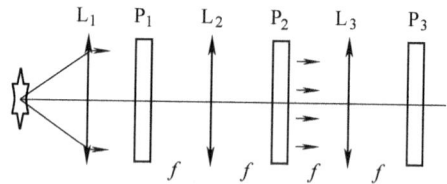

图 9-2　典型的 4f 系统结构原理图

(Fig. 9-2　Schematic Diagram of Typical 4f System)

设输入的待识别目标图像是 $f(x,y)$，其傅里叶变换谱是 $F(f_x, f_y)$，匹配滤波器是其共轭谱（conjugate spectrum），$F^*(f_x, f_y)$ 写作

$$F^*(f_x, f_y) = \iint f(x,y)\exp[\,+\,\mathrm{i}2\pi(f_x x + f_y y)\,]\mathrm{d}x\mathrm{d}y \qquad (9\text{-}8)$$

则匹配滤波器的振幅透过率（amplitude transmittance）为

$$T_{\mathrm{F}}(f_x, f_y) = F^*(f_x, f_y) \qquad (9\text{-}9)$$

其中，f_x、f_y 是 x 方向和 y 方向的频率，分别为

$$f_x = x/(\lambda f'),\ f_y = y/(\lambda f') \qquad (9\text{-}10)$$

式中　f'——傅里叶变换透镜的焦距；

　　　λ——照明波长。

在图 9-2 中，将目标图像 $f(x,\ y)$ 输入到平面 P_1，被准直物镜 L_1 出射的平行光束照明后，经傅里叶变换透镜 L_2，在平面 P_2 形成其谱 $F(f_x,\ f_y)$，平面 P_2 即是匹配滤波器，经匹配滤波器滤波消去全部位相因子，在 P_2 后的振幅分布正比于

$$F(f_x, f_y)F^*(f_x, f_y) = |F(f_x, f_y)|^2 \tag{9-11}$$

该平面波经傅里叶变换透镜 L_3 的傅里叶变换，在平面 P_3 获得目标图像和参考模板的自相关（auto-correlation），即

$$F\{F(f_x, f_y)F^*(f_x, f_y)\} = f(x, y) \otimes f(x, y) = C_{ff} \tag{9-12}$$

其中，$\otimes$ 为两函数的相关符号，C_{ff} 表示 $f(x, y)$ 的自相关函数值。

在 P_3 平面上将出现一亮斑（bright spot），表明输入的图像与模板的图像相同。

如果输入的目标图像是 $g(x, y)$，在 P_2 后的振幅分布正比于

$$\vec{A} = G(f_x, f_y)F^*(f_x, f_y) \tag{9-13}$$

则在平面 P_2 后是变形波面，即目标图像的位相不能与匹配滤波器的位相相互补偿。再经傅里叶变换透镜 L_3 的傅里叶变换后，在平面 P_3 获得目标图像和参考模板的互相关，即

$$F\{G(f_x, f_y)F^*(f_x, f_y)\} = g(x, y) \otimes f(x, y) = C_{gf} \tag{9-14}$$

在平面 P_3 发生弥散，没有亮斑，表明在输入的图像中没有与模板相同的图像。

在实际装置中，平面 P_1 和 P_2 可以用电寻址液晶代替，目标图像和匹配滤波器 $F^*(f_x, f_y)$ 分别输入到平面 P_1 和 P_2。

匹配滤波器的制作可以用两种方法：光学全息和数字处理。数字处理方法比较简单，目标图像经 CCD 等探测器数字记录后，利用程序对其数字图像进行傅里叶变换，通过计算机把傅里叶变换后的谱输入到电寻址液晶 P_2 中。

光学全息法制作匹配滤波器如图 9-3 所示。全息记录的参考光 A_r 是点光源，用 $\delta(x, y)$ 表示，目标图像的复振幅 A_o 用 $f(x, y)$ 表示，则经傅里叶变换后为 $F(f_x, f_y)$。因为 $\delta(x, y)$ 函数的傅里叶变换是 1，即

$$F\{\delta(x, y)\} = 1 \tag{9-15}$$

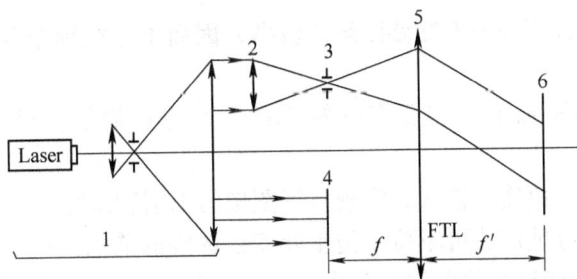

图 9-3　光学全息法制作匹配滤波器

(Fig. 9-3　Making Matched Filter with Optical Holographic Method)

1—扩束准直系统　2—聚光镜　3—针孔　4—位相物体　5—傅里叶变换透镜　6—全息图

1—Expanding and Collimating System　2—Condenser　3—Pinhole

4—Phase Object　5—Fourier Transform Lens　6—Hologram

则全息图记录的强度分布为

$$I = (A_o + A_r)(A_o + A_r)^*$$
$$= (F + 1)(F + 1)^* = FF^* + 1 + F + F^* \tag{9-16}$$

显影后的透过率为

$$T = T_o + ktI = T_o + kt(FF^* + 1) + ktF + ktF^* \tag{9-17}$$

利用离轴全息图（off-axis hologram）可以分离出 ktF^*，kt 是常数，对位相无影响，这样获得匹配滤波器 F^*。

在图9-3中，1表示激光扩束准直系统；2为聚光镜，照明针孔3（针孔函数是 $\delta(x, y)$）位于傅里叶变换透镜（FTL）5的前焦平面上，经傅里叶变换透镜5后为平行的参考光束，照明全息记录介质；扩束准直系统的下部光束照明透明位相物体4，其函数是 $f(x, y)$，经傅里叶变换透镜5后，在透镜的后焦平面上产生物的频谱，其与针孔3的谱叠加，形成全息图6，其强度由式(9-16)表示。

对匹配滤波器的广泛深入研究表明，匹配滤波相关在解决某些特殊相关问题时，表现出非常好的性能，包括分辨率、光能利用效率和信号质量等，但不易实现快速实时相关，原因在于计算制作匹配滤波器所需要的数据的计算量非常大，现有的处理速度不能满足实时应用或准实时应用的要求，这一问题目前还得不到很好的解决。

9.4　实时联合变换相关器（Real-time Joint Transform Correlator）

9.4.1　实时联合变换相关器的原理（Principle of Real-time Joint Transform Correlator）

在实时联合变换相关器中，实时读取的目标图像（target image）和参考图像（reference image）同时输入到光学系统中进行光学傅里叶变换和相关运算，不需要专门制作匹配滤波器。光学联合变换相关器用电寻址液晶作为空间光调制器，代替透明胶片或干板，构成紧凑的实时联合变换相关识别系统。这一光电混合相关探测系统具有实时、灵活、结构紧凑、识别精度高等优点[5]。因此，光电联合变换相关技术与光电匹配滤波相关技术相比，主要有以下几个优点：

1）在光电联合变换相关中不需要匹配滤波器，因而不存在制作匹配滤波器和精确复位的复杂问题。

2）在傅里叶变换平面上不需要高分辨率的空间光调制器，只需分辨傅里叶变换的频谱。

3）参考图像可以人机实时输入，实现目标图像的识别和跟踪。

4）输入图像的电寻址液晶可不位于傅里叶变换透镜的前焦平面，而是靠近傅里叶变换透镜，可实现光电联合变换相关器的小型化（miniaturization）。

在联合变换相关器中，光学傅里叶变换是主要的数学工具。图像的光学傅里叶变换的特点是其并行性、速度高、信息量大。普通的CCD摄像机抓取图像的速率（即帧频）是25帧/s，而那些用于军事目标探测和跟踪的CCD摄像机的帧频可高达500帧/s。这要求系统的处理在40ms甚至1ms以下完成。此外，用于目标识别（target recognition）和跟踪的CCD的分辨率也是很高的，同时与之匹配的图像采集系统应有相应高的分辨率。在数值运算中，最常用的而且最快的傅里叶变换方法是快速傅里叶变换（FFT）。即使如此，对分辨率为 $800\text{pixels} \times 600\text{pixels} \times 8\text{bit}$ 的八位二进制图像进行FFT，按目前的计算机处理速度，也很难在几毫秒内完成；对于更大的图像，FFT则需要更长时间，这显然不能满足实时处理的需要。光学傅里叶变换是二维变换，是一种对二维图像的并行处理。它只需要一个正透镜组就可以实现图像的二维傅里叶变换，而其变换速度是光速。因此，光学傅里叶变换特别适合于大尺寸的二维图像。在当今 CCD 摄像机和空间光调制器件的高速化技术日益成熟的形式下，光学傅里叶变换正在走向实用化。

图像相关识别的目的是研究在输入的复杂背景图像中是否存在与参考图像相同的目标图像，如果存在确定其方位。联合变换相关的主要特征是参考图像与目标图像同时输入光学运算系统，用准直的相干光照明，在透镜的后焦面上形成傅里叶联合变换频谱，由 CCD 接收后，获得联合变换功率谱（joint transform power spectrum，简称 JTPS）。联合变换功率谱经过第二次傅里叶变换后，获得一对相关输出，数学上即是相关运算，光学上即是正负一级衍射，而形状上即是光斑，称为相关峰（correlation peaks）。可通过对相关峰信息的分析，来判断待识别图像和参考图像之间的相关程度及其位置关系[6]。

将准直相干的单位振幅光照射到物体 $w(x, y)$ 上，物体被写入空间光调制器，设输入图像为

$$w(x, y) = t(x, y) + h(x, y) \tag{9-18}$$

其中，$t(x, y) \neq h(x, y)$，$t(x, y)$ 是目标图像，$h(x, y)$ 是复杂背景图像。另设参考模板为 $r(x, y)$，这样，通过目标 $t(x, y)$ 与参考模板 $r(x, y)$ 的光学相关得到的相关函数为 $r \otimes t$ 或 $t \otimes r$，由相关峰在接收器 CCD 的位置和目标探测物镜的焦距可以确定目标 $t(x, y)$ 相对探测光学系统光轴的方位角和俯仰角[7]。

对目标图像与参考模板的联合图像进行傅里叶变换，如图 9-4 所示，图中的 L 为傅里叶变换透镜，待识别图像 $t(x, y)$ 置于输入平面的一侧，为简化，设其中心位置为 $(a, 0)$，参考图像 $r(x, y)$ 置于输入平面的另一侧，中心位于 $(b, 0)$。用准直的激光光束照明，并通过透镜进行傅里叶变换。在透镜的后焦面上的振幅分布（amplitude distribution）为

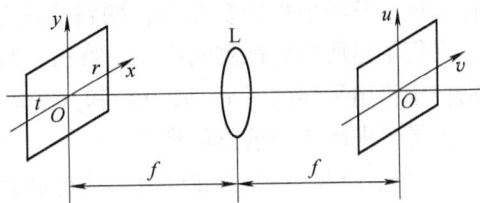

图 9-4　联合变换功率谱的记录

(Fig. 9-4　Record of Joint Transform Power Spectrum)

$$F(u, v) = \int_{-\infty}^{+\infty} \int_{-\infty}^{+\infty} \left[t(x - a, y) + r(x - b, y) \right] \exp\left[-i\frac{2\pi}{\lambda f}(xu + yv) \right] dxdy \tag{9-19}$$

式中　λ——照明激光的波长；

　　　f——变换透镜的焦距。

若将一个平方律探测器 CCD 放在傅里叶变换透镜（FTL）的后焦平面上，则其记录的联合变换功率谱（JTPS）为

$$\begin{aligned}
I(u, v) &= |F(u, v)|^2 = |\exp(-i2\pi ua)T(u, v) + \exp(-i2\pi ub)R(u, v)|^2 \\
&= T(u, v)T^*(u, v) + \exp[-i2\pi u(a - b)]T(u, v)R^*(u, v) + \\
&\quad \exp[(-i2\pi u(-a + b)]T^*(u, v)R(u, v) + R(u, v)R^*(u, v)
\end{aligned} \tag{9-20}$$

对联合变换功率谱（JTPS）进行逆傅里叶变换，如图 9-5 所示，在透镜 L 的前焦面上放置联合变换功率谱，然后用准直的激光光束照明，这样就在透镜的后焦面上得到两个图像的自相关（autocorrelation）和互相关。

对联合变换功率谱进行逆傅里叶变换后，得

$$O(\xi, \zeta) = \int_{-\infty}^{+\infty} \int_{-\infty}^{+\infty} I(u, v) \exp\left[i\frac{2\pi}{\lambda f}(\xi u + \zeta v) \right] dudv \tag{9-21}$$

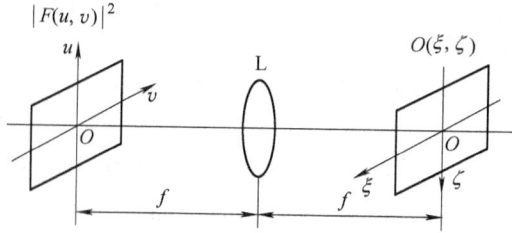

图 9-5　联合变换功率谱的逆傅里叶变换

(Fig. 9-5　Inverse Fourier Transform of Joint Transform Power Spectrum)

将式(9-20)代入式(9-21)得

$$O(\xi, \zeta) = t(\xi, \zeta) \otimes t(\xi, \zeta) + r(\xi, \zeta) \otimes r(\xi, \zeta) +$$
$$t(\xi, \zeta) \otimes r(\xi, \zeta) * \delta(\xi - b + a) +$$
$$r(\xi, \zeta) \otimes t(\xi, \zeta) * \delta(\xi - a + b) \tag{9-22}$$

其中，$\otimes$ 表示相关运算，$*$ 表示卷积。

此时，JTPS 又变换回到物空间，实现了相关运算。式(9-22)中第一项和第二项分别是目标图像和参考模板的自相关，两输出信号重叠在输出平面中心附近，可称之为零级衍射项，它们不是所需要探测的信号。第三、四项是目标图像和参考模板的互相关，它们的中心分别位于输出平面的 $(a-b, 0)$ 和 $(-a+b, 0)$ 处，因而与零级分离，为正负一级衍射项，正是要求的相关输出信号[8]。

当 $t(x, y)$ 与 $r(x, y)$ 相同时，获得最大的相关峰强度，其联合变换功率谱可以写作

$$I(u, v) = 2 \, |T(u, v)|^2 \times \left[1 + \cos\left(2\pi u \frac{a+b}{\lambda f}\right)\right] \tag{9-23}$$

这样，当目标图像与参考模板相同时，联合变换功率谱可以认为是两函数上对应的无数点对形成的杨氏条纹（Young fringe）的相干叠加（coherent superposition）。因子 $\left[1 + \cos\left(2\pi u \frac{a+b}{\lambda f}\right)\right]$ 即是理想的杨氏条纹，$2 \, |T(u, v)|^2$ 则是杨氏条纹的包络。条纹比包络更重要，杨氏条纹经过傅里叶变换后的衍射图包含 0 级（直流）衍射光斑和两个 +1 级和 -1 级衍射亮斑。这两个对称分布的亮斑即是相关峰[9]。

9.4.2　光学实验装置（Optical Experimental Setup）

由于薄透镜或透镜组的前后焦面上光场之间关系具有标准的傅里叶变换性质，因而可以想象，凡是具有正光焦度的光学系统都应具有傅里叶变换功能。这样用平行相干光照明放置在透镜前焦面上的图像，则在透镜的后焦面上就会得到这个图像的傅里叶变换谱。用记录光强度的器件便可记录下该图像的傅里叶变换功率谱，再把功率谱放置在第二个透镜的前焦面上（该透镜与前述第一个透镜相同），同样用平行相干光照明，把后焦面上的坐标系逆时针旋转 180°，就实现了逆傅里叶变换。把这两步统一起来就能实现联合变换相关运算，这样就可以用联合变换相关技术进行目标识别。

由于所有的探测器都是平方律探测器（square law detector），只能记录傅里叶变换谱的振幅平方，即光强度，不能记录傅里叶变换谱的位相。因此，在联合傅里叶变换谱的记录和

逆变换两个过程中，有一个用平方律探测器把联合傅里叶变换的复振幅谱转换为功率谱的过程。在早期实验中，这一过程借助于感光胶片来实现。例如，首先用感光胶片记录待识别图像 $t(x,y)$ 和参考图像 $r(x,y)$ 的联合变换功率谱，经过显影和定影处理后，胶片的透过率近似正比于联合变换的功率谱，再把它放在系统的输入平面上，用透镜进行逆变换，就可以获得相关输出。但这样做很不方便，需要花费很多宝贵的时间，不能体现光学图像并行、快速的处理能力，实用价值不高。然而，如果用电荷耦合器件 CCD 记录联合变换功率谱，用电寻址液晶作为空间光调制器，读写目标图像和参考模板以及联合变换功率谱，联合变换相关器的优越性就能明显体现出来。

图 9-6 所示为光电混合实时联合变换相关器[10]的配置图。

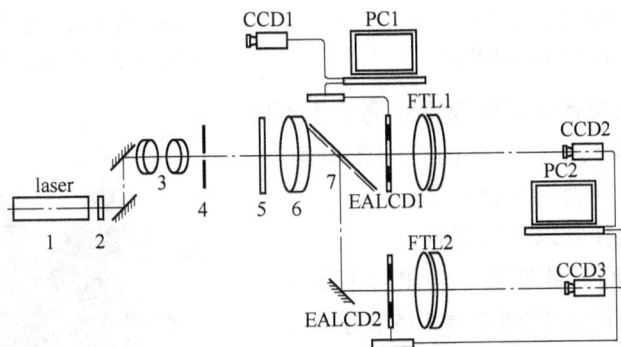

图 9-6　光电混合实时联合变换相关器的配置图
(Fig. 9-6　Configuration of Opto-electronic Hybrid Real-time Joint Transform Correlator)
1—氩离子激光器　2—衰减器　3—显微物镜　4—针孔　5—偏振器　6—双分离准直透镜　7—半反半透镜
1—Argon Ion Laser　2—Attenuator　3—Microscopic Objective　4—Pinhole　5—Polarizer
6—Collimating Separated Doublet　7—Half Mirror

系统采用氩离子激光器 1 作为光源，通过衰减器 2 调制输出光强，经显微物镜 3 聚焦，通过针孔 4 进行空间滤波，经偏振器 5 调节偏振方向后，再经双分离准直透镜 6，形成均匀的准直扩束平行光。平行光经半反半透镜 7 后分为两路，其中一路用于获得联合变换功率谱，这样经 CCD1 实时摄取的目标图像与预先存储在 PC1 的参考模板一起被输入到电寻址液晶 EALCD1 中，联合图像经傅里叶变换透镜 FTL1 后，由平方律探测器 CCD2 进行记录，得到目标 $t(x,y)$ 和参考图像 $r(x,y)$ 的联合变换功率谱，经 PC2 显示出来；另一路用于获得相关峰图像，输入到 PC2 的功率谱经空间光调制器的控制系统后被输入到电寻址液晶 EALCD2 中，经傅里叶变换透镜 FTL2 进行逆变换后，由 CCD3 摄取目标图像与参考图像的联合变换相关峰，再输入到 PC2 中显示。这样，通过判读相关点的位置，可以确定目标及其方位。

正如在 9.2.2 节"傅里叶变换透镜"中所讨论的，当用平方律探测器 CCD 作为接收器时，可使输入物面图像和功率谱的电寻址液晶不在傅里叶变换透镜的前焦平面上，而是靠近傅里叶变换透镜，以减小傅里叶变换透镜的口径和光学系统的整体长度[11]。

光电混合实时联合变换相关器的光学系统和控制系统分别如图 9-7 和图 9-8 所示。

通过采用短焦傅里叶变换透镜及小型半导体泵浦 YAG 激光器等关键器件，可使光电混合联合变换相关器的体积大大缩小，图 9-9 所示为小型化实时联合变换相关器[12]。

图 9-7　实时联合变换相关器光学系统

（Fig. 9-7　Optical System of RJTC）

图 9-8　实时联合变换相关器控制系统

（Fig. 9-8　Control System of RJTC）

　　实时联合变换相关器的关键器件是高相干度的激光器、高分辨率及高响应速度的空间光调制器、高性能像质的傅里叶变换镜头和 CCD。

　　在实际应用中要注意以下几方面。

　　1）激光器、空间光调制器、傅里叶变换镜头和 CCD 之间的参数需满足空间带宽积的要求。

　　2）光学装置的调校是一个非常重要的环节，直接关系到系统能否正常工作。激光准直扩束系统由显微物镜、针孔和准直物镜组成，满足空间相干度的要求；通过衰减片对光束能量调制，使出射光能量满足光强度要求；偏振片可使光束偏振方向与电寻址液晶的偏振方向匹配，满足偏振要求。

图 9-9　小型化实时联合变换相关器

（Fig. 9-9　Miniaturized Setup of RJTC）

　　3）如果不要求连续图像实时处理，则在图 9-6 和图 9-7 中的第二支光路（EALCD2、FTL2 和 CCD3）可以去掉，联合功率谱可以直接反馈输入到 EALCD1，进行傅里叶逆变换，由 CCD2 探测相关峰。

　　4）图中显示器的作用是为便于观察，在实际应用时可去除，目标的方位信息可由相关峰确定的方位角（azimuth）直接输入到火控系统中。

　　空中飞机的参考模板和目标图像如图 9-10 所示，经 PC1 输入到电寻址液晶 EALCD1 中，

图 9-10　输入的参考模板和目标图像

（Fig. 9-10　Reference Template and Target Image Inputted to EALCD）

再经傅里叶变换透镜 FTL1，由 CCD2 接收联合变换功率谱，如图 9-11 所示。将联合变换功率谱输入到电寻址液晶 EALCD2 中，经 FTL2 获得相关峰，由 CCD3 接收，如图 9-12 所示。

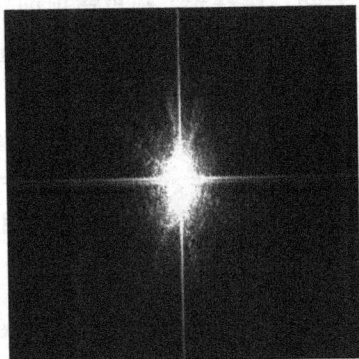

图 9-11　飞机的联合变换功率谱

(Fig. 9-11　JTPS of Planes)

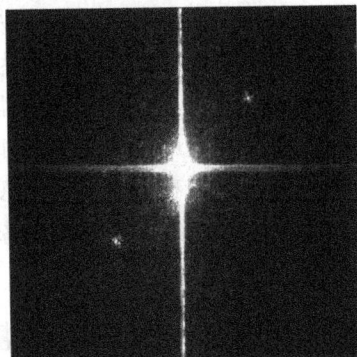

图 9-12　由图 9-11 获得的相关峰

(Fig. 9-12　Correlation Peaks Got from Fig. 9-11)

为确定目标图像的精确方位，必须精确确定相关峰在 CCD3 接收面内的坐标，故需对相关峰图像进行滤波及二值化处理（binarization processing）。图 9-13 所示为滤波及二值化后的相关峰，图 9-14 所示为图 9-13 中相关峰的光强分布。

图 9-13　滤波及二值化后的相关峰

(Fig. 9-13　Correlation Peaks after Filtering and Binarization)

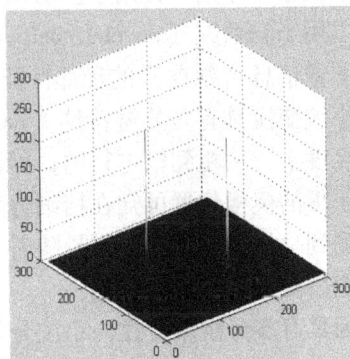

图 9-14　图 9-13 中相关峰的光强分布

(Fig. 9-14　Intensity Distribution of Fig. 9-13)

由此可知，要实现实时联合变换相关运算，高分辨率光（或电）寻址的空间光调制器是一个关键器件，所以要提高实时联合变换相关器的性能，就必须使用高分辨率、高响应速度的空间光调制器。同时，用 CCD 作为平方律探测器件记录两个图像的联合变换功率谱及其相关峰。实时联合变换相关器有两个很重要的特性：其一，不需要长焦距的变换透镜，这样可以使小型化成为可能；其二，用 CCD 探测功率谱，以便在逆变换前可通过相应的数字信号处理来提高系统的识别性能。

9.5　基于实时联合变换相关器的滤波技术（Filtering Technique Based on Real-time Joint Transform Correlator）

经图像信息输入系统获取的原图像中通常都含有各种各样的噪声和畸变，大大影响了图像的质量。因此，在对图像进行分析、识别之前，必须先对图像质量进行改善。通常，采用图像增强的方法对图像质量进行改善。图像增强是将图像中感兴趣的特征有选择的突出，并衰减不需要的特征[13]。例如，在路面上疾驰着一辆摩托车和一辆轿车，如果要识别的对象是摩托车，则轿车与路面等背景信息即为噪声，在图像处理的过程中应尽可能地滤除掉。反之，若要识别的对象是轿车，则摩托车即为噪声，以此类推。

图像增强的方法一般可分为空域法和频域法两类，空域法主要是对图像中的各个像素点进行操作，而频域法则是在图像的某个变换域内对整个图像进行操作，并修改变换后的系数，之后再进行逆变换得到处理后的图像。下面仅对适用于实时联合变换相关器的常用滤波技术进行介绍。

9.5.1 基于小波变换的物面图像滤波（Image Filtering of Object Plane Based on Wavelet Transform）

1. 小波变换原理（Principle of Wavelet Transform）

传统的信号理论是建立在 Fourier 分析基础上的，而 Fourier 变换作为一种全局性的变化，具有一定的局限性。在实际应用中，人们开始对 Fourier 变换进行各种改进，小波变换由此产生，在近年来的图像处理领域受到了很大的重视。

小波被看作是一种用于多层次分解函数的数学工具。图像信号（数据）经过小波变换后可以用小波系数（wavelet coefficient）来描述，小波系数体现原图像信息（数据）的性质，图像信息（数据）的局部特征可以通过处理小波系数而改变[14]。

小波变换具有多分辨特性（multi-resolution characteristic），基于小波变换的图像匹配是在多尺度上、从粗到精进行的，因而加快了特征匹配的速度。在匹配搜索中，根据粗分辨率上所获得的模板位置可知在精细分辨率上模板的大致位置，缩小了搜索范围，进而可以正确地检测到模板的位置。特别是随着小波变换方法的并行硬件实现，更为基于小波变换图像配准的应用提供了有利的保障。

因具有多分辨率特性，小波分析在时域和频域同时具有良好的局部化特征，可以分析非平稳信号，这是傅里叶变换无法做到的。正因为此，它常被誉为信号分析的"数学显微镜"。小波理论可用于图像去噪、图像压缩、图像融合和图像增强。

像傅里叶变换一样，小波变换就是把一个信号分解为一系列小波。设函数 $\psi(t) \in L^1(R) \cap L^2(R)$，若满足容许性条件

$$C_\psi = \int_{-\infty}^{\infty} \frac{|\widehat{\psi}(\omega)|^2}{|\omega|} \mathrm{d}\omega < +\infty \tag{9-24}$$

则称 $\psi(t)$ 为基本小波函数（wavelet function），$\widehat{\psi}(\omega)$ 是 $\psi(\omega)$ 的傅里叶变换。令

$$\psi_{a,b}(t) = |a|^{\frac{1}{2}} \psi\left(\frac{t-b}{a}\right) \tag{9-25}$$

并且 $f(t) \in L^2(R)$，则其小波变换的定义为

$$W_f(a, b) = \int_{-\infty}^{\infty} f(t) \overline{\psi_{a,b}(t)} \mathrm{d}t \tag{9-26}$$

其中，$\overline{\psi_{a,b}(t)}$ 是 $\psi_{a,b}(t)$ 的复共轭。函数 $\psi(t)$ 称为母函数（mother function），b 为平移因

子，a 为尺度因子。即小波变换就是把基本小波函数 $\psi(t)$ 经过位移 b 后，再在不同尺度 a 下与待处理的函数 $f(t)$ 做内积。由式(9-26)可知，当 $t=0$ 时，必有 $\int_{-\infty}^{\infty}\psi(t)\mathrm{d}t=0$，该式表明 $\psi(t)$ 具有波动性。由于小波函数 $\psi_{a,b}(t)$ 中的两个参数 a 和 b 均为连续变量，故称式(9-26)为连续小波变换（continuous wavelet transform）。

但在实际应用中，为了满足计算要求，函数 $f(t)$ 有时为离散序列，因此 a 和 b 都必须是离散形式，通常将尺度因子 a 离散为 2 的幂级数，将参数 a 和 b 分别表示为 $a=2^j$，$b=la$，所以由母函数构造的序列可表示为

$$\psi_{j,l}(t)=2^{j/2}\psi(2^jt-l)\quad(j,l\in\mathbf{Z})\tag{9-27}$$

相应的离散小波变换（discrete wavelet transform）表示为

$$c_{j,l}=\int_{-\infty}^{\infty}f(t)\,\overline{\psi_{j,l}(t)}\,\mathrm{d}t\tag{9-28}$$

从式(9-28)中可以看出，它与连续小波变换的区别在于尺度因子 a 是离散的，而时间仍是连续的。

对于介于连续小波变换和离散小波变换之间的二进制小波变换（binary wavelet transform），它只是在尺度因子 a 上进行量化，而平移因子 b 仍然连续不被离散，所以它具有离散小波所不具有的时移共变性，这也是它所具有的独特优点。

2. 二维信号的小波分解与重构（Wavelet Decomposition and Reconstruction）

设二维尺度函数 $\Phi(x,y)$ 是可分离的，则有

$$\Phi(x,y)=\phi(x)\phi(y)\tag{9-29}$$

设 $\psi(x)$ 或 $\psi(y)$ 为尺度函数 $\phi(x)$ 或 $\phi(y)$ 所对应的一维标准正交小波（orthogonal wavelet），则可构造基本的小波函数为

$$\Psi^{(1)}(x,y)=\phi(x)\psi(y)$$
$$\Psi^{(2)}(x,y)=\psi(x)\phi(y)$$
$$\Psi^{(3)}(x,y)=\psi(x)\psi(y)\tag{9-30}$$

其建立了二维小波变换的基础，函数集可表示为

$$\{\Psi_{j,m,n}^{(i)}(x,y)\}=\{2^j\Psi^{(i)}(x-2^jm,y-2^jn)\}\tag{9-31}$$

其中，j、i、m、n 为整数，$j\geqslant0$，$i=1,2,3$。

对于一幅图像 $f(x,y)$，在变换的每一层次，图像可被分解为四个 1/4 大小的图像，这四个图像中的每一个都是由原图与一个小波基图像（wavelet-based image）进行内积后得到的，可表示为

$$\begin{cases}D_j(m,n)=\langle f(x,y)\cdot\Phi_{j,m,n}(x,y)\rangle\\C_j^1(m,n)=\langle f(x,y)\cdot\Psi_{j,m,n}^{(1)}(x,y)\rangle\\C_j^2(m,n)=\langle f(x,y)\cdot\Psi_{j,m,n}^{(2)}(x,y)\rangle\\C_j^3(m,n)=\langle f(x,y)\cdot\Psi_{j,m,n}^{(3)}(x,y)\rangle\end{cases}\tag{9-32}$$

其中，$\langle\ \rangle$ 表示内积运算，$\{\Phi_{j,m,n}(x,y)\}=\{2^j\Phi(x-2^jm,y-2^jn)\}$，则图像 $f(x,y)$ 可分解为代表第 j 层的低频系数（low frequency coefficient）$D_j(m,n)$ 和分别代表垂直、水平、对角线方向的高频系数（high frequency coefficient）$C_j^1(m,n)$、$C_j^2(m,n)$ 和 $C_j^3(m,n)$。

对于二维小波变换的重构公式可用下式表示

$$f(x, y) = \sum_{i=1}^{j} \sum_{i} \sum_{m} \sum_{n} C_j^i \Psi_{j,m,n}^{(i)}(x, y) + \sum_{m} \sum_{n} D_j \Phi_{j,m,n}(x, y) \tag{9-33}$$

式(9-33)的前一项是各高分辨率图像，后一项是低分辨率图像[15]。

3. 基于小波变换的阈值化分割（Threshold Segmentation Based on Wavelet Transform）

基于小波变换的阈值化分割实现的基本思想首先是由二进制小波变换将图像的直方图（histogram）分解为不同层次的小波系数，然后依照给定的分割准则和小波系数在近似的直方图中选择阈值，最后利用阈值给出图像的分割区域，进而分割出目标图像[16]。

假定 f 为一幅图像，g 是图像 f 中的最大灰度，则图像 f 的直方图为

$$h_f(k) = \left| \{(x, y): f(x, y) = k\} \right| \quad k \in [0, g] \tag{9-34}$$

其中，$\left| \quad \right|$ 表示计数操作，$h_f(k)$ 是离散函数。令 $h_f(x) = h_f(k)$，$x \in [k, k+1]$，将离散函数 $h_f(k)$ 表示成连续函数 $h_f(x)$，$h_f(x)$ 看作是由几个分段函数组成的。

对于每个整数 $j \in \mathbf{Z}$（$\mathbf{Z}$ 是整数集合），则 $d_j = \left\{ \dfrac{k}{2^j}; k \in \mathbf{Z} \right\}$ 表示在 j 分辨率下的二进制有理数。因此，对于任何 $j \in \mathbf{Z}$，d_j 是一组在实数轴上等间隔采样点的集合，如果 $i < j$，则 d_i 表示低分辨率（较粗）的采样点；反之，$i > j$，则 d_i 表示高分辨率的采样点。

将 $h_f(x)$ 按采样点 $\{d_j\}$ 采样，则 $h_f^j(x)$ 表示在 j 分辨率下的直方图，可用尺度函数（scaling function）$\phi(x)$ 的平移与伸缩表示，即

$$h_f^j(x) = \sum_{n \in \mathbf{Z}} h_f(2^{-j}n)\phi(2^j x - n) \tag{9-35}$$

以上就是图像直方图的多分辨分析，下面介绍基于小波变换的阈值化分割的具体实现过程。

首先，对图像 f 的直方图进行小波分解，按照下式重建直方图

$$h_f(x) = \sum_{k \in \mathbf{Z}} \left[a_k \phi_{0,k} + b_{j,k} \psi_{j,k} \right] \tag{9-36}$$

其中，$\psi_{j,k}$ 为小波函数，$\phi_{0,k}$ 为尺度函数，小波系数分别为 $\{a_k\} = \{\langle h_f \cdot \phi_{0,k} \rangle\}$，$\{b_{j,k}\} = \{\langle h_f \cdot \psi_{j,k} \rangle\}$，$\langle \quad \rangle$ 表示运算内积。

令分解级数 $j = 0$，则将大于 j 分解层次的 $\{b_{j,k}\}$ 系数置为 0，重建为

$$\tilde{h}_f(x) = \sum_{k \in \mathbf{Z}} a_k \phi_{0,k} + \sum_{j=0}^{J} \sum_{k \in \mathbf{Z}} b_{j,k} \psi_{j,k} \tag{9-37}$$

在重建的近似直方图 $\tilde{h}_f$ 中，找出灰度值的个数小于其两端相邻灰度值个数的点，即满足 $\tilde{h}_{f,l+1} > \tilde{h}_{f,l}$ 和 $\tilde{h}_{f,l-1} > \tilde{h}_{f,l}$ 条件的灰度 l，并统计 l 的个数记为 n。

如果 n 小于预设分割区域 M，则分解级数 $j = j+1$，且要满足条件 $j < J$。此时，再将大于 j 分解层次的 $\{b_{j,k}\}$ 系数置为 0，用式(9-37)重建，重复此过程。

当 $n > M$ 时，则在应用此方法所得到的重建直方图 $\tilde{h}_f$ 中，找到多阈值 $\{\delta_i\}_{n \geqslant i \geqslant 1}$，$\delta_i = l_i$，依次用像素值与阈值 $\{\delta_i\}_{n \geqslant i \geqslant 1}$ 相比较，得到所要分割的区域。

下面介绍基于小波的阈值化分割结果及相应的光学相关探测（optical correlation detection）结果。一幅微光图像（low light level image）的原图如图9-15所示，图中下方人物为

待识别目标，属于复杂背景下的低对比度目标。对这幅图像进行光学相关识别与探测实验后发现，由于复杂背景噪声叠加在目标图像信息上，得不到理想的相关峰输出。将原图按照小波的阈值化分割方法分为四区域和二区域（M 分别取 4 和 2），其结果如图 9-16 和图 9-17 所示。将这两幅处理后的图像经过光学相关处理，可以得到各自的相关峰，如图 9-19 和图 9-20 所示，其相关点的亮度分别为 93.31 和 126.91。图 9-18 所示为原图相关峰，通过比较可知，经过小波的阈值化分割后实现了相关点从无到有的过程，且相关点亮度有利于人眼识别，当取 $M=2$ 时所得到的处理结果要优于 $M=4$ 时的处理结果[17]。

图 9-15　原始图像

(Fig. 9-15　Original Image)

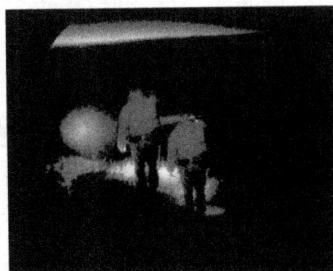

图 9-16　四区域的小波阈值分割

(Fig. 9-16　Wavelet Threshold Segmentation when $M=4$)

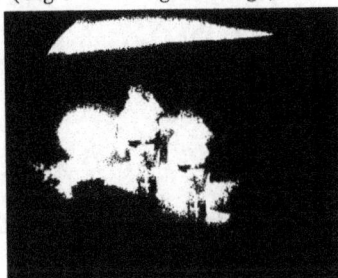

图 9-17　二区域的小波阈值分割

(Fig. 9-17　Wavelet Threshold Segmentation when $M=2$)

图 9-18　原图相关峰

(Fig. 9-18　Correlation Peaks of Original Image)

图 9-19　$M=4$ 时的相关峰

(Fig. 9-19　Correlation Peaks when $M=4$)

图 9-20　$M=2$ 时的相关峰

(Fig. 9-20　Correlation Peaks when $M=2$)

4. 基于小波变换的边缘提取（Edge Extraction Based on Wavelet Transform）

在边缘检测（edge detection）中，小波函数应具有紧支撑、对称和一阶消失矩的特点。设 $o(x,y)$ 是一个平滑函数（smooth function），则其满足条件

$$\begin{cases} \iint\limits_{R\,R} o(x,\ y)\,\mathrm{d}x\mathrm{d}y = 1 \\ \lim_{|x|\to\infty,\,|y|\to\infty} o(x,\ y) = 0 \end{cases} \tag{9-38}$$

将其沿 x 和 y 两个方向上的一阶偏导数作为基本的小波函数，可以表示为

$$\begin{cases} \psi^{(x)}(x, y) = \dfrac{\partial o(x, y)}{\partial x} \\ \psi^{(y)}(x, y) = \dfrac{\partial o(x, y)}{\partial y} \end{cases} \tag{9-39}$$

在尺度为 2^j 时，有

$$\psi_{2^j}^{(x)}(x, y) = \frac{1}{2^j}\psi^{(x)}\left(\frac{x}{2^j}, \frac{y}{2^j}\right) \tag{9-40}$$

$$\psi_{2^j}^{(y)}(x, y) = \frac{1}{2^j}\psi^{(y)}\left(\frac{x}{2^j}, \frac{y}{2^j}\right) \tag{9-41}$$

那么所得到的在尺度 2^j 时的小波基函数对图像信号 $f(x,y) \in L^2(R^2)$ 进行的小波变换为

$$w_{2^j}^{(x)}f(x,y) = f * \psi_{2^j}^{(x)}(x, y) \tag{9-42}$$

$$w_{2^j}^{(y)}f(x,y) = f * \psi_{2^j}^{(y)}(x, y) \tag{9-43}$$

其中，$w_{2^j}^{(x)}f(x,y)$ 和 $w_{2^j}^{(y)}f(x,y)$ 分别表示在尺度 2^j 时沿水平方向和垂直方向 $f(x, y)$ 的小波变换；$*$ 表示卷积。

于是，$f(x,y)$ 的小波系数形成的梯度为

$$w_{2^j}f(x,y) = \begin{bmatrix} w_{2^j}^{(x)}f(x,y) \\ w_{2^j}^{(y)}f(x,y) \end{bmatrix} = 2^j\begin{bmatrix} \dfrac{\partial}{\partial x}(f * o_{2^j})(x,y) \\ \dfrac{\partial}{\partial y}(f * o_{2^j})(x,y) \end{bmatrix} = 2^j\nabla(f * o_{2^j})(x,y) \tag{9-44}$$

其中，[ ] 表示矩阵；∇ 表示梯度算子；$*$ 表示卷积。

式(9-44)表明，$w_{2^j}f(x, y)$ 在尺度 2^j 和点 (x, y) 处时，最大绝对值沿梯度方向，其模值为

$$|w_{2^j}f(x, y)| = \sqrt{|w_{2^j}^{(x)}f(x, y)|^2 + |w_{2^j}^{(y)}f(x, y)|^2} \tag{9-45}$$

幅角为

$$a_{2^j}f(x, y) = \arg[w_{2^j}^{(x)}f(x, y) + jw_{2^j}^{(y)}f(x, y)] \tag{9-46}$$

即 $|w_{2^j}f(x,y)|$ 是沿 $a_{2^j}f(x, y)$ 方向的局部极大值，它包含了重构 $f(x,y)$ 的重要信息。只要沿着梯度方向检测小波变换的系数模的极大值点即可得到图像的边缘点。

关于小波边缘提取的具体步骤可以概括如下：

1）选定平滑函数 $o(x,y)$，则函数 $o(x,y)$ 的一阶偏导数为小波函数，设定不同的分解级数，构成多尺度小波变换。

2）由式(9-45)和式(9-46)求出模值和幅角。

3）利用模极大值方法确定边缘点，令边缘点的灰度值为1，其余为0。

4）选择合适的阈值，将最终得到的图像边界与阈值门限作比较，输出边缘图像。

下面介绍在不同尺度下小波边缘提取的结果及光学相关探测结果的比较。一幅红外图像（infrared image）的原图如图 9-21 所示，由于其具有低对比度和强背景噪声（background noise）的特点，使所得到的相关峰（图 9-24）亮度值只有 43.15，影响光学相关识别结果。$j = 1$ 和 $j = 2$ 时的小波边缘提取结果如图 9-22 和图 9-23 所示，其对应的相关峰如图 9-25 和图 9-26 所示，相关峰亮度分别为 117.02 和 99.61。相比于原始图像产生的相关峰亮度，小

波边缘提取处理后的结果显然要好得多。可见，小波边缘锐化处理对光学相关识别结果有直接的影响，对目标的识别与精确定位起着关键作用[18]。

图 9-21　原始图像

（Fig. 9-21　Original Image）

图 9-22　$j=1$ 时的处理结果

（Fig. 9-22　Processing Result when $j=1$）

图 9-23　$j=2$ 时的处理结果

（Fig. 9-23　Processing Result when $j=2$）

图 9-24　原始图像相关峰

（Fig. 9-24　Correlation Peaks of Original Image）

图 9-25　$j=1$ 时的相关峰

（Fig. 9-25　Correlation Peaks when $j=1$）

图 9-26　$j=2$ 时的相关峰

（Fig. 9-26　Correlation Peaks when $j=2$）

5. 多小波变换在光学相关探测中的应用（Application of Multi-wavelet Transform in Optical Correlation Detection）

多小波不仅有与单小波相同的时频特性，而且能同时具有紧支集性、正交性和对称性，这使得变换后的矩阵具有很好的稀疏性。这一方法应用在边缘提取中，可减少噪声对边缘的影响，能很好地将边缘和噪声区分开，更利于检测出图形的边缘，从而增强相关峰的亮度，在光学相关探测中得到很好的应用[19,20]。

由多小波的基本理论可知，当对图形实现一阶多小波变换后，可得到系数矩阵

$$\begin{pmatrix} L_1L_1 & L_2L_1 & H_1L_1 & H_2L_1 \\ L_1L_2 & L_2L_2 & H_1L_2 & H_2L_2 \\ L_1H_1 & L_2H_1 & H_1H_1 & H_2H_1 \\ L_1H_2 & L_2H_2 & H_1H_2 & H_2H_2 \end{pmatrix}$$

在这一矩阵中，每一子块都包含了不同的低通和高通系数信息。其水平方向的平方滤波器输出为

$$W_{h1} = (L_1 H_1)^2 + (L_1 H_2)^2 \tag{9-47}$$

$$W_{h2} = (L_2 H_1)^2 + (L_2 H_2)^2 \tag{9-48}$$

同样地，可以得到垂直方向的平方滤波器输出为

$$W_{v1} = (H_1 L_1)^2 + (H_1 L_2)^2 \tag{9-49}$$

$$W_{v2} = (H_2 L_1)^2 + (H_2 L_2)^2 \tag{9-50}$$

同样应用模极大值方法获取图形的边缘，以确保边缘提取处理后的图形能保留更多的边缘信息。则图像梯度向量的模值可以被定义为

$$M_1 = \sqrt{W_{h1} + W_{v1}}, \; M_2 = \sqrt{W_{h2} + W_{v2}} \tag{9-51}$$

方向角为

$$A_1 = \arg\left[(W_{h1}) + \mathrm{i}(W_{v1}) \right], \; A_2 = \arg\left[(W_{h2}) + \mathrm{i}(W_{v2}) \right] \tag{9-52}$$

根据式(9-51)和式(9-52)得到的模极大值点，通过设定阈值筛选出真正的边缘，输出图像的边缘图。其具体实现步骤可以概括为：

1）对图像进行二维多小波变换。

2）根据式(9-51)和式(9-52)计算出图像梯度向量的模值和方向角。

3）选定一个合适的阈值，将大于该阈值的点作为边缘点，设定为1，而将其他点设为0，最后输出边缘图像。

图9-27所示为多小波边缘提取结果及光学相关探测结果。从图9-27a可以看出，原图像

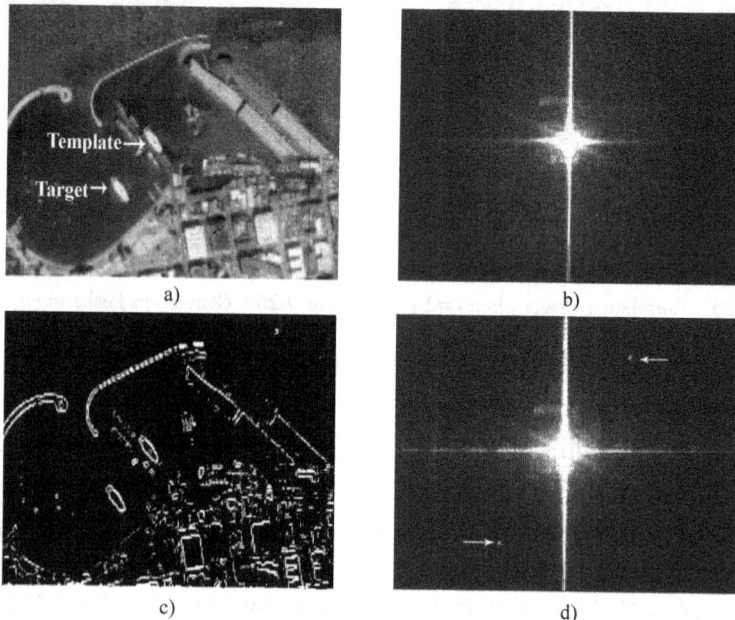

图9-27 多小波边缘提取结果及光学相关探测结果

（Fig. 9-27 Edge Extraction Result with Multi-wavelet and Optical Correlation Detection Result）

a）原图　b）原图的相关峰　c）多小波边缘提取结果　d）边缘提取后图像的相关峰

（a）Original Picture　b）Correlation Peaks of Original Picture

c）Edge Extraction Result with Multi-wavelet　d）Correlation Peaks after Edge Extraction）

是一幅低对比度且背景复杂的小目标图像，其目标图像在整幅图像中所占的比例仅为 0.44%，经过光学相关探测后并无相关峰产生（图 9-27b）。经过多小波边缘提取处理后的图像如图 9-27c 所示，经过提取边缘后，目标与模板的轮廓更加清晰，更易于分辨，再经光学相关方法处理可得到一对明显的相关峰（图 9-27d），其相关峰如箭头所示。

6. Curvelet 变换在光学相关探测中的应用[21]（Application of Curvelet Transform in Optical Correlation Detection）

Curvelet 变换也具有和小波变换相同的时频特性，同时它还具有小波变换所不具有的表达信号的方向奇异特征，并能改善脊波变换对图像的曲线边缘没有很好逼近性的缺陷。因此由于它的这些特性，使得它在图像处理中表现出非常好的能力。在众多基于 Curvelet 变换的图像处理方法中，基于 Curvelet 变换的图像增强方法可以很好地提高图像的灰度对比度，同时能突出图像的边缘轮廓，所以在光学相关探测中具有很好的应用前景。

由于图像经过 Curvelet 变换后可以被分解为低频子带系数和不同尺度上的高频子带系数，因此基于 Curvelet 变换的图像增强方法主要是采用某增益函数对各尺度的变换系数 $C\{j\}\{l\}(k_1, k_2)$ 进行处理，以得到一个新的系数值 $C'\{j\}\{l\}(k_1, k_2)$。从 Curvelet 变换后各层的系数特点可以看出，要增强灰度对比度则要对低频子带系数进行处理，它既集中了图像的概貌，同时也包含了大多数的能量信息，而要突出图像的边缘特征，则要从含有多个方向边缘信息的中间层着手。其具体的实现过程如下：

1）对图像 $f(x, y)$ 进行 Curvelet 变换，得到各层 Curvelet 变换系数 $C\{j\}\{l\}(k_1, k_2)$，$j = 1, 2, \cdots, 6$。其变换后各层系数重构后的图像如图 9-28 所示，从各个重构图中也可以看

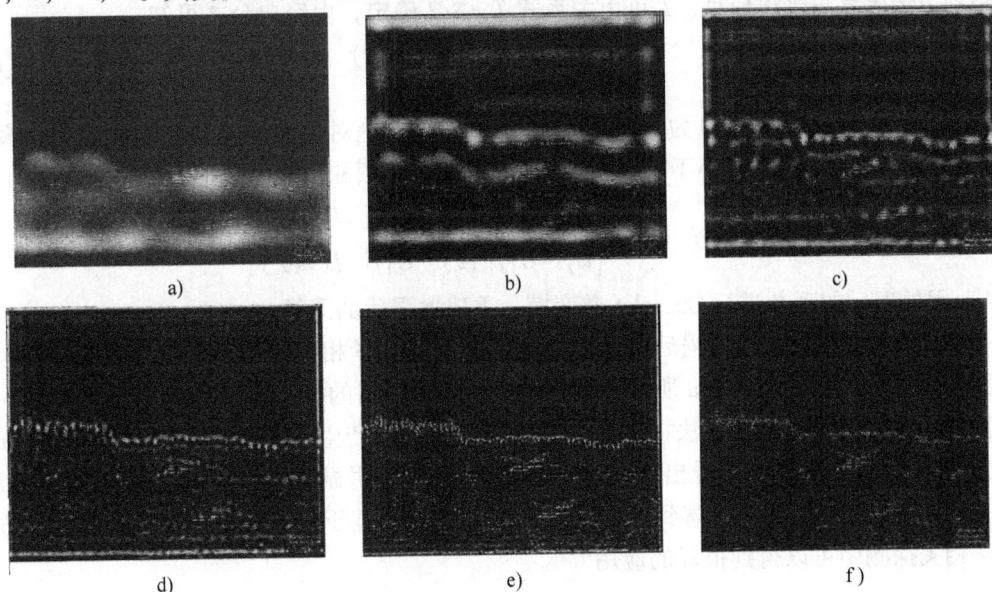

图 9-28　Curvelet 变换后各层系数重构后图像

（Fig. 9-28　Reconstruction Images from Different Layers of Curvelet Transform）

a）第一层系数重构图　b）第二层系数重构图　c）第三层系数重构图　d）第四层系数重构图
e）第五层系数重构图　f）第六层系数重构图

（a）Reconstruction Image of 1st layer　b）Reconstruction Image of 2nd layer　c）Reconstruction Image of 3rd layer
d）Reconstruction Image of 4th layer
e）Reconstruction Image of 5th layer　f）Reconstruction Image of 6th layer）

出分解后各层系数的特点。

2）采用对低频部分进行对比度拉伸的方法来提高图像的灰度对比度，为了达到对比度拉伸的效果，采用分段非线性增强的方法对图像的低频部分 $C\{1\}\{1\}(k_1, k_2)$ 进行处理，其表达式为

$$low(x) = \begin{cases} p_1 \cdot mag_1(x) & x \geqslant b \\ p_2 \cdot mag_2(x) & x < b \end{cases} \tag{9-53}$$

其中，$low(x)$ 表示图像低频部分的函数；$mag(x)$ 是非线性增益函数，表达式为 $mag(x) = a \{sigm[c(x-b)] - sigm[-c(x+b)]\}$，式中 $a = \dfrac{1}{sigm(c(1-b)) - sigm(-c(1+b))}$，$x = \dfrac{abs(C\{1\}\{1\}(k_1, k_2))}{\max(abs(C\{1\}\{1\}(k_1, k_2)))}$，$0 < b < 1$，$sigm(x) = \dfrac{1}{1+e^{-x}}$。$b$ 和 c 分别是控制增强范围和增强强度的参数，且取 $c = 40$，$b = \dfrac{1}{M \times N}\sum_{k_1=1}^{M}\sum_{k_2=1}^{N}\dfrac{abs(C\{1\}\{1\}(k_1, k_2))}{\max(abs(C\{1\}\{1\}(k_1, k_2)))}$，$M \times N$ 是系数矩阵的大小。p_1 和 p_2 分别是两分段函数的增幅倍数，为了保证 $low(x)$ 的连续性，p_1 和 p_2 应满足关系式

$$p_2 = p_1 \cdot \dfrac{mag_1(x)}{mag_2(x)}\bigg|(x = b) \tag{9-54}$$

3）对高频系数部分进行处理。对于高频系数，不仅含有图像的边缘信息，同时含有许多噪声信息。这就需要分别增强感兴趣的边缘信息，而抑制噪声的影响。所以要选择一阈值 T 来分割边缘信息与噪声信息，T 可由关系式 $T = \delta/2$ 确定，由经典公式可知

$$\delta = \dfrac{\text{median}(abs(C\{j\}\{l\}))}{0.6745} \tag{9-55}$$

其中，$\text{median}(abs(C\{j\}\{l\}))$ 为分解后最高频子带系数绝对值的平均值。根据定义的阈值 T，选取大于 1 的系数 w_1 和小于 1 的系数 w_2 分别增强高频和抑制噪声信息，可表示为

$$C'\{j\}\{l\} = \begin{cases} w_1 \cdot C\{j\}\{l\} & C\{j\}\{l\} > T \\ w_2 \cdot C\{j\}\{l\} & C\{j\}\{l\} \leqslant T \end{cases} \tag{9-56}$$

4）用处理后的系数进行 Curvelet 逆变换，重建增强后的图像。

基于 Curvelet 变换方法增强后的低对比度图像及其光学相关探测的结果如图 9-29 所示，低对比度图像的原图如图 9-29a 所示，图 9-29c 是这幅原图的相关峰。因为图像具有低对比度的特点，所以经光学相关方法探测后并无明显的相关峰产生。图 9-29b 所示为基于 Curvelet 变换增强后的图像，可以看出增强后的图像对比度有明显的提高。经光学相关探测后，其相关峰如图 9-29d 所示可观察到有相关峰产生，这说明基于 Curvelet 变换的图像增强方法在光学相关探测中可以得到很好的应用[22]。

9.5.2 基于拉普拉斯变换的功率谱面滤波[23]（Power Spectrum Filtering Based on Laplace Transform）

图像中的低频信息对应着缓慢变化的灰度级区域，高频信息对应着变化较快的灰度级区域。图像的边缘、线状目标或某些有灰度级的突发改变的成分则属于高频信息。为了使图像的边缘、轮廓以及图像的细节变得清晰，需要对图像进行锐化处理。联合变换功率谱的拉普

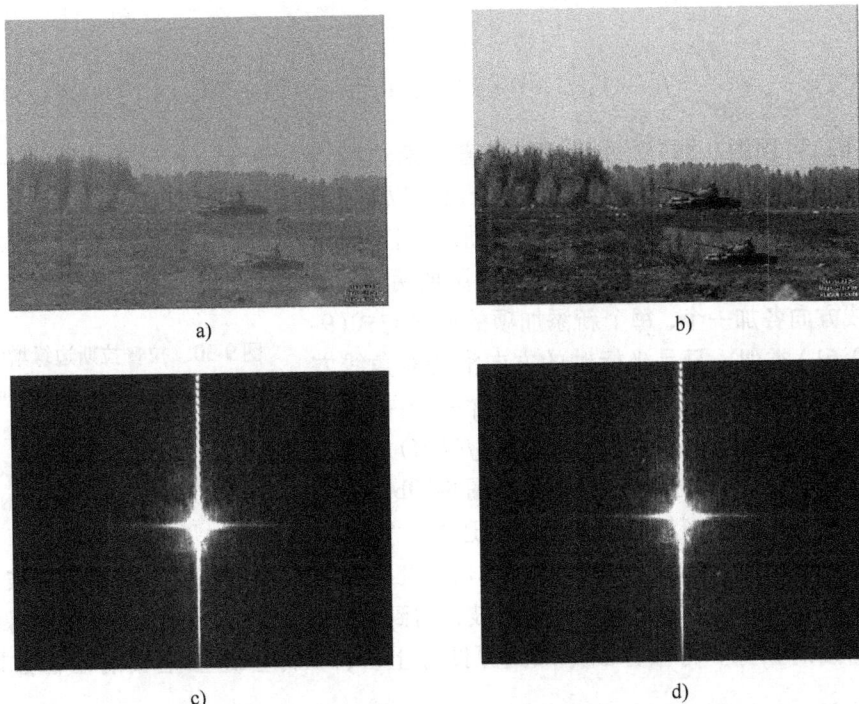

图 9-29　基于 Curvelet 变换的图像增强与光学相关探测结果

(Fig. 9-29　Image Enhancement Based on Curvelet Transform and Optical Correlation Detection Result)

a) 原图　b) 基于 Curvelet 变换增强后的图像　c) 原图相关峰　d) 增强后图像的相关峰

(a) Original Image　b) Enhanced Image Based on Curvelet Transform

c) Correlation Peaks of Original Image　d) Correlation Peaks after Image Enhancement)

拉斯锐化就是利用拉普拉斯算子对联合变换功率谱图像进行二次微分处理。它可以提高联合变换功率谱的高频成分,丰富联合变换功率谱的杨氏条纹结构,有效地增加联合变换功率谱杨氏条纹的对比度。拉普拉斯算子是二阶导数的二维等效式函数,其定义为

$$\nabla^2 f = \frac{\partial^2 f}{\partial x^2} + \frac{\partial^2 f}{\partial y^2} \tag{9-57}$$

由于拉普拉斯算子是二阶导数,它将在边缘处产生一个陡峭的零交叉,因此一个经拉普拉斯滤波的图像具有零平均灰度。如果一个无噪声图像具有陡峭的边缘,那么可用拉普拉斯算子将它们找出来。

对于离散数字图像 $f(i, j)$,其一阶偏导数近似式为

$$\frac{\partial f(i, j)}{\partial x} = \Delta_x f(i, j) = f(i, j) - f(i-1, j) \tag{9-58}$$

$$\frac{\partial f(i, j)}{\partial y} = \Delta_y f(i, j) = f(i, j) - f(i, j-1) \tag{9-59}$$

其二阶偏导数的近似式为

$$\frac{\partial^2 f(i, j)}{\partial x^2} = \Delta_x f(i+1, j) - \Delta_x f(i, j) = f(i+1, j) + f(i-1, j) - 2f(i, j) \tag{9-60}$$

$$\frac{\partial^2 f(i, j)}{\partial y^2} = \Delta_y f(i, j+1) - \Delta_y f(i, j) = f(i, j+1) + f(i, j-1) - 2f(i, j) \tag{9-61}$$

则

$$\nabla^2 f = \frac{\partial^2 f}{\partial x^2} + \frac{\partial^2 f}{\partial y^2} = f(i-1,j) + f(i+1,j) + f(i,j-1) + f(i,j+1) - 4f(i,j) \quad (9\text{-}62)$$

式(9-62)可用图 9-30a 所示四邻域拉普拉斯边缘增强 （edge enhancement） 模板来实现，它给出了以 90°旋转的各向同性的结果。对角线方向也可以加入到离散拉普拉斯变换的定义中，只需在式(9-62)中添加两项，即两个对角线方向各加一个，每个新添加项的形式与式(9-60)或式(9-61)类似，只是坐标轴的方向沿着对角线方向。由于每一个对角线方向上的项还包含一个 $-2f(i, j)$，因此，从不同方向上减去的总和是 $-8f(i,j)$。这一新定义的八邻域拉普拉斯边缘增强模板如图 9-30b 所示。

0	−1	0
−1	4	−1
0	−1	0

a)

−1	−1	−1
−1	8	−1
−1	−1	−1

b)

图 9-30　拉普拉斯边缘增强模板

(Fig. 9-30　Laplace Templates for Enhancing Image Edge)

a) 四邻域　b) 八邻域

(a) Four Neighbors　b) Eight Neighbors)

拉普拉斯边缘增强模板对图像作卷积运算，实现卷积滤波 （convolution filtering），使图像中非边缘处振幅不变和线性变化的区域都被滤掉，只有振幅变化的拐点处不为零，属于高通滤波，得到的结果是微分图像，与原始图像叠加后才获得边缘增强的图像。将微分图像加到原图像上去，实际上是加上负的拉普拉斯运算结果，即

$$g(i,j) = f(i,j) - \nabla^2 f(i,j) \quad (9\text{-}63)$$

这样拉普拉斯锐化运算就可以用模板运算实现。大量的实验证明，四邻域拉普拉斯边缘增强模板对图像锐化后的相关峰增强效果不明显，使用八邻域拉普拉斯边缘增强模板实验效果较好。

在可见度较低时，用数码相机拍摄的微型面包车的联合灰度图像如图 9-31 所示。通过 Adobe Photoshop 软件中的"直方图"功能分别得到目标和整幅图像的灰度数据，从而计算出目标图像的对比度为 0.8%。图 9-32 所示为锐化前的联合变换功率谱，图 9-33 是图 9-32 对应的锐化前的相关峰。图 9-34 所示为锐化后的联合变换功率谱，图 9-35 是图 9-34 对应的锐化后的相关峰。从实验结果中可以看出，图 9-31 的对比度较低，背景也很复杂，因而得到的相关峰 （图 9-33） 效果很差，几乎看不到相关点。联合变换功率谱经拉普拉斯锐化后，得到的相关峰 （图 9-35） 能量明显增强，目标能够很容易被识别。大量实验结果证明，联合变换功率谱经拉普拉斯锐化后，可有效增强相关峰图像的信噪比 （signal-to-noise ratio, SNR），提高目标识别率[24]。

图 9-31　目标与模板

(Fig. 9-31　Target and Template)

图 9-32　锐化前的联合变换功率谱

(Fig. 9-32　Joint Transform Power Spectrum before Sharpening)

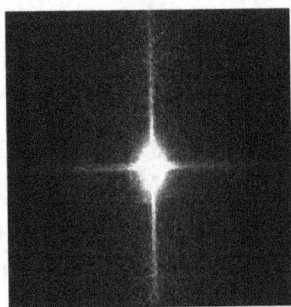

图 9-33　锐化前的相关峰

（Fig. 9-33　Correlation Peaks before Sharpening）

图 9-34　锐化后的联合变换功率谱

（Fig. 9-34　Sharpened Joint Transform Power Spectrum）

从以上实验结果中可以看出，利用拉普拉斯算子对输入图像的功率谱进行锐化处理，能有效地降低其低频成分，提高其高频成分，增强功率谱调制条纹的对比度，降低了相关输出的直流部分，减少噪声对相关峰的影响，从而增强相关点的亮度。输入图像经过傅里叶变换后可获得功率谱，通过在功率谱面进行拉普拉斯锐化，可使联合变换相关器有着更好的性能，如抗噪声能力强、相关峰尖锐、不存在旁瓣效应（sidelobe effect）等。将拉普拉斯锐化应用于低对比度目标自动识别中，可以改善联合变换功率谱的信息，大大地提高相关峰的对比度，实现低对比度的目标自动识别[25]。

图 9-35　锐化后的相关峰

（Fig. 9-35　Sharpened Correlation Peaks）

9.6　畸变不变目标识别技术（Distortion Invariant Target Recognition Technology）

传统相关器成功地利用了傅里叶变换的空不变性质对目标进行识别和定位，但对输入目标的特征畸变（如旋转和比例等变化）则十分敏感，目标特征的较小变化都会引起相关峰的较大改变，从而给识别结果的精确判读带来困难。而在实际应用中，这些畸变是经常存在的。例如，在对军事目标的探测中，由于同一目标距离探测器远近不同、角度不同，造成探测目标的旋转、比例畸变，因此寻找畸变不变相关方法成为模式识别领域中的重要研究课题。本节主要针对畸变不变复杂背景目标的处理方法进行介绍。

9.6.1　极坐标-梅林变换（Polar-Mellin Transform）

1975 年，美国 D. Casasent 教授提出用梅林变换解决比例变换的问题，并在实际工作中取得了满意结果。

函数 $f(x,y)$ 的二维梅林变换可以写成

$$M(u,v) = \int_0^\infty \int_0^\infty f(x,y) x^{-iu-1} y^{-iv-1} \mathrm{d}x\mathrm{d}y \tag{9-64}$$

设 $\xi = \ln x$，$\eta = \ln y$，则可将函数 $f(x,y)$ 的梅林变换表示为

$$M(u,v) = \int\int_{-\infty}^{\infty} f(\xi,\eta) e^{-i(u\xi+v\eta)} d\xi d\eta = F\{f(\xi,\eta)\} \tag{9-65}$$

极坐标-梅林变换算法是采用坐标变换的方法来实现平移旋转、比例不变的。对图像作傅里叶变换后，其强度分布不随图像的平移而变化；对图像作极坐标（Polar）变换后，其强度分布不随图像旋转变化而变化，只有上下平移；对图像作梅林（Mellin）变换后，其强度分布不随图像比例变化而变化，只有左右平移。而相关本身具有平移不变性，所以如果把傅里叶变换、Polar 和 Mellin 变换结合起来，用变换后的图像作相关的输入就大大降低了相关对失真的灵敏度。

如果只取图像的强度分布，作傅里叶变换、Polar 变换和 Mellin 变换（Polar-Mellin 变换）后再相关，就得到了平移、旋转、比例不变的相关系统，如图 9-36 所示。因为作相关运算时，是取输入的傅里叶变换与匹配空间滤波器相乘，所以 Mellin 变换中的傅里叶变换可以与相关运算的傅里叶变换合二而一，实际上只要作图像的傅里叶变换和极坐标-梅林变换即可。

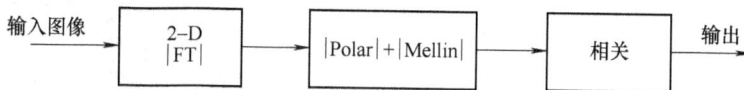

图 9-36　平移、旋转、比例不变的相关系统框图

(Fig. 9-36　Correlation System Diagram of Displacement, Rotation and Scale Invariant)

下面给出一组采用极坐标-梅林变换算法的计算机模拟结果和光学实验结果。如图 9-37a 所示，其中目标为航空拍摄的航空母舰俯视图，其大小为模板的 1.5 倍。在对其进行极坐标-梅林变换之前得不到相关点，这说明当输入的物面图像存在较大的比例畸变时，相关峰被淹没在背景噪声中，目标探测失败，其计算机模拟实验结果如图 9-37b 所示，中间能量比较突出的部分是模板与目标的自相关能量，是相关面输出的最大干扰噪声。由于其位置处于相关面的中心，因此可以通过编程将其滤除。

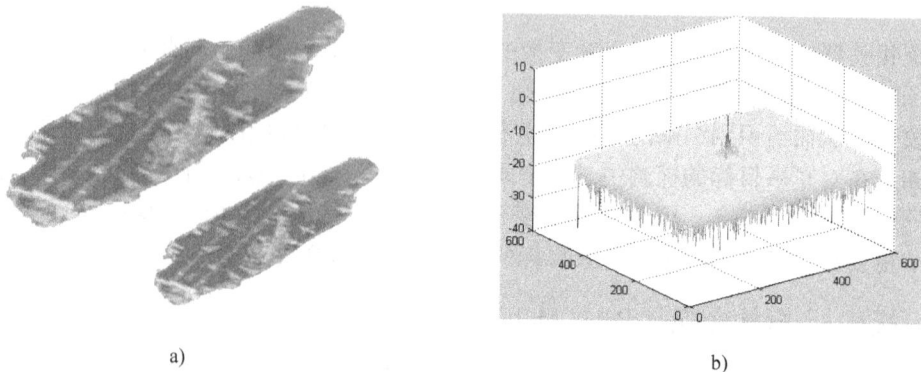

<table>
<tr><td>a)</td><td>b)</td></tr>
</table>

图 9-37　未经极坐标-梅林变换的模拟实验结果

(Fig. 9-37　Simulated Experiment Results before Polar-Mellin Transform)

a) 航母的相对比例为 1∶1.5　b) 未经极坐标-梅林变换的相关峰三维能量图

(a) Aircraft Carriers with Relative Ratio 1∶1.5　b) 3D Energy Distribution of correlation peaks before Polar-Mellin Transform)

对图 9-37a 进行极坐标-梅林变换，得到的变换结果如图 9-38a 所示，从图中可以看出，对模板与目标的联合图像进行了极坐标-梅林变换，其强度分布不随图像比例变化而变化，只有上下和左右平移。图 9-38b 所示为极坐标-梅林变换后的相关峰三维能量图。模板与目标的互相关峰得到了显著增强，这说明当输入的物面图像存在一定程度的比例畸变时，可通过极坐标-梅林变换的方法获得增强的相关峰。

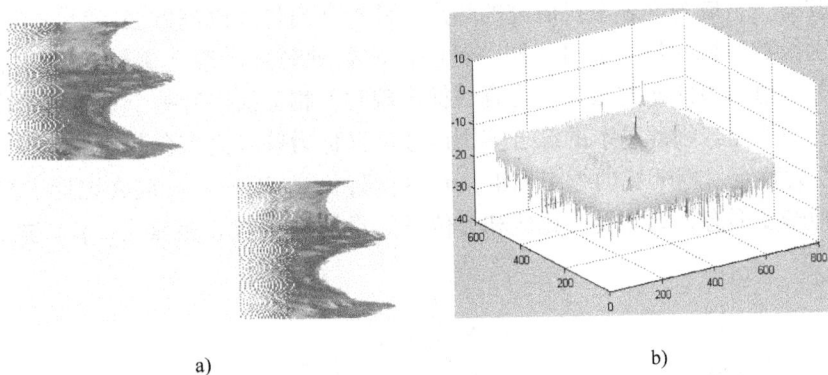

a)   b)

图 9-38　经过极坐标-梅林变换的模拟实验结果

Fig. 9-38　Simulated Experiment Results after Polar-Mellin Transform

a) 图 9-37a 的极坐标-梅林变换结果　b) 极坐标-梅林变换后的相关峰三维能量图

（a) Polar-Mellin Transform Result of Fig. 9-37a　b) 3D Energy Distribution of correlation peaks after Polar-Mellin Transform）

对联合图像进行极坐标-梅林变换，将其变换后的实验图片输入到实时联合变换相关器的电寻址液晶中，得到联合变换功率谱及相关峰图像，如图 9-39 所示。从图中可以看出相关峰亮度得到增强，实现了联合变换相关器对比例畸变目标的相关探测。利用极坐标-梅林变换，还可成功进行旋转不变的畸变目标识别，其相关实验结果不在此列出。

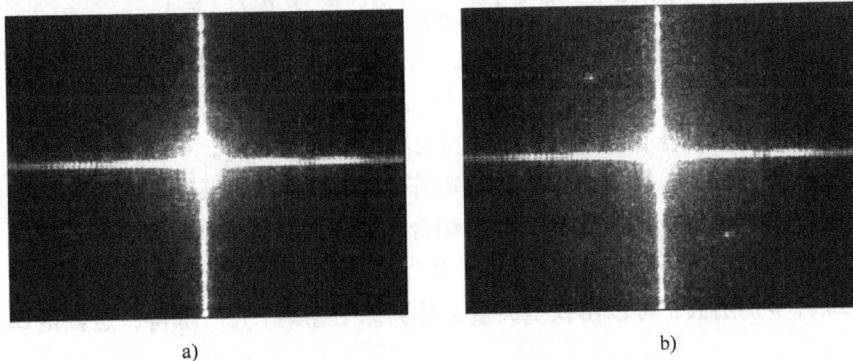

a)   b)

图 9-39　航母相对比例为 1∶1.5 的光学实验结果

（Fig. 9-39　Optical Experiment Results of Aircraft Carriers with Relative Ratio 1∶1.5）

a) 图 9-38a 的功率谱图像　b) 图像经过 Polar-Mellin 变换后的相关峰

（a) Power Spectrum Image of Fig. 9-38a　b) Correlation Peaks after Polar-Mellin Transform）

极坐标-梅林变换法的优点是不需要模板图像序列，缺点是由于将参考图像进行梅林变换需要坐标转换和确立极点，因此区分能力相对较弱。而对于实时联合变换相关器而言，为实现极坐标-梅林变换，则需首先确定背景中目标的方位，这个前提与复杂背景中的目标探测和识别相违背。尽管有时能够得到较强的相关峰，但其实际应用意义非常有限[26]。

9.6.2 综合鉴别函数 (Synthetic Discriminant Function (SDF))

1984年，D. Casasent 提出用综合鉴别函数制作匹配空间滤波器，进行畸变不变相关识别，在畸变不变的研究领域中实现了质的突破。SDF 的基本思想是将某类目标图像及某畸变图像组成一模板集，由模板集的这些图像进行组合，找出综合鉴别函数，据此做出综合鉴别函数匹配滤波器。它成为许多学科研究的热点，并产生出许多改进方法。

综合鉴别函数的目的是寻求对于同一种物体的各种畸变形态（旋转、比例等）都能得到相等的相关峰值输出的滤波函数，当真目标出现时，相关面内有一个大的相关峰，且峰值不随目标畸变而变化。因此基本的综合鉴别函数法又称为等峰值综合鉴别函数法[27]。

设 $\{f_n\}$ 为特定目标畸变训练图像集，$n=1,2,\cdots,N$；$\{f_n\}$ 应在统计上能很好地代表物体的各种畸变形态，如旋转、比例和方位等。设滤波函数 h 是集合 $\{f_n\}$ 的线性组合，可以表示为

$$h = \sum_{m=1}^{N} a_m f_m \tag{9-66}$$

式中 a_m——权重系数。

根据等相关峰原理，滤波函数 h 与图像集 $\{f_n\}$ 中任意元素 f_n 的相关峰为一常数（取为1），即

$$f_n \otimes h = C = 1 \tag{9-67}$$

式中 $\otimes$——表示相关运算。

由于只考虑相关输出的中心峰值，则可用投影形式（点乘）表示相关，而不必考虑式(9-66)和式(9-67)中 f 和 h 的空间关系，这样将式(9-66)代入式(9-67)得

$$f_n \otimes h = f_n \cdot h = f_n \cdot \sum_{m=1}^{N} a_m f_m = \sum_{m=1}^{N} a_m r_{nm} = 1 \tag{9-68}$$

其中，r_{nm} 表示样本 f_m 和 f_n 的互相关，$r_{nm}=f_n \cdot f_m$，将式(9-68)写成矩阵形式，则有

$$\boldsymbol{Ra} = (1,1\cdots,1)^T = \boldsymbol{\mu} \tag{9-69}$$

其中，$\boldsymbol{\mu}$ 表示单位向量，表示输出相关峰值的大小；$\boldsymbol{a}=[a_1,a_2,\cdots,a_N]^T$，表示训练图像的加权系数；$\boldsymbol{R}$ 为对称的向量内积矩阵，其矩阵元素为 r_{nm}，如果 $\{f_n\}$ 为线性无关的训练图像集，则 $\boldsymbol{R}$ 是满秩矩阵，为可逆的。此时综合鉴别函数的权重矢量为

$$\boldsymbol{a} = \boldsymbol{R}^{-1}\boldsymbol{\mu} \tag{9-70}$$

这样，综合鉴别函数 h 可以由权重矢量 $\boldsymbol{a}$ 及训练图像集 $\{f_n\}$ 求得，这就是 SDF 的数学原理。

利用综合鉴别函数，可实现平移、比例、旋转和方位等畸变不变目标探测与识别，也可进行多目标识别，从而为光学模式识别及光电混合处理的实用化开辟了道路。目前它被认为是解决畸变不变相关识别的有效途径，因此成为许多学科研究的热点[28]。

由于早先合成 SDF 时需要依靠光学多次曝光技术，因此传统的 SDF 理论要满足式(9-66)，即 SDF 是训练图像的线性组合。但是随着计算全息图（computer-generated hologram，CGH）技术的发展，可以采用计算全息图技术来制作 SDF，这时 SDF 是训练图像的线性组合的限制将失去它的重要性。在 SDF 理论的基础上，Kumar 最先提出最小方差综合鉴别函数（minimum variance synthetic discriminant function，MVSDF）的改进方法，其具有一

定的抗噪能力。MVSDF 消除了 SDF 这个不必要的限制条件，同时尽量减少由于输入噪声造成的输出误差。但 MVSDF 需要对矩阵进行求逆运算，因此实用性较差，但是这种优化的方法为以后 SDF 的研究奠定了基础[29]。

随后 Mahalanobis 提出最小平均相关能量（minimum average correlation energy（MACE））滤波器，它消除了一般线性组合综合鉴别函数滤波器的一大缺点——旁瓣效应（side effect），具有相关峰尖锐、易于识别和定位等特点。但这种滤波器抗噪能力差，对畸变图像的识别能力较弱。Refregier 建议把最优折中滤波器和各种综合鉴别函数滤波器的性能相结合，使多个性能准则最佳折中，达到更好的识别效果。在这个基础上，B. V. K. Vijay Kumar 提出了最大平均相关高度（maximum average correlation height（MACH））滤波器，使综合鉴别函数的研究取得了质的突破，取消了对相关峰的约束条件，该滤波器更容易产生相关峰，有较高的畸变公差及抑制杂乱噪声的能力等优点，它已被证明是一个强有力的相关滤波算法。

9.6.3　最小平均相关能量滤波器（MACE Filter）

1. 最小平均相关能量滤波器原理[30]（Principle of MACE Filter）

最小平均相关能量算法的基本原理是将某类目标图像及其畸变图像构成一个训练样本集，由训练集的这些图像进行线性组合构成合成图像，使其能对物体的多个畸变形态都输出足够的相关响应。

第 i 个训练图像被形象地描述为一个一维的离散序列（对图像列进行顺序排序获得），用 $x_i(n)$ 表示，它的离散傅里叶变换用 $X_i(k)$ 表示。讨论中，用列向量 $\boldsymbol{x}_i$ 描述离散像序列，d 表示 $x_i(n)$ 中像素数，则

$$\boldsymbol{x}_i = [x_i(1), x_i(2), \cdots, x_i(d)]^{\mathrm{T}} \quad (i = 1, 2, \cdots, N) \tag{9-71}$$

所有的离散傅里叶变换的长度为 d，用向量 $\boldsymbol{X}_i$ 表示离散频域序列 $X_i(k)$。定义一个矩阵 $\boldsymbol{X}$ 用列向量 $\boldsymbol{X}_i$ 表示，即

$$\boldsymbol{X} = [\boldsymbol{X}_1, \boldsymbol{X}_2, \cdots, \boldsymbol{X}_N] \tag{9-72}$$

则 $\boldsymbol{X}$ 是由列向量 $\boldsymbol{x}_i$ 的傅里叶变换 $\boldsymbol{X}_i$ 构成的矩阵。

设向量 $\boldsymbol{h}$ 代表空域的滤波函数 $h(n)$，用向量 $\boldsymbol{H}$ 表示频域滤波函数 $H(k)$。$\boldsymbol{h}$ 可以通过对 $\boldsymbol{H}$ 求傅里叶逆变换得到。用 $g_i(n)$ 表示第 i 个训练图像 $x_i(n)$ 与滤波器 $h(n)$ 的相关函数，则有

$$g_i(n) = x_i(n) \otimes h(n) \tag{9-73}$$

将相关函数的离散傅里叶变换记为 $G_i(k)$，则第 i 个相关面的能量可以表示为

$$E_i = \sum_{n=1}^{d} |g_i(n)|^2 = (1/d) \sum_{n=1}^{d} |G_i(n)|^2 = (1/d) \sum_{n=1}^{d} |H(k)|^2 |X_i(k)|^2 \tag{9-74}$$

式（9-72）是由 Parseval 定理得出的，也可以将其写成向量的形式

$$E_i = \boldsymbol{H}^+ \boldsymbol{D}_i \boldsymbol{H} \tag{9-75}$$

其中，上角标"＋"号表示复向量的共轭转置，而 $\boldsymbol{D}_i$ 是一个 $d \times d$ 大小的对角矩阵，其对角线上的元素是对应每个 $\boldsymbol{X}_i$ 的振幅平方，即

$$D_i(k, k) = |X_i(k)|^2 \tag{9-76}$$

则矩阵 $\boldsymbol{D}_i$ 的对角线元素表示训练图像 $x_i(n)$ 的功率谱。

对于最小平均相关能量（MACE）滤波器，为了达到较好的探测结果，需要将相关面内

除去相关点以外的其他各点的相关度最小化来突出相关峰，同时对峰值进行约束，这也相当于将相关面的能量 E_i 最小化。设 $g_i(0)$ 表示相关面输出的峰值，即

$$g_i(0) = X_i^+ H = u_i \tag{9-77}$$

其中，u_i 是指定的相关峰值，并且 u_i 也是约束矢量 u 的第 i 个元素。对所有训练图像，滤波器 H 必须使相关面的能量 E_i 最小，同时满足式（9-77）的约束条件。对所有训练图像，峰值约束也可以写成如下形式

$$X^+ H = u \tag{9-78}$$

要找到能将相关面的能量 E_i 最小化，同时又满足峰值约束的矢量 H 是不可能的，因此，在满足式（9-78）线性约束的条件下，将 E_i 的平均值最小化

$$E_{av} = (1/N) \sum_{i=1}^{N} E_i = (1/N) \sum_{i=1}^{N} H^+ D_i H = (1/N) H^+ \left(\sum_{i=1}^{N} D_i \right) H \tag{9-79}$$

将 D 定义为

$$D = \sum_{i=1}^{N} \alpha_i D_i \tag{9-80}$$

其中，α_i 都是常数，如果所有的 $\alpha_i = 1$，可以将式（9-79）记为

$$E_{av} = (1/N) H^+ D H \quad (\alpha_i = 1 \quad i = 1, 2, \cdots, N) \tag{9-81}$$

利用拉格朗日乘数法，可以求得以上问题的解，即最小平均相关能量滤波器函数为

$$H = D^{-1} X (X^+ D^{-1} X)^{-1} u \tag{9-82}$$

这里，最小平均相关能量滤波器函数 H 的构造由 MATLAB 编程来实现，同时将 H 进行傅里叶逆变换，可以得到一幅由训练图像集合成的图像，即最小平均相关能量参考图像。由于滤波器函数由矩阵 X、对角矩阵 D 等简单的统计参数构成，计算简单，求逆方便，因此，满足约束条件时，将训练图像的平均相关能量降到最小来合成参考图像是省时而简单的，有利于实现目标图像的实时探测与识别。

2. 最小平均相关能量滤波器的光学实验结果[31]（Optical Experiment Result of MACE Filter）

依据最小平均相关能量滤波器的算法原理，选取目标的训练图像，构造出最小平均相关能量滤波器函数 H，并对 H 进行傅里叶逆变换获得最小平均相关能量参考图像，用来在联合变换相关器上进行目标的识别。待识别汽车的旋转训练图像如图 9-40 所示，由图 9-40 所示的训练图像构造的最小平均相关能量参考图像如图 9-41 所示，最小平均相关能量参考图像的光学实验结果如图 9-42 所示。

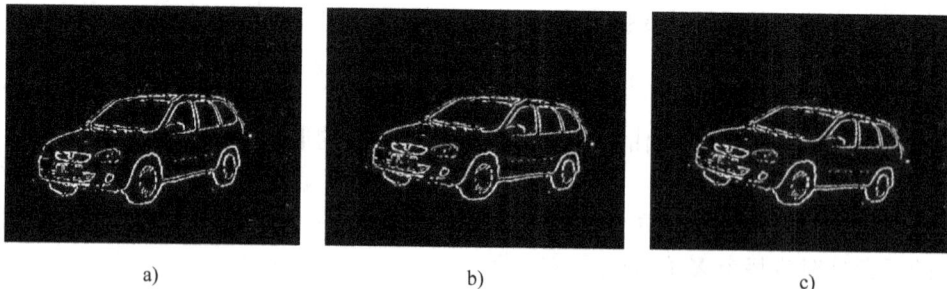

a)   b)   c)

图 9-40　训练图像集

（Fig. 9-40　Training Image Sets）

a）不做旋转的原图像　b）旋转 5° 的训练图像　c）旋转 10° 的训练图像

（a）Original Image without Rotation　b）Image with Rotation 5°　c）Image with Rotation 10°）

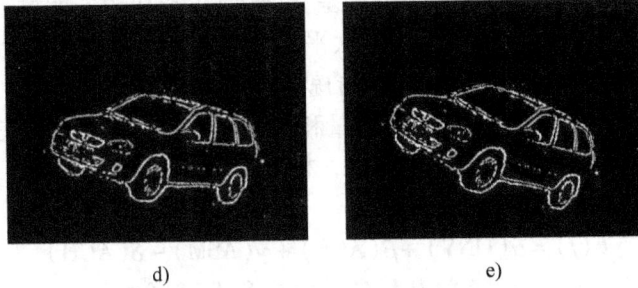

图9-40　训练图像集（续）

（Fig. 9-40　Training Image Sets）

d）旋转15°的训练图像　e）旋转25°的训练图像

（d）Image with Rotation 15°　e）Image with Rotation 25°）

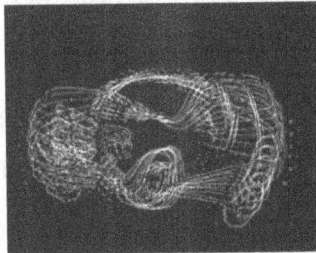

图9-41　最小平均相关能量参考图像

（Fig. 9-41　Reference Image Got from MACE Filter）

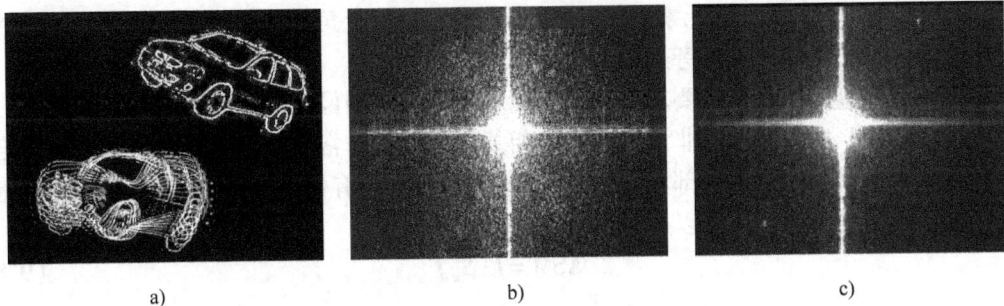

图9-42　输入图像及其功率谱和相关峰

（Fig. 9-42　Input Image，Power Spectrum and Correlation Peaks）

a）模板与旋转26°的目标图像　b）拉普拉斯锐化后的功率谱　c）相关峰

（a）Template and Target Image with Rotation 26°　b）Power Spectrum after Laplace Sharpening

c）Correlation Peaks）

9.6.4　最大平均相关高度滤波器（MACH Filter）

1. 最大平均相关高度滤波器原理[32]（Principle of MACH Filter）

最大平均相关高度滤波器是由综合鉴别函数（SDF）演化来的。综合鉴别函数滤波器 f

有四种相互制约的性能指标，即输出噪声方差（ONV）、平均相关能量（ACE）、平均相似测量（ASM）和平均相关高度（ACH）。最大平均相关高度滤波器是综合鉴别函数的最佳折中结果。设计最大平均相关高度滤波器的目的就是使平均相关高度最大，使平均相似测量尽量减小，同时用来锐化相关峰的平均相关能量和抑制噪声的输出噪声方差也要得到折中，为了达到最大平均相关高度滤波器的设计要求，根据 Refregier 所提出的最佳折中方法，这就要求最小化下面的能量方程 $E(f)$

$$E(f) = \alpha(\text{ONV}) + \beta(\text{ACE}) + \gamma(\text{ASM}) - \delta(\text{ACH})$$
$$= \alpha f^+ N f + \beta f^+ C_x f + \gamma f^+ S_x f - \delta |f^T p_x| \tag{9-83}$$

这个方程是综合鉴别函数滤波器的四个性能指标的加权和。

用 M 个包含复数的 d 维列向量 $(x_1, x_2, \cdots, x_N)$ 表示 M 个训练图像（每幅图像有 d 个像素）的傅里叶变换。所采用的训练图像要尽可能描述待识别目标的畸变情况。这里用 d 维列向量 f 描述频域内的综合鉴别函数。

输入目标图像总是会被各种噪声所衰减，而这些噪声不是固定的，在设计滤波器时没有固定的数学模型，通常用白噪声的协方差代替，即

$$\text{ONV} = f^+ N f \tag{9-84}$$

其中，N 是 $d \times d$ 的对角矩阵，N 的对角线元素由噪声的功率谱构成。式(9-84)中的 ONV 描述了在所有输出像素上的输出噪声方差，要尽量减小 ONV 的值。减小式(9-84)中的 ONV 会导致定位不准的宽相关峰输出。为了解决这个问题，应使下面的 ACE 最小

$$\text{ACE} = f^+ C_x f \tag{9-85}$$
$$C_x = \frac{1}{M} \sum_{i=1}^{M} X_i^* X_i \tag{9-86}$$

其中，C_x 是 $d \times d$ 的对角矩阵，它的对角线上元素是训练图像的平均功率谱密度值。X_i 是 $d \times d$ 对角矩阵，向量 x_i 中的元素是 X_i 对角线上的元素。上角标"*"表示共轭。减小 ACE 通常会使相关输出中出现低的旁瓣。

传统的综合鉴别函数理论要求所有来自同一级的训练图像在原点的相关输出要相同。这种要求适得其反，在实践中，非训练图像的相关峰减弱是非常明显的，而这也限制了综合鉴别函数的执行效果。如果使全部相关输出（包括原点的所有值）相互近似，可以更好地提高综合鉴别函数的性能。这可以用 ASM 来表示，即

$$\text{ASM} = f^+ S_x f \tag{9-87}$$
$$S_x = \frac{1}{M} \sum_{i=1}^{M} (X_i - P_x)^* (X_i - P_x) \tag{9-88}$$

其中，S_x 是具有正对角元素的 $d \times d$ 对角矩阵。P_x 是包含了训练图像平均傅里叶变换的对角矩阵，其定义如下

$$P_x = \frac{1}{M} \sum_{i=1}^{M} X_i \tag{9-89}$$

由于最大限度地减小 ASM 将降低相关面之间的差异，它可以像平均相似测量一样被更准确地考虑。

在设计综合鉴别函数时，放宽关于相关峰的限制，而同时要求 ACH 最大

$$\text{ACH} = \left| \frac{1}{M} \sum_{i=1}^{M} f^T - X_i \right| = |f^T - p_x| \tag{9-90}$$

其中，p_x 是 M 个向量 x_1、x_2、$\cdots$、x_M 的平均值。上角标"T"表示转置。

理论上，在能量方程（9-83）中有 $\alpha^2 + \beta^2 + \gamma^2$ 近似等于 1。因为 ACH 被最大化，并且 ACH 在 $E(f)$ 中是负的，所以 $E(f)$ 要被减小，剩下的三个标准都被最小化。式(9-83)可以简化为

$$E(f) = f^+ Df - \delta \left| f^{\mathrm{T}} - p_x \right| \tag{9-91}$$

$$D = \alpha N + \beta C_x + \gamma S_x \tag{9-92}$$

为了使 $E(f)$ 最小，根据最小二乘法原理，对式(9-91)两边求导并令其为零，得

$$E'(f) = 2Df - \delta p_x^* = 0 \tag{9-93}$$

所以，由式(9-93)得

$$f = \frac{\delta}{2} \frac{p_x^*}{D} = \frac{\delta}{2} \frac{p_x^*}{\alpha N + \beta C_x + \gamma S_x} \tag{9-94}$$

式(9-94)为 MACH 滤波器。上角标"*"表示共轭。由于 $\delta/2$ 是常数，对滤波器性能没有影响，所以令 $\delta/2 = 1$。这样最大平均相关高度滤波器写为

$$f = \frac{p_x^*}{\alpha N + \beta C_x + \gamma S_x} \tag{9-95}$$

其中，α、β 和 γ 为非负数。选择不同的 α、β 和 γ 值可以控制最大平均相关高度滤波器的特性，以满足不同的应用需求。例如，当 $\beta = \gamma = 0$ 时，此时的滤波器特性像最小方差综合鉴别函数（MVSDF）滤波器，能够有效的滤掉噪声但是相关峰较宽；当 $\alpha = \gamma = 0$ 时，此时的滤波器特性像最小平均相关能量（MACE）滤波器，能产生尖锐的相关峰并抑制噪声，但对畸变敏感；当 $\alpha = \beta = 0$ 时，此时的滤波器有较高畸变公差。

2. 最大平均相关高度滤波器的光学实验结果[33,34]（Optical Experiment Result of MACH Filter）

由于最大平均相关高度滤波器是频域滤波器，不能直接用在联合变换相关器上对功率谱进行滤波，因此要先对最大平均相关高度滤波器进行改进，以满足功率谱的滤波要求。

首先在频域合成最大平均相关高度滤波器时，对其控制参数 α、β 和 γ 的值进行优化，使返回到物空间的最大平均相关高度参考模板有较高的畸变公差。由于在用联合变换相关器进行目标识别时，要先对目标及模板图像进行边缘增强处理，抑制了无用的背景噪声，因此在合成滤波器时不用考虑噪声的干扰，设滤波器控制参数 $\alpha = 0$；其次由前面所述 α、β 和 γ 的关系可知，当 $\gamma = 1$ 时，滤波器的畸变公差最大，因此滤波器控制参数的初步设计结果为 $\gamma = 1$、$\alpha = 0$；此时，滤波器虽然有高的畸变公差，但是其响应的相关峰较宽，影响识别的定位精度，所以要通过改变 β 值来控制 ACE 的强度，以控制相关峰的尖锐程度。实验得出 β 值的大小还影响滤波器的强度，其关系如图 9-43 所示。

由图 9-43 可知，β 值越大，滤波器的强度越小，滤波器具有的畸变公差也就越小。实验发现，当 β 由 0 增强到 0.1 时，滤

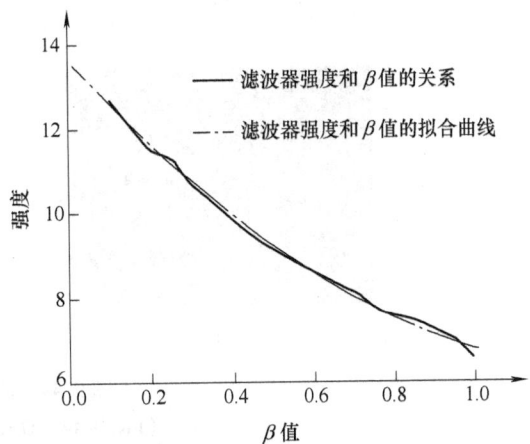

图 9-43　滤波器强度与 β 值的关系

(Fig. 9-43　Relation between Filter Intensity and β)

波器响应的相关峰已经变得较为尖锐。所以通过实验得出，优化后滤波器的控制参数为 $\gamma = 1$、$\alpha = 0$、$\beta = 0.1$。

用 5 幅满足表 9-1 的比例关系的训练图像进行识别实验，即在频域合成优化后的最大平均相关高度滤波器，将合成好的滤波器作傅里叶逆变换映射到物空间，得到最大平均相关高度比例参考模板，进行比例畸变目标的识别实验。基于相同的方法，使相邻两幅训练图像的角度间隔为 5°，获得 5 幅旋转畸变的训练图像（0°~20°），可以进行旋转畸变目标的识别实验。

表 9-1　训练图像比例关系
Table 9-1　Ratio Relation of Training Images

图像序号	放大倍数
1	0.93 倍
2	1 倍
3	1.07 倍
4	1.14 倍
5	1.21 倍

为了验证最大平均相关高度参考模板在联合变换相关器上的可行性并确定其识别范围，对一个水面微光军舰和地面可见光汽车进行了光学实验。原始图像如图 9-44 所示，对应的最大平均相关高度参考模板如图 9-45 所示。

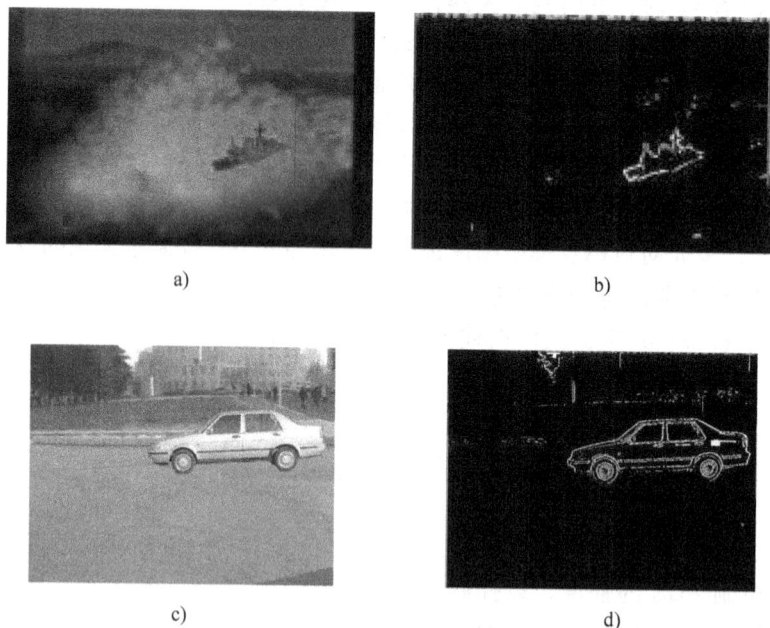

图 9-44　原始图像
（Fig. 9-44　Original Images）
a）战舰原始图像　b）战舰边缘提取图像　c）汽车原始图像　d）汽车边缘提取图像
（a）Original Image of Warship　b）Edge Extraction Image of Warship
c）Original Image of Car　d）Edge Extraction Image of Car）

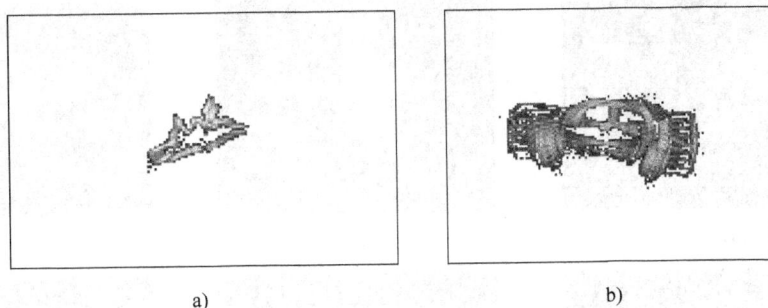

a)　　　　　　　　　　　　　　　b)

图 9-45　最大平均相关高度参考模板

（Fig. 9-45　MACH Reference Templates）

a）战舰的最大平均相关高度参考模板　b）汽车的最大平均相关高度参考模板

（a）MACH Reference Template of Warship　b）MACH Reference Template of Car）

对不同大小的军舰目标和不同角度的汽车目标分别进行光学相关识别实验，相关峰的强度与目标大小、旋转角度的关系分别如图 9-46 和图 9-47 所示。

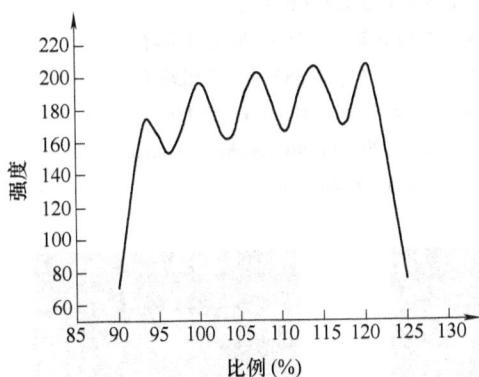

图 9-46　不同大小军舰的相关峰强度图

（Fig. 9-46　Intensity Image of Correlation Peaks Relative to Different Warship Sizes）

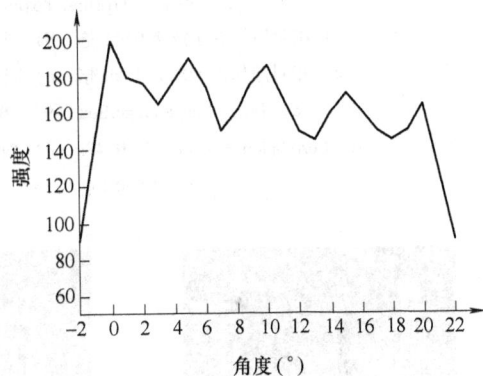

图 9-47　不同角度汽车的相关峰强度图

（Fig. 9-47　Intensity Image of Correlation Peaks Relative to Different Rotation Angles of Cars）

图 9-46 是对军舰目标从放大 0.9 倍开始，以 0.01 倍为步长对不同大小的目标进行测试，用以测定 MACH 参考模板的比例畸变公差。结果表明，在训练图像所包含的范围内，该参考模板能够响应强度为 150 以上的相关峰，光学相关结果如图 9-48 所示，此时能够有效地识别出目标。实验证明，应用 MACH 参考模板的比例畸变识别范围为 0.93 ~ 1.21 倍。

图 9-47 是对汽车目标从 −2° 开始，以 1° 为步长对不同角度的目标进行测试，用以测定 MACH 参考模板的旋转畸变公差。结果表明，在训练图像所包含的范围内，该参考模板能够响应强度为 150 以上的相关峰，光学相关结果如图 9-49 所示，此时能有效地识别出目标。实验证明，应用 MACH 参考模板的旋转畸变识别范围为 0° ~ 20°。

由于制作最大平均相关高度参考模板所用的最大平均相关高度算法为非等相关峰滤波算法，所以由此得到的最大平均相关高度参考模板也是非等相关峰参考模板。即在其畸变公差范围内，输出相关峰强度不是严格相等的。参考模板所包含的信息全部来自训练图像。由

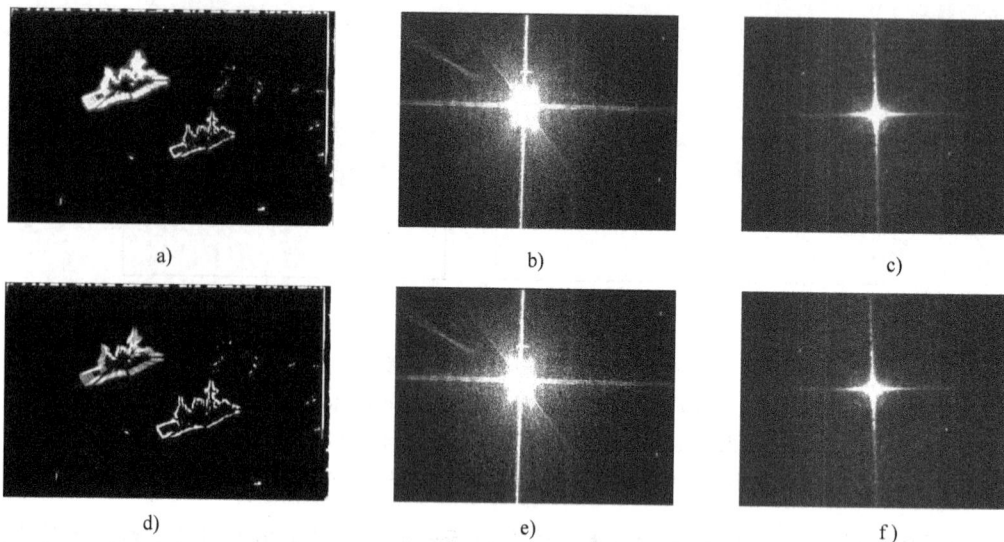

图 9-48　军舰目标的光学实验结果

（Fig. 9-48　Optical Experiment Results with Warship Targets）

a）相对原始图像放大 0.95 倍　b）图 9-48a 的联合变换功率谱　c）图 9-48a 的相关峰

d）相对原始图像放大 1.20 倍　e）图 9-48d 的联合变换功率谱　f）图 9-48d 的相关峰

（a）Target Image Magnified 0.95 × Relative to Original Image　b）JTPS of Fig. 9-48a

c）Correlation Peaks of Fig. 9-48a　d）Target Image Magnified 1. 20 × Relative to Original Image

e）JTPS of Fig. 9-48d　f）Correlation Peaks of Fig. 9-48d）

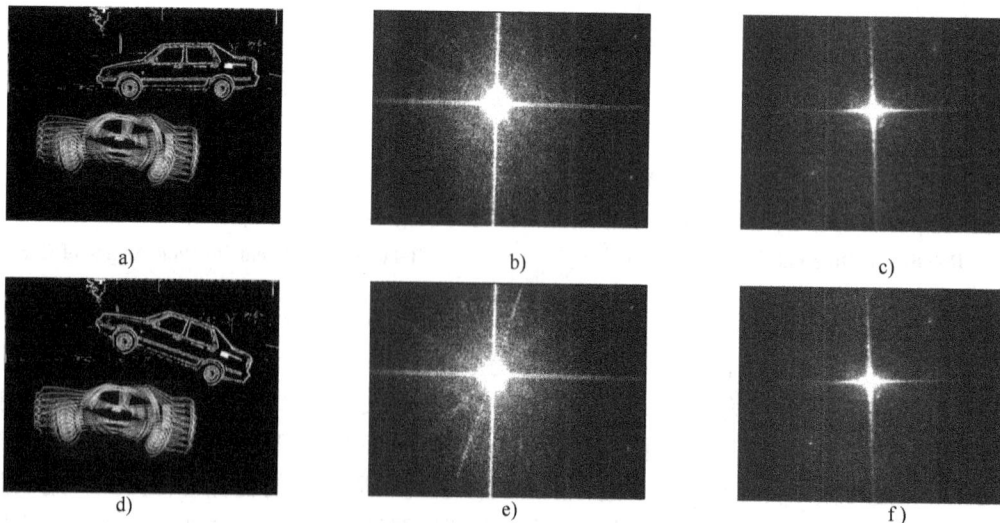

图 9-49　汽车目标的光学实验结果

（Fig. 9-49　Optical Experiment Results with Car Targets）

a）相对原始图像旋转 2°　b）图 9-49a 的联合变换功率谱　c）图 9-49a 的相关峰

d）相对原始图像旋转 21°　e）图 9-49d 的联合变换功率谱　f）图 9-49d 的相关峰

（a）Target Image with Rotation 2°Relative to Original Image　b）JTPS of Fig. 9-49a

c）Correlation Peaks of Fig. 9-49a　d）Target Image with Rotation 21°Relative to Original Image

e）JTPS of Fig. 9-49d　f）Correlation Peaks of Fig. 9-49d）

表 9-1 可知，用来合成最大平均相关高度参考模板的 5 幅比例畸变训练图像分别相对原始图像放大 0.93 倍、1 倍、1.07 倍、1.14 倍及 1.21 倍。即在参考模板的畸变公差范围内，以上 5 个位置的信息最为丰富。当待识别目标的尺寸小于原始尺寸的 0.93 倍时，由于处于畸变公差范围之外，参考模板中几乎不包含待识别目标的信息，此时响应的相关峰强度很弱；随着待识别目标逐渐增大，接近 0.93 倍时，模板中待识别目标的信息逐渐丰富，此时相关峰强度逐渐增强；当待识别目标尺寸进一步增大，其大小恰好为原始大小的 0.93 倍时，由于参考模板中含有尺寸为原始尺寸 0.93 倍的训练图像，所以此时输出的相关峰能量达到一个极大值；随着目标的进一步增大，由于参考图像中没有直接包含尺寸为 0.93 倍到 1 倍之间的待识别目标信息，所以此时的相关峰强度由 0.93 倍处的极大值逐渐下降，当目标大小为原始尺寸的 0.955 倍左右时，参考模板中的信息最少，相关峰能量达到一个极小值；而后随着目标进一步增大，待识别目标的尺寸逐渐接近下一幅训练图像的尺寸，即尺寸为原始尺寸 1 倍的训练图像，此时参考模板中待识目标的近似信息逐渐增多，相关峰强度也逐渐增强；直到目标大小完全等于原始目标大小时，相关峰强度第二次达到极大值。这样，在比例畸变公差范围内，输出相关峰强度随着待识别目标的比例变化呈现周期性的波动。但是在比例畸变公差范围内，极小值点处的相关值也在 150 以上，远远大于其他噪声的互相关值，可以有效地识别公差范围内的比例目标。而由于目标的尺寸越来越大，其本身所包含的信息也越来越多，所以在比例畸变识别时，相关峰强度总体上是逐步增强的，即呈现出图 9-46 所示的结果。

而在进行旋转畸变识别时，基于同样的原因，输出相关峰强度随着待识别目标角度的变化也会呈现周期性的波动。但是由于目标的旋转对衍射效率有一定的影响，所以在旋转畸变识别时，相关峰强度总体上是逐步减弱的，但是在旋转畸变公差范围内，极小值点处的相关值也在 150 以上，远远大于其他噪声的互相关值，可以有效地识别公差范围内的旋转畸变目标，即呈现出图 9-47 所示的结果。

由实验发现，如果未对待测图像和训练图像进行边缘提取，在联合变换相关器上应用 MACH 参考模板进行识别时，相关峰会被淹没在噪声中，导致目标的无法识别。所以边缘提取可以增强相关峰的强度，使目标易于探测和发现。

应用综合鉴别函数的两种改进形式可以很好地进行畸变目标的相关识别。用最小平均相关能量算法在频域内合成滤波器后，通过进行傅里叶逆变换返回物空间得到最小平均相关能量参考模板，可以在联合变换相关器上进行畸变目标识别，其所具有的旋转畸变公差最大为 26°。而采用最大平均相关高度算法合成频域滤波器，可以获得的比例畸变公差为 60%，识别范围是 76%～136%；旋转畸变公差为 30°，识别范围是 -16°～+16°。将最大平均相关高度滤波器进行傅里叶逆变换，得到最大平均相关高度参考模板，可以用在联合变换相关器上，获得的比例畸变公差为 28%，识别范围是 0.93～1.21 倍；旋转畸变公差为 20°，识别范围是 0°～20°[35,36]。

本章习题（Exercises）

9-1 联合变换相关器相对于传统的 4f 系统，在目标探测与识别领域有何优点？

9-2 已知一相关峰图像，其分辨率为 800×600，坐标原点位于该图像第二象限左上角，如图 9-50 所示，若右侧相关点中心坐标为（460，120），图像零级衍射亮斑中心坐标为（400，300）。

图 9-50

1）试求位于第三象限的相关点坐标。

2）在观察屏（分辨率也为 800×600）上，被识别目标与参考模板的距离约为多少像素？

3）若已知参考模板中心在屏幕上的坐标为（60，540），试求待识别目标在屏幕上的坐标。

9-3 已知一相关点相对于零级衍射光斑中心的相对坐标为（30，40），假定原点坐标与题 9-2 相同，若拍摄待识别目标所用的摄远物镜焦距为 300mm，像元大小为 $10\mu m \times 10\mu m$，试求待识别目标的方位角和俯仰角。

9-4 若在联合变换相关器的输入界面中，出现了与预存入计算机的参考模板图像完全相同的 3 个目标，请问在相关峰屏幕上会出现多少个相关点？为什么？

9-5 什么是小波变换？为何小波变换理论能实现相关点亮度的增强？

9-6 畸变不变目标识别可以用哪些算法实现？各种算法有何优缺点？

9-7 在实时联合变换相关器中，应用多小波变换技术的原理是什么？

9-8 什么是 Curvelet 变换，它和小波变换有何区别和联系？

9-9 对联合变换功率谱进行拉普拉斯变换有何作用？是否可以使用其他边缘锐化算法，为什么？

9-10 梅林变换为何不适用于实时联合变换相关器？

本章术语（Terminologies）

光学信息处理	optical information processing
傅里叶变换	Fourier transform
光学传递函数	optical transfer function
全息术	holography
傅里叶光学	Fourier optics
光学运算	optical operation
光学模拟	optical simulation
实时空间光调制器	real-time spatial light modulator
频谱分析仪	spectrum analyzer
空间带宽积	space bandwidth product
频率域	frequency domain

傅里叶逆变换	inverse Fourier transform
实时联合变换相关器	real-time joint transform correlator （RJTC）
相对孔径	relative aperture
功率谱	power spectrum
电寻址液晶	electrically addressed liquid crystal display （EALCD）
一级衍射	the first order diffraction
联合变换相关器	joint transform correlator
匹配滤波相关器	matched filtering correlator
匹配滤波器	matched filter
振幅透过率	amplitude transmittance
互相关	cross-correlation
离轴全息图	off-axis hologram
目标图像	target image
参考图像	reference image
小型化	miniaturization
目标识别	target recognition
联合变换功率谱	joint transform power spectrum （JTPS）
相关峰	correlation peaks
振幅分布	amplitude distribution
自相关	autocorrelation
杨氏条纹	Young fringe
相干叠加	coherent superposition
平方律探测器	square law detector
氩离子激光器	argon ion laser
衰减器	attenuator
显微物镜	microscopic objective
针孔	pinhole
偏振器	polarizer
双分离准直透镜	collimating separated doublet
半反半透镜	half mirror
方位角	azimuth
二值化处理	binarization processing
滤波技术	filtering technique
小波变换	wavelet transform
小波系数	wavelet coefficient
多分辨特性	multi-resolution characteristic
小波函数	wavelet function
连续小波变换	continuous wavelet transform
母函数	mother function
离散小波变换	discrete wavelet transform
二进制小波变换	binary wavelet transform
小波分解与重构	wavelet decomposition and reconstruction
正交小波	orthogonal wavelet

小波基图像	wavelet-based image
低频系数	low frequency coefficient
高频系数	high frequency coefficient
阈值化分割	threshold segmentation
直方图	histogram
尺度函数	scaling function
光学相关探测	optical correlation detection
微光图像	low light level image
边缘提取	edge extraction
边缘检测	edge detection
平滑函数	smooth function
红外图像	infrared image
背景噪声	background noise
拉普拉斯变换	Laplace transform
边缘增强	edge enhancement
卷积滤波	convolution filtering
信噪比	signal-to-noise ratio（SNR）
旁瓣效应	sidelobe effect
畸变不变	distortion invariant
极坐标-梅林变换	Polar-Mellin transform
综合鉴别函数	synthetic discriminant function（SDF）
最小方差综合鉴别函数	minimum variance synthetic discriminant function
计算全息图	computer-generated hologram
最小平均相关能量	minimum average correlation energy（MACE）
最大平均相关高度	maximum average correlation height（MACH）

参考文献 （References）

[1] H. Stark, et al. Applications of Optical Fourier Transforms [M]. New York：Academic Press, 1982.

[2] 宋菲君, S. Jutamulia. 近代光学信息处理 [M]. 北京：北京大学出版社, 1998.

[3] 刘文哲, 张婉怡, 王文生, 等. 光学相关红外目标识别算法研究 [J]. 仪器仪表学报, 2011, 32 (4)：850-855.

[4] 古德曼. 傅里叶光学导论 [M].3 版. 秦克诚, 刘培森, 陈家璧, 等译. 北京：电子工业出版社, 2006.

[5] Wang Wensheng, Chen Yu, Liang Cuiping, et al. Hybrid optoelectronic joint transform correlator for the recognition of target in cluttered scenes [J]. SPIE, 2004 (5642)：204-212.

[6] 邹昕, 郎琪, 王文生, 等. 基于联合变换相关器目标探测的红外导引头光学系统研究 [J]. 测试技术学报, 2008, 22 (6)：31-34.

[7] Chen Yu, Miao Hua, Wang Wensheng. Application of JTC in recognition and real–time tracking of moving targets [J]. SPIE, 2007 (6837)：683708-1-683708-7.

[8] Miao Hua, Chen Yu, Wang Wensheng. Tracking technology of moving target with optical correlator [J]. SPIE, 2007 (6837)：68371H-1-68371H-7.

[9] Wang Wensheng, Chen Yu. Hybrid Optoelectronic Joint Transform Correlator for the Recognition of Moving Tar-

get in Cluttered Scenes [J]. ISTM, 2007 (2): 1355-1358.

[10] 王冕, 王晶晶, 王文生, 等. 小波变换在光学相关目标识别中的应用 [J]. 兵工学报, 2006, 27 (5): 836-840.

[11] 陈宇, 王文生, 苗华, 等. 灰度变换在光学相关探测与识别中的应用 [J]. 仪器仪表学报, 2005, 26 (8): 676-683.

[12] 王海燕, 苗华, 陈宇, 等. 透射式光学相关器小型化设计 [J]. 应用光学, 2011, 32 (6): 1078-1082.

[13] 张德丰. MATLAB 数字图像处理 [M]. 北京: 机械工业出版社, 2009.

[14] 陈武凡. 小波分析及其在图像处理中的应用 [M]. 北京: 科学出版社, 2003.

[15] 陈方涵, 苗华, 陈宇, 等. 基于小波多尺度积的目标识别 [J]. 光学学报, 2009, 29 (5): 1223-1226.

[16] 陈方涵, 王文生, 杨坤, 等. 基于多小波变换的红外目标探测与识别 [J]. 光子学报, 2011, 40 (2): 295-299.

[17] 张肃, 于远航, 王文生, 等. 小波变换在微光目标探测与识别中的应用 [J]. 仪器仪表学报, 2011, 32 (6) (增刊): 117-120.

[18] Chen Fanghan, Li Chunjie, Liu Dongyue, et al. Application of joint transform correlator in detection of infrared target [J]. SPIE, 2007 (6837): 1F. 1-1F. 8.

[19] Zhang Su, Shang Jiyang, Wang Wensheng, et al. Detection Research on Low Light Level Target with Joint Transform Correlator [J]. SPIE, 2011 (8194) 819416-1 ~ 819416-8.

[20] 张肃, 王文生. 复杂背景下运动目标的光学相关识别 [J]. 光学学报, 2012, 32 (1): 0107001-1 ~ 0107001-7.

[21] 陈方涵, 张肃, 王文生. Curvelet 变换在低对比度目标识别中的应用 [J]. 兵工学报, 2012, 32 (6): 7-13.

[22] Chen Fanghan, Wang Wensheng. Target recognition in clutter scene based on wavelet transform [J]. Optics Communications, 2009 (282): 523-526.

[23] 苗华, 邹昕, 王文生, 等. 复杂背景目标自动识别谱面处理技术研究 [J]. 光学学报, 2009, 29 (2): 366 ~ 369.

[24] 孙晓明, 霍富荣, 王文生, 等. 低对比度目标自动识别技术研究 [J]. 光子学报, 2007, 36 (11): 1052-1056.

[25] 关皓文, 王梓莹, 王文生. 低对比度目标探测技术 [J]. 光机电信息, 2011, 28 (4): 26-32.

[26] 陈宇, 苗华, 王文生, 等. 梅林变换在光电混合目标探测技术中的应用 [J]. 中国激光, 2009, 36 (2): 421-425.

[27] B. V. K. Vijaya Kumar. Tutorial survey of composite filter designs for optical correlator [J]. Applied Optics, 1992, 31 (23): 4773-4801.

[28] B. V. K. Vijaya Kumar, D. Carlson, et al. Optimal trade-off synthetic discriminant function filters for arbitrary devices [J]. Opt. Let., 1994, 19 (19): 1556-1558.

[29] A. Mahalanobis, B. V. K. Vijaya Kumar, S. Song, et al. Unconstrained correlation filters [J]. Appl. Opt., 1994, 33 (17): 3751-3759.

[30] Danny Roberge, Colin Soutar, et al. Optimal trade-off filter for the correlation of fingerprints [J]. Opt. Eng, 1999, 38 (1): 108-113.

[31] 贾欢欢, 杨璐, 王文生. 基于最小平均相关能量滤波器的目标识别技术 [J]. 激光与光电子学进展, 2010 (6): 0610021-5.

[32] A. Mahalanobis, B. V. K. Vijaya Kuma. Optimality of the maximum average correlation height filter for detec-

tion of targets in noise [J]. Opt. Eng. , 1997, 36 (10): 2642-2648.

[33] 尚吉扬，张宇，王文生，等. 小波改进最大平均相关高度法实现畸变目标识别 [J]. 仪器仪表学报，2011, 32 (9): 2057-2065.

[34] 尚吉扬，陈驰，王文生，等. 最大平均相关高度滤波算法在畸变目标识别中的应用 [J]. 光子学报，2011, 40 (8): 1231-1237.

[35] 邹昕，郎琪，王文生. 畸变不变联合变换相关器目标识别技术研究 [J]. 仪器仪表学报，2009, 30 (10): 2045-2050.

[36] Shang Jiyang, Chen Chi, Wang Wensheng. Recognition of distorted target based on mexican hat optimum trade-off maximum average correlation height algorithm [J]. SPIE, 2011 (8193): 81933e-1 ~ 81933e-7.

第10章 光源、记录介质和探测器
（Chapter 10 Light Source, Recording Material and Detector）

10.1 全息干涉对光源的要求（The Requirements for Light Source of Holographic Interference）

在第 1 章中提出的对光源的一般要求适合于普通干涉术。全息干涉术的特殊属性要求特别注意光源的辐射特性，其辐射必须有：

1）足够的时间相干性。在整个曝光期间，使由物光和参考光相干形成的稳定的干涉微观结构存在于全息图平面上。

2）足够的空间相干性。使从被研究表面上不同的点散射到全息图上给定点的物波，与参考波波前给定的光波，形成一清晰的干涉微观结构。

3）足够的功率和所要求的波长。用于记录全息图的感光材料能够在曝光时间内对干涉场的作用进行响应。

前两个条件可以用数学公式表示，因为这两个条件是从全息图平面上形成的干涉图可见度 P（在全息记录材料上记录的干涉条纹的可见度）和物波与参考波的互相干涉间的关系得出。由式(1-86)可知，光源的相干性质决定记录在全息图上的条纹可见度，因此也决定全息图的质量。

对各种光源（包括热源）相干性质的研究表明，到目前为止，只有一定种类的激光能同时满足所有这些要求。在有些情况下，用其他种类的光源也能获得成功的实验，但仅对演示有用。

对辐射相干性质的简短研究表明，通过下列方法可增加相干度。

1）使辐射频率的光谱范围变窄。

2）使由各不同的受激原子辐射光串同相。

3）减少辐射体的角尺寸。

激光（laser—light amplification by stimulated emission of radiation）可同时满足这些条件，而且不明显地减少辐射功率，这就是激光相对于其他光源的主要优点。

受激辐射（stimulated emission）是释放活动介质原子激发能量的主要机理，它使光串同相成为可能[1]，受激辐射波串的特征（频率、位相和偏振）同作用在外部场的特征完全一致，通过适当地选择活动介质的种类和受激条件，以及在具有强反馈（feedback）的高 Q 光学谐振腔（resonator）内放入工作物质，可以获得接近谐振腔自然频率的光[2]，其频率为

$$\nu_n = \frac{c}{2L_r} n \tag{10-1}$$

式中　L_r——谐振腔长度；

　　n——整数。

如果在活动介质增益曲线的半宽度 $\Delta\nu_e$ 内有几个谐振腔的自然频率，那么可获得几个频率接近的光。根据式(1-90)，这样辐射的相干长度取决于辐射频率的数目（称为纵模（longitudinal mode））。对于气体激光器，相干长度为几十厘米，这样的相干长度在热源辐射中是不可能实现的。

通过在增益曲线 $\Delta\nu_e$ 内减少频率 ν_n 的数目，可以进一步增加时间相干性。例如，通过在谐振腔内应用选择元素可以增加时间相干性。在以单纵模工作时，激光辐射的相干长度大约对应于辐射位相的随机变化不超过 π 的时间 τ 内光传播的路程，即

$$|r_1 - r_2|_0 = c\tau \approx 3 \times 10^5 \text{cm} \tag{10-2}$$

图 10-1 所示为各种激光器的功率分布，这决定在各类科技和工程领域中应用它们的可能性。图中点画线所示区域表明各种激光功率与脉冲间隔的关系。恒定的能量线是平行于斜率 W/s 为 1 的直线，连续辐射的激光器是用平行于时间轴的直线表示，并具有恒定的功率（点画线近似地对应于用于全息术的连续辐射激光器可达到功率的极大值）。同在图中所有其他区域一样，被连续辐射的激光所占据的区域是十分实验性的，因为激光工程中的进步导致这个区域的连续位移。

从介质的功率灵敏度（power sensitivity）观点说，为记录典型的全息图，需要辐射能量从 1J 到 1μJ，在图 10-1 中这个区域从封闭环示出。这样，在封闭环下面的点表征的激光器不适于全息术，而在封闭环上面的激光器功率太强，

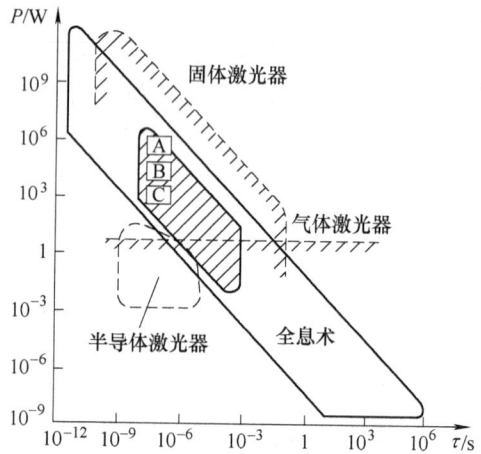

图 10-1　各种激光器的功率分布
(Fig. 10-1　Power Distribution of All Kinds of Lasers)

当然，通过适当的衰减器（attenuator）功率可以减弱。全息图曝光的最大时间间隔（即封闭环的右边缘）受运动、振动、热变形和其他干扰所限制。这种限制是相对的，由实验的特定条件确定。相干最小脉冲间隔确定封闭环的左极限[3]。

这样，可以确定一个区域（图 10-1 中实线区域），它包括的激光参数大多适用于全息术。区域内的阴影部分对应于脉冲辐射的红宝石 A、钕玻璃 B 和钇铝石榴石 C（YAG）激光，这些在全息术中最常用，从全息记录中材料的光谱灵敏度（spectral sensitivity）、激光使用和调整的观点说，这些是在全息记录中最常用辐射可见光的激光。在市场上可买到的主要激光器的谱线见表 10-1。红宝石（ruby）激光器、钕玻璃（Nd $^{+3}$）激光器、氦氖（He-Ne）激光器、氦镉（He-Cd）激光器、氩离子（Ar$^+$）激光器、氪离子（Kr$^+$）激光器和半导体激光器对全息干涉术是十分有用的。

表 10-1　主要激光器谱线
(Table 10-1　Spectral Lines of Main Laser)

杂　质	基　质	波长/μm	输出方式
Cr^{+3}	Al$_2$O$_3$（ruby）	0.694	脉冲，Q 开关
Nd^{+3}	玻璃	1.00	脉冲，Q 开关

（续）

杂　　质	基　　质	波长/μm	输 出 方 式
Nd^{+3}	YAG	1.06	连续，重复脉冲
Ne	He	0.633	连续，重复脉冲
Cd	He	0.329，0.442	连续，重复脉冲
CO_2	—	10.6	连续，Q 开关，重复脉冲
Ar$^+$	—	0.488，0.515	连续，脉冲
Kr$^+$	—	0.647	连续，脉冲
Ga-As	—	0.840	连续，脉冲

10.2　激光光源（Laser Light Source）

10.2.1　气体激光器（Gas Laser）

在全息干涉术中，连续辐射的气体激光器应用较广，如表面位移测量、全息振动分析和表面面形分析等。

气体激光器是以气体状态的原子、离子和分子作为工作物质（operating material），靠气体放电进行激励的激光器。它由放电管内的激活气体、一对反射镜构成的谐振腔和激励源（pumping source）等三个主要部分组成（图 10-2）。主要激励方式有电激励、气动激励、光激励和化学激励等，其中电激励方式最常用。在适当放电条件下，利用电子碰撞激发和能量转移激发等，气体粒子有选择性地被激发到某高能级上，从而形成与某低能级间的粒子数反转（population inversion），产生受激发射跃迁。气态物质的光学均匀性（optical homogeneity）一般都比较好，使得它在单色性和光束稳定性方面表现优越。气体激光器产生的激光谱线极为丰富，高达数千种，分布在真空紫外到红外波段范围内，是应用最广泛的一类激光器。最常见的有氦氖激光器、氩离子激光器、二氧化碳激光器、氦镉激光器和铜蒸气激光器等。

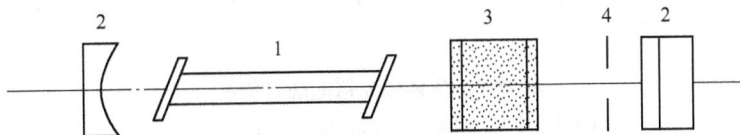

图 10-2　气体激光器
(Fig. 10-2　Gas Laser)
1—气体放电管　2—反射镜　3—选择器　4—光阑
1—Gas Discharger　2—Mirror　3—Selector　4—Aperture Stop

在全息术中，He-Ne 激光器（图 10-3）是最常用的，氩离子激光器和氦镉激光器也被越来越普遍地使用。氦-氖激光器（He-Ne 激光器）属于原子激光器，它是于 1961 年首先实现激光输出的气体激光器，能产生许多可见光与红外光谱，它具有输出的激光方向性好，且结构简单、寿命长、体积小、质量轻、成本低、使用方便等优点。氩离子激光器（Ar$^+$ 离子激光器）是一种惰性气体离子激光器，它输出的激光波长主要是 $0.488\mu m$ 和 $0.5145\mu m$ 的蓝绿光，连续输出功率一般为几瓦到几十瓦，高者可达一百多瓦，是目前在可见区连续输出功率最高的激光器。图 10-4 所示为 All-Tu 系列氩离子激光器。

图 10-3　He-Ne 激光器

（Fig. 10-3　He-Ne Laser）

图 10-4　All-Tu 系列氩离子激光器

（Fig. 10-4　Argon Laser of All-Tu Series）

二氧化碳（CO_2）激光器是振动-转动分子激光器的代表。它的工作气体是 CO_2、N_2 和 He 的混合物，原子里的电子保留在基态（ground state），激光跃迁发生在 CO_2 的不同振动态的两个转动能级（energy level）之间。CO_2 的振动能级非常密集，使 CO_2 激光器输出的波长范围非常广。CO_2 激光器具有效率高、输出能量大及功率高的优点。

虽然气体激光器的结构各种各样，但其主要部件相同。如图 10-2 所示，气体放电管 1 内放有活泼元素，通过反射镜 2 组成谐振腔，以实现雪崩放大。为了减少能量损耗，其出射窗同光轴形成布儒斯特角[4]，从而使输出的激光为线偏振光[4]。吸收箱作为选择器 3，用于选择所需要的谱线，光阑 4 用于抑制激光辐射较高的横模和增加激光的空间相干度。放电的工作介质种类较多，最常用的有氦氖、氦镉、氩、氪和氮。

目前世界上生产的几种气体激光器的基本参数见表 10-2。表中的数字表明，在连续辐射的气体激光器中，氩离子（Ar^+）激光器对全息干涉术非常有用，它在下列谱线（$\lambda_1 = 0.5145\mu m$，$\lambda_2 = 0.4965\mu m$，$\lambda_3 = 0.4888\mu m$，$\lambda_4 = 0.4727\mu m$，$\lambda_5 = 0.4579\mu m$）产生的输出功率至少为 0.2W。

表 10-2　气体激光器的基本参数

（Table 10-2　Basic Parameters of Gas Laser）

活泼介质	波长/μm	输出功率/mW	工作模式	相干长度/m
He-Ne	0.6328	20, 40, 50	单	0.2
He-Ne	0.6328	50	单	10
Ar	0.4880	1000	多	<0.06
Ar	0.4579 ~ 0.5145	$(2 \sim 5) \times 10^3$	单	<0.06
Ar	0.4579 ~ 0.5145	$(9 \sim 18) \times 10^3$	单	<0.06
Kr	0.6471	750	单	0.2
Kr	0.5309	250	单	0.2
Kr	0.5209	150	单	0.2

对大多数工作谱线，如果引入提高相干长度的方法，那么能使记录较长物体（超过1m）的全息图成为可能。

10.2.2　固体激光器（Solid Laser）

固体激光器的工作物质由光学透明的晶体或玻璃作为基质材料，掺以激活离子或其他激活物质构成。这种工作物质一般应具有良好的物理-化学性质、窄的荧光谱线、强而宽的吸收带和高的荧光量子效率。固体激光器可作大能量和高功率相干光源，波长从紫外到红外。固体激光器通常包括工作物质、谐振腔、聚光器、泵浦源、电源和冷却系统等部分。工作方式分为脉冲和连续两种。使用较多的固体激光器主要是红宝石、掺钕钇铝石榴石和钕玻璃等。

固体激光器的光学装置类似于图10-2，不同的是杂质常放在谐振腔内，以便在减少脉冲间隔时增加辐射的峰值功率，以及通过 Q 开关快门来改善辐射的相干性。所谓 Q 开关是一个放在激光器内的快速动作的光学快门。

为了达到 Q 开关的目的，在固体棒的一端镀增透膜，或切成布儒斯特角，在棒和开关的后端安装反射镜。关闭开关，不容许激光器振荡，直到光泵工作一定时间后，离子（如红宝石棒中的铬）被抽运到受激能级。开关打开时，激光器在短时间内爆发出高值功率输出。

固体激光器按 Q 开关的种类可分为：被动快门激光器和同步 Q 开关激光器。被动快门是一小箱，内含有饱和染料或饱和彩色滤光片（optical filter）；同步 Q 开关是用电控快门或声控快门，或者用一旋转反射镜（棱镜）。

固体激光器是有源振荡，脉冲闪光灯常被用作光源，来激发固体激光器中的活泼元素。

1960 年，T. H. 梅曼发明的红宝石激光器就是固体激光器，也是世界上第一台激光器。红宝石激光器的工作物质是红宝石晶体 Cr^{3+}-Al_2O_3，激光发射波长为 694.3nm，在荧光的峰值附近，且随温度变化，晶体的温度变化可以达到10℃，波长变化为 0.07nm。红宝石脉冲激光器的输出能量可达千焦耳级。在全息测试技术中，红宝石激光是常用的。典型的红宝石激光器的特征如下：波长为 0.694 3μm；在脉冲间隔为 50～500μs，脉冲持续时间为20ns 的双脉冲条件下，输出能量为 400mJ，相干长度约为1m；峰值功率在调 Q 以后可达到10^6W/cm^2。大型红宝石激光器调 Q 后峰值功率可达10^9W/cm^2，但必须配备冷却系统。

YAG 是钇铝石榴石的英文缩写，化学式是 $Y_3Al_5O_{12}$，它是一种光学、力学和热学性能优良的固体激光基质。经调 Q 和多级放大的钕玻璃激光系统的最高脉冲功率达 10W。Nd-YAG 称为掺钕钇铝石榴石，连续激光器的输出功率达百瓦级，多级串接可达千瓦。半导体泵浦 YAG 倍频激光器如图 10-5 所示。

图 10-5　半导体泵浦 YAG 倍频激光器
（Fig. 10-5　Diode-pumped YAG Frequency-doubled Laser）

尽管在固体激光器的活泼介质中有高放大因子，但其功率仍不足以获得大面积散射物体的全息图，如 $1m^2$ 或更大的物体。因此必须应用放大器，在放大器内，Q 开关激光器是驱动振荡器，红宝石激光器示意图如图 10-6 所示，实际应用的红宝石激光器如图 10-7 所示。从驱动振荡器 1 发出的光脉冲，通过具有针孔光阑的准直系统 2 进入放大器 3 中，放大器 3 内放有活泼元素。反射镜 4 如图放置，使光束能几次通过受激状态的元素。也可以用几个串联的多级放大器，这样能使驱动激光器的辐射功率增加几百倍，但辐射的相干性未减少，然而在安置装置时必须注意，参考光束是由驱动激光器的部分辐射形成，而物光束是由放大器的辐射形成。红宝石激光器的基本参数见表 10-3。干涉场的最大可见度不是在两光束光程相等的情况下获得的，而是在它们之间有某一确定的位相差时获得的，光程差的最佳值由试验获得，通常约为 1m。

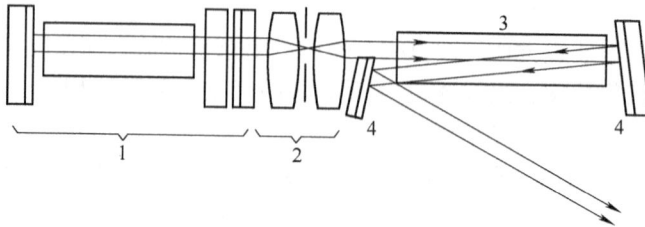

图 10-6　红宝石激光器示意图

（Fig. 10-6　Sketch of Ruby Laser）

1—驱动振荡器　2—准直系统　3—放大器　4—反射镜

1—Driver Oscillator　2—Collimating System　3—Amplifier　4—Mirrors

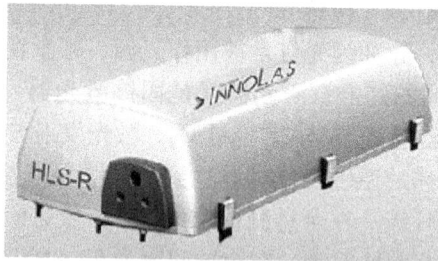

图 10-7　红宝石激光器

（Fig. 10-7　Ruby Laser）

表 10-3　红宝石激光器的基本参数

（Table 10-3　Basic Parameters of Ruby Laser）

型　　号	HLS-R20	PDS-R	QSR-R
波长	694.3nm		
脉冲能量（单脉冲）	1 000mJ	10J	1.5J
（双脉冲）	400～600mJ	4.5～5.5J	—
双脉冲间隔/μs	1～800	1～800	—
重复频率/Hz	0～4	0～4	30
脉宽/ns	30	20	20
相干长度	SLM＞1m	—	—

（续）

型　号	HLS-R20	PDS-R	QSR-R
激光器头尺寸/mm	$950 \times 440 \times 286$	$1\,363 \times 440 \times 260$	$950 \times 440 \times 286$
配电/kW	5	5	4
冷却方式	闭循环水冷		

这种现象的主要原因是在驱动振荡器和放大器的辐射频率间存在位移，这种频移可能是几兆赫兹。通过分析驱动激光器的辐射波同放大器内的活泼介质的相互作用，可以解释上述现象。假定物波与参考波间的频率位移为 Δf，则可以依次计算出一波在另一波后面的位置 (Δt)，即

$$\Delta t = \frac{\pi^2 \Delta f (\Delta \tau)^3 f_0 \delta}{1 + (\pi \Delta f \Delta \tau)^2} \tag{10-3}$$

式中　f_0——驱动激光器的工作频率；

　　　$\Delta \tau$——产生脉冲的时间；

　　　δ——放大器的频率位移。

在该位置条纹可见度最大，但与 $\Delta f = 0$ 的情况不同，条纹可见度的最大值不再等于 1。

在全息干涉术中，二次曝光和多次曝光法是为了记录在曝光期物体产生的变化。如果研究某一迅速变化过程，其变化过程以几微秒或几十微秒测量，那么可应用下面方法。

（1）双曝光全息术　第一次脉冲（曝光）是与物体变化过程同步进行的，或者在变化过程中的任意瞬间。为了同步，应用电光或声光快门，后者要优于前者，因为它需要的控制电压较低，而且设计简单。

（2）电影全息干涉术　如果过程需要多帧全息图，那么光学滞后线被应用在单脉冲激光中，或者通过激光活泼元素光通道在时间上被分开。时间分离的最有效方法之一是移动光波狭缝方法，其原理如图 10-8 所示。

激光谐振腔包含一声腔，在腔内，辐射体产生一声波，它沿着吸收方向传播并随时间进行调制，以便在两运行的波串间产生一短的抑制区——波缝。在不

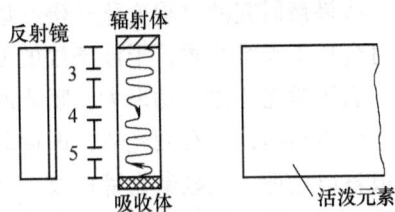

图 10-8　运动波狭缝原理的 Q 调制
(Fig. 10-8　Q Modulation Based on Slit Principle of Kinematic Wave)

透明屏上做几个孔，同运动波缝一起连续地允许受激的各部分活泼元素通过。运动声波（光栅（grating））调制的深度是指在激光工作波长位置，零级衍射的极值是零，所以，同运动波狭缝不重合的孔径实际上是封闭的。

当用氮苯作声介质，活泼元素红宝石的直径为 10mm，并分成直径为 2mm 的通道时，可以获得两脉冲间的间隔约为 $5.4\mu s$。因为要求光通道很窄，所以很难再减少这个时间间隔。通过改变声腔的受激条件，可以增加这一时间间隔，如用两相对放置的辐射器。

如果被研究的过程以毫秒进行测量，如振动、变形、空气动力现象等，那么也用双曝光全息干涉术，或者用激光的光机 Q 开关进行模拟，如用旋转棱镜。

类似于高速摄影的电影摄影全息术的方法已用于多帧全息术。多帧全息术是通过在整个

全息记录材料上扫描信息实现的。有不同的全息图时间扫描（编码）方法，其中，需要注意下面两个问题：

1）散射屏要这样应用，当用激光器照明时产生散射，部分光被漫散射，部分仍保持照明光束的形状，如图10-9所示。由脉冲激光器1辐射的光被准直管2扩束后，射向散射屏3，其后有一双透镜系统（透镜4和5），透镜把散射屏3的像聚焦在全息图6的平面上。这样照明散射屏3，使未受干扰的光束被透镜4汇聚在焦点上，靠近焦平面的自由空间放置被研究的位相物体7。带有光阑的旋转盘8放在散射屏3的前面。利用这种光路，参考光可以以不同的角度投射到全息图上，相对仪器的光轴参考光束形成一锥形。激光产生一系列的脉冲串，脉冲数和旋转盘的旋转速度一起决定电影摄影全息术的画面数。

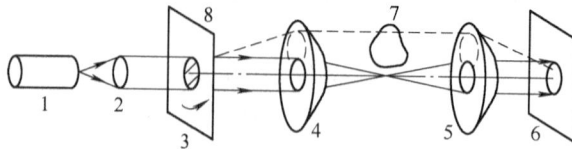

图 10-9 研究位相物体的全息装置

（Fig. 10-9 Holographic Layout for Researching Phase Object）

1—脉冲激光器 2—准直管 3—散射屏 4、5—透镜 6—全息图 7—位相物体 8—旋转盘

1—Pulsed Laser 2—Collimator 3—Diffusing Screen

4、5—Lens 6—Hologram 7—Phase Object 8—Rotating Mask

2）用带有开口的旋转盘遮挡全息图的方法可以记录瞬时扫描信息。自由振荡产生的激光可以用在这个装置中。

如果被研究的过程变化较慢，以几分之一秒或几秒进行测量，那么通常用气体激光器和实时全息干涉术装置，干涉条纹的变化记录在电影摄影胶片上。

固体激光器由于功率大，曝光时间短，所以对全息台的稳定性要求较低。

应该指出，所有激光器，即使其相干度很好，发散角也不大，但在各种干涉测试中，必须被整形处理，经显微物镜扩束、针孔空间滤波、准直物镜使其成为均匀的扩展的准直的平面波。在光学相关探测中，激光整形处理更为重要。激光器波长的选择要与探测器的感光波长灵敏度相匹配[5,6]。

10.3 对全息记录材料的要求（The Requirements for Recording Materials in Holography）

全息术的主要分支——全息干涉术、光学信息处理和集成光学都对记录材料提出许多严格要求。这些要求常具有特殊的性质，并仅与所给定的特定应用有关，而对其他的应用并不重要。为了满足全息术的各种不同的应用，目前的倾向是使生产和研究记录材料的工业分支专门化。

把照明全息图的二维或三维的光强分布变换成全息材料的光学特性分布的物理效应是什么呢？首先，在全息图范围内形成的微观干涉图改变了材料的光学性质。这些性质包括：

（1）光学透过率（optical transmittance）   它用振幅透过率表示，即

$$T = \frac{a_e}{a_i} \tag{10-4}$$

式中　a_e——出射光振幅；

　　　a_i——入射光振幅。

（2）光学厚度（optical thickness）　它由记录介质的厚度和介质的折射率决定，即

$$L = dn \tag{10-5}$$

式中　d——介质的厚度；

　　　n——介质的折射率。

（3）反射系数（reflectance）　它由反射光和入射光的强度比决定，即

$$r = \frac{a_r^2}{a_i^2} \tag{10-6}$$

式中　a_r^2——反射光强度；

　　　a_i^2——入射光强度；

（4）偏振平面旋转角（rotation angle of polarization plane）　用偏振光通过 1cm 厚的介质时或从介质层反射时，偏振平面的旋转角为

$$\Delta\theta = \arccos\left(\frac{\vec{a_e} \cdot \vec{a_i}}{a_e \cdot a_i}\right) \tag{10-7}$$

对于光学性质主要取决于曝光条件的材料，必须考虑对于波长范围为 $0.4 \sim 0.7 \mu m$ 的可见光，量子能量非常小，大约为 $1.8 \sim 3.1 eV$。这个能量常不足以在光量子被吸收的区域明显地改变介质的光学性质。由于这个原因，一般情况下，如果材料的性质基于光对固体的直接作用，那么这种材料有较低灵敏度，如金属蒸气胶片、光色晶体、磁光胶片。

为了避免上述情况，一般应用二阶原理来形成记录材料的响应。这个原理的典型例证是卤化银照相乳胶。第一步，在光的作用下，在乳胶中形成一潜像（人眼可以看到）；第二步，经过化学处理后，以消耗化学能为代价，把潜像变换成乳胶化学性质的明显变化。利用二阶原理研制的全息记录介质获得了很大的成功，包括卤化银摄影材料、光导热塑料胶片和二色明胶片。

与全息术的其他分支相比，全息干涉术对记录介质的要求相当低。全息图必须记录的空间频率一般不超过 $1500 \sim 2000 cy/mm$，并允许较大的非线性的强度变化。从本质上说，所要求的就是重现像中的干涉条纹要有较高的可见度。干涉方法也常用在非线性记录的全息术中，对记录介质的基本要求是对工作的激光波长有最大的灵敏度，具有一般的空间分辨率和衍射效率（diffraction efficiency）。

这样，对全息干涉术记录材料的要求看起来一般，但是它反映了在目前研制全息记录材料中所处的地位和重要性。完全满足感光材料的所有基本要求是比较困难的。

现存的判读全息干涉图的方法是基于线性记录具有低噪声和适当衍射效率的干涉图，主要的问题是扩大应用全息干涉术的领域和从实验室装置过渡到真正工业生产中的使用设备。所有这些要求减少全息图曝光和处理的时间，这样严格地限制了目前可以应用到全息干涉术的记录材料的种类。实际上，只有三种材料可以被应用，即卤化银照相乳胶（板或胶片）、光导热塑料和硅酸铋晶体。硅酸铋晶体是最新的全息记录材料，由于其独特的显影特性，必将广泛地应用在全息干涉测量中。

10.4 卤化银照相乳胶（Halogenating Silver Photographic Emulsion）

10.4.1 分辨率（Resolving Power）

卤化银照相乳胶是将颗粒很细的卤化银混合弥散在明胶中，再均匀地混加一层敏化剂制成。其作用原理是基于受光作用的卤化银小晶体的化学变化。为了能够分辨参考波与物波相交时形成的复杂干涉场的微观结构，晶体颗粒的尺寸必须小于干涉场的空间频率。一般情况下，干涉场的空间频率是随机起伏的。如果物体表面散射角足够大，即边缘光线形成的角 θ_s（图 10-10）与全息图的孔径角有同样的量级，那么随机起伏的物场将记录在全息图所在的区域内。这个场可以由平面波与参考波的重叠来描述，每一平面波和参考波形成一汇聚角，其从 θ_{max} 变化到 θ_{min}。在整个全息图上干涉条纹的空间频率是在两极限之内变化的，两极限值分别为

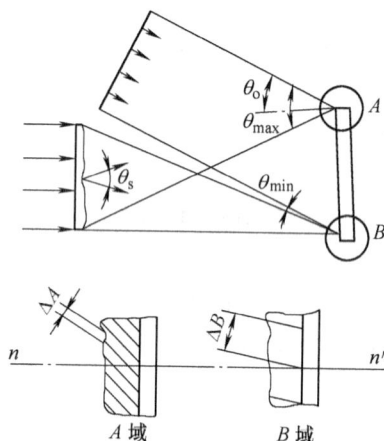

图 10-10 全息图的空间频率
（Fig. 10-10 Spatial Frequency of Hologram）

$$\nu_{min} = \frac{2\sin(\theta_{min}/2)}{\lambda} \tag{10-8}$$

$$\nu_{max} = \frac{2\sin(\theta_{max}/2)}{\lambda} \tag{10-9}$$

频率的这种变化不是平滑地单调地增加，而是随机地增加。A 区的频率大于 B 区。

如果记录介质的分辨率不足，高空间频率的干涉条纹没有记录在全息图上，那么携带被研究物体的最小细节信息的某些分量，在由这样全息图形成的重现波中损失掉。从全息干涉术的任务观点看，这种损失的主要后果是，在表示两次曝光之间物体变化的重现像中干涉图可见度变坏。

卤化银乳胶的分辨率较高，一般可达 3000cy/mm。目前在国内市场能够买到的全息干板除天津 I 型和天津 II 型外，还有 HP633P 型，后者要求曝光量大。如果用稀释的 D_{19} 显影剂，衍射效率可以提高到 28%。各种卤化银乳胶的特性见表 10-4。

表 10-4 卤化银乳胶的特性
（Table 10-4 The Characteristics of Halogenating Silver Emulsion）

型　号	厚度/μm	灵敏波长/nm	曝光量/（μJ/cm²）	极限分辨率/（cy/mm）
天津 I 型	6~7	633	30	>3000
天津 II 型	6~7	694	38	>3000
HP633P	10	633	~300	>4000
Kodak 649F	6~17	全色	80	>3000
Kodak 120	5	600~700	42	>3000

（续）

型　号	厚度/μm	灵敏波长/nm	曝光量/（μJ/cm²）	极限分辨率/（cy/mm）
Agfa 8E 70	6	633（全色）	20	3000
Agfa 8E 75	6	694（全色）	20	＞3000
Agfa 10E 75	6	694（全色）	50	～2500

10.4.2　线性响应（Linear Response）

因为物体常是通过全息图从不同的角度观察到，所以重要的是尽可能使重现的物波在全息图整个孔径内不产生畸变，即希望在整个全息图上都满足下面条件

$$a_i = k a_0 \tag{10-10}$$

式中　a_i——重现物波的振幅；

　　　a_0——原物波的振幅；

　　　k——常数。

在全息图上任意一点（$\vec{X}$）的光场强度是

$$I(x) = (A_r + A_0)(A_r + A_0)^* = a_r^2 + a_0^2 + 2 a_r a_0 \cos\Delta\phi(x) \tag{10-11}$$

其中，$\Delta\phi(x)$决定了记录在全息图上的干涉条纹的形状和间隔。如果被研究的物体是反射或透射（位相）物体，那么干涉条纹有一规则的特性；如果物体漫反射入射光，那么干涉条纹有一随机属性，仅在个别小区域才可以近似地认为周期性关系。在这种情况下，可以认为全息图记录了振幅和位相的随机变化以及周期在 $1/\nu_{min} \sim 1/\nu_{max}$ 范围内的周期性图形的叠加。

因为记录材料的响应不是线性的，所以只有当由式(1-37)的第三项所决定的曝光量变化与所对应的工作点 E_0 曝光量相比不太大时，才能满足线性记录条件。因此，必须遵守如下条件

$$a_0 \ll a_r \tag{10-12}$$

或者

$$I(x) \approx a_r^2 + 2 a_r a_0 \cos\Delta\phi(x) \tag{10-13}$$

如果根据式(10-12)把振幅透过率函数 $T(H)$ 在工作点 H_0 附近展开成级数，并忽略掉展开式中除了前两项之外的所有项，那么得到

$$T(H) = T(H_0) + \frac{dT}{dH}\Delta H = T(H_0) + \left(\frac{dT}{dH}(H_0) 2 a_r a_0 \cos\Delta\phi\right) t_e \tag{10-14}$$

式中　t_e——曝光时间，$H_0 = a_r^2 t_e$。

全息图处理之后用 Ar 照明，根据式(10-4)和式(10-14)，直接在全息图平面后得到的出射光振幅为

$$a_e = a_r T(H) = a_r T(H_0) + \frac{dT}{dH}(H_0)(2 a_r^2 a_0 \cos\Delta\phi) t_e \tag{10-15}$$

因此，能产生重现像的一级衍射波的极大值为

$$a_i = \frac{dT}{dH}(H_0) a_r^2 a_0 t_e = \frac{dT}{dH}(H_0) H_0 a_0 \tag{10-16}$$

把式(10-10)与式(10-16)进行比较，从而得到保证从全息图上重现的实像场的线性要求为

$$k = \frac{dT}{dH} H_0 \qquad (10\text{-}17)$$

如果假定工作点 H_0 在整个全息图上是常数，即

$$H_0 = c(\vec{X}) \qquad (10\text{-}18)$$

那么，满足式(10-17)的要求是

$$\frac{dT}{dH} = c \qquad (10\text{-}19)$$

这表明，曝光量的变化不应超过下降曲线 $T(H)$ 的准线性部分，如图10-11所示。

因为激光光束中的强度分布通常是高斯分布 (Gaussian distribution)，所以式(10-18)实际上很难满足。如果欲满足式(10-18)，则必须大大地扩大参考光束，而仅用其中心部分。这样将损失大量用于照明全息图的能量，为此必须增加曝光时间，但这会导致稳定性等问题。因此，在实践中，式(10-18)常被忽略，而需遵守下面关系式

$$\frac{dT}{dH} = \frac{k}{H} \qquad (10\text{-}20)$$

即要求遵守一实际上不能实现的规则

$$T \propto \lg H \qquad (10\text{-}21)$$

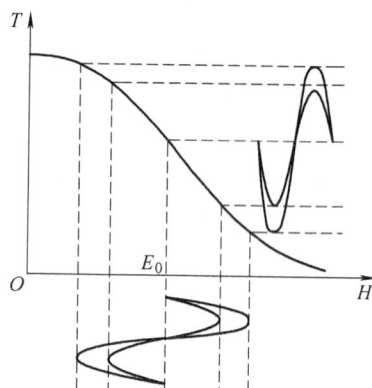

图 10-11 摄影材料响应的非线性
(Fig. 10-11　Nonlinearity of Photographic Material Response)

因此，当全息图有较大面积时，全息干涉术很少能满足物场的线性记录和重现条件。

由于以上这些原因，在物体的重现像和干涉图中将出现通过全息图的某些部分比其他部分亮。这种情况使干涉图的自动处理和基于光度学判读干涉条纹的方法变得困难。

经验表明，大多数现有的全息记录材料都形成一表面浮雕，这是因为在定影时未显影的卤化银被冲洗掉，从而减小了该点的明胶厚度。

综上所述，若想得到最大的衍射效率，则现有的全息摄影材料不能用于记录非线性变形较小的全息图。因此，常允许在像中存在一定的噪声和非线性。

根据式(10-12)，通过 $a_r \gg a_0$ 来满足线性条件，但是当重现像中干涉条纹数目很大时，由于非线性效应及导致非线性变形的其他效应，使正确地记录条纹的形状和数目变得困难。因此，物光和参考光可接受的关系大约是[7]

$$a_0 \approx \frac{1}{3} a_r \qquad (10\text{-}22)$$

当然，对于具体的测试目标必须视具体情况而定，一般由实验决定。

10.4.3　卤化银乳胶的漂白 (Bleach of Halogenating Silver Emulsion)

应用在全息术中的照相材料的另一个重要性质是，信息由于各种物理效应被记录在全息图上，这些效应常在处理全息图时同时产生，其包括：

1）由于存在金属银颗粒形成交替的亮暗区，所以这个过程决定了振幅全息图的特性。

2）由于在未被显影的卤化银溶解的地方、照相乳胶的收缩以及由于在处理过程中明胶

的鞣化，所以形成表面浮雕。

　　3）由于显影的全息图漂白，在显影的全息图中，金属银变换成透明的盐，其光学常数与纯的明胶特性不同，所以形成不同折射率的区域。

　　因此，用卤化银乳胶制成的振幅全息图可通过漂白工艺转换成位相全息图，从而提高衍射效率。位相全息图有两种：浮雕型和折射率型。

　　浮雕型位相全息图的漂白工艺是在鞣化漂白槽中进行的，漂白过程将曝光部分的银离子除去，银粒周围的明胶被鞣化。干燥后，鞣化过的部分变硬，未曝光部分明胶变薄，从而形成浮雕型全息图。入射波依靠厚度变化而被位相调制。图 10-12 所示为光化处理后照相材料的浮雕。

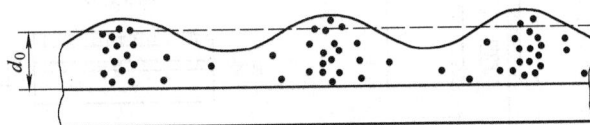

图 10-12　光化处理后照相材料的浮雕

（Fig. 10-12　Relief of Photographic Material after Photochemical Processing）

　　折射率位相全息图的漂白工艺是用氧化剂将金属银氧化为透明的银盐，其折射率与曝光部分的明胶不同。氧化剂以铁氰化钾漂白效果最好。漂白以后的全息图衍射效率高，噪声低，稳定性好。这样，入射波依靠折射率的变化而被位相调制。

　　尽管卤化银照相材料是目前全息术中较常用的记录介质，然而对于工业和科学用的全息方法，卤化银还存在着许多缺点，它的相当低的灵敏度、非线性的重现像、重复记录和信息消除的不可能性，大大地限制了把全息方法应用到实践中去。这就是为什么人们正十分注意研究新的全息记录材料的原因。

10.5　光导热塑料[8]　（Photoconductor Thermoplastic Film）

　　用于全息术的最有希望的材料之一是光导热塑料，它是浮雕型位相记录介质。光导热塑料由固态的含有灵敏剂的松香酸以非晶体热塑料聚合矩阵的形式组成。光导热塑料胶片由多层的形式组成：玻璃基片（glass substrate）、透明导体（transparent conductor）、光电导体（photoconductor）和热塑料（thermoplastic film）。图 10-13 所示为光导热塑料层的结构及其工作步骤。

　　光导热塑料的性质还没有被研究，因此在定量地评价其可能性方面比照相材料有较大的模糊性。多层光导热塑料的灵敏度不比用在全息术中的照相材料有较大的模糊性。多层光导热塑料的灵敏度不比用在全息术中的照相材料高，分辨率也不太高。

　　在曝光之前，光导热塑料的胶片表面要在黑暗中均匀充电，它相对地极产生一电势。例如，可以利用 10kV 电压的电线和地极之间的电晕放电来进行充电；然后把光导热塑料胶片在全息装置中曝光，在有光照的地方，光导的内阻减小。实际上，开始加到光导热塑料器件上的整个电势必然直接加到热塑料已曝光的面积上。在热塑料被光作用的地方和没有被光作用的地方电场值是不同的。当光导热塑料被加热到聚合物变软的温度时，聚合物因局部电场的作用而变形，变形的大小正比于电场的大小。热塑料的厚度通常为 $0.2 \sim 15\mu m$。潜像以电场分布形式固定，显影后，潜像以表面浮雕的形式固定，其空间频率不超过胶片厚度的倒

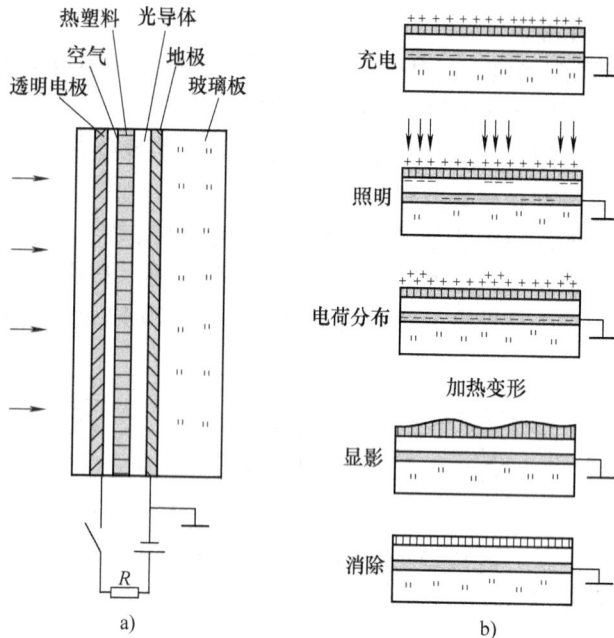

图 10-13　光导热塑料层的结构及其工作步骤
（Fig. 10-13　Structure and Working Step of Photoconductor Thermoplastic Layer）
a）结构　b）工作步骤
（a）Structure　b）Working Step）

数。光导热塑料对低空间频率的响应还有待于进一步研究。

由于光导热塑料的显影过程是加热使塑料软化，定影过程是冷却使塑料硬化，因此光导热塑料可以在消除变形后重复使用。消除变形的方法是适当的加热，恢复到原来的情况后再冷却固定。

光导热塑料的衍射效率与空间频率的关系有一极值，极值衍射效率的频率取决于热塑料胶片的厚度，如图 10-14 所示。随曝光量的增加，衍射效率趋于饱和（图 10-15）。研究有关的数据表明，光导热塑料的特性不同于摄影材料的特性，因此很难把这两种记录材料的可能性进行一般的比较。

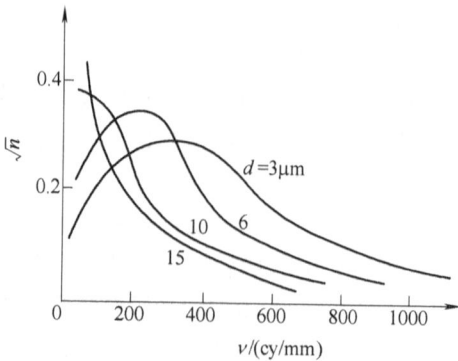

图 10-14　衍射效率与空间频率的关系
（Fig. 10-14　Relationship between Diffraction Efficiency and Spatial Frequency）

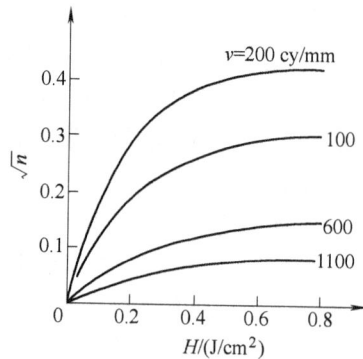

图 10-15　不同空间频率的光导热塑料胶片的曝光特性
（Fig. 10-15　Exposure Characteristic of Photoconductor Thermoplastic Film in Different Spatial Frequency）

作为全息记录介质，光导热塑料的优点是对可见光敏感、干显影（development）、适于实时观测、衍射效率高、能重复使用。缺点是分辨率低，常用的空间频率为600～1 400cy/mm，高质量的薄膜制造困难。

10.6　硅酸铋晶体[9,10]（BSO Crystal）

在 1967 年制造出铌酸锂晶体（LiNbO₂），它能在激光束的作用下改变折射率。也有其他的晶体表现出类似的效应，但是其效应不如铌酸锂强。十年以后，又制造出锗酸铋（$Bi_{12}GeO_{20}$）和硅酸铋（$Bi_{12}SiO_{20}$），分别简称为 BGO 和 BSO 晶体。它们不但具有相同的效应，而且有比铌酸锂高 100 倍的感光灵敏度。

硅酸铋晶体是一立方晶体，如图 10-16 所示，它既表现了线性的电光效应，又表现出光导特性，最大的灵敏度位于绿蓝光谱范围内。

用 BSO 晶体记录光学信息原理如图 10-17 所示，它利用了横向的电光效应。为了提高灵敏度，要在晶体上施加一横向电场。经验表明，该电场的电压为6kV/cm²较好，这样能得到与高分辨率的照相乳胶相比较的灵敏度，如在全息术中应用的 Kodak649F。在衍射效率为 1% 时，几种晶体的记录信息的灵敏度见表 10-5。

图 10-16　BSO 晶体
（Fig. 10-16　BSO Crystal）

表 10-5　晶体灵敏度
（Table 10-5　Sensitivity of Crystal）

材　　料	储存能量/（mJ/cm²）
铌酸锂	30
硅酸铋	0.3
锗酸铋	1.25
光导热塑料	0.02

在图 10-17 中，电场沿＜110＞面的方向加到晶体上，电场的方向与光传播的方向垂直。On_x 和 On_y 是平行于 Ox 轴的电场产生的线性双折射轴。On_x 与轴 Ox 的夹角为45°。Oy 代表输

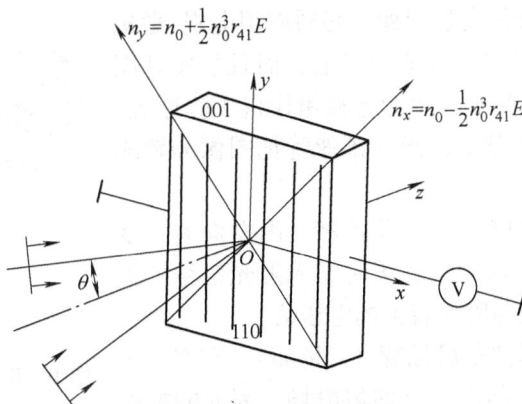

图 10-17　BSO 晶体的信息存储
（Fig. 10-17　Information Storage in BSO Crystal）

入光束电矢量振动的方向。沿 On_x 和 On_y 轴光振动的折射率分别为 $(n-\Delta n)$ 和 $(n+\Delta n)$。

这样，通过物波和参考波的重叠，在全息图上产生的微观干涉图作为硅酸铋晶体折射率的空间调制被记录下来。由于线性的电光效应，按晶体内所建立的空间电压，折射率变化为

$$\Delta n = \frac{1}{2}n^3 r_{41} E \tag{10-23}$$

式中 E——电场强度；

   r_{41}——电光系数，$r_{41} \approx 5 \times 10^{-10}\,\mathrm{cm/V}$；

   n——晶体折射率。

在厚度为 D 和折射率为 n 的晶体与折射率为 1 的空气之间位相变化 $\Delta\phi$ 为

$$\phi = \frac{2\pi}{\lambda}(n-1)D \tag{10-24}$$

$$\Delta\phi = \frac{2\pi}{\lambda}\big[D\Delta n + (n-1)\Delta D\big] \tag{10-25}$$

因为 λ 远小于 nD，所以在照明晶体时，较小的折射率变化 Δn 可以引起较大的位相变化 $\Delta\phi$（$\Delta D = 0$）[11,12]。因此，硅酸铋晶体可以用于全息干涉术，尤其是实时全息干涉术的信息记录材料。

相对于所有其他的全息记录材料，硅酸铋晶体的优点是：其全息图可以任意多次的消去，然后晶体再被应用，而晶体并没有表现出任何损耗或疲劳现象。除此之外，硅酸铋晶体不需要任何时间进行显影，因为相应于光强分布的折射率变化在物光照明晶体时就已产生。也就是说，在物光照明时，全息图自动实现显影。但是，在全息重现时，信息又很快地被消去，这个事实必须在计算全息图时考虑到，消除全息图的时间约为 $5 \sim 10\mathrm{s}$。

在实际使用硅酸铋晶体时，为了进一步提高灵敏度，应在晶体上施加一横向压力，一般为 15bar。

硅酸铋晶体也可以用于实时全息干涉术、光学信息处理、光学存储和散斑干涉。尤其是它能自动显影，因此对实时全息干涉术非常有用。

10.7 电视摄像机（Television Camera）

为了能定量地数学分析光学图像，必须应用电视-微机技术。这不但使光学信息的处理成为可能，而且能实现图像的实时自动分析。图 10-18 所示为电视摄像机工作原理。物镜把图像成在光导摄像管上，光导摄像管把图像分解成电子信号序列。

由图 10-18 可知，扫描是按时间顺序，由左向右，从上而下进行的。提取的电信号强度正比于入射光信号的强度。这样把强度值转换成与时间有关的电压值。

电视摄像机的核心部件是摄像管（vidicon），它有一很长的聚焦线圈，在管的内部产生一均匀电场，因此能把电子束聚焦在靶面上。电子束和偏转系统读取积累在靶面上

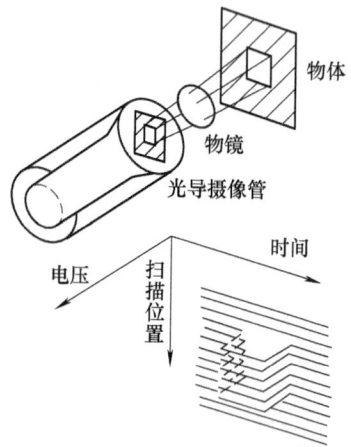

图 10-18 电视摄像机的工作原理
（Fig. 10-18 Working Principle of Television Camera）

的电荷图像，靶面既能允许光通过，又能导电。其上面镀一层半导体层（如硒层），称为半导体感光层。摄像管的结构如图 10-19 所示。

光导层上的每一元素都被看作存储单元，各存储单元并联到半导体层的光阻上，阻抗的大小取决于入射光的强度。如图 10-20 所示，靶面连接到电压为 10～50V 的阳极上，电子枪对靶面的阴极放电。

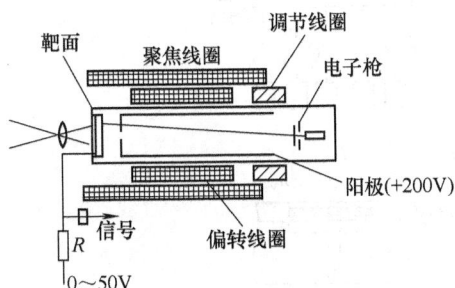

图 10-19　光导摄像管的结构
（Fig. 10-19　Vidicon）

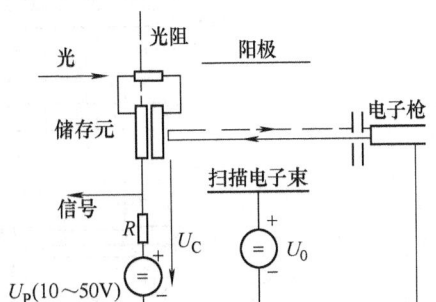

图 10-20　光导摄像管的电路
（Fig. 10-20　Circuit of Vidicon）

两次扫描的间隔为 $1/25$s。在两次扫描期间，存储单元通过半导体层的阻抗沿正方向放电。扫描点光导层处照明越强，放电越多，也就是说阻抗越小。在下一个扫描过程中，电子束又使电容对阴极放电，将电阻 R 上的补充电流输给图像信号。图 10-21 所示为光导摄像管图像信号的产生。

感光半导体层的余辉将产生一信号电流，它与瞬时扫描光导层上的光学信息无关，这导致产生测量误差。而且余辉停留时间和图像停留时间越长，该信号电流越强。

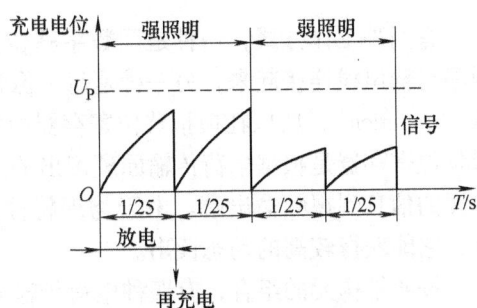

图 10-21　光导摄像管图像信号产生
（Fig. 10-21　Image Signal Generation of Vidicon）

10.8　固体图像传感器[13,14]（Solid Image Sensor）

半导体工业在生产高集成电子功能块方面的迅速进展，使研究固体图像传感器成为可能。在 1975 年，一维线阵和二维面阵的图像传感器已成为商品。这种图像传感器尤其适用于测试技术，单个像素的位置可以精确地定位到几十纳米，而且在信息读出时并不损失这样高的位置精度。

10.8.1　基本结构（Basic Construction）

图像变换的基本原理是利用内光电效应，在 1.1～6eV 的能带内探测硅中的光子，其对应的波长大约为 0.2～1.1μm。吸收的光子产生载流子对——电子和空穴。

光电子探测用两个不同的传感器结构实现。如图 10-22 所示，其左下角是扩散光电探测器，光敏电阻和光电二极管都是扩散光电探测器，右下角是场感应光电探测器。一种情况是，通过在 P－N 层相应的掺杂产生缺少载流子的阻挡层；另一种情况是，通过在 MOS-电容上施加电压产生一空带区。图 10-22 中的上面两图是用于读出像元的数字移位寄存器和模拟移位寄存器，它们把正比于入射光强的光电流传输到图像传感器的输出端。

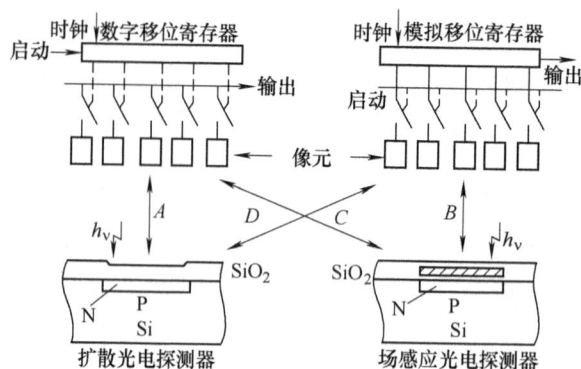

图 10-22　固体图像传感器的四个基本结构

(Fig. 10-22　Four Basic Constructions of Solid Image Sensor)

有两种工作方式，一种是用数字移位寄存器把每一像元（pixel）通过一个开关按时间顺序与输出线连接起来；另一种是每一像元都有自己的开关，而且所有开关同步工作（in－step operation），所以在模拟移位寄存器中的信息是并行传输（parallel transmission）。这种模拟移位寄存器是根据电荷传输原理读出的。在上述两种工作方式中，都是用时钟脉冲来驱动像元的信息到视频输出端。由于物理特性，模拟移位寄存器的图像信息具有较小的噪声信号，它能获得较高的动态读出。

按照结构元的组合，有四种电荷传输器件（CTD）的图像传感器：A——自扫描光电二极管（SSPD）；B——电荷耦合器件（CCD）；C——电荷注入器件（CID）；D——电荷耦合光电二极管（CCPD）。

10.8.2　电荷传输技术（Transmission Technology of Electric Charge）

CCD（charge coupled device）是电荷传输最重要的技术。CCD 电荷传输的方式如图 10-23 所示。图 10-23a 所示为三位相结构，每三个电容接通到同一个门位相上。Φ_1 加正电压，且高于 Φ_2 和 Φ_3 的电压，所以上表面电动势沿 Si—SiO$_2$ 通道流动，如图 10-23b 所示，这样产生所谓的势阱。如果光照该部分，那么光电子作为工作电荷流入该势阱中。如图 10-23c 中阴影线所示，工作电动势为 Φ_s。为了使工作电荷向右位移，即向下一个电容器位移，要在 Φ_3 处加一正电压（与图 10-23 d 中 t_2 相比较）。初始时产生的势阱是空的，电荷开始从 Φ_1 向 Φ_2 流动。电容器必须相邻较近，使产生的势阱彼此较好地重叠。直接控制 Φ_2 之后，Φ_1 的电动势逐渐地消失。势阱的电动势升高，在 Φ_1 产生的电荷向 Φ_2 流动。为了阻止电荷向左移动，Φ_1 仍保持较小的正电压，这样使电荷继续向 Φ_3 电容器（capacitor）方向流动。如同从 Φ_1 向 Φ_2 传输，电荷从 Φ_2 向 Φ_3 传输。经过一个周期的三位相控制电压后，电荷向右向下一个 CCD 梯度位移。这个过程称为电荷耦合。

在脉冲频率为 10MHz 时，可以获得的传输效率高于 0.999 9。在有 330 个梯度的结构

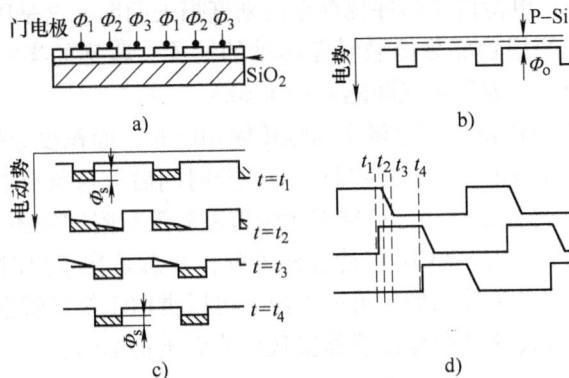

图 10-23 　三位相驱动 CCD 结构

（Fig. 10-23 　CCD Construction of Three Phase Drivers）

中，对应的 990 个门电极表明，在视频输出端仍有 90% 的原始工作信号 Φ_s 供使用。三位相 CCD 方案仅是一种可能的电荷传输技术，除此之外还有二位相和四位相 CCD 电荷传输方式。

10.8.3 　面阵图像传感器（Matrix Image Sensor）

借助于图 10-24 可以简单地讨论固体摄像管三种重要的结构。根据图像传输原理（帧传输 frame transmission）的一个传感器如图 10-24a 所示，按这种原理制造了电视摄像管，许多产品已投入使用。其实际分辨率取决于记录部分的像元数（此处是垂直 256 × 水平 320），但是在隔行扫描方法中，垂直位置的像元数为 512（美国的电视标准为 525 条线）。

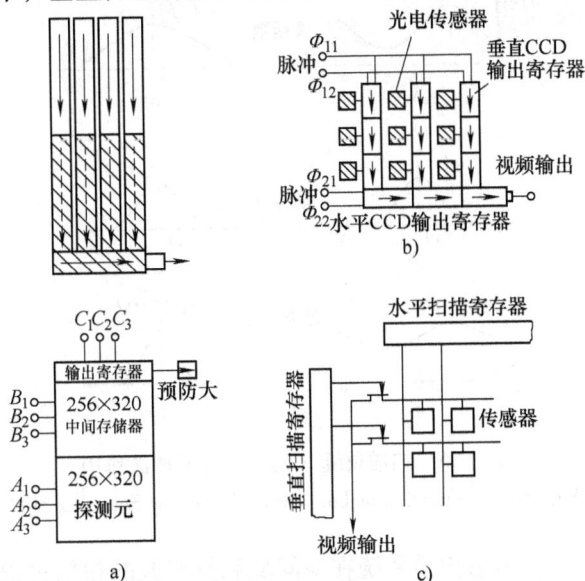

图 10-24 　三种重要的 CCD 面阵传感器

（Fig. 10-24 　Three Important CCD Matrix Sensors）

a）帧/场传输　 b）隔行传输　 c）x—y 地址传感器阵列

（a）Frame/Field Transfer　 b）Interline Transfer　 c）x—y Addressed Sensor Array）

与其他传感器类似，电荷传感器件也存在清晰度损失问题，这是因为在照明时和图像在寄存器（register）之间的记录部分传输时像移动的结果。典型的半帧的积分时间是 20ms，图像传输时间（对应于垂直逆程消隐间隔）是 1.6ms。

图 10-24b 所示为隔行传输，当分辨率与帧传输相同时，面积仅为帧传输的一半。但是，抗干扰的莫尔效应（Moiré effect）能力减弱。在积分时间后，与照明成正比的所有像元电荷同时向相邻的 CCD 移位寄存器移动，这样在图像传输时没有附加的图像模糊。

图 10-24c 所示为 x—y 地址（CID）传感器阵列，其总是在读出时有图像模糊问题，由此产生固有的与照明相关的干扰图像。另一方面，可以类似于析像管选择随机存取方式，用一特殊的输出放大器可以使这种图像传感器实现快速无干扰读出。

10.8.4 扫描（抽样）理论（Scanning (Sampling) Theory）

按照扫描（抽样）理论，为了重现一真正无畸变的正弦振荡，每个周期要有两个函数值。如果要记录一频率为 f_n 的振荡，那么至少要用两倍频率进行扫描，即

$$f_c \geqslant 2f_n \tag{10-26}$$

式中　f_c——扫描（抽样）频率；

f_n——信号最大频率。

定性地表示在空间域和频率域低通滤波的图像函数响应情况如图 10-25 所示。左半图是空间域，像函数与抽样点扩散函数的卷积形成低通滤波的像函数。右半图是频率域，像函数和抽样点扩散函数的傅里叶变换之积是频率域滤波响应。

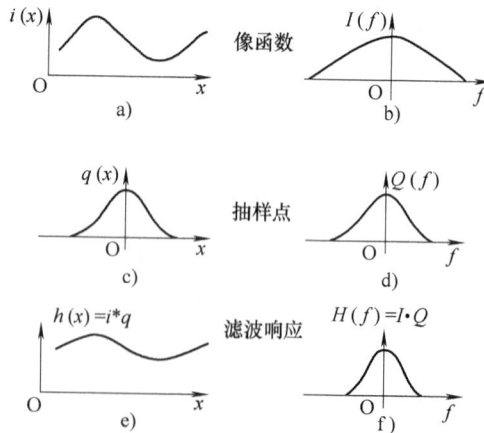

图 10-25　扫描狭缝（元）的低通滤波作用

(Fig. 10-25　Function of Low Pass Filtering by Scanning Slit)

对离散式扫描过程，一理想扫描系统在空间域和频率域的扫描过程如图 10-26 所示。左侧是空间域，像函数与抽样函数的乘积产生重现的被抽样函数。右侧是频率域，是像函数的傅里叶变换与抽样函数的傅里叶变换的卷积（convolution）。

由图可以看出，被抽样的函数重现了原像函数，但是抽样频率必须满足扫描理论，即满足式(10-26)。

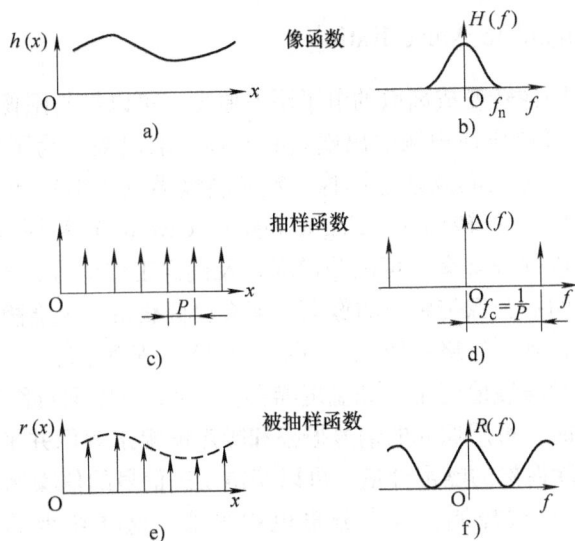

图 10-26　理想扫描系统的扫描过程

（Fig. 10-26　Scanning Process of Ideal Scanning System）

10.8.5　特征参数（Character Parameters）

对于固体传感器的应用，需注意其尺寸、分辨率、光谱灵敏度和扫描频率等。例如，新加坡华胜公司的一款 CCD 如图 10-27 所示。它的主要参数如下：

尺寸 1in（7.7mm×10.5mm）；有效像元（active pixels）2208（H）×2960（V）；像素大小（pixel size）3.5μm×3.5μm；像素类型（pixel type）CMOS；饱和电荷（saturation charge）21500eV；灵敏度（sensitivity）283V/W；光谱响应（spectral response）* FF Peak：0.12A/W，0.1A/W Average；暗电流（dark current）在 21℃为 6.29mV/s，170eV/s；动态范围（dynamic range）61dB；1100∶1 典型，59.5dB 线性，940∶1；光谱范围（spectral range）400～1000nm；传输速率（transmission rate）40MHz（7～45MHz 可编程）；输入电压（input voltage）DC +5V ±0.5V <500mA；功耗（power consumption）2.0W；可用 USB 接口。

图 10-28 所示为该 CCD 的光谱响应曲线，由图可知，其最大的光谱响应为 400～1000nm。

图 10-27　一英寸 CCD 相机

（Fig. 10-27　1 Inch CCD Camera）

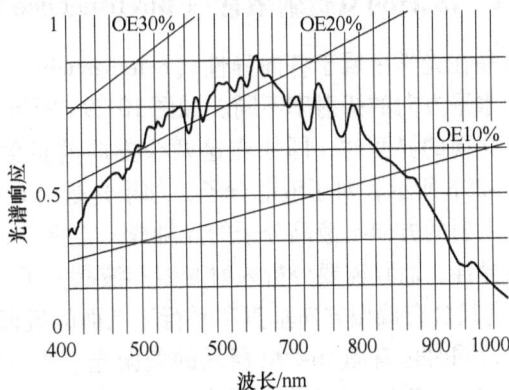

图 10-28　CCD 的相对光谱响应曲线

（Fig. 10-28　Curve of CCD Relative Spectral Response）

10.8.6　信噪比（Signal to Noise Ratio）

按着把连续的光学图像转变成离散的电子图像原理，可以把与图像强度成正比的已知像元（或扫描点）的电荷或电压在视频输出端按时间顺序取出来。为了光度测量或计算机图像处理，输入每个像元的电压必须通过图像—数字转换器（A/D）转变成数字化的二元编码信号。为了正确地读出 A/D 转换（analog to digital convertor）和评价可达到的计算精度，要确定电子模拟信号允许的分辨率（可区分梯度）及确定工作信号大于噪声信号的倍数。

如果完全均匀地照明一图像传感器的像场，那么也会获得一个准静态的噪声分量产生的像。在输出信号时要考虑到，忽略盲像元（blind pixel）（故障点）时，像元也存在不同灵敏度。干扰图像只是非常缓慢地变化（如温度漂移），因此可以通过图像相减在计算机中进行补偿。在有许多图像时，可用像元的信号振幅和噪声振幅来表示并平滑处理（smooth processing）结果。这样排除偶然的噪声分量，可以获得动态信号的信噪比 $SNR > 40dB$，从暗电流到饱和电流信号将完全被控制，噪声分量也被平滑，这样获得的动态范围为 100：1（hamamatsu 摄像机）。

应该注意，CCD 的选择不仅要使其感光曲线的中心光谱与光源相匹配，其尺寸与视场相匹配，其像素尺寸与干涉条纹的分辨率相匹配，而且为提高测试精度，CCD 镜头的焦距应严格标定[15,16]。

10.9　空间光调制器（Spatial Light Modulator）

空间光调制器能在时间、空间变化的信号源控制下，对光波的空间分布进行相位、振幅或偏振态的调制。由于空间光调制器具有光电实时接口、读写便捷、高衍射效率、高响应频率等优点，故被广泛地应用于全息干涉测量、光电混合联合变换相关器、自动模式识别等方面，是信息处理系统中的关键器件之一。

空间光调制器按寻址方式可分为电寻址空间光调制器（electrically addressed spatial light modulator，EALCD）和光寻址空间光调制器（optically addressed spatial light modulator，OASLM），按读写和使用方式可分为透射型空间光调制器和反射型空间光调制器。

10.9.1　液晶的双折射效应（Birefringence Effect of Liquid Crystal）

液晶在光学中属于各向异性（heterogeneity）的物质，液晶的分子轴，即光轴，其垂直方向和水平方向的折射率不同。如图 10-29a 所示，当光线垂直入射两个各向同性（homogeneity）介质的界面时，即使在这两个方向的折射率不同，光线传播的方向依然不会改变。如图 10-29b 所示，对于液晶分子，如果光是沿着光轴的方向入射，光的传播方向仍然不变；如果光入射的方向与液晶分子的光轴成一定夹角，如图 10-29c、d 所示，不仅需要考虑液晶的各向异性，而且需要分析入射光线和液晶分子光轴的夹角。由图可知，图 10-29c 和图 10-29d 分别只含有偏振方向垂直和平行于纸面的偏振光。通常，入射光既存在图 10-29c 所示的偏振光，同时也有图 10-29d 所示的偏振光。当一束光入射到液晶分子时，既产生非寻常光（extraordinary light），也产生寻常光（ordinary light），即通常所说的光在液晶中传播时产生的双折射现象。

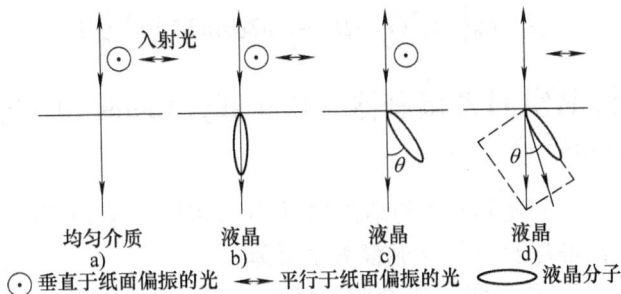

图 10-29　经液晶光线的传播的方向

(Fig. 10-29　Light Travel Direction after Passing Through Liquid Crystal)

液晶空间光调制器是利用液晶分子的双折射效应改变入射光偏振方向的特性制成的。如图 10-30 所示，设入射光垂直照射液晶层时，液晶分子长轴沿 z 轴方向从 O 到 z_0 的范围内不变，偏振光的偏振方向与 x 轴的夹角为 α。入射光经过 z_0 距离的传播后，在 x、y 方向上的出射电场分量分别为

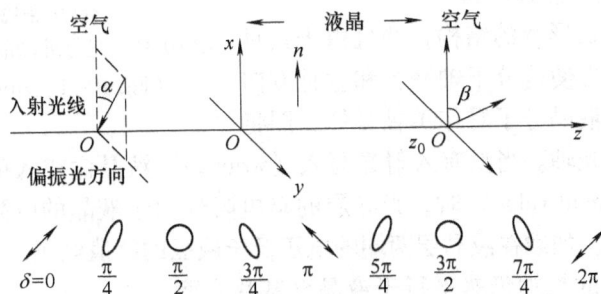

图 10-30　光的偏振方向和状态的变化

(Fig. 10-30　Changing of Light Polarization Direction and State)

$$\left.\begin{array}{l} E_x = E_0\cos\alpha\sin(\omega t - k_{//}z_0) \\ E_y = E_0\sin\alpha\sin(\omega t - k_\perp z_0) \end{array}\right\} \tag{10-27}$$

式中　E_x，E_y——电场强度（electric field intensity）E 在 x 轴和 y 轴的分量；

　　　　ω——入射光角频率（angular frequency），$k_{//} = \omega n_{//}/c$，$k_\perp = \omega n_\perp/c$。

将式（10-27）中的 E_x、E_y 合成可得

$$\left(\frac{E_x}{\cos\alpha}\right)^2 + \left(\frac{E_y}{\sin\alpha}\right)^2 - 2\frac{E_x E_y}{\cos\alpha\sin\alpha}\cos\delta = E_0^2\sin^2\delta \tag{10-28}$$

经过距离 z_0 后，x、y 方向产生的相位差 δ 为

$$\delta = (k_{//} - k_\perp)z_0 \tag{10-29}$$

随着距离 z_0 的增加，会产生不同偏振状态的出射光，如线偏振光（linearly polarized light）、椭圆偏振光（elliptically polarized light）、圆偏振光（circularly polarized light）。同时，偏振光的偏转方向也随之改变，如图 10-30 所示。

当液晶层的光线出射端夹有检偏器（analyzer）时，设光线的偏振方向与 x 轴的夹角为 β，则透射光的强度为

$$I = E_0^2 \left[\cos^2(\alpha - \beta) - \sin 2\alpha \sin 2\beta \sin^2 \frac{\beta}{2} \right] \tag{10-30}$$

10.9.2 光寻址液晶空间光调制器 (Optically Addressed Liquid Crystal Spatial Light Modulator)

光寻址相位型液晶空间光调制器的结构如图 10-31 所示。它由两层透明导电膜制成的电极夹持的光电导层、液晶层及介质反射镜等多层薄膜结构组成。驱动电源加载在两侧的透明电极上。其中，光电导层是由非晶硅制作而成的；在液晶层与非晶硅层中间的介质反射镜的主要作用是增强反射特性，以减少写入光与读出光混合而产生的干扰；液晶则采用正型（P 型介质液晶）的向列相型液晶。该器件主要利用光导层的光电效应（photoelectric effect）和液晶分子的电光效应（electro-optical effect）实现对入射光的调制。

液晶分子具有细长形状的结构，并且由于其具有光学各向异性的特性使得分子轴平行和垂直方向上的折射率不同。将液晶分子看作单轴晶体，即将

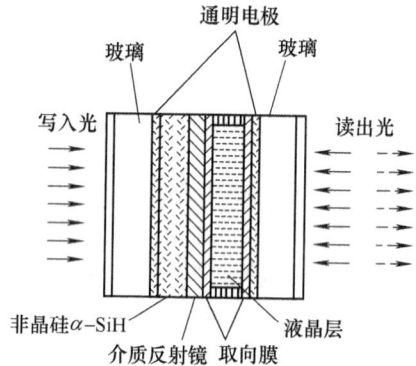

图 10-31　光寻址液晶空间光调制器的结构
（Fig. 10-31　Structure of OASLM）

液晶的分子轴看作其光轴。当没有入射光写入（write in）液晶盒或入射光光强未达到该器件相应的阈值（threshold value）时，光导层的暗电阻远大于液晶的电阻，绝大部分的驱动电压降落在光导层上，加载在液晶层两端的电压低于液晶的阈值电压，此时，液晶分子排列模式不变，液晶分子的长轴仍然平行于液晶盒基片表面排列。当线偏振光垂直入射该器件时，出射光仍保持原偏振态，仅出射光的相位发生一定变化，如图 10-32a 所示。当有入射光垂直入射光导层时，凭借光导层的光电导效应可使其电阻随着入射光光强的增加而降低，液晶层上受到的电压降增大，当该电压降超过液晶的阈值电压时，电场作用使液晶分子长轴沿着光线传播的方向倾斜，此时，液晶的折射率随入射光光强的变化而变化，结果表现为出射光的相位受到调制，如图 10-32b 所示。以上论述的就是光寻址相位型液晶空间光调制器相位调制的基本工作原理[76]。

当入射光的偏振方向与液晶分子轴有一定夹角时，该偏振光可看作与分子轴垂直的垂直分量和与其平行的平行分量。在两个分量分别透过液晶分子后合成形成出射光，且该出射光一般为椭圆偏振光。将一对正交的起偏器（polarizer）与检偏器（analyzer）加入到液晶空间

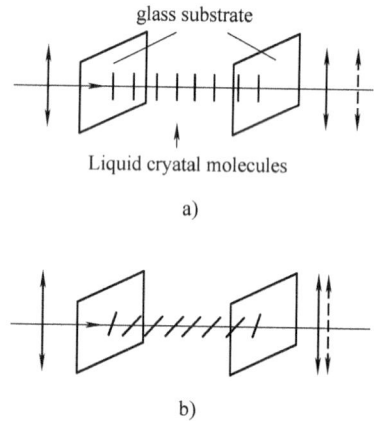

图 10-32　光寻址液晶空间光调制器
相位调制工作原理
（Fig. 10-32　Working Principle of Phase
Modulation with OASLM）

光调制器和读出光源中间，就可以实现对入射光强度的调制。这是光寻址相位型液晶空间光调制器强度调制的基本工作原理。

10.9.3　电寻址液晶空间光调制器[17,18]　（Electrically Addressed Liquid Crystal Spatial Light Modulator）

扭曲向列相型液晶空间光调制器（twisted nematic liquid crystal SLM）是电寻址液晶空间光调制器中的典型应用。在其结构中，液晶盒两端的玻璃基片上的电极之间有一定夹角，该夹角就是扭曲角（twisted angle）。正是该扭曲角的存在使得在两基片间的液晶分子长轴连续的变化，如图 10-33 所示。

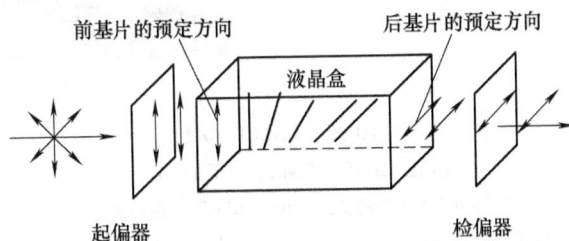

图 10-33　线偏振光通过液晶盒时振动方向的扭转

（Fig. 10-33　Vibration Direction Twist after Linearly Polarized Beam Passing through Liquid Crystal Cell）

当一束线偏振光垂直入射液晶盒时，由于液晶分子之间的扭曲角，线偏振光的偏振方向将发生旋转。当液晶盒两端的电极上加载电压时，液晶分子轴受所加电场作用将发生偏转，因此入射线偏振光的偏振方向也将发生偏转。将互相垂直的起偏器和检偏器加到液晶盒两端时，可通过外加电场的大小来实现对入射光波的位相或振幅的调制。当没有外加电场时，出射光光强为最大值。当在液晶盒上加载电压时，液晶分子的电控双折射效应将使其倾斜，透过液晶的出射光光强将变弱；当外加电压达到一定值时，足够的电场强度使几乎所有的液晶分子都偏转 90°，此时，出射光光强将为零。因此，出射光光强可通过改变液晶盒的驱动电压大小来调节。

在实际情况中一般不能实现纯位相调制（phase-only modulation）或纯振幅调制（amplitude-only modulation）。只有加入适当的位相延迟器件或偏振器件等才能实现纯位相或纯振幅调制。

英国 SVGA3VX 的透射式电寻址液晶（EALCD）如图 10-34 所示，分辨率为 1024（H）×768（V），有效尺寸为 18.5mm（H）×13.9mm（V），像素尺寸为 13μm（H）×10μm（V），像素间距为 18μm（H）×18μm（V），帧频为 60Hz。

在将 EALCD 与计算机连接完毕后，当标准图片 A（图 10-35a）写入 EALCD 时，如果 EALCD 上显示的图像与所输入一致，如图 10-35b 所示，则表明 EALCD 连接完成。

当 EALCD 放入以半导体泵浦 YAG 倍频激光器为光源的光路中，在 EALCD 后方放入傅里叶变换透镜，不输入任何图像，在透镜焦平面产生的液晶像素阵列（pixel matrix）的频

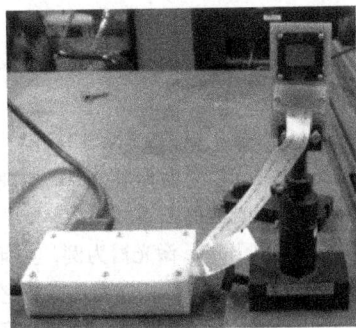

图 10-34　电寻址液晶（EALCD）

（Fig. 10-34　Electrically Addressed Liquid Crystal Display）

谱，如图 10-36 所示，则表明 EALCD 工作正常。由该图可知，当 EALCD 中不输入图像时，其谱面只呈现单独的衍射级，不含有其他信息。中心最亮光斑为零级衍射。

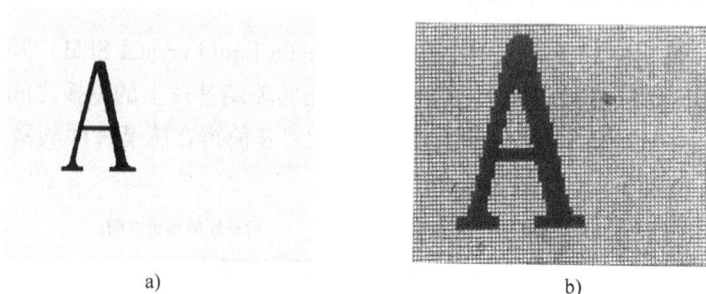

a)　　　　　　　　　　　　　　　b)

图 10-35　EALCD 检测

（Fig. 10-35　Testing of EALCD）

a）写入 EALCD 的图片　b）EALCD 上显示的图片

（a）The Image Writing in EALCD　b）The Image Displaying on EALCD）

图 10-36　EALCD 的频谱

（Fig. 10-36　Spectrum of EALCD）

本章习题（Exercises）

10-1　什么叫纵模？什么叫横模？为什么在全息中应尽可能选择单纵模或单横模的激光器？

10-2　激光器受激辐射激光的原理是什么？

10-3　激光器的频率由什么决定？激光器的相干长度由什么决定？

10-4　以 He-Ne 激光器为例，如何实现粒子数反转？如何实现雪崩放大？

10-5　BSO 晶体的特性是什么？它是位相记录介质还是振幅记录介质？有哪些优点？使用条件是什么？

10-6　为什么通常在曝光时，全息记录材料在线性区对入射光（干涉条纹）的响应进行记录？

10-7　数字全息用 CCD 或 CMOS 记录，相对于全息干板记录有哪些优缺点？如何使 CCD 与光学系统相匹配？

10-8　电寻址液晶 EALCD 的特点是什么？

本章术语（Terminologies）

激光　　　　　　　　　　laser—light amplification by stimulated emission of radiation

反馈	feedback
谐振腔	resonator
纵模	longitudinal mode
功率灵敏度	power sensitivity
衰减器	attenuator
光谱灵敏度	spectral sensitivity
气体激光器	gas laser
工作物质	operating material
激励源	pumping source
粒子数反转	population inversion
光学均匀性	optical homogeneity
气体放电管	gas discharge tube
YAG 倍频激光器	YAG frequency – doubled laser
基态	ground state
能级	energy level
固体激光器	solid laser
滤光片	optical filter
驱动振荡器	driving oscillator
准直镜	collimator
放大器	amplifier
光学透过率	optical transmittance
光学厚度	optical thickness
反射系数	reflection coefficient
旋转角	rotation angle
偏振平面	polarization plane
衍射效率	diffraction efficiency
空间频率	spatial frequency
卤化银乳胶	halogenating silver emulsion
线性响应	linear response
高斯分布	Gaussian distribution
光导热塑料	photoconductor thermoplastic film
显影	development
曝光特性	exposure characteristic
摄像管	vidicon
图像传感器	image sensor
同步工作	in-step operation
并行传输	parallel transmission
电荷耦合器件	charge coupled device （CCD）
电容器	capacitor
帧传输	frame transmission
寄存器	register
莫尔效应	Moiré effect
扫描（抽样）理论	scanning （sampling） theory

卷积	convolution
信噪比	signal to noise ratio
A/D 转换	analog to digital convertor
平滑处理	smooth processing
空间光调制器	spatial light modulator
电寻址空间光调制器	electrically addressed spatial light modulator
光寻址空间光调制器	optically addressed spatial light modulator
双折射效应	birefringence effect
各向异性	heterogeneity
各向同性	homogeneity
电场强度	electric field intensity
角频率	angular frequency
线偏振光	linearly polarized light
椭圆偏振光	elliptically polarized light
圆偏振光	circularly polarized light
起偏器	polarizer
检偏器	analyzer
光电效应	photoelectric effect
电光效应	electro-optical effect
阈值	threshold value
扭曲角	twisted angle
纯位相调制	phase-only modulation
纯振幅调制	amplitude-only modulation
像素阵列	pixel matrix

参考文献 （References）

[1] 丁俊华，等. 激光原理及应用 [M]. 北京：清华大学出版社，1987.

[2] 德姆特勒德. 激光光谱学 [M]. 严光耀，等译. 北京：科学出版社，1989.

[3] Yu. I. Ostrovsky. Interferometry by Holography [M]. New York. Springer ~ Verlag Berlin Heidelberg, 1980.

[4] 杨（M. Yang）. 光学与激光 [M]. 霍荣儒，等译. 北京：科学出版社，1982.

[5] Yin Na, Li Lintao, Wang Wensheng. Experimental research of CCD/LCD in holography [J]. SPIE, 2008 (6832)：B8322-8327.

[6] 刘文哲，张婉怡，王文生，等. 光学相关红外目标识别算法研究 [J]. 仪器仪表学报，2011, 32 (4)：850-855.

[7] J. E. Sollid. A. Determination of the Optimum Beam Ration to Produce Maximum Contrast Photo graphic Reconstructions from Double-Exposure Holographic Inter-ferograms [J]. Applied Optics, 1970, 9 (12)：2717-2719.

[8] 王之江. 光学技术手册 [M]. 北京：机械工业出版社，1987.

[9] H. J. Tiziani. Real-time metrology with BSO Crystals [J]. Optica Acta, 1982, 29 (4)：483-470.

[10] A. G. Apostolidis. Polarization Properties of Phase Recorded in a $Bi_{12}SiO_{20}$ Crystal [J]. Optics Communications, 1985, 56 (2)：73-78.

[11] Wang Wensheng. Spacial light modulator with BOS crystal and its application in holography [J]. Semiconductor

Photonics and Technology, 1998, 4 (1): 36-39.

[12] 王文生. 对硅酸铋晶体实时自动记录信息的研究 [J]. 硅酸盐学报, 1994, 22 (2): 124-127.

[13] H. J. Pfleiderer. Optoelektronische Sensoren mit CCDS [J]. Elektronik, 1975 (4): 88-92.

[14] S. B. Campana. Techniques for evaluating Change Coupled Images [J]. Optical Engineering, 1977, 16 (3): 267-274.

[15] 范真节, 宁成达, 逄浩君, 等. CCD 和电寻址液晶在全息位移测量中的应用 [J]. 激光与光电子学进展, 2010 (47): 060902.

[16] 任延俊, 王文生. 基于径向约束的 CCD 相机标定参数的整体优化 [J]. 长春理工大学学报, 2009, 1 (32): 213-216.

[17] 郭俊, 霍富荣, 周岩, 等. 基于 EALCD 的数字全息干涉术研究 [J]. 红外与激光工程, 2011, 11 (40): 2223-2228.

[18] 张鹏飞, 郭俊, 王文生. 基于 EALCD 的数字散斑照相术面内位移测量 [J]. 仪器仪表学报, 2010, 31 (8): 1808-1812.